AF343410

PUBLICATIONS DE L'ASSOCIATION INTERNATIONALE
POUR LA PROTECTION DE L'ENFANCE

LA
QUESTION EUGÉNIQUE

DANS

LES DIVERS PAYS

PAR

M.-T. NISOT

Docteur en Droit

TOME I

APERÇU HISTORIQUE
GRANDE-BRETAGNE — ETATS-UNIS — FRANCE

BRUXELLES
LIBRAIRIE FALK FILS
GEORGES VAN CAMPENHOUT, Successeur
EDITEUR
22, rue des Paroissiens

1927

1914 - 1918
REIMS
NANCY
ARRAS
LILLE
AMIENS
VERDUN
SOISSONS
CAMBRAI
En reconnaissance pour l'aide
des Ecoliers de France
à la Bibliothèque Universitaire de
LOUVAIN
Ce volume est offert en don par
les Ecoliers de Belgique
à la Bibliothèque de l'Université de
NANCY

LA QUESTION EUGÉNIQUE
DANS LES DIVERS PAYS

DU MÊME AUTEUR :

Le Suffrage féminin devant le Parlement français, thèse Fribourg, 1920.

La Nationalité de la femme mariée d'après la loi belge du 15 mai 1922. (*Revue de Droit International et de Législation Comparée*, 1922, n° 4.)

Le délit d'abandon de famille en droit français. (*La Belgique Judiciaire*, 1925, n°ˢ 11, 12.)

Le Différend Gréco-Bulgare et la Société des Nations. (*Revue Belge*, 1ᵉʳ décembre 1925.)

L'Institut International de Coopération Intellectuelle et la Société des Nations. (*Revue Belge*, 15 mai 1926.)

La Nationalité de la femme mariée et le Xᵐᵉ Congrès de l'Alliance Internationale pour le suffrage des femmes. (*Le Féminisme Chrétien*, 1926, n° 8.)

La Collaboration féminine au sein de la Société des Nations. (*Le Féminisme Chrétien*, 1926, n° 8.)

La nationalité de la femme mariée et la loi belge du 4 août 1926. (*Journal du Droit International*, 1927.)

LA
QUESTION EUGÉNIQUE

DANS

LES DIVERS PAYS

PAR

M.-T. NISOT

Docteur en Droit

TOME I

APERÇU HISTORIQUE
GRANDE-BRETAGNE — ÉTATS-UNIS — FRANCE

BRUXELLES
LIBRAIRIE FALK FILS
GEORGES VAN CAMPENHOUT, ÉDITEUR
22, rue des Paroissiens

1927

INTRODUCTION

Nous nous proposons de donner, dans cet ouvrage, un aperçu de l'état actuel du mouvement eugénique dans les différents pays.

De plus en plus, les préoccupations d'hygiène raciale sont à l'ordre du jour. L'accroissement progressif du nombre des tarés de toute espèce, les ravages considérables causés par la guerre parmi les meilleurs éléments; la diminution de la natalité dans les classes supérieures; l'augmentation continue des couches inférieures de la population, susceptible d'engendrer un renouvellement de la société par le bas; pour certains pays, les déchets apportés par l'immigration ; enfin, la surpopulation et toutes ses conséquences, sont autant de motifs qui ont amené les eugénistes, les économistes, les démographes, les sociologues, les politiciens à envisager une intervention.

Nous mentionnerons les causes profondes que les eugénistes ont invoquées comme étant de nature à requérir l'application des principes de l'eugénique. Ces causes varient suivant les conditions économiques, biologiques, climatériques et raciques de chaque contrée.

Nous traiterons ensuite des principaux moyens appliqués ou simplement envisagés et mis en valeur dans les différents pays en vue de l'amélioration de la race. Ceux-ci également sont subordonnés à certaines circonstances, différentes suivant les latitudes et les caractères des civilisations.

Ces moyens, sous des formes variables, tendent, en dernière analyse, à un double but : 1. réduire la reproduction des cou-

ches inférieures de la population; 2. accroître, au contraire, la reproduction des couches supérieures.

A cet effet, les principales mesures préconisées sont la suppression pure et simple des indésirables, la stérilisation des tarés par la vasectomie et la salpingectomie, la castration, la ségrégation, la lutte contre le métissage, la réglementation de l'immigration, la réglementation du mariage. (1)

Dans le même ordre d'idées, il faut encore signaler : l'éducation morale, qui, notamment, tend, au moyen de normes préadmises, à répandre la conviction que l'intérêt de la collectivité doit prévaloir sur les sollicitations de l'égoïsme et des passions; l'éducation sexuelle, qui fait prendre conscience à l'individu des périls dont il est menacé dans sa santé, ainsi que de la responsabilité qui lui incombe à cet égard vis-à-vis des générations futures; la rééducation des anormaux, qui permet à certains dégénérés de mener une vie normale et de subvenir à leurs besoins; les mesures d'hygiène sociale. Ces dernières, qui ne sont qu'euthéniques, sans constituer des mesures eugéniques proprement dites, contribuent également à l'amélioration de la race. Beaucoup d'eugénistes, d'ailleurs, ne font pas cette distinction, dont parle Popenoe, et, dans de nombreux pays où les principes de l'eugénique sont encore peu connus et les mœurs insuffisamment préparées à les recevoir, les mesures d'hygiène sociale sont les seuls facteurs eugéniques mis en œuvre. Ces mesures, en développant l'individu, en le protégeant, en le guérissant, contribuent efficacement à préparer la génération qui naîtra de lui. Elles figurent, du reste, au programme de toutes les sociétés d'eugénique; le professeur R. Santoliquido déclarait à cet égard au sein de la conférence tenue à Rome, en 1921, par la Fédération Abolitionniste Internationale : « Dans l'immense programme eugénique, on peut et on doit approuver, favoriser de toutes manières, tout ce qui concerne l'hygiène individuelle et sociale. La lutte contre l'alcoolisme, contre les maladies vénériennes, contre la tuberculose, contre toutes les

---

(1) Cette dernière réglementation pourra porter sur l'âge des conjoints, le degré de consanguinité qui les rapproche, leur état physique et, plus particulièrement, mental. Elle pourra imposer le certificat médical prématrimonial.

causes d'altération et d'épuisement de la race doit être engagée
et poursuivie avec toutes les armes et tous les moyens. »

Enfin, le contrôle des naissances étant considéré, par beaucoup de ceux que préoccupe le problème eugénique, comme
une des principales méthodes de sélection de la population, par
la non-production des éléments déficients, nous réserverons dans
ce livre une large part à l'examen du mouvement du « birth-
control », de son organisation et des institutions qu'il a susci-
tées.

Les divers moyens ci-dessus rappelés supposent l'intervention d'éléments extérieurs, constitués, soit par l'Etat, soit par
des organismes privés. A côté de ces méthodes, il y a lieu de signaler la sélection, telle qu'elle résulte du libre jeu des lois naturelles. La maladie, la mort, la famine, la guerre, pour autant
qu'il s'agisse de la guerre primitive et naturelle de tous contre
tous, constituent des moyens éliminatoires, offerts par la nature
elle-même, dont les lois harmoniques se chargent toujours de
réaliser le retour à l'ordre. Il suffit de les laisser jouer et l'équi-
libre rompu finit par se rétablir. Le mariage lui-même, lorsqu'il repose sur la sélection sexuelle, c'est-à-dire sur la recherche du plus beau par le plus beau, du plus fort par le plus fort,
constitue également un moyen de sélection. L'homme, par
son intervention, est venu empêcher les lois naturelles de
jouer librement. En voulant faire mieux, il a fait pire. Par
la médecine, il a maintenu dans la vie les faibles ; par la
guerre organisée, il a choisi, pour la destruction, les meilleurs éléments, et ce moyen d'élimination eugénique est devenu
désormais dysgénique ; par une fausse application des principes
économiques, il a substitué ces facteurs à la sélection sexuelle.
Spencer estimait que, lorsqu'un gouvernement tente d'empêcher la misère résultant de la compétition et de la lutte pour
la vie ou la mort, il fait, en réalité, œuvre mauvaise. Il quali-
fiait de faux philantropes, ces gens, plus mal avisés que sages,
qui lèguent à la postérité une malédiction sans cesse croissante. (1)

____

(1) *Autobiographie de* Spencer, p. 165-166. Traduction de Varigny.

L'eugénique ne serait-elle pas, comme l'avance cette dernière théorie, un retour aux lois naturelles, ou, au contraire, suppose-t-elle une plus grande intervention dans l'interventionnisme déjà existant ? C'est ce que la science de demain nous apprendra.

Après avoir traité des causes requérant l'application de l'eugénique et des moyens préconisés, nous envisagerons les institutions eugéniques organisées de par le monde en vue de mettre au point cette science, encore nouvelle, et de propager ses théories dans toutes les classes de la société.

Une étude historique des préoccupations raciales, depuis l'antiquité jusqu'à nos jours, précédera l'examen de la question pour chaque pays. De plus, un aperçu de la législation des différents Etats, en tant qu'elle se propose des fins eugéniques, complètera ce travail.

Soucieux d'assurer à notre exposé l'objectivité la plus complète, nous n'avons voulu émettre aucune opinion personnelle. Nos développements ne pourront, par conséquent, être interprétés comme constituant de notre part, en un point quelconque, l'expression d'une appréciation. Visant exclusivement à fournir une documentation sur le sujet, nous n'entendons pas, en les reproduisant, faire nôtres les thèses et données ci-après.

Pour faciliter la vue d'ensemble et dans l'intérêt de la répartition des matières, ce livre a été divisé en autant de parties qu'il y a de pays envisagés. Dans l'énumération de ces derniers, aucun ordre n'a été suivi.

Il nous a paru indispensable de signaler également la participation de la Société des Nations dans l'étude des questions d'ordre social et humanitaire. L'œuvre considérable accomplie par elle dans ce domaine mérite, en effet, une mention toute spéciale; nous y consacrerons un chapitre distinct.

APERÇU HISTORIQUE

Les préoccupations eugéniques remontent aux temps les plus reculés. Dans toutes les civilisations, chez tous les peuples, se dégage la notion, plus ou moins confuse, de la responsabilité de l'homme envers sa descendance. Et ce sentiment d'une certaine solidarité existant entre les générations d'une même famille n'a-t-il pas une origine eugénique ?

Chez les Hébreux déjà, les conséquences des unions consanguines étaient connues. La loi de Moïse les prohibait (Lévitique XVIII). « L'homme n'épousera ni sa mère, ni la femme de son père, ni sa sœur, ni la fille de sa mère, ni la fille de son père, ni la fille de son fils, ni la fille de sa fille, ni la sœur de son père, ni la sœur de sa mère, ni la femme du frère de son père, ni la femme de son fils, ni la femme de son frère, ni la mère de sa femme, ou sa fille, ou la fille de son frère, ou sa fille, etc., etc. »

La législation hébraïque s'opposait encore au mariage avec les épileptiques, les lépreux, les tuberculeux, les alcooliques. Il était déjà connu que les alcooliques procréent des enfants nerveux, dépravés et rebelles. Des prescriptions traitaient du régime à suivre par les futures mères dans l'intérêt de la progéniture. Nous trouvons des règles de prophylaxie et d'hygiène formulées à cet effet aussi bien dans la Bible que dans le Talmud. Ce dernier, en outre, mentionne quelques circonstances dans lesquelles le mariage, bien que toléré, est cependant déconseillé pour des motifs eugéniques : différence d'âge marquée entre les futurs conjoints ; similitude de particularités, résultant, par exemple, de ce que les sujets sont tous deux de très grande ou de très petite taille, ou tous deux de complexion très claire ou très foncée; présence dans la famille d'un des conjoints d'épilepsie ou d'autres tares transmissibles, etc.

Aux Indes, la transmission à la descendance des qualités et tares des parents et des ancêtres est connue des plus anciens livres sacrés. Elle est l'origine des prescriptions détaillées des anciens codes hindous sur le mariage, ainsi que du régime des castes. Le Code de Manou prohibe les alliances avec des familles affectées de certaines tares, ou ne possédant pas d'enfants mâles, ou dont les membres sont affligés de phtisie, de dyspepsie, d'épilepsie, de vitiligo, d'éléphantiasis. Il interdit encore d'épouser les femmes ayant les cheveux rouges ou les yeux rouges, etc.

Chez les Grecs, nous trouvons des notions eugéniques assez avancées.

Au VIe siècle avant J.-C., le poète Théognis de Mégare écrivait : « Nous veillons à ce que nos béliers, nos ânes et nos étalons soient de bonne race, parce que nous savons que le bon nait du bon; cependant, un homme sain ne refuse pas d'épouser une fille malade, si elle a de la fortune. C'est l'argent qui gâte la race. Il n'y a pas à s'étonner que la race se ternit, car le mauvais se mêle au bon ».

Les Grecs connaissaient l'action funeste de l'alcool sur les cellules reproductrices. Hippocrate, un des premiers, traita des fâcheux effets de l'ivresse sur la conception.

Lycurgue faisait enivrer des Ilotes, afin d'inspirer aux jeunes Spartiates le dégoût de l'alcool; tandis qu'à Athènes, Dracon punissait de mort les ivrognes. Diogène pensait que l'alcon punissait de mort les ivrognes. Diogène pensait que l'alcoolisme était la cause de bien des maladies sociales. (1)

L'influence du goitre sur la descendance n'était pas davantage ignorée des anciens Grecs; ils traitaient cette affection en administrant aux malades les cendres résultant de la combustion d'éponges de mer, riches en iode.

La santé de la mère pendant la gestation faisait également l'objet de leurs préoccupations. Dans un but eugénique, Hip-

---

(1) Mlle Alexander. La descendance de l'alcoolique. *Revue d'Eugénique* 1923, p. 95.

pocrate demandait que l'on assure à la femme enceinte une existence calme, heureuse et active, exempte de fatigues et d'excès.

Le droit des Spartiates porte mainte trace des soucis eugénistes.

Les Spartiates, qui ont donné le branle aux autres cités, se prêtaient mutuellement leurs femmes, afin d'obtenir des rejetons d'élites. Le mariage était pour eux obligatoire; les devoirs en découlant se trouvaient être sévèrement observés.

Tout enfant faible ou invalide était éliminé.

Platon, grand admirateur de l'organisation spartiate, conseille aux magistrats d'intervenir en vue d'établir des mariages annuels de telle façon que les meilleurs des hommes soient accouplés aux meilleures des femmes et, inversement, que les éléments les plus défectueux soient unis entre eux. Il préconisait, en outre, que les premiers reçoivent des encouragements en vue de fonder de grandes familles et que leurs enfants soient favorisés par l'Etat, et demandait que les descendants des tarés soient relégués dans quelque endroit mystérieux et inconnu. De plus, il insistait pour que toutes les femmes ayant dépassé la quarantaine se fissent avorter.

« Xénophon, de son côté, blâme Athènes de ne pas posséder des institutions semblables à celles de Spartes. Il loue l'éducation des femmes spartiates, toute entière organisée pour qu'elles enfantent à l'âge qu'il faut, et quelles aient de beaux enfants.

Leurs jeunes filles, dit-il, s'exercent à la course et à la lutte et cela est sagement ordonné; car comment des femmes élevées comme on le veut d'ordinaire, à faire des ouvrages de laine et à demeurer tranquilles, enfanteraient-elles quelque chose de grand ?

Il remarque que dans leurs mariages tout est réglé dans cette vue; un vieillard ne peut garder sa jeune femme pour soi : il doit choisir entre les jeunes gens dont il admire le plus le corps et l'âme, un homme qu'il amènera dans sa maison et qui lui donnera des enfants. On voit que, chez ce peuple, qui a poussé le plus loin l'esprit gymnastique et militaire de l'institution nationale, il s'agit, avant tout, de faire la race. » (1)

____

(1) Taine. Italie.

Aristote s'est préoccuppé, lui aussi, du problème de la race. Il disserta sur les influences astrales qui président à la génération des hommes et des animaux. (1) Mais il développa surtout l'idée du point de vue politique, étant plus intéressé par les aspects économiques que biologiques du mariage. Il défendait la doctrine que l'Etat est libre d'intervenir et de légiférer en vue de la préservation de la race.

Enfin, Plutarque prétendait que, pour avoir une descendance forte, il fallait être sobre.

Tous les philosophes grecs, en particulier Platon et Aristote, de même que les médecins, ont attaché une grande importance à l'hérédité. L'enseignement d'Epicure à ce sujet est exprimé par Lucrèce dans un passage significatif du «De natura rerum».

L'Italie ancienne nous a laissé des dispositions eugéniques semblables à celles des Grecs.

Les dangers de l'alcool n'y étaient pas inconnus et des lois défendaient toute autre boisson que l'eau le jour de la cohabitation maritale.

Dans un but eugénique, les enfants qui n'agréaient pas au *Pater familias* étaient exposés ou abandonnés.

La lex Julia et la lex Poppeia encourageaient les mariages, en favorisant les mœurs.

Comme beaucoup d'eugénistes modernes, Auguste faisait de l'eugénique en encourageant les familles nombreuses. A cet effet, il imposa le mariage aux célibataires et la procréation aux gens mariés. Il établit des lois dites « caducaires » visant à rétablir la famille romaine et à avantager les naissances. Ces dispositions furent édictées en l'an 723. Le legs revenant à un célibataire devenait caduc ou nul; il était réduit de moitié, lorsqu'il avait pour bénéficiaire une personne mariée sans enfants. Cette réglementation eût des résultats : le nombre des citoyens romains passa, en dix ans, de 4.063.000 à 4.233.000; vingt ans plus tard, il atteignait 4.937.000.

***

---

(1) Comme le firent plus tard les scolastiques.

Pendant près de deux mille ans, on ne s'intéressa plus guère aux problèmes de l'eugénique. Les guerres continuelles agissaient à l'inverse de la sélection naturelle, comme elles le font encore aujourd'hui, en éliminant les mieux-doués physiquement et en laissant les faibles perpétuer la race. D'autre part, le monachisme et le célibat des prêtres fut cause qu'une grande partie de l'élite intellectuelle ne se reproduisit pas. Toutefois, à la fin du Moyen-âge, on trouve des notions eugénistes dans la « Civitas Solis » de Campanella, et dans l'« Utopia » de Thomas Morus, qui proposait de soumettre les futurs époux à l'inspection médicale. (1)

Quelques connaissances sur l'hérédité se manifestent également au commencement des temps modernes; Fernel, Paracelse, Stahl, Boerhave, Cullen, Barthez en font ressortir l'importance.

Dans le premier traité de médecine, œuvre d'Ambroise Paré, écrit en langue française, il est préconisé : « ...que le cultyveur n'entre poinct à l'estourdy dans le champ de la nature humayne, s'il veut procréer dignement une petite créature de Dieu... »

L'Eglise, de son côté, a de tous temps encouragé les fins eugénistes. Elle s'est préoccupée de réglementer l'union conjugale. Par le Concile de Trente, elle a condamné la polygamie et a formulé l'inviolabilité du mariage. Elle a toujours interdit la fraude conjugale et prêché aux gens mariés la chasteté, sauvegarde contre la luxure, et la continence, sauvegarde contre la dégénérescence. Elle a apporté également des entraves sérieuses aux mariages consanguins. (2)

Ce n'est qu'au commencement du siècle dernier qu'on trouve en germe les principes de l'eugénique moderne. Malthus, signala, dans son fameux ouvrage sur la population, l'influence du taux des naissances sur le bien-être de l'humanité.

Ces travaux amenèrent Darwin et Wallace à énoncer la théorie de la sélection naturelle et à déterminer les effets de la sé-

---

(1) Val. Fallon. *L'Eugénique.*

(2) Dr Possemiers. Rapport présenté au 2ᵉ Congrès Internat. pour la Protection de l'Enfance. Bruxelles, 1921.

lection artificielle. Sur les découvertes de Darwin repose la science moderne de l'eugénique; elle doit son développement à Francis Galton, cousin de Darwin.

Galton naquit en 1822. Il étudia les mathématiques et la médecine et se consacra entièrement à la science. On peut le considérer comme le père de l'eugénique. Pour la première fois, il usa de ce terme en 1883 et définît l'eugénique : « l'étude des facteurs soumis au contrôle de la Société, et susceptibles de modifier, en bien ou en mal, les qualités de race — physiques ou mentales — des générations futures.

Les principes de Galton, qui s'appuyaient sur la thèse qu'une sélection consciente produirait des hommes meilleurs, furent bientôt très largement diffusés par son livre : « Hereditary Genius ». (1)

Galton exprima la loi de l'*hérédité ancestrale*. Il formula également la loi *de la régression filiale*, ou tendance à la médiocrité. Il observa que les particularités extrêmes des parents, en bien ou en mal, physiologiquement ou psychologiquement, se retrouvent, en moyenne, moins marqués chez les enfants.

En France et dans les autres pays, les mêmes préoccupations travaillaient les esprits.

Pujol, en 1790, Portal, en 1808, Lereboullet, en 1834, Piorry, en 1840, consacraient des ouvrages importants à l'hérédité dans les maladies.

M. Richet a exhumé récemment un ouvrage très curieux de Robert Le Jeune, paru en 1803, intitulé : « Nouvel Essai sur la Mégalanthropogénésie, ou l'art de faire des enfants d'esprit qui deviennent de grands hommes, suivi des traits physiognomoniques propres à les faire reconnaître, décrits par Aristote ». (Vorta et Lavater, avec des notes additionnelles de l'auteur. Paris, Lenormand, an XI). (2)

Lucas, dans son remarquable « Traité philosophique et physiologique de l'hérédité naturelle, dans les états de santé et de maladie » (1850), essaye de distinguer, à côté du rôle de l'hé-

---

(1) Pour plus de développement sur la vie et l'œuvre de Galton, voir le chapitre de l'Eugénique en Angleterre.

(2) *La sélection humaine*. Appendice.

rédité, celui de l'*innéité*, qui serait la faculté par laquelle se produiraient, dans la descendance, des caractères nouveaux, non existant dans les générations précédentes.

En 1857, Morel faisait paraître son « Traité des Dégénérescences physiques, intellectuelles et morales dans l'espèce humaine et des causes qui produisent ces variétés maladives ».

Emile Combes publiait, en 1868, une thèse intitulée : « Considérations sur l'hérédité des maladies ».

En Autriche, Mendel, moine morave, se faisait connaître par ses études expérimentales de l'hérédité. Il établit la fameuse « loi mendélienne alternative » ou de la disjonction héréditaire. (1)

Grâce à tous ces écrits et surtout grâce aux discours de Galton, l'eugénique attira l'attention du monde scientifique au point qu'un premier congrès international se réunit à Londres en août 1912 sous les auspices de l'Eugenics Education Society et sous la présidence du Major Darwin. Plus de sept cents délégués s'y trouvaient présents.

A l'issue de ce congrès, un comité permanent international d'eugénique fut institué. Ce comité se réunit, en 1913, à Paris. Les pays représentés étaient l'Allemagne (Dr Ploetz, président de la Société allemande pour l'hygiène de la race) ; la Belgique (Drs L. Caty, Ensch et Querton), le Danemark (Dr Hansen, président du Comité anthropologique danois), les Etats-Unis (Dr Adam Woods, membre de la section eugénique de l'American Breeders Association), l'Italie (Prof. Cor. Gini) et la Norvège (Dr Mjoen).

Dès avant la guerre, de nombreux congrès sociaux avaient inscrit l'eugénique à leur programme, et, de plus en plus, l'étude de cette science prenait de l'extension.

C'est ainsi qu'au congrès international de médecine de Londres en 1913, l'eugénique a fait l'objet de plusieurs discussions. Une communication sur l'hérédité y a été présentée par M. Bateson.

---

(1) Pour plus de développement, voir le chapitre de l'eugénique en Tchécoslovaquie.

De même, au congrès international de neurologie, psychiatrie et psychologie de Berne, en 1914, un certain nombre de questions intéressant l'eugénique ont été étudiées : des rapports furent faits sur l'*Hérédité psychologique* par le professeur Mott de Londres et le Dr Ladame, de Genève, et sur l'*Education des jeunes délinquants,* par le Professeur Ferrari, d'Imc. .

Des sociétés d'eugéniques se fondèrent à cette époque dans beaucoup de pays, et l'Allemagne, la Suède, la Suisse et l'Autriche formèrent une association internationale d'eugénique.

A l'exposition de San Francisco de 1915, pour la première fois dans une exposition universelle, une classe était réservée à l'eugénique, sous le nom de *Démographie et Eugénique.* L'organisation de cette classe avait été entreprise par l'Eugenics Record Office de New-York.

La guerre mondiale interrompit pendant quelques années le cours des études et des travaux eugéniques.

Mais le trouble profond que cet événement a jeté dans la situation économique, sociologique et biologique du monde a rendu au problème eugénique la place qui lui revient dans l'économie des sciences humaines.

Aussitôt après la guerre, se tint à Londres, en 1919, la seconde réunion du *Comité International d'Eugénique* qui devait préparer le Second Congrès International d'Eugénique. Ce congrès eut lieu à New-York en septembre 1921, sous la présidence de Henry Fairfield, directeur du Musée d'histoire naturelle de New-York, et de Sir Alexander Graham Bell, l'inventeur du téléphone et l'auteur de la méthode d'instruction aux sourds-muets et aveugles, directeur du « Genealogical Record Office ». (1)

---

(1) Participèrent notamment à ce Congrès :

Le Major Léonard Darwin. Il y préconise les principes moraux devant inspirer l'élaboration des réformes eugéniques et réprouve l'intervention des gouvernements ;

Le Dr Davenport, qui exposa le programme d'un Office eugénique ;

Le Dr Lucien Cuénot, de Nancy, qui parla des rapports de la génétique et de l'adaptation ;

Les Drs Shull, Banta et Brown ; Blakeslee, Conklin, Bagg ;

(Voir suite de la note p. 17).

Le Congrès de New-York comprenait quatre sections, ainsi
réparties :

I. Hérédité humaine et comparée.
II. L'eugénique et la famille humaine.
III. Les différences raciales humaines.
IV. L'eugénique et l'Etat.

Les travaux occasionnés par le congrès furent féconds en résultats.

La science de l'eugénique se précisa de plus en plus, dans les
recherches génétiques. Bien des préjugés se dissipèrent. De
plus, on apprit à disséquer, en de multiples subdivisions, les maladies mentales où l'hérédité peut jouer un rôle, non plus par
le cerveau directement, mais, notamment, par les glandes endocrines. Ce congrès fit ressortir, entre autres, que la détérioration
des germes par l'alcool, les toxines, les substances radioactives, est scientifiquement établie. Fut également mise en relief
la thèse visant à prévenir, par la ségrégation ou la stérilisation,
la reproduction des anormaux.

Le II⁰ Congrès International d'Eugénique s'est terminé par
la création d'une *Commission Internationale*, chargée de maintenir une liaison entre les différents congrès. Cette commission,
qui remplaçait l'ancien Comité International, est composée
d'un représentant de chaque société ou institution eugénique

(Suite de la ro e de la p. 16)

Les Drs Mac Dowell et Stockard, qui traitèrent des effets de l'alcool sur
l'hérédité ;

Les Drs Henry Cotton et Abraham Myerson (L'hérédité dans les maladies
mentales) ;

A. Rosanoff (Etude des maladies mentales familiales) ;

E. J. Lidbetter (Caractère héréditaire du paupérisme) ;

Le Dr Lucien March (Conséquences de la guerre au point de vue eugénique en France) ;

Les Drs Helen Dean King, H. J. Spinden, H. J. Banker (Influence de la
consanguinité des parents sur l'hérédité) ;

Le Dr Polock (Statistiques sur les maladies mentales aux Etats-Unis) ;

Le Dr L. J. Dublin, Sir Bernard Mallet ;

Le Dr H. H. Laughlin (Stérilisation eugénique aux Etats-Unis) ;

Les Drs Willcox, Eastabroak, M. Vacher de Lapouge, Les Drs Alès Hrdliêka,
Raymond Pearl, etc., etc.

pour tous les pays qui ont participé au dernier congrès. Elle est présidée par le Major Léonard Darwin.

Les principaux pays représentés sont : l'Argentine, la Belgique, le Canada, Cuba, la Grande-Bretagne, le Danemark, les Etats-Unis, la France, la Hollande, la Norvège, la Suède, la Tchécoslovaquie, la Pologne. Cette commission a une session annuelle.

A partir de 1921, année du IIe Congrès International, le mouvement eugénique ne fit que s'accroître dans toutes les parties du monde. Les sociétés d'eugénique se multiplièrent et de nombreuses institutions sociales s'intéressèrent à la question. Des chaires d'eugénique furent créées dans différentes universités, notamment, à Londres, Cambridge, Harvard, Columbia, Cornell, Brown, Northwestern, Clark, Princeton.

A côté des organisations eugéniques proprement dites, il s'est créé, en 1921, un Office international d'anthropologie avec un *Office permanent*, siégeant à Paris, à l'Ecole d'anthropologie. Des réunions périodiques sont organisées par cet institut. La première, qui s'est tenue à Liége en 1921, comprenait une section d'eugénique.

De plus, des *Offices nationaux d'anthropologie* existent dans un grand nombre de pays, tels que l'Argentine, la Belgique, l'Espagne, la Hollande, l'Italie, le Portugal, la Tchécoslovaquie, la Yougoslavie.

Un rapide coup d'œil sur les principaux faits du mouvement eugénique depuis 1921 nous permettra d'en mesurer toute l'étendue. Nous ne mentionnons ici que les événements relatifs à l'ordre international. Tout ce qui concerne le mouvement eugénique de chaque pays sera envisagé dans les différents chapitres du présent livre.

En 1922, se réunissait à Bruxelles, la Commission Internationale d'eugénique prémentionnée. A cette occasion, ont été organisées en Belgique des journées d'eugénique.

En 1923, la Commission tenait ses assises à Lund, en Suède.

La même année, lors du Congrès International de propagande d'Hygiène sociale et d'Education prophylactique sanitaire et morale, de nombreux rapports ayant trait à la question eugénique ont été déposés.

En 1923 également, s'est fondée au Congrès médical de Santiago, une *Association eugénique Pan-américaine.*

En 1924, la Commission Internationale d'eugénique siégeait à Milan, sous la présidence du Major Darwin. En cette circonstance a été organisé dans ladite ville le premier congrès italien d'eugénique.

Voici les principales questions qui y furent étudiées :

1. Les relations entre l'eugénique et les autres sciences biologiques et sociales. Prof. Corrado Gini.

2. Religion et eugénique. Prof. M. R. Agostino Gemelli.

3. La guerre et l'eugénique. Prof. Franco Savorgnan.

4. Emigration et eugénique. Prof. Livio Livi.

5. Les indications opératoires en rapport avec l'eugénique. Prof. E. Pestalozza.

6. Les anomalies constitutionnelles et diathétiques de l'enfance en rapport avec l'eugénique. Professeur Carlo Francioni.

7. La théorie de la constitution dans ses rapports avec la doctrine de l'espèce. Prof. A. Ghigi.

8. Alcoolisme et Eugénique. Prof. G. Antonini.

9. Les maladies nerveuses et mentales en rapport avec l'eugénique. Prof. E. Medea.

10. L'action de l'Etat et l'Eugénique.

Au Congrès international d'anthropologie de Prague, en 1924, une section d'eugénique avait été établie. Elle examina plusieurs questions importantes : certificat médical prématrimonial ; hérédité pathologique chez l'homme ; influence du métissage sur la composition de la population, etc.

La V° conférence pan-américaine (section d'hygiène) s'est également intéressée à l'eugénique et à l'hygiène sociale. Sur la proposition du Dr Josué Austrian, du Vénézuela, elle a émis un vœu relatif à l'interdiction de l'alcool dans les pays de l'Amérique du Sud et a réclamé une législation sévère pour la répression des fraudes dans l'introduction des spiritueux. A l'initiative des Drs Carlos Enrique, Paz Sladam, Renato Kehl et Victor Delfino, la conférence a exprimé le souhait que le Comité directeur pan-américain de Washington, réunît une Commission d'eugénique, laquelle s'occuperait, d'après les conseils d'un délégué de l'Eugenics Record Office, de créer : 1. un office pan-américain d'eugénique; 2. un comité pan-américain chargé de favoriser la formation de comités locaux.

Le III° Congrès international de sociologie, tenu à Rome en 1924, avait consacré la VI° section à l'eugénique.

La septième session annuelle de la Commission internationale d'eugénique se tint en 1925, à Londres, dans les salons de Burlington House, sous la présidence du Major L. Darwin. Des rapports furent présentés par le Dr Van Herwerden (Hollande), sur les dispositions prises en Hollande relativement à l'enregistrement des familles au prochain recensement; par Sir Bernard Mallet (Grande-Bretagne), dans un sens similaire; par le Dr Mjoen (Norvège), sur le livret d'identité; par le Dr Frets (Hollande), sur le problème de l'alcool au point de vue de la race, par le Dr Davenport, sur la question de l'immigration.

Lors de cette réunion, il fut décidé que la Commission internationale d'eugénique prendrait désormais le nom de *Fédération des organisations eugéniques*. La *Ligue des Sociétés de la Croix-Rouge* offrit à la fédération un siège social et un dépôt d'archives à Paris. La fédération est présidée par le Major Darwin.

En 1926, la fédération se réunit à Paris. On projeta alors d'établir une collaboration étroite entre la Ligue des Sociétés de la Croix-Rouge et la fédération. Un accord fut conclu en vue d'amener une fusion étroite entre les travailleurs eugénistes et les autres travailleurs sociaux de la Ligue.

Lors de la Seconde conférence pan-américaine de la Croix-Rouge, qui se tint à Washington en 1926, la résolution suivante, intéressant spécialement l'eugénique, fut adoptée : « La conférence recommande aux sociétés de Croix-Rouge de faire comprendre aux populations la nécessité de l'examen médical prématrimonial et, éventuellement, de leur faciliter cet examen ».

Enfin, au Congrès de sexuologie, de Berlin (octobre 1926), des rapports remarquables furent présentés sur la question de la stérilisation eugénique, par P. Popenoe et par le Dr Norman, Haire.

..

A côté du mouvement eugénique proprement dit, nous ne pouvons omettre de mentionner celui, non moins important, tendant à la limitation des naissances. Celle-ci étant considérée par beaucoup d'eugénistes comme un moyen primordial d'amélioration de la race, il nous paraît indispensable d'esquisser ici le développement de cette doctrine, qui prend pied de jour en jour.

C'est à Malthus que l'on fait remonter le mouvement de la limitation des naissances. Son livre : « Essay on the Principle of Population» parut en 1798. Il mettait en valeur la thèse que la population tend à augmenter selon une progression géométrique; tandis que les subsistances ne s'accroissent que selon une progression arithmétique.

Il préconisait les mariages tardifs dans le but de limiter la natalité.

Après lui, James Mill et John Stuart Mill, ainsi que Francis Place, reprirent cette doctrine et propagèrent en Angleterre l'idée de la nécessité de la limitation des naissances.

En 1823, une brochure attribuée à Francis Place, adressée aux deux sexes de la population et enseignant les pratiques les plus hygiéniques de la limitation des naissances, fut lancée à Manchester. Cette brochure était connue sous le nom de « The Diabolical Handbill ».

A New-York, Robert Dale Owen publiait en 1830 « Moral Physiology », dans lequel il préconisait les pratiques scientifiques de la contraception. Le Dr Knowlton, dans « Fruits of Philosophy », décrivait les méthodes anticonceptionnelles. Cet ouvrage devint bientôt universellement connu.

A partir de cette date, le mouvement se développa de plus en plus; y participent : Richard Carlisle, les Owens, Darwin, Spencer, Huxley, les frères Drysdale, Ch. Bradlaugh et Mrs Besant.

Bientôt, cependant, les autorités s'inquiétèrent de l'influence que prenaient les idées nouvelles dans toutes les classes de la population et particulièrement parmi les intellectuels.

De nombreux Etats promulguèrent des lois défendant la propagation des méthodes anticonceptionnelles. A New-York, grâce aux efforts de Anthony Comstock et de la Société pour la suppression du vice, le Birth-Control fut compris dans la loi contre l'obscénité de 1869. En Angleterre, Charles Bradlaugh et Annie Besant se virent poursuivis pour avoir distribué dans le pays 185.000 copies du livre « Fruits of Philosophy » du Dr Knowlton.

Peu à peu, des lignes malthusiennes se fondèrent dans de nombreux pays, en vue de propager les doctrines du birth-control et de lutter contre les lois prohibitives. En Angleterre, the Malthusian League est créé en 1877. Son premier président est Charles Bradlaugh et son premier secrétaire Annie Besant ; en Hollande, la Nieuw-Malthusiaansche Bond se fonde en 1878, avec le Dr Rutgers ; en France, la Ligue pour la régénération humaine prend naissance en 1896, avec Paul Robin.

Des conférences et des congrès sont organisés en Europe et en Amérique.

Le premier congrès eut lieu à Paris, en 1900, à l'initiative de Paul Robin. Le second se tint à Liége, en 1905 ; le troisième à La Haye en 1910. Le quatrième congrès malthusien international se réunit en 1911, à Dresde, à l'invitation du comité allemand de l'Exposition de l'Hygiène Internationale.

En 1914, fut fondée à New-York la première ligue de birth-control américaine. Marguerite Sanger, la principale protagoniste du mouvement dans son pays, mène une campagne active en vue de la propagation de sa doctrine. Elle fait l'objet de plusieurs poursuites pour infraction à la section 211 du Federal Statute ; arrêtée, elle est finalement acquittée.

Des cliniques où les méthodes anticonceptionnelles sont enseignées commencent à s'ouvrir dans les différents pays. La première fut établie en Hollande, en 1878, la seconde, aux Etats-Unis, en 1916, puis en Angleterre, en 1921. A partir de cette date, leur nombre ne fit que s'accroître.

De nombreux journaux et périodiques sont créés en vue de propager les idées nouvelles : The Malthusian, Birth-Control Review, Birth-Control News, die Neue Generation, etc.

En 1921, a lieu à Amsterdam une conférence internationale, sur l'étude des différents moyens contraceptifs.

Peu après, Mrs Sanger entreprend une vaste tournée de propagande au Japon, en Chine et aux Indes, introduisant partout ses méthodes, fondant des ligues et des organismes.

En 1922, le V⁰ Congrès International Néo-Malthusien se réunit à Londres. Il est organisé par le Dr et Mrs C. V. Drysdale. (1)

De nombreux pays prirent part à ce congrès, notamment les Etats-Unis, la Suède, la Hollande, l'Allemagne, la Suisse, l'Italie, la Grande-Bretagne, les Indes, la Belgique, la France, l'Autriche, la Hongrie.

A la suite du congrès de Londres, les partisans de la doctrine de la limitation des naissances travaillèrent avec plus d'activité encore à répandre partout leurs principes. Ils visèrent surtout à faire voter des lois autorisant l'enseignement et la propagande des pratiques anticonceptionnelles. A l'heure actuelle, des projets sont déposés dans différents Etats des Etats-Unis, en Grande-Bretagne, au Mexique. Dans ce dernier pays, l'enseignement officiel du birth-control a été reconnu en 1923. En Grande-Bretagne, la Chambre des Lords vota, dans sa séance du 28 avril 1926, une proposition de loi, autorisant l'enseignement des méthodes contraceptives dans les Welfare centres.

Enfin, le VI⁰ Congrès International Néo-Malthusien, qui fut l'un des plus importants de tous, se tint à New-York en 1925. Il a été organisé par l'American Birth-Control League.

Six cents délégués y assistaient. Seize pays y étaient représentés. (2)

---

(1) Des rapports y furent présentés par Mrs Marg. Sanger : The individual and family aspect of Birth-Control;

Par le professeur E. W. Mac Bride, sur l'«Eugenics»;

Par le Rev. Gordon Lang sur les «Moral et religious aspects of Birth-Control»;

Par Harold Cox sur l'«International and National aspects of Birth-Control».

(2) Citons notamment :

Pour la Grande-Bretagne : les Drs Drysdale et Norman Haire.

Pour la France : G. Hardy et le Dr G. de Lapouge.

Pour la Hollande: Dr Aletta Jacobs.

Pour le Danemark : Fru Thit Jensen et le professeur Gammeltoft, de l'Université de Copenhague.

(Suite de la note 2 à la p. 24)

Il fut décidé, lors de ce congrès, de porter la question du birth-control devant la Société des Nations.

Mentionnons, en terminant, l'existence de l'International Neo-Malthusian and birth-control Federation. Les buts de cette organisation sont les suivants :

1. Montrer aux peuples et aux gouvernements les dangers de la surpopulation.

2. Diminuer et éliminer le surplus de la population en étendant la connaissance des méthodes contraceptives, qu'il ne faut pas confondre avec l'avortement.

3. S'opposer à toute législation interdisant l'enseignement des pratiques anticonceptionnelles hygiéniques.

4. Recommander au corps médical l'enseignement de ces pratiques, particulièrement dans les hôpitaux, les asiles et les centres de bienfaisance.

5. Travailler à l'amélioration de la race, en permettant aux parents de restreindre leur famille au nombre d'enfants qu'ils peuvent raisonnablement mettre au monde, eu égard à leur état de santé et à leur conditions économiques, et en les autorisant à s'abstenir de procréer chaque fois qu'une maladie héréditaire ou une autre tare risquerait de rendre les enfants incapables de subvenir à leur existence.

6. Développer le sens de la responsabilité sexuelle et diminuer ainsi la propagation des maladies vénériennes, en faisant savoir que les jeunes gens doivent se marier tôt, sans tenir compte de leur situation économique, puisque le birth-control leur per-

---

(Suite de la note 2 de la page 23)

Pour l'Allemagne : les Drs H. Stöcker et F. Goldstein.

Pour l'Autriche : Herr et Frau Ferch.

Pour la Russie : le Dr P. Tutyshkin, du département de l'Hygiène de Moscou.

Pour la Hongrie : Mme Rosika Schwimmer.

Pour la Tchécoslovaquie : le Dr Ladislaw Haskovec, président de la Société eugénique de Prague.

Pour l'Italie : le professeur Corrado Gini, directeur au département de statistique de l'Université de Padoue.

Pour le Canada : le professeur R. M. Mc Iver, du Department of Economics de l'Université de Toronto.

Pour le Mexique : M. Garnio.

mettra de limiter le nombre de leurs enfants. Développer une saine instruction des questions sexuelles.

7. Etablir une entente internationale, en demandant à tous les gouvernements de veiller à régulariser la natalité dans leurs pays respectifs, afin d'éviter la surpopulation, qui est reconnue comme une des grandes causes de la guerre.

Le président de l'International Federation of Neo-Malthusian and Birth Control Leagues est le Dr C. C. Little, président de l'Université de Maine (U. S. A.).

Telles sont les grandes lignes du mouvement de l'eugénique et du birth-control pris dans son ensemble.

La question de la race, si intimement liée à celle de la population, ne peut plus être envisagée dans les limites étroites de chaque pays. C'est sur le plan international, qu'elle devra désormais être considérée; une entente entre Etats est seule susceptible d'acheminer vers la solution des nombreux et délicats problèmes biologiques, économiques et sociaux en présence.

GRANDE - BRETAGNE

Le mouvement eugénique en Angleterre date de Galton.
C'est lui qui, en 1883, créa le terme d'eugénique et définit
cette science pour la première fois. Il publia successivement
en 1861 «Hereditary Genius »; en 1883 : « Inquiries into the
Human Faculty and its Development » et, en 1889, « Natural
Inheritance ». Galton fut l'objet de nombreuses critiques. Il
défendit, en 1901 : « The Possible Improvement of the Human
Breed under Existing conditions of Law and sentiment » devant l'Anthropological Society. Trois ans plus tard, il lisait à
la Sociological Society un rapport intitulé: « Eugenics; Its
Definition, Scope and Aims ». Enfin, en 1905, dans un nouveau rapport à la même société, il préconisait que les habitudes qui, jusqu'à présent, avaient présidé à la formation des
mariages soient désormais modifiées dans l'intérêt de la race.
C'est en 1904 qu'il fonda à l'Université de Londres un enseignement d'eugénique nationale et qu'il fit don à cette institution d'un laboratoire d'eugénique. Grâce aux écrits et aux
discours de Galton, il se créa en 1908, à Londres, une société,
l'Eugenics Education Society, dont l'action s'étendait à : 1. la
biologie, pour autant qu'elle concerne l'hérédité; 2. l'anthropologie, dans ses rapports avec la race et le mariage; 3. la
politique; 4. l'éthique, dans la mesure où elle développe l'idéal

social ; 5. la religion, aussi longtemps qu'elle renforce les devoirs eugéniques. (1)

Galton fut le premier président honoraire de la société. C'est à Londres qu'eut lieu, en 1912, sous les auspices de l'Eugenics Education Society, le premier congrès international d'eugénique auquel assistèrent plus de sept cents délégués.

En 1912, le Dr C.-W. Saleeby publiait son livre « Parenthood and Race Culture », exposé des principes de la culture de la race ou de l'amélioration de la race. Il avait écrit ce livre sous la direction de Galton. (2)

L'Angleterre est le pays où le mouvement eugénique est le plus développé. De nombreuses institutions sociales ont inscrit cette question à leur programme. Beaucoup d'entre elles organisent des conférences et donnent des cours dans le but de propager les idées eugéniques. Dans les meetings, les congrès, ce sujet est mis à l'ordre du jour. C'est ainsi qu'il a été discuté lors des réunions de la Women's Imperial Health Association (3) ; au congrès du Royal Institute of Public Health, de Plymouth 1922, où des rapports sur l'eugénique et la restriction des naissances ont été déposés. (4)

Au 11ᵉ meeting de la British Medical Association, section of Medical Sociology, le problème de la déficience mentale dans ses rapports avec la ségrégation et la stérilisation a été envisagé. (5).

En 1920, dans une note du Chief Medical Officer du Ministry of Health, relative à une réglementation nationale de médecine préventive, une des principales sections avait pour titre « Eugenics and the principles of sound breeding ». Il est à remar-

(1) Popenoe. *Applied Eugenics*, p. 155.
(2) *Eugénique*, 1914, p. 2.
(3) *Eugenics Review*, 1921, p. 484 s.s.
(4) *Eugenics Review*, 1922, p. 146.
(5) *Eugenical News*, 1925 janvier.

.quer que, dans aucun document officiel, la question eugénique n'avait été mentionnée jusqu'à ce jour, et pour la première fois, il semblait que le gouvernement voulait s'intéresser au problème racial. (1)

Enfin, l'eugénique fait l'objet d'un enseignement dans plusieurs universités anglaises et des chaires spéciales d'eugénique existent aux Universités de Londres et de Cambridge.

Nous diviserons cette partie, consacrée à l'Eugénique en Grande-Bretagne, en cinq chapitres:

Chapitre   I. — Institutions eugéniques en Grande-Bretagne.

Chapitre II. — Publications eugéniques en Grande-Bretagne.

Chapitre III. — Raisons nécessitant l'application de l'eugénique en Grande-Bretagne.

Chapitre IV. — Différents moyens eugéniques préconisés en Grande-Bretagne.

Chapitre V. — Le contrôle des naissances.

---

(1) Major L. Darwin, *Eugenics Review*, 1920, p. 105.

CHAPITRE I.

Les institutions eugéniques en Grande-Bretagne

Les différentes institutions ayant pour but l'étude ou la propagande de l'eugénique en Angleterre sont:
1. L'Eugenics Society.
2. Le Galton Laboratory of National Eugenics.
3. Les champs d'expérience de Wimbledon.
4. La Rockfeller School of Hygiene de Londres.
5. La Cambridge University. Eugenics Society.

Nous étudierons séparément chacune de ces institutions dans un paragraphe spécial.

§ 1. — L'EUGENICS SOCIETY.

L'Eugenics Society a été fondée en 1908 sous le nom d'Eugenics Education Society (nom qu'elle garda jusqu'en 1926). Elle a son siège à Londres, 20, Grosvenor Gardens, S. W. 1.

Le président est le major Léonard Darwin, Sc. D. Elle groupe dans son comité: Professor E. W. Macbride, F. R. S., Sir Bernard Mallet, K. C. B., Mr W. H. Hazele, Lady Chambers, Dr R. A. Fisher, M. A., Dr D. Ward Cutler.

1. — *Buts de la société.*

Les buts que poursuit l'Eugenics Society sont:

I. — Eduquer le peuple dans le sens eugénique et lui inculquer la responsabilité de la paternité et de la maternité.

II. — Travailler à éliminer les éléments qui empêchent les types supérieurs de se reproduire et qui permettent aux inférieurs de se multiplier.

III. — Insister sur la nécessité qu'il y a pour les tarés et les dégénérés à ne pas se multiplier. Cette fin peut être atteinte par la ségrégation, et ultérieurement par la stérilisation, volontaire ou obligatoire.

IV. — Examiner les résultats des recherches et de la législation eugénique dans les différents pays.

V. — Recueillir les statistiques et les faits qui peuvent être de quelque utilité pour les progrès législatifs et scientifiques du pays.

VI. — Travailler de façon très étroite avec l'action législative afin de pouvoir intervenir efficacement, soit en s'opposant aux mesures prises, soit en les encourageant, chaque fois que l'intérêt de la race le réclame. (1)

2. — *Moyens employés.*

Ce sont:

I. — La publication d'une revue trimestrielle, ainsi que d'autres brochures.

II. — La création d'une bibliothèque, qui est tenue au courant de toute la littérature eugénique.

III. — L'institution de réunions mensuelles où des conférences sont données et des rapports lus.

IV. — L'organisation de conférences, de cours, ou de séries de conférences dans les différentes villes de l'Angleterre.

3. — *Activité de la société.*

I. — Enquêtes généalogiques.

L'Eugenics Society poursuit de vastes enquêtes généalogiques. L'instrument au moyen duquel elle opère principalement est le formulaire familial (family record).

Le questionnaire en usage comporte des questions relatives à trois générations successives de la même famille: grands-parents, parents et enfants, ceux-ci étant classés d'après leur ordre de naissance. Dix questions principales ont trait pour chaque individu au sexe, à l'âge, au lieu de naissance, à la résidence, à l'occupation, aux maladies successives et, éventuellement aux causes de la mort, aux caractères particuliers et exceptionnels. Vingt-sept autres questions ont pour but de déterminer, pour chaque membre de la famille, des caractères anthropologiques tels que: taille, couleur des cheveux, etc.

---

(1) *Eugenics Review,* 1923, p. 454.

II. — Travaux eugéniques.

L'Eugenics Society a, depuis sa fondation, publié un grand nombre de travaux eugéniques dont les principaux sont les suivants:

Eugenics and Education:

1. The Eugenics Appeal in Moral Education. By John Russel, M. A.

2. American Methods of Introducing Eugenics Ideas into Elementary Schools. By Mrs MacCoy Irwin.

Eugenics during and after the War. By Major Leonard Darwin

Eugenics and National Economy. By Major Leonard Darwin.

Eugenics and Patriotism. By Professor John Edgar.

The First International Eugenics Congress. By Edgar Schuster. M. A., D. Sc.

Francis Galton, 1822-1911. By Sir Francis Darwin, F. R. S.

The Habitual Criminal. By Major Leonard Darwin.

Heredity of Feeblemindedness. By H. H. Goddard.

How to Teach Little Children. By Violet Trench.

Infant Mortality and its Administrative Control. By M. Greenwood, Inr.

Local Associations for Promoting Eugenics. By Sir F. Galton, F. R. S.

Marriage Laws and Statutory Experiments in Eugenics in the United States. By Newton Crane, M. A.

The Unselfish Society. (A Conversation). By Mrs. Bamfield.

What is Eugenics ? (A Plea for Radical Improvement). By Mrs. R. F. Hawkes, B. Sc., M. Sc.

Birth Control and Eugenics. By Havelock Ellis.

Divorce and Illegitimacy. By Havelock Ellis.

Emigration. By C. S. Stock.

Mental Deficiency Act. By Evelyn Fox.

Public Health and Reconstruction. By E. J. Lidbetter.

The Education Bill and Eugenics. By W. C. Marshall.

The Eugenic Principle in Social Reconstruction. By Mrs. Gotto, O. B. E.

Some Attemps towards Race Hygiene in France during the War. By L. March.

Eugenics and Social Influence of the War. By J. A. Lindsay.

Eugenics: the Science of Improving the Radical Characteristics of Future Generations. By Major J. Darwin.

Infant Mortality during the War. By Corrado Gini.

Eugenics. By Major Leonard Darwin, Sc. D.

Mate Selection. By Major Leonard Darwin.

Sterilization in America. By Major Leonard Darwin.

Problem of Eugenical Sterilization in Sweden.

The Right to Main.

The Boy and his Body.

The Origin of hide (A Girl's Physiology).

A State Certificate of Marriage. By Dr. Gibbons.

Subman. By Austin Freeman.

Studies in Hereditary Ability. By W. T. T. Gun.

Eugenic Bearing of Measurements of Intelligence in the United States Army.

How our Society should strive to Advance. By Major Leonard Darwin

The Elimination of Mental Defect. By R. A. Fisher.

Eugenics in America. By Dr. H. H. Laughlin.

The Racial Effect of Alcohol. By Raymond Pearl.

Marriage. By Major Leonard Darwin.

Biometrical Study of Heredity. By R. A. Fisher.

Frequences of Sex Combination in Human Families. By A. S. Parkes.

Influence of Heredity in the Etiology of Tuberculosis. By D. A. Goyaerts.

Further Studies in Hered. tary Ability. By W. T. Gun.

Eugenics in Germany. By Prof. Krohne.

State-aided Educ.. ion and Fertility. By Major Darwin.

III. — Etablissement d'un programme eugénique.

Voici l'aperçu du programme eugénique tel que le conçoit l'Eugenics Society et tel qu'il a été approuvé par elle en 1926.

Ce programme comprend deux grands chefs de réforme :

la multiplication des stocks supérieurs,

la diminution des stocks inférieurs.

Les principaux points de ce programme sont :

1. L'empêchement de la reproduction des tarés soit par la ségrégation, soit par la stérilisation.

2. La limitation de la famille des moins doués.

3. La limitation des naissances chaque fois que des raisons médicales la justifie.

4. L'établissement du certificat médical avant le mariage.

5. L'attribution d'allocations dans le but de favoriser les naissances dans les classes bien douées.

6. La diminution de l'impôt pour des motifs identiques.

7. La modification du système de recensement de la population afin de permettre de retracer l'histoire des familles.

8. Le développement de l'éducation au point de vue biologique et racial dans les Universités et les écoles.

9. La surveillance de l'immigration.

10. L'étude des lois du croisement des races.

11. La lutte contre les poisons de la race tels que maladies vénériennes, alcoolisme, etc. (1)

IV. — Propagande eugénique.

En 1912 l'Eugenics Society organisait le premier congrès international d'eugénique.

Déjà en 1913, elle instituait une série de conférences sur les fondements de l'eugénique. Celles-ci eurent lieu à l'Imperial College of Science de Kensington. De même, à cette époque, des cours de biologie élémentaire étaient donnés dans le but d'éclairer l'opinion publique sur ces questions.

Aussitôt après la guerre, en 1918, de nouvelles séries de conférences étaient données sur la « Biology and Parenthood » afin de faire connaître la valeur sociale de l'eugénique. (2)

Depuis, chaque année l'Eugenics Society organise des cours et des conférences en vue de propager les idées eugéniques dans tous les milieux.

C'est l'Eugenics Society qui institua en août 1919 avec le

(1) *Eugenics Review*, juillet 1926, p. 95.
(2) *Eugenics Review*, 1919, p. 253.

concours de la « Civic and Moral Education League » une « Summer School of Civics and Eugenics » à Oxford. C'était la première fois qu'une école de ce genre était établie en Angleterre. Ces cours eurent un grand succès et furent suivis par des médecins, des infirmières et des social workers. Ils étaient divisés en deux parties : la première était consacrée aux bases scientifiques du travail social et d'éducation et renfermait des leçons élémentaires de biologie, de sociologie et de psychologie. La seconde comprenait un travail plus spécialisé et l'étude de problèmes sociaux comme l'éducation civique, l'étude de la nature et ses rapports avec les problèmes sociaux, la législation et ses effets sur la vie sociale, etc... (1)

Depuis cette époque des cours semblables sont organisés chaque année.

Enfin, l'Eugenics Society a créé dans son sein différents comités, comme par exemple le comité de propagande, fondé en 1923 sous la direction de M. B.-S. Bramwell. Ce comité a établi une série de cours sur l'hérédité, pour les étudiants de biologie et de sociologie. Ils sont donnés par Sir Bernard Mallet. Citons aussi la commission instaurée en 1924 : Commitee for Research in Education, dans le but d'entreprendre une enquête sur la nature et l'incidence de certains caractères de la population normale et de la population pauvre.

Il existe dans toutes les grandes villes anglaises des sociétés locales dépendant de l'Eugenics Society.

§ 2. — LE GALTON LABORATORY OF NATIONAL EUGENICS.

Ce laboratoire a été fondé par Galton, à l'University College, Gower Street, Londres. Il a été dirigé lors de sa fondation par Karl Pearson. Ce dernier a été également le premier titulaire de la Chaire d'eugénique de Londres.

§ 3. — LES CHAMPS D'EXPERIENCE DE WIMBLEDON.

Ces champs d'expérience eugénique dépendent de l'Université de Cambridge.

----

(1) *Eugenics Review*, 1919, p. 252.

§ 4 — LA ROCKFELLER SCHOOL OF HYGIENE DE LONDRES.

Cette institution a fondé en 1927 une section d'eugénique.

§ 5. — LA CAMBRIDGE UNIVERSITY EUGENICS SOCIETY

Cette société a pour but de travailler à l'avancement de la science de l'eugénique et d'étudier les différents moyens les plus propres à son application.

CHAPITRE II.

Les publications eugéniques en Grande Bretagne

Les différentes publications eugéniques en Angleterre sont :

1. — « The Eugenics Review », édité par l'Eugenics Society.

2. — « The Journal of Genetics », édité par l'University Press de Cambridge.

3. — La revue « Biometrika », éditée par l'University College de Londres.

4. — Les « Annals of Eugenics », édité par l'University Press de Cambridge.

CHAPITRE III.

Raisons nécessitant l'application de l'eugénique
en Grande Bretagne

Nous allons maintenant étudier les différentes causes qui déterminent les eugénistes anglais à intervenir, parce qu'elles constituent des influences dysgéniques et agissent soit directement, soit indirectement à l'encontre du bien de la race.

Les motifs, que nous exposons ici sont ceux invoqués le plus souvent par les eugénistes anglais eux-mêmes.

Ce chapitre comprendra 6 paragraphes correspondant à l'examen de chacun de ces motifs.

Ce sont :

§ 1. — Le grand nombre de tarés que possède l'Angleterre.
§ 2. — La surpopulation anglaise.
§ 3. — Le grand nombre de chômeurs.
§ 4. — Les ravages causés par la guerre.
§ 5. — La mauvaise répartition de l'impôt.
§ 6. — La diminution de la natalité dans les classes supérieures.

N.-B. — Il est à remarquer toutefois que cette énumération que nous faisons n'a pas un caractère limitatif.

§ 1. — LE GRAND NOMBRE DE TARES QUE POSSEDE LA GRANDE-BRETAGNE.

De tous les motifs qui déterminent les eugénistes anglais à agir, celui que constitue le nombre toujours croissant de tarés, physiques et mentaux, est bien certes le plus important.

La multiplication de ceux-ci, beaucoup plus rapide que celles des individus normaux, devient un danger des plus menaçants pour la race anglaise.

Voyons ce qui, dans les faits, a été constaté ›

Depuis 1851, le Census anglais fait connaître le nombre de personnes atteintes d'infirmités physiques; depuis 1871, les relevés du Census portent aussi sur les infirmités mentales. En 1901, les questions ont été précisées de façon à distinguer les fous proprement dit des imbéciles et simples débiles mentaux; il en a été de même au recensement de 1911.

Le fait le plus important qui ressort de ces statistiques c'est l'accroissement non interrompu du nombre d'aliénés enregistrés en Angleterre, particulièrement depuis 1901.

Le tableau ci-dessous nous donnera quelques chiffres :

Année.	Nombre total d'aliénés.			Nombre par 100.000 habitants.		
	Ensemble.	Hommes.	Femmes.	Ensemble.	Hommes.	Femmes.
1871	69.019	32.874	36.145	304	297	310
1881	84.503	39.789	44.714	325	315	335
1891	97.383	45.392	51.991	336	323	348
1901	132.654	62.063	70.591	408	395	420
1911	161.993	76.243	85.750	449	437	460

En Ecosse, on constate un mouvement analogue : le nombre des débiles mentaux atteignait en 1911 le chiffre de 23.630, soit 5 p. 1000 habitants au lieu de 4.5 en Angleterre.

Si l'on examine les chiffres qui ont été obtenus en France à la même époque, on se rend compte que le nombre d'aliénés proportionnellement au nombre d'habitants est bien moins élevé dans ce dernier pays qu'en Angleterre.

Examinons les statistiques que nous donne M. Lucien March : (1)

______

(1) Les infirmités mentales en Angleterre et l'Act de 1913. L. March. *Eugénique*, 1914, p. 108 et suiv.

France.

Années.	Nombre d'aliénés par 100.000 habitants.
1866	257
1872	258

Angleterre.

Années.	Nombre d'aliénés par 100.000 habitants.
1871	303
1891	336
1911	449

Les résultats sont également moindres pour la France en ce qui concerne les recensements faits dans les asiles des deux pays.

Années.	Nombre d'aliénés internés par un million d'habitants.	
	Angleterre.	France.
1875	270	117
1885	290	139
1895	313	165
1905	355	182
1910	369	191

Suivant le rapport de la Commission Royale nommée en 1904 pour l'étude du problème de la débilité mentale, on comptait en Angleterre à cette époque 270.000 *faibles d'esprit* dont 130.000 ne recevaient aucun soin.

Le Major Darwin nous donne également quelques chiffres sur la répartition des différents déficients mentaux en Grande-

Bretagne. Il y a pour l'Angleterre et l'Ecosse 30 faibles d'esprit par 10.000 habitants, 9 idiots ou imbéciles et 36 fous par 10.000 habitants. (1)

En 1922, le nombre d'aliénés en Angleterre et en Ecosse avait augmenté de 3.370 sur l'année précédente. (2)

En 1925, les statistiques accusaient un chiffre d'aliénés de 201.000. Parmi eux 51.000 l'étaient congénitalement.

Quant à la tuberculose, on enregistrait en 1922, 42.000 décès dus à cette cause. En 1923, 71.004 nouveaux cas étaient déclarés et en 1924, 72.724. Il est à remarquer que le nombre de lits existant dans les hôpitaux pour les tuberculeux est inférieur à 25.000. (3)

Le péril vénérien fait en Angleterre annuellement 22.010 victimes en matière de syphilis; 1.098 en matière de chancre et 31.272 en matière de gonorhée. Le nombre de consultations enregistrées en 1924 pour les maladies vénériennes s'est élevé à 1.645.415. (4)

Avant l'emploi obligatoire de la méthode de Crédé, sur 17.000 naissances, on constatait 9 % d'ophtalmies d'origine blennorrhagique. A Londres, Bishop Harmann estime que sur 1100 enfants aveugles, il y en a 24,35 % qui doivent leur infirmité aux suites de l'ophtalmie blennorrhagique. Sur les 102 enfants aveugles de l'école de Bristol, 41 avaient été les victimes de l'infection des yeux par le gonocoque. (5)

L'état déficitaire de la population en Angleterre est surtout prouvé au moyen des statistiques fournies par l'armée.

En 1912, sur un chiffre de 47.000 recrues qui sont passées à l'examen médical 223 pour 1000 ont été rejetées.

Mais les statistiques recueillies pendant la guerre sont plus significatives encore :

---

(1) *Eugenics Reform*, p. 187.

(2) Huitième rapport annuel du Board of Control pour l'année 1921.

(3) Stella Browne. *The new generation*, déc. 1925, p. 135.

(4) Sir James Barr. *Birth-Control Review*, janv. 1927, p. 8.

(5) Les ravages de la blennorrhagie. Dr Leclercq-Dandoy. Rapport présenté au 1r Congrès de la Ligue Nationale Belge contre le Péril vénérien

En 1918, sur 2.425.000 hommes qui furent examinés, 36 % seulement étaient en possession d'une parfaite santé et 23 % d'une santé moyenne. Environ 31 % constituaient des déficients et n'étaient capables que de travaux sédentaires. 10 % se trouvaient dans l'incapacité absolue et permanente d'accomplir aucune sorte de service.

Sur deux millions et demi d'hommes examinés, un tiers seulement fut trouvé en pleine possession des capacités physiques et mentales.

Après la guerre, en 1920, alors que le recrutement volontaire a été rétabli, le nombre d'hommes qui se sont engagés était de 120.000, et un tiers environ a été rejeté pour des raisons de santé. (1)

Sir George Newman, Chief Medical Officer au Board of Education faisait savoir, en 1922, que 46 % des enfants des écoles primaires anglaises sont affligés de défectuosités physiques plus ou moins grandes. Environ 2 % souffrent de dénutrition, de maladies de cœur, d'anémie ou de difformités. Cela représente pour tout le pays un chiffre de 100.000 victimes pour chacun de ces chefs. (2)

En 1918, Mr. Lloyd George déclarait que le résultat de l'examen physique de la population britannique démontrait que les conditions physiques du peuple anglais étaient inférieures à celles d'aucun autre peuple civilisé. Et le Vice-Chancellor Adami, dans son recensement de 1918, démontrait que l'état physique de la jeunesse actuelle se trouvait dans une situation déplorable. (3)

Une autre preuve de la dégénérescence de la race en Angleterre nous est donnée par le nombre toujours croissant d'enfants mort-nés par suite de manque de développement congénital ou de débilité. Le tableau suivant indique les chiffres obtenus pour l'Angleterre de 1905 à 1909.

---

(1) Mr. Harold Cox. *Eugenics Review*, 1922, p. 84.

(2) Sir James Barr. *Birth-Control Review*, janv. 1927, p. 7.

(3) Ibid.

Année.	Naissances prématurées sur 100 naissances.	Mortalité pour cause de débilité par 100 enfants survivants.
1905	5.82	3.05
1906	5.76	3.66
1907	5.96	3.71
1908	6.44	3.90
1909	6.47	4.06

Une autre statistique nous donne l'accroissement du taux de la mortalité infantile par suite de manque de développement congénital en Angleterre, en Ecosse et en Irlande.

Période.	Angleterre et Pays de Galles.	Ecosse.	Irlande.
1856-1860	1,67	1.13	—
1861-1865	1.76	1.54	—
1866-1870	1 82	1.84	0.40
1871-1875	1.85	2.19	0.25
1876-1880	2.80	2.40	0.29
1881-1885	3.23	2.76	0.76
1886-1890	3.39	3.19	0.83
1891-1895	3.86	3.65	0.92
1896-1900	4.18	3.95	1.23
1901-1905	6.12	5.42	2.79 [1]

Outre le danger que constitue pour la race le nombre toujours croissant d'indésirables, il est encore un autre motif qui force, non pas seulement les eugénistes, mais encore les hommes d'Etat, à intervenir, ce sont les frais énormes que leur entretien coûte à la communauté.

Le Major Darwin estime, en effet, qu'avant la guerre, la dépense qui incombait à l'Etat du fait de la justice, de la police, de l'aide apportée aux pauvres, aux infirmes et aux aliénés s'élevait à £ 48.000.000 par année. [2]

---

(1) R. Manschke. *The Decline in the birth-rate. Population and Birth-Control*, p. 205.

(2) *Eugenics Reform*, p. 296.

Dans une conférence donnée à la Royal Society en 1920, le Dr Potts faisait remarquer, d'après les statistiques des «Prison Commissioners » que le coût total des prisons et des institutions, du gouvernement pour criminels, revenait à l'Etat en 1920 à £ 700.000. Mais cette somme ne représente pas la valeur réelle de la charge que le crime apporte à la communauté. Il faut y ajouter les dépenses occasionnées par tous les descendants des criminels qui seront probablement eux-mêmes des déficients : prostituées, faibles d'esprit, mendiants, criminels, etc.

Pour ce qui est des enfants anormaux, leur coût d'entretien ne représente pas un chiffre moins élevé. Les rapports de 1920 des Local Education Authorities accusaient pour l'Angleterre et l'Ecosse un nombre d'enfants anormaux s'élevant à 164.000.

Parmi ceux-ci il y avait 31.000 faibles d'esprit, 20.000 tuberculeux pulmonaires, 13.000 atteints de tuberculose osseuse, 5.800 aveugles et 23.000 estropiés.

83.000 de ces enfants se trouvaient dans des écoles élémentaires et 36.000 dans les écoles spéciales.

Leurs frais d'éducation se sont élevés durant l'année 1920 à £ 79.000 pour les aveugles; à £ 115.000 pour les sourds; à £ 390.000 pour les faibles d'esprit; à £ 217.000 pour les estropiés; à £ 114.00 pour les débiles et les prétuberculeux; à £ 11.000 pour les épileptiques.

Mais tous ces chiffres ne représentent pas encore la totalité des sommes que l'Etat doit débourser pour ces déficients. Car une certaine proportion d'entre eux seulement est capable d'être rééduquée. Beaucoup restent toute leur vie à la charge de l'Etat. Parmi les aveugles 50 % seulement peuvent parvenir à gagner leur vie; parmi les sourds 80 %, parmi les estropiés 75 % ; parmi les faibles d'esprit 40 %. (1)

Durant l'année 1924, la dépense totale occasionnée par les asiles d'aliénés des Comtés et des Communes, en Angleterre et en Ecosse, s'est élevée à £ 6.953.804. Pour ce qui est des prisonniers, elle a été de £ 4.071.537. Pour cette seule année, le

---

(1) *Birth-Control News*, nov. 1922.

coût total de ces déficients a donc atteint la somme de 11 millions 037.690 livres sterling. (1)

§ 2. — LA SURPOPULATION ANGLAISE.

La surpopulation constitue un élément néfaste pour la race en ce qui, diminuant les moyens de subsistance, accroissant la crise du logement, elle se traduit par une chute dans le bien-être général de la population.

En Angleterre, la situation que cet état de choses engendre se trouve être, de l'avis de nombreux eugénistes, particulièrement périlleuse. Elle est encore aggravée du fait que l'émigration se ferme de plus en plus aux Anglais, comme aux autres peuples, et cela, même dans leurs colonies, qui sont autonomes. (2)

Le taux de la natalité britannique est élevé. Selon les chiffres officiels, 400.000 individus nouveaux s'ajoutent chaque année à la population.

M. Harold Cox estime que le nombre d'individus que devrait posséder l'Angleterre ne pourrait jamais excéder 25.000.000. (3) Or elle en abrite actuellement 42.766.000.

Lors d'une réunion de l'English National Birth-rate Commission, le même M. Harold Cox déclarait que la population d'Angleterre et d'Ecosse avait doublé dans les soixante années qui se terminaient en 1911. En supposant que cet accroissement continue dans les mêmes proportions, la population de l'Angleterre et de l'Ecosse, atteindra en l'an 2201, le chiffre de 2.295.000.000.

Ramsay Mac Donald, exprimant l'opinion de son parti à la Chambre des Communes en décembre 1922, déclarait que la population de l'Angleterre était actuellement beaucoup trop développée. Et le mois suivant, Mr. Bonar Law disait, qu'à moins d'une amélioration dans l'état du commerce de l'Angleterre la population ne pouvait espérer se trouver dans un état voisin du confort.

---

(1) R. A. Gibbons. *Eugenics Review,* juill. 1926, p. 108.

(2) M. Devaldès. *Mercure de France,* 1ᶠ mars 1926.

(3) Sir James Barr. C.B.E.M.D., *The New Generation,* fév. 1924, p. 19.

En outre, Mr. Winston Churchill estime qu'au moins 20 millions d'individus de plus que l'île n'en peut nourrir, même dans les conditions, les plus mauvaises, ont été amenés à l'existence. (1)

En 1923, le R^t Hon. Stanley Baldwin, M. P. faisait remarquer le danger de la situation d'un pays qui maintient une population trop grande pour les subsistances qu'il contient.

Si l'on examine les statistiques anglaises depuis le commencement du siècle on constatera une hausse croissante dans le mouvement de la population :

En 1901, la population britannique était 37.118.000 h.
En 1921, elle était de .... 40.831.000 »
Et en 1923, de .... 42.766.000 » (2)

§ 3. — LE GRAND NOMBRE DE CHOMEURS.

Le chômage est une des conséquences de la surpopulation en Angleterre. Les eugénistes s'en inquiétent à juste titre, car de la misère qui l'accompagne résultera une diminution des forces vitales de la race.

Avant la guerre, le nombre des chômeurs était constamment aux environs de 200.000 et l'on pense que même si les conditions industrielles et commerciales d'avant guerre se retrouvaient, il y aurait encore au moins un demi-million de chômeurs en permanence. (3)

En 1922, le nombre des sans-travail enregistrés atteignait le chiffre de deux millions. A la fin de 1925, il était exactement de 1.127.500.

La situation à un moment donné a été si critique qu'il fut question en 1923 d'envoyer les chômeurs au Canada. La presse (« Daily Mail ») a même parlé de quatre millions d'individus dont l'immigration devrait être effectuée. (4)

---

(1) Sir James Barr, C. B. E., M. D. *The New Generation*, févr 1924, p. 19,
(2) Bowley. *Birth-Control Review*, avril 1926, p. 129.
(3) M. Devaldès. *Mercure de France*, 1^r mars 1926.
(4) *The New Generation*, avril 1923, p. 45.

Enfin les dernières statistiques de février 1927 accusaient un chiffre 1.144.000 chômeurs, soit 50.018 de plus que pendant la même période de l'année précédente.

Le 21 mai 1927 on enregistrait encore 8709 chômeurs de plus que durant la semaine qui venait de s'écouler.

§ 4. — LES RAVAGES CAUSES PAR LA GUERRE.

Comme les autres pays atteints par la guerre, l'Angleterre a subi une perte de plusieurs millions d'hommes *pris parmi ses meilleurs éléments.*

Il faut ajouter à ce chiffre celui de tous les blessés et infirmes qui viennent augmenter le nombre déjà si grand des déficients physiques.

De plus, la guerre a engendré de nombreuses tares du fait de maladies nerveuses contractées au front : épilepsie, hystérie, neurasthénie et autres faiblesses mentales. Dans son rapport « Neuroses and War », à l'Eugenics Society, Sir Frederick Mott faisait remarquer les effets néfastes que causeront de tels hommes sur la génération qui arrive. (1)

On a constaté que la guerre avait, en Angleterre, augmenté l'alcoolisme, accru la natalité parmi les t -és, et fait progresser le péril vénérien et la tuberculose. (2)

§ 5. — LA MAUVAISE REPARTITION DE L'IMPOT.

Le Major L. Darwin considère l'impôt tel qu'il est appliqué actuellement comme une des grandes causes d'affaiblissement de la race. Pour lui, « toute augmentation de l'impôt est un pas vers la dégénérescence du peuple ». En effet, ajoute-t-il, ces charges ne frappent que les bons éléments, les laborieux, les honnêtes et, d'autant plus durement, qu'ils possèdent plus d'enfants. (3)

---

(1) Sir Frederick Mallet, K. B. E., M. D. *Eugenics Review*, 1922, p. 13 et suivantes.

(2) Dr Muirhead. *The War and the Eugenist.*

(3) L. Darwin. *An adress on Practical Eugenics.*

§ 6. — LA DIMINUTION DE LA NATALITE DANS LES CLASSES SUPERIEURES.

La diminution de la natalité dans les classes supérieures engendre pour conséquence une décroissance quantitative du stock supérieur de la population, allant toujours en augmentant. Comme d'autre part, les déficients, les tarés, et toutes les couches inférieures de la société, se multiplient de plus en plus, il en résultera dans peu de temps un renouvellement total de la population par le bas.

Les recherches de Sidney Webb démontrent qu'il y a en Angleterre une tendance de plus en plus marquée parmi les intellectuels à limiter les naissances. Les investigations faites par le Galton Laboratory of National Eugenics prouvent que ce mouvement de décroissance de la natalité a commencé vers les années 1876-1878, lors de la campagne menée par Charles Bradlaugh et la théosophe Mrs. Anne Besant en vue de propager les idées néo-malthusiennes et l'enseignement du contrôle des naissances. (1)

Herbert Spencer déclarait que la moindre fécondité est la conséquence nécessaire et le signe même du perfectionnement des êtres.

Galton, le créateur de l'Eugénique, insistait déjà en 1883 dans ses « Inquires Into Human Faculty » sur le grand tort causé par l'application des idées de Malthus au sein des meilleures classes de la population.

David Héron estime, qu'à Londres, un enfant normal possède en moyenne quatre frères et sœurs, tandis qu'un anormal en possède six. (2)

Le recensement officiel de la population fait en Angleterre en 1911 nous donne les résultats suivants :

Le taux de la natalité parmi les mariages contractés de 1851 à 1861 était de 11 % au-dessous de la moyenne dans la classe I (classe moyenne) et de 3 % au-dessus de la moyenne dans la classe V (travailleurs non qualifiés) ; il n'est plus pour les

(1) Popenoe. *Appiied Eugenics*, p. 270.
(2) *On the Relation of Fertility of man to social status.*

mariages contractés de 1891 à 1896 que de 26 % au-dessous de la moyenne pour la classe I et atteint 13 % au-dessus pour la classe V. Ceci prouve d'une manière évidente l'accroissement considérable de la population dans les basses couches et sa diminution dans les classes supérieures.

Cette conséquence est due à la propagande néo-malthusienne qui n'atteint que les classes élevées (1)

En 1913 une enquête officielle a été ouverte dont les résultats furent publiés en 1916 sous le titre de « The Declining Birthrate ». On a constaté que le nombre annuel des naissances par mille couples (le mari ayant moins de 55 ans) était de 119 dans les classes élevées, de 132 dans la classe moyenne, de 153 chez les ouvriers qualifiés et de 213 dans la catégorie des manœuvres. De plus, l'enquête révélait que l'abaissement de la natalité se manifestait surtout dans les classes aisées. (2)

D'autre part, on constate un phénomène non moins alarmant du point de vue de la race : la population urbaine (qui se trouve dans les plus mauvaises conditions physiques) va s'accroissant tandis que la population rurale diminue.

Pendant les 30 dernières années, la population urbaine d'Angleterre et d'Ecosse qui était de 21 millions s'est élevée à 30 millions tandis que la population rurale diminue sensiblement.

Actuellement 80 % de la population vit dans des centres urbains ou industriels. (3)

Le Docteur Stevenson dans un rapport « Fertility of Various social classes in England and Wales from the middle of the nineteenth century to 1911 » adressé au Royal Statistical Society de Londres étudie le phénomène et estime que les principales causes de cette décroissance de la population dans certaines classes sont: le travail des femmes mariées et surtout l'usage de moyens anti-conceptionnels. Il considère aussi comme une cause de moindre fertilité les mariages tardifs dans les classes aisées. (4)

---

(1) *The Journal of the Royal statistical society*, mai 1920.

(2) L. Lemercier. *Le recrutement de la race*, p. 11.

(3) *Eugenics Review*, 1922, p. 10.

(4) Sir Bernard Mallet. *Eugenics Review*, 1922, p. 23.

Dans son étude, le Docteur Stevenson, divise la population en 8 classes sociales d'après la nature de leurs occupations. Ces classes représentent les différents rangs de la population suivant un ordre décroissant. La classe I comprend les classes élevées et moyennes et la classe V celle des ouvriers non qualifiés. Les classes VI, VII et VIII comprennent les ouvriers textiles, les mineurs, et les ouvriers agricoles.

Les tables suivantes donnent le nombre d'enfants par 100 familles dans ces différentes classes:

	I	II	III	IV	V	VI	VII	VIII
enfants nés	190	241	279	287	337	238	358	327
enfants survivants	168	205	232	237	268	191	282	284

Léonard Darwin attribue la chute de la natalité dans les classes supérieures durant ces dernières années aux causes suivantes:

1. L'absence du travail des enfants et le temps relativement long de l'éducation dans les classes supérieures.

2. Le retard dans l'âge du mariage, contrairement à l'usage en pratique dans les classes ouvrières.

3. L'habitude du célibat qui s'étend de plus en plus dans les classes fortunées.

4. La propagation des méthodes anti-conceptionnelles. (1)

La chute de la natalité dans les classes cultivées est encore démontrée par les statistiques de la « Socialist Review » d'octobre 1924. Elles nous donnent des chiffres significatives à ce sujet.

Villes où l'instruction des filles est très avancée:

	Population	nombre de naissances en 1910
Hampstead	95.510	1269
Hornsey	84.602	1377
Stoke Newington	50.683	955
Dulwich	14.975	201
Total	235.770	3802

(1) *Eugenics Reform*, p. 343.

Villes où l'instruction des filles est peu développée:

		Population	nombre de naissances en 1910
Audiey, Stoffs		16.107	480
Chester-le-Street		78.595	2825
Canning Town		82.252	2756
Poplar		56.327	1740
	Total	233.290	7801

Si l'on examine maintenant ces deux types de population, par rapport à l'accroissement de la natalité, l'on constatera combien celle-ci décline dans les meilleures classes:

		1904		1910	
		Population	Natalité	Population	Natalité
Stoke Newington		51.247	1147	50.683	955
Hampstead		81.942	1145	85.510	1269
Hornsey		72.056	1626	84.602	1377
	Total	205.245	4218	220.795	3601

Nous voyons ainsi qu'avec un accroissement de population de 15.000 habitants, ces villes ont réduit leur moyenne des naissances de 15 % et cela en 6 ans..

Examinons maintenant l'augmentation observée dans les centres ouvriers:

		1904		1910	
		Population	Natalité	Population	Natalité
Audiey, Stoffs		15.008	547	16.107	480
Chester-le-Street		60.552	2590	78.595	2825
Canning Town		70.718	2786	82.261	2756
Poplar		58.514	1940	56.327	1740
	Total	204.792	7863	233.290	7801

CHAPITRE IV.

Différents moyens eugéniques préconisés
en Grande Bretagne

La science eugénique étant très peu avancée, la plupart des moyens préconisés en vue d'améliorer la race, n'ont pas encore été réalisés et n'existent qu'à l'état de projet. Certains même ne constituent que de simples vœux émis par les autorités eugéniques.

Nous croyons bon cependant dans l'énumération que nous allons faire de tenir compte aussi bien de ces vœux que des réalisations obtenues.

Chaque fois qu'une réalisation aura été faite nous ne manquerons pas de la signaler d'une manière particulière.

Ce chapitre sera divisé en 13 paragraphes correspondant à chacun des principaux moyens préconisés.

Ce sont:

§ 1. — L'éducation morale.
§ 2. — L'étude de l'hérédité.
§ 3. — Le développement des familles nombreuses.
§ 4. — La ségrégation.
§ 5. — La stérilisation.
§ 6. — L'éducation eugénique et l'éducation sexuelle.
§ 7. — La réglementation du mariage.
§ 8. — Les mesures d'hygiène sociale.
§ 9. — La diminution de l'impôt.
§ 10. — La rééducation des anormaux.
§ 11. — La sélection naturelle.
§ 12. — La suppression des indésirables.
§ 13. — La réglementation de l'immigration.

Le contrôle des naissances constituant le moyen qui a été le plus largement réalisé en Angleterre, et son importance étant telle dans ce pays, nous croyons nécessaire d'y consacrer un chapitre spécial.

Le chapitre V aura donc pour titre *le contrôle des naissances*.

Mais nous examinerons préalablement les autres moyens eugéniques prémentionnés.

§ 1. — L'EDUCATION MORALE.

Les moyens d'ordre moraux sont considérés par beaucoup d'eugénistes anglais comme une des plus sures méthodes pour arriver au relèvement de la race.

L'Eugenics Society, dans sa campagne d'éducation, cherche avant tout à inspirer à chaque citoyen un sens profond de sa responsabilité raciale afin que chacun de ses actes en soit imprégné. (1)

La méthode la plus importante, dit le Major Darwin, est la méthode de l'éducation, de l'appel à l'intelligence de l'homme. (2)

§ 2. — L'ETUDE DE L'HEREDITE.

L'étude de l'hérédité est le facteur le plus important de tous, du point de vue de l'eugénique. Aussi, celle-ci doit-elle précéder l'application de toute mesure d'ordre pratique.

En effet, pour pouvoir appliquer une mesure, il faut connaître dans quels cas elle sera efficace, et, seules des notions précises sur l'hérédité pourront l'indiquer.

En Angleterre, cette étude a été poursuivie avec un intérêt particulier.

La première institution qui s'y est consacrée est le Galton Laboratory de l'Université de Londres, dirigé par Karl Pearson.

Ce laboratoire s'occupe presqu'uniquement à recueillir des généalogies familiales. « The Treasury of human inheritance »

---

(1) *Eugenics Review*, 1921, p. 448.

(2) *Eugénique et Sélection*, p. 196 et s.s.

et d'autres ouvrages de ce genre sont sortis de ce laboratoire.

L'aptitude aux diverses professions, les particularités physiques, physiologiques, mentales, pathologiques, la tendance à l'alcoolisme, à la tuberculose, au vol, ou au contraire, les facultés mathématiques, artistiques, philosophiques, pédagogiques, etc., ont été suivies dans d'innombrables familles, et les pédigrées ainsi recueillis portent sur de nombreuses générations. (1)

Il faut citer aussi un livre de Karl Pearson « Life, Letters and Labors of Sir Francis Galton » sur la question.

En 1907, David Heron faisait paraître un travail très important sur une grosse statistique d'observation touchant l'hérédité de la diathèse d'insanité.

Bien avant la guerre, l'Eugénics Education Society avait nommé un Comité pour étudier la question de l'Hérédité. Des recherches furent effectuées et un rapport préliminaire fut présenté. Mais la guerre a interrompu ces travaux. Cependant, une quantité de données sont déjà prêtes et deux cents à trois cents généalogies de la plus grande importance attendent d'être publiées. (2)

L'alcoolisme observé chez des enfants apparemment exempts d'hérédité morbide a été étudié par Gordon en 1913.

En 1915, une vaste enquête a été faite par le Board of Control dans le but d'étudier comparativement l'Hérédité et les conditions sociales des aliénés, des faibles d'esprit et des personnes normales. Trois groupes de personnes ont été examinés, le premier était composé de patients adultes pris au London County Council Asylum ; le second d'enfants atteints de faiblesse mentale très prononcée, pris au Special Schools, et le troisième, d'enfants normaux pris dans les Elementary Schools.

Les recherches ont été menées par le Dr Mott du Pathological Laboratory du London County Council Asylum Comittee à Claybury. (3)

---

(1) M. Boigey. *L'Elevage humain,* p. 18.
(2) Mr. Lidbetter. *Eugenics Review,* 1921, p. 455.
(3) Agnes M. Kelley et E. J. Lidbetter. *Eugenics Review,* 1921, p. 394.

§ 3. — LE DEVELOPPEMENT DES FAMILLES NOMBREUSES.

Certains eugénistes insistent, en Angleterre, sur l'utilité des familles nombreuses. Ils estiment, pour des raisons de milieu et autres, trop longues à énumérer ici, que les éléments fournis par ces familles sont supérieurs aux enfants uniques.

Galton, dans « Inquiries into human faculty », fait l'éloge des familles nombreuses. Il préconise une sélection au moyen de ces dernières et propose de retarder l'union des faibles et de hâter celle des vigoureux. Il démontre par la statistique que la pratique du mariage à l'âge de 22 ans produirait au bout d'un siècle quatre fois plus de descendants que celle des mariages à l'âge de 33 ans, et, au bout de deux siècles, dix fois plus. (1)

Cette utilité des familles nombreuses est apparue plus évidente encore depuis que les biométriciens anglais publièrent des recherches tendant à faire ressortir l'infériorité des aînés par rapport aux cadets.

Pearson a fait usage de renseignements recueillis auprès des malades d'hôpitaux ou d'asiles : il a noté combien il existait, parmi ceux-ci, de premiers-nés. Dans son travail sur « La faiblesse des aînés » John H. Chase ajoute ses constatations à celles des chercheurs qui l'ont précédé. (2)

Enfin, le président du II⁰ Congrès International d'Eugénique, M. Léonard Darwin, définissant les buts et les méthodes de l'eugénique, témoigne aussi de sa sollicitude pour les familles nombreuses et demande qu'elles soient dégrevées des charges qui pèsent sur elles. (3) Il demande qu'on travaille à augmenter la natalité dans les classes qui en sont dignes. (4)

---

(1) L. Lemercier, *La recrutement de la race*, p. 14.

(2) *Eugénique*, 1914, p. 155.

(3) La difficulté consiste à s'entendre sur la définition de ces classes. Certaines mesures peuvent avoir des conséquences imprévues, contraires à ce qu'on en attendait. M. Darwin prend pour exemple la proposition de donner à toute mère une certaine somme au moment de la naissance d'un enfant. Il recherche quelle sera la classe de la société, qui en raison de cette prime, augmentera sa natalité. Ses conclusions démontrent que ce seront les classes les plus indésirables qui seront favorisées. (*An adress on practical Eugenics*).

(4) *The arms and methods of Eugenical Societies*, p. 8.

Une société a été récemment formée sous le nom de « League of National Life ». Cette ligue se propose de décourager la limitation de la famille parmi les classes supérieures et bien douées. Les soutiens de cette ligue sont : le Chief Rabbi, Bishop Gore, Dr Lyttleton, Dr H. Sutherland, Dr Letitia Fairfield, des Roman Catholics Peers. (1)

§ 4. — LA SEGREGATION.

La ségrégation est un moyen préconisé par tous les eugénistes modérés. Elle consiste dans l'internement des indésirables afin de les empêcher de se reproduire ou de causer quelque tort direct à la société

Elle trouve, parmi les eugénistes anglais, de nombreux partisans.

Le Major Darwin préconise, dans son livre « An Adress on practical eugenics », la ségrégation des tarés comme un des plus grands moyens de préservation de la race.

La Central Association for Mental Welfare a publié en 1923 une circulaire qui a attiré particulièrement l'attention et dans laquelle il considère la ségrégation, supérieure à la stérilisation en ce qu'elle diminue les dangers sociaux qui peuvent résulter de la mise en liberté des êtres dangereux. (2)

Au point de vue de la réalisation pratique, il faut citer :

1. L'English Poor Law de 1834 qui avait déjà un caractère eugénique. Elle prévenait la reproduction de toute cette classe d'indésirables que représentent les mendiants. Cette loi obligeait toute la famille à entrer dans des « Workhouse » et imposait en même temps la séparation des sexes. (3)

2. La Mental Deficiency Act de 1913 qui est d'une portée eugénique directe. Cette loi s'applique à tous les débiles mentaux susceptibles de causer un dommage aux autres ou méritant protection.

---

(1) *Eugenics Review*, janvier 1927, p. 339.

(2) *Sterilisation and mental deficiency*. Central Association for mental welfare.

(3) C. V. Drysdale, O. B. E. D. Sc. *Eugenics Review*, 1922, p. 111.

Elle prévoit l'internement ou la surveillance, en même temps que l'utilisation économique, des anormaux. De plus, elle réprime les rapports sexuels avec des anormaux. Dans son article 56 elle vise spécialement les gardiens ou autre personnel qui auraient des rapports sexuels avec une personne protégée par la loi. (1)

Une disposition intéressante est celle qui permet de comprendre dans les cadres de la loi nouvelle tout individu coupable d'infraction criminelle ou emprisonné à la suite d'une poursuite criminelle, ou détenu correctionnellement, et qui serait reconnu atteint de débilité mentale.

Un conseil de surveillance (Board of control) est institué et armé de pouvoirs étendus.

En vertu de l'article 31, les autorités scolaires doivent signaler à l'autorité locale les enfants âgés de 7 à 16 ans qui semblent anormaux; le Conseil de Surveillance est chargé de s'assurer que ces enfants ne portent point préjudice aux autres. (2)

Aucune personne ne peut être admise à garder des débiles mentaux sans l'autorisation du Conseil de Surveillance.

Bien que l'Act de 1913 ne contienne pas de prescription tendant explicitement à prévenir la multiplication des anormaux, les possibilités d'internement qu'elle prévoit, la protection spéciale assurée aux femmes et aux filles constituent des obstacles à la procréation. (3)

Jusqu'à la loi de 1913, tout ce qui était réalisé en Angleterre en faveur des anormaux, à part les facilités données par la loi de 1899, était le fait de l'assistance privée ou publique.

---

(1) *Eugénique*, 1914, p. 85.

(2) Des écoles spéciales et des classes particulières pour enfants anormaux fonctionnent déjà en vertu des Acts de 1893 et de 1899. En 1910-11, il existait en Angleterre 39 écoles pour enfants atteints d'infirmités physiques ou mentales, dont 14 écoles techniques. On comptait en 1913 18.000 enfants dans ces écoles, 12.000 autres étaient surveillés chez eux par les autorités. En y comprenant les écoles correctionnelles et celles qui reçoivent les enfants en danger moral, on comptait en Angleterre, à cette époque, 149 écoles dont 112 écoles techniques et 21 cours professionnels destinés aux enfants.

(3) *Les Infirmités mentales en Angleterre et l'Act de 1913*. Lucien March. *Eugénique*, 1914, p. 109 et suiv.

§ 5. — LA STERILISATION.

Le mouvement en faveur de la stérilisation des tarés et des déficients moraux et physiques commence à remuer l'opinion en Angleterre aussi bien dans le monde médical que dans le monde parlementaire.

En 1923 à la séance de la Chambre des Lords (1) où a eu lieu la lecture du projet de loi sur le traitement des maladies mentales, Earl Russell, après s'être étendu sur le traitement à donner aux aliénés déclara qu'un seul remède existait pour prévenir les désastres qu'apporteraient à la race les dégénérés, celui de la stérilisation. Il proposa au Gouvernement que la question fut examinée par un comité spécial désigné à cet effet. (2)

Faulks préconise la stérilisation des aliénés. Il demande que la loi en Grande-Bretagne établisse la stérilisation obligatoire des personnes libérées des Asiles. (3)

La Hunterian Society, lors d'une réunion de mars 1926, a discuté, sous la présidence du Dr R. A. Gibbons, la question de la stérilisation des Mentally unfit. Par Unfit Gibbons entend tout ceux qui, par suite de déficience mentale ne peuvent se conformer à la vie normale en société. Il voudrait stériliser tous ces incapables ainsi que les criminels à héréditer psychopathique qui seraient incarcérés pour la seconde fois. Il considère cette mesure comme une mesure médicale et non pas comme une mesure pénale bien que dans certains cas la stérilisation fasse l'objet d'une pénalité. (4)

---

(1) *Eugenics review*, 1923, p. 438.

(2) D'autre part la même année, la Central Association for Mental Welfare lançait une circulaire sur la question de la stérilisation des aliénés dans laquelle elle considérait l'application de celle-ci prématurée. Elle estime que, dans les conditions existantes, la stérilisation ne constitue pas une mesure pratique, quoiqu'elle puisse être applicable dans certains cas individuels.

(3) *The sterilisation of the Insane* «Journal of Mental Science», janv. 1911, p. 63.

(4) *Eugenical News*, sept. 1926.

Wilfred Chase préconise trois méthodes pour arriver à la stérilisation des tarés.

La première consiste à persuader les intéressés et à leur prouver que leur intérêt et celui de la collectivité exige qu'ils soient stérilisés.

La seconde, à offrir à ceux qui sont en prison ou détenus de quelqu'autre manière l'alternative d'être stérilisés ou de pouvoir reprendre leur liberté. Cette alternative peut être offerte à tous les tarés qui, stérilisés, ne causeraient aucun tort à la société.

La troisième, à accorder à tout ceux qui le voudraient, une allocation de 160 à 200 dollars ou plus, à la condition qu'ils se soumettent à la stérilisation. Cette solution serait acceptée par beaucoup de personnes s'il leur était démontré que la stérilisation ne diminue en rien les pouvoirs sexuels. (1)

En 1926, le *Board of Guardians* de Londres a envoyé un mémoire à tous les guardians d'Angleterre et d'Ecosse leur demandant de soutenir une pétition adressée au Parlement afin qu'il considère attentivement la question de la stérilisation des « unfits » mentaux. Des vœux similaires venant d'institutions publiques ont également été émis. (2)

Une enquête faite en 1926 dans les milieux médicaux par un journal indique que l'opinion médicale autorisée est entièrement en faveur de la stérilisation des inaptes.

L'évêque de Birmingham se déclare grand partisan de la méthode. Le chirurgien Sir Will. Arbuthnet Lane voudrait que l'opinion publique instruite force les pouvoirs à agir. Une autre autorité, le Dr Henning Belfrage, secrétaire de la Société d'hygiène, estime que la stérilisation des inaptes constitue une nécessité sociale absolue.

En fait, la stérilisation est pratiquée en Angleterre dans les cliniques privées. Le Dr Norman Haire, le médecin le plus autorisé dans ce domaine, préconise pareille intervention dans des cas de maladies héréditaires, notamment en matière de syphilis et de tuberculose, ou encore en présence de sujets dont la

---

(1) Wilfrid Chase. *The New Generation*, déc. 1926, p. 125.

(2) R. A. Gibbons. *Eugenics Review*, July 1926, p. 100.

reproduction n'est pas désirable et qui sont incapables de recouvrir aux moyens anti-conceptionnels ordinaires. A cette fin il est fait appel à la Vasectomie et à la Salpingectomie. Outre celles-ci, le Dr Haire emploie une autre méthode consistant en injections graduées, hypodermiques ou intra-musculaires, destinées à immuniser la femme contre l'action des spermatozoïdes. Une vingtaine d'expériences, effectuées par le Dr Haire, ont donné des résultats satisfaisants, quoique temporaires; de plus, dans certains cas, le traitement entraîne une amélioration de l'état général.

Dans un rapport présenté au premier Congrès international d'études sexuelles, tenu à Berlin en 1926, le Dr Norman Haire apprécie les diverses méthodes contraceptives, plus particulièrement la stérilisation. Il attribue le plus d'efficacité à cette dernière. Il envisage ensuite la stérilisation par les rayons X, dont les effets ne sont pas encore très connus, ainsi que le procédé préconisé par le Dr Dickinson qui consiste à fermer l'ouverture des tubes de Fallope, par une cautérisation intra-utérine. (1)

§ 6. — L'EDUCATION EUGENIQUE ET L'EDUCATION SEXUELLE.

Beaucoup d'eugénistes estiment que l'enseignement à la population de sa responsabilité vis-à-vis de la race et des moyens de préserver son intégrité ne peut manquer de procurer à celle-ci une véritable amélioration.

De plus, la connaissance des pratiques de l'hygiène sexuelle amènera les masses à de plus grandes précautions en vue de se préserver des maux qui la menacent.

L'Eugenics Education Society se propose non seulement l'étude scientifique des problèmes de l'eugénique, mais encore et surtout, une action sociale immédiate, en matière d'éducation eugénique. Elle organise dans ce but des conférences et des cours et publie des articles et des rapports. Elle s'intéresse également à la question de l'éducation sexuelle de la jeunesse.

---

(1) Dr Norman Haire. *The comparative value of current contraceptive methods, read at the first International Congress for sexual research.* Berlin, 1926.

Une conférence publique, qui avait pour but d'examiner
comment il serait possible d'introduire les principes de l'eugénique dans l'enseignement moral donné à l'école, a eu lieu
à l'Université de Londres le 1er mars 1913 sous les auspices
de l'Eugenics Education Society. Deux questions ont été envi-
sagées: celle de l'éducation sexuelle proprement dite et celle
de l'enseignement de l'eugénique.

D'après les déclarations apportées à la Conférence, il semble
qu'une initiation sexuelle prudente, et, dans certains cas, la
co-éducation des sexes ont généralement donné d'excellents
résultats.

Pour réaliser cette éducation, les membres de la Conférence ont admis deux phases d'instruction : d'une part un
enseignement général de caractère scientifique, d'autre part,
des avis plus intimes et plus précis. L'histoire naturelle des
plantes sert de point de départ pour donner les notions sur la
fonction de reproduction. De là on passe à la zoologie (formation de l'oiseau dans l'œuf). Des notions plus précises encore
en vue de préserver la jeunesse contre les périls qui la menace
seront également donnés en particulier. On estime généralement que c'est là la tâche des parents. Mais lorsque les parents
sont incapables, cet enseignement se fera par le professeur qui
agira sur chaque élève individuellement.

La Conférence s'est encore préoccupée de l'enseignement
de l'idéal eugénique qui, plus encore que l'éducation sexuelle,
intéresse l'avenir de la race. Le Major Darwin a fait ressortir
l'importance qu'il y avait à attirer l'attention sur la responsabilité morale des jeunes gens à l'égard de la descendance.

De plus, la Conférence a émis un vœu en vue d'obtenir
qu'une enquête officielle soit faite sur l'opportunité d'introduire, dans l'enseignement, l'idée de la responsabilité raciale.
Une délégation a présenté ses vœux au Board of Education. (1)

En ce qui concerne les filles, la Royal Commission anglaise
s'est prononcée en faveur d'entretiens particuliers d'instritu-
trices à élèves ; mais elle a établi comme règle général qu'aucun

____

(1) Lucien March, *Eugénique*, 1913, p. 84 et suivantes.

enfant ne doit quitter l'école ignorant les faits de la reproduction et le péril vénérien. (1)

Dans le quatrième rapport de la Commission Nationale de la Natalité, un long développement est consacré à la question de l'hygiène sexuelle et de la responsabilité sociale de l'adolescent. Il y est souhaité qu'une instruction sexuelle soit donnée aux jeunes enfants avant la puberté. Une instruction préparatoire serait établie dans les classes. Lors de la puberté, elle s'adresserait à des groupes restreints. Les conclusions de la Commission coïncident avec le memorandum du Teaching in Schools, Training College fait par L'Executive Council de 1916 de l'Eugenics Education Society. (2)

En 1921, le Board of Education s'adressait à l'Eugenics Education Society afin de connaître son opinion sur la question de l'éducation sexuelle dans les classes des enfants de plus de 14 ans.

L'Eugenics Education Society a répondu en disant qu'il était de la plus grande importance que l'hygiène sexuelle fût enseigné aux enfants de toutes les classes. Cet enseignement à l'école ne devra être donné que par des professeurs spécialement instruits dans la biologie et l'hygiène sexuelle.

Il ne ferait pas l'objet d'un sujet séparé mais entrerait dans l'étude de la biologie. Le point le plus important à l'heure actuelle, c'est que les professeurs reçoivent tout d'abord, eux-mêmes, une instruction parfaite sur ces questions, afin qu'ils soient capables de les enseigner avec succès soit dans les classes, soit individuellement. (3)

A la Conférence Internationale pour la Réaffirmation d'un idéal moral dans le monde, qui s'est tenue à Londres en octobre 1922, la question de l'éducation sexuelle a occupé une place importante. Un rapport très documenté y a été présenté par le Dr C. J. Bond, C. M. G., sur la question et particulière-

(1) Dr Sand. Programme de la propagande anti-vénérienne en Angleterre et aux Etats-Unis.

(2) *Eugenics Review*, 1924, p. 610.

(3) *Eugenics Review*, 1921, p. 478.

ment sur les devoirs de l'Etat en matière d'instruction sexuelle. (1)

Enfin, ce sujet a été discuté en 1923 au meeting de la London Worker's Section of the Association of Infant Welfare and Maternity Centres. Le vœu fut émis qu'une instruction soit donnée aux mères dans les Infant Welfare Centres sur la manière d'enseigner à leurs enfants les premières notions du problème sexuel. (2)

Il existe en Angleterre une société s'occupant spécialement des questions sexuelles. C'est la British Society for the Study of sex psychology. Elle travaille à propager en Angleterre des idées saines sur le problème sexuel. Le Dr Norman Haire et M. Harold Cox, sous les auspices de cette société préconisent au moyen de conférences la stérilisation des incapables. (3)

Mais pratiquement l'éducation sexuelle dans la jeunesse, après enquête approfondie n'a pas été admise, l'instruction collective se heurtant à de trop grandes difficultés. (4)

Enfin, le *Conseil Britannique d'hygiène sociale* a également inscrit à son programme l'étude des problèmes sexuels. Il a publié en 1927 un bref mémoire résumant les grands principes qui doivent servir de base à la vie sexuelle dans la société.

Il nous a paru intéressant de le reproduire ici : (5)

1. Les récents progrès de la psychologie et de la physiologie sexuelles ont eu pour conséquence que l'on a surtout insisté sur les bienfaits individuels de la continence.

2. Les experts du Conseil d'hygiène sociale ont jugé désirable de présenter quelques remarques sur le côté social de ce problème.

3. Les problèmes sexuels sont inséparables des problèmes sociaux. Depuis les temps les plus reculés, les relations sexuelles ont été guidées et contrôlées par les mœurs et, dans toutes

---

(1) *Revue d'Eugénique*, 1923, p. 21 et suivantes.

(2) *National Health*, mai 1923, p. 271.

(3) *The New Generation*, nov. 1922, p. 10.

(4) Leclercq-Dandois. Rapp. présenté au 1ᵉʳ Congrès de la Ligue Nationale Belge contre le Péril Vénérien. Bruxelles, 1922.

(5) M. Veillard. *«Schweiz Zeitschrift für Gesundheitspflege »*

les sociétés, les progrès de la civilisation ont entraîné une codification des coutumes considérées comme nécessaires par la majorité des individus. Cette codification s'est peu à peu étendue à des actes tels que l'inceste, la bigamie, l'homosexualité, etc.

4. L'idéal de la famille monogamique a été généralement adopté en Angleterre et il s'y est maintenu non seulement comme coutume, mais aussi comme statut légal.

Nous considérons une vie de famille stable comme indispensable à la santé de la race et nous considérons que toute relation extra-conjugale est dans le fond une attaque directe contre le mariage et la famille et qu'elle devrait être considérée comme telle par la société.

...... Que cet idéal de célibat et de monogamie soit praticable, la vie de beaucoup de nos concitoyens le prouve. Cet idéal trouve en outre sa justification dans les conséquences désastreuses de son inobservation. Nous avons déjà montré ailleurs que cet idéal est en accord avec la biologie.

5. Une conséquence grave des relations sexuelles hors mariage sont les maladies vénériennes. Elles disparaîtraient complètement en une couple de générations si l'idéal moral était adopté par chacun. Actuellement ces maladies sont une cause fréquente de décès, de maladies mentales, de souffrances pour des innocents aussi bien que pour les coupables.

6. Nous entrevoyons un temps où la pression morale de l'opinion publique renforcée par la conscience individuelle jugera que lorsqu'il y a inconduite avant le mariage ou infidélité conjugale, la faute est la même qu'il s'agisse d'un homme ou d'une femme. L'intégrité de la famille exige cet idéal de morale unique qui est d'ailleurs de plus en plus réclamé.

7. Nous reconnaissons au surplus que le déséquilibre actuel de la balance des sexes est cause de difficultés exceptionnelles pour cette génération, mais ces difficultés ne justifient pas une modification des bases morales que nous posons.

8. La diffusion des moyens anticonceptionnels a contribué à rendre les relations sexuelles beaucoup plus fréquentes et c'est ce fait qui, avec les progrès de la biologie, nous a incité à

publier ce mémoire. Nous ne considérons pas la crainte d'une grossesse ou d'une maladie comme un motif honorable de continence et nous ne regrettons pas que la chasteté extra-conjugale dépende de plus en plus d'un idéal de vie plutôt qu'elle résulte d'un état de crainte.

9. Nous nous rendons parfaitement compte que cet idéal moral tel que nous venons de le définir nécessite l'abstention des rapports sexuels pendant une partie de la vie de tout adulte; la physiologie et la psychologie moderne nous montrent que cette abstention ne présente pas d'inconvénients.

10. Une expérience séculaire prouve que les relations sexuelles hors mariage engendrent l'irresponsabilité et assez souvent les excès sexuels et les perversions. Il s'ensuit une démoralisation de l'individu et la décadence des mœurs quand ces pratiques se répandent.

11. Si l'on veut promouvoir l'hygiène sexuelle et améliorer la moralité, il ne faut pas perdre de vue les considérations suivantes:

12. Il est nécessaire que tout enfant et adolescent reçoive une éducation sexuelle convenable, qui lui inculque le respect de soi.

13. Nous estimons absolument nécessaire que les parents et les éducateurs connaissent les éléments de la biologie et de la psychologie du caractère et qu'ils considèrent la formation du caractère comme aussi importante que la culture de l'intelligence. Il faut relever à ce sujet la nécessité de donner à la jeunesse des délassements physiques et moraux qui soient sains. Un régime hygiénique est une condition essentielle pour la sublimation et le contrôle des passions.

14. La jeunesse s'attache davantage à des idéaux pratiques qu'à des conceptions rationnelles. C'est pourquoi des sports bien pratiqués sont la meilleure école de discipline, la meilleure dérivation de l'instinct sexuel.

15. Nous reconnaissons au surplus l'importance à cet égard de problèmes sociaux tels que le logement, l'émigration, le taux des impôts, les difficultés de mariage dans certaines professions et les facilités matérielles à accorder à ceux qui ont charge de famille.

16. On demande de plus en plus à la Société de s'intéresser à ces problèmes et de donner à chacun la possibilité de vivre normalement.

17. Il est nécessaire d'amener l'opinion publique à se prononcer en faveur d'une conception élevée des fonctions sexuelles, d'une idéalisation de l'amour et d'un plus grand respect mutuel de l'homme et de la femme.

...... Il faut espérer qu'à l'avenir, tout rapport sexuel illicite, avant ou pendant le mariage, sera reconnu comme en contradiction avec la nature supérieure de l'homme.

18. Nous reconnaissons enfin que le sort de ceux qui ne peuvent se marier malgré leur désir est cruel.

Le bien de la société et, en fin de compte, le bien de chaque individu, nous obligent à poser quand même et sans réticences, ces bases de la vie sexuelle. La société a raison d'estimer et d'honorer le sacrifice de ceux qui dans de telles circonstances restent fidèles à cet idéal.

§ 7. — LA REGLEMENTATION DU MARIAGE.

De tous temps, certaines restrictions ont été apportées au mariage dans l'intérêt de la race.

Ces restrictions varient suivant les différentes législations.

En Angleterre, les conditions imposées aux parties, au point de vue eugénique, ne sont guère très sévères. Elles concernent principalement, comme partout d'ailleurs:

> l'âge du mariage,
> le degré de consanguinité.

Les théoriciens de l'eugénique voudraient instaurer une réglementation beaucoup plus directe, et établir comme condition primordiale au mariage, l'examen médical des fiancés, lequel serait traduit par un certificat prématrimonial.

Ceci aurait pour résultat d'écarter du mariage un grand nombre d'indésirables, et ainsi d'empêcher dans une certaine mesure leur reproduction.

Nous allons examiner séparément chacun de ces différents points.

A. — AGE DU MARIAGE.

La loi fixe l'âge du mariage à quatorze ans pour les hom
mes et à douze ans pour les femmes. (1)

B. — LE DEGRE DE CONSANGUINITE.

La loi (Marriage Act de 1835) défend le mariage consanguin
avec tout parent en ligne directe. Il le défend aussi avec les
collatéraux jusqu'au troisième degré. C'est ainsi que les cousins germains, qui sont parents au quatrième degré, peuvent
se marier entre eux.

La parenté par alliance, c'est-à-dire celle existant entre le
mari et les parents consanguins de sa femme, et la femme et
les parents consanguins de son mari, est interdite dans la même
mesure que s'il s'agissait d'une parenté consanguine.

Toutefois, la loi autorise maintenant, le mariage d'un homme avec la sœur de sa femme décédée.

C. — L'EXAMEN MEDICAL PREMATRIMONIAL.

Cette question n'existe encore en Angleterre qu'à l'état de
vœux, émis par des organismes, par le corps médical et par
les autorités eugénistes. Elle n'est pas entrée dans la législation.

L'Eugenics Society mène une campagne active en vue
d'éveiller la conscience publique et de l'amener à accepter
l'examen médical avant le mariage. Elle estime qu'aucune
réforme ne peut être adoptée avant que le public n'ait pris
conscience de son opportunité.

Le certificat médical prématrimonial est surtout préconisé
par le Major L. Darwin. Il voudrait que chaque partie, avant
d'obtenir une licence de mariage, signe un certificat dans les
formes prescrites, certificat qui serait communiqué réciproque-
ment à chacun des contractants. Il contiendrait une déclara-

---

(1) Dr Pierre Nisot. Etude historique et de droit comparé sur l'âge en matière
de capacité nuptiale.

tion que la partie n'est pas atteinte de maladies, contagieuses ou non contagieuses, qui puissent faire du tort à l'autre conjoint ou aux futurs enfants de l'union; les maladies en question comprennent l'aliénation mentale, l'épilepsie, les maladies vénériennes, la tuberculose, etc., etc. Le certificat devrait aussi renfermer une attestation que la partie n'a jamais été détenue dans une prison, un asile d'aliénés, ou une maison de buveurs, ou n'a jamais été déclarée aliénée ou atteinte mentalement, que de plus elle n'est ni mariée ni divorcée.

Le Major Darwin voudrait, en outre, qu'une fixation de revenu de l'homme soit indiquée dans le certificat, afin qu'un minimum d'avantages économiques, indispensables au progrès de la race, soit assuré à la famille. Un certificat contenant de fausses déclarations entraînerait pour celui qui l'a produit un emprisonnement et, dans certains cas, des droits pour la partie lésée à une annulation de mariage. (1)

Dans le « Memorandum on the Consideration of heredity at the Ministry of Health », l'Eugenics Society demande qu'une enquête soit organisée par le Ministry of Health sur la question du certificat de mariage, ses avantages, sa nécessité, et l'opportunité qu'il y aurait à le rendre obligatoire. (2)

En 1925, la municipalité de la ville de Londres a décidé que les femmes-médecins qui ont une position dans les hôpitaux de la ville devront donner leur démission si elles se marient. On compte pour le moment 34 femmes-médecins appartenant au collège des hôpitaux de la ville de Londres. Il existe également une prohibition de mariage pour les femmes-professeurs. (3)

§ 8. — LES MESURES D'HYGIENE SOCIALE.

Bien que les mesures d'hygiène sociale ne constituent pas en elles-mêmes des moyens eugéniques, la plupart des sociétés d'eugénique les ont inscrites à leur programme.

---

(1) L. Darwin. *Eugenics Reform*, p. 460.
(2) L. Darwin *Eugenics Review*, 1920, p. 109
(3) *Die neue generation*, 1925, p. 23.

En effet, ces mesures, en perfectionnant et en fortifiant l'individu représentent des moyens indirects de protection de la race.

En veillant sur la mère enceinte, on prépare l'enfant à naître. En protégeant le nouveau-né, on forme le générateur de demain. Enfin, en améliorant et en guérissant l'individu lui-même, on lui permet d'engendrer un race saine et forte, si pas de moindres déchets.

Comme l'énumération de tous ces moyens en Angleterre constituerait à elle seule un volume, nous nous bornerons pour ce pays à exposer les principales mesures qui ont été prises en matière de protection de l'enfance, de lutte contre les maladies mentales et contre l'alcoolisme. A cet effet, notre paragraphe sera divisé en trois parties:

A. Protection de l'Enfance et de la Maternité.

B. Lutte contre les maladies mentales.

C. Lutte contre l'alcoolisme.

A. — PROTECTION DE L'ENFANCE ET DE LA MATERNITE.

Les principales lois qui ont été édictées en Angleterre dans le but de protéger l'enfance et la maternité sont:

Poor Law Amendment Act, 1834.

Poor Law (Scotland) Act, 1845.

Vaccination Acts, 1867, 1871, 1898, 1907.

Births and Deaths Registration Act, 1874.

Poor Law Act, 1889.

Custody of Children Act, 1891.

Midwives Act, 1902.

Employment of Children (Scotland and Ireland) Act, 1903.

Notification of Births Act, 1907.

Children Act, 1908.

Mental Deficiency Act, 1913.

Notification of Births (Extension) Act, 1915.

Midwives (Scotland) Act, 1917.

Education Act, 1918.

Maternity and Child Welfare (England and Wales) Act, 1918.

Midwives Act, 1918.
Midwives (Ireland) Act, 1919.
Blind Persons Act, 1920.
Employment of Women, Young Persons, and Children Act, 1920.
Women and Young Persons (Employment in Lead Processes) Act, 1920.
Education Act, 1921. (Consolidates previous, statutes with regard to education in England and Wales.)
Education Act, 1923 (Parliament of Northern Ireland).

Karl Pearson estime que la suppression du travail des enfants a apporté d'excellents résultats en Angleterre. Il a constaté, en effet, qu'à chaque nouvelle loi interdisant le travail des enfants, correspondait une baisse du taux de la natalité. Les parents ayant ces enfants plus longtemps à leur charge en restreignent le nombre. (1)

Afin de protéger la maternité dans l'intérêt de la race, un vœu a été émis dans le « Report of the Women's employment committee » tendant à écarter formellement la femme mariée de l'industrie. (2)

Les principaux établissements pour la protection de l'enfance en Angleterre se répartissent comme suit :

Organismes nationaux de la protection de l'enfance.

Association of Infant Welfare and Maternity Centres, 117 Piccadilly, London, W. I.

General Council for Infant and Child Welfare, 117 Piccadilly, London, W. I.

Invalid Children's Aid Association, 117 Piccadilly, London, W. I.

National Association for the Prevention of Infant Mortality and for the Welfare of Infancy, 117 Piccadilly, London, W. I.

National Adoption Society, 2 Baker street, London, W. I.

---

(1) Popenoe. *Applied Eugenics*, p. 369.

(2) Dr J. Gillon. Rapport présenté au 2e Congrès International pour la Protection de l'Enfance. Bruxelles 1921.

National Baby Week Council, 117 Piccadilly, London, W. 1.

National Children's Adoption Association, 19 Sloane street, London, S. W. 3.

National Council for the Unmarried Mother and her Child, 117 Piccadilly, London, W. 1.

National League for Health, Maternity, and Child Welfare, 117 Piccadilly, London, W. 1.

National Society for the Prevention of Cruelty to Children, Victory House, Leicester Square, London, W. C. 2.

National Society of Day Nurseries, 118 Piccadilly, London, W. 1.

Save the Children Fund, an international effort to preserve child life, wherever it is menaced by conditions of economic hardship and distress, without political on sectarion bias. Head office: 26 Gordon street, London, W. C. 1, and branches throughout the country and Empire.

State Children's Association, 117 Piccadilly, London, W. 1.

Sociétés d'éducation.

Apprenticeship and Skilled Employment Association, Denixon House, Vanyhall Bridge Road, London, S. W. 1.

Art for Schools Association, Mary Ward Settlement, Tavistoch Place, London, W. C., 1.

Boys' Brigade, 34 Paternoster Row, London, E. C. 4.

Boy-Scouts Association, 25 Buckingham Palace Road, London, S. W. 1.

Boys' Life Brigade, 56 Old Bailley, London, E. C. 4.

British and Foreign School Society, Temple Chambers, Victoria Embankment, London, E. C. 4.

Catholic Education Council, 2 King's Bench Walk, Temple, London, E. C. 1.

Church Lads' Brigade, Aldwich House, Catherine street, London, W. C. 2.

Froebel Society and Junior Schools Association, 4 Bloomsbury square, London, W. C. 1.

Girl Guides Association, 25 Buckingham Palace Road, London, S. W. 1.

Girl's Life Brigade, 56 Old Bailey, London, E. C. 4.

Jewish Lads' Brigade, Half Moon Passage, Aldgate, London, E. 1.

National Education Association, Caxton House, Westminster, London, S. W. 1.

National Sunday School Union, Old Bailey, London, E. C. 4.

Parents' Association, 35 Cornwall Gardens, London, S. W. 7.

Parents' National Educational Union, 26 Victoria street, London, S. W. 1.

Institutions pour la protection des orphelins et des abandonnés.

All Saints' Boys' Orphanage, Lewisham, London, S. E. 13.

Association Societies for the Care and Maintenance of Infants, 117 Victoria street, London, S. W. 1.

Bernado's (Dr) Homes: National Incorporated Association. Cares for destitute children through homes, creches, etc., in London, Girls' and Boys' Garden Villages in the Country, special country homes for infants, boys, girls, cripples, and convalescents, and training schools for the Navy and Mercantile Marine. Head offices: 18-26 Stepney Conservy, London, E. 1.

British Legion (Women's Section). Looks after the welfare of soldiers' orphans, 26 Eccleston Square, London, S. W. 1.

Children's Aid Society, 117 Victoria street. London, S. W. 1.

Church of England Incorporated Society for Providing Homes for Waifs and Strags, Old Town Hall Kesington, London, S. E. 11.

Founding Hospital (for illegitimate children), Guilford street, London, W. C. 1.

Gordon Boy's Home, Woking, Surrey.

Homes for Little Boys, South Darenth and Swanley, Kent.

Incorporated Society of the Crusade of Rescue and Homes for Destitute Roman Catholic Children, 48 Compton street, London, W. C. 1.

Jew's Hospital and Orphan Home, West Norwood, London, S. E. 27.

London Orphan Asylum, Watford, Herts.

National Children's Home and Orphanage. 104-122 City Road, London, E. C. 1, and many branches throughout the country.

New Orphan Houses (George Miller's Home), Ashley Down, Bristol.

Poor Children's Society, Shattesbury Hall, Trinity street, London, S. E. 1, Holiday and meals for poor children.

Railway Servant's Orphanage, Ashbourne Road, Derby.

Reedham Orphanage, Purley, Surrey.

Royal Aebert Orphanage, Bagshot, Surrey.

Royal Infant Orphanage, Wanstead, London, E. 11.

Royal Masonic Institution for Boys, Rushey, Herts.

Royal Merchant Seamen's Orphanage, Bear Wood, Wokingham.

Royal Orphanage, Wolverhampton.

Salvation Army, Queen Victoria street, London, E. C. 4.

St. Mary's School for Boys (R. C.), North Hyde, Middlesex.

Shaftesbury Society and Ragged School. Union John Kirk House. 32 John street, Theobald's Road, London, W. C. 1, and branches throughout London and the provinces.

Sir Josish Mason's Orphanage, Erdington, Birmingham.

Spurgeon's Orphan Homes, Clapham Road, London, S. W. 9.

Strathspey Orphanage, Aberlour, Strathspey, Scotland.

Hôpitaux pour enfants et maisons de convalescence.

Alexandra Hospital for Children with Hip Disease, Queen square, London, W. C. 1.

Belgrade Hospital for Children, Clapham Road, London, S. W. 9.

Cheyne Hospital, Cheyne Walk, London, S. W. 3.

Children's Convalescent Home. West Kirby, Cheshire.

Downs Sanatorium, Sutton, Surrey.

East London Hospital for Sick Children, Southwark Bridge Road, London, S. E. 1.

Hospital for Children of the Poor, Kingsholm, Gloucester.

Hospital for children with Hip Disease, Eardley Road, Sevenoaks, Kent.

Hospital for Sick Children, Great Ormond street, London, W. C. 1.

Infant's Hospital, Vincent Square, London, S. W. 1.

Ministering Children's League Homes, Radden Stile Lane, Exmouth, and Ottershaw, Chertsey, Surrey.

National Sundy School Union Children's Convalescent Home, 56 Old Bailey, London, E. C. 4.

Nazareth House, Hammersmith, London, W. 6. Has departments for incurable girls, and poor orphans.

Ogilvie Children's Home, Clacton-on-Sea.

Paddington Green Children's Hospital, Paddington, London, W. 2.

Queen's Hospital for Children, Bethnal Green, London, E. 2.

Royal Alexandra Children's Hospital and Convalescent Home, Rhyl.

St. Monica's Home for Sick Children, Brondesbury Park, London, N. W. 2.

Santa Claus Home, Chalmeley Park, Highgate, London, N. 6.

Sisters of St. Mary of the Cross (hospital for poor sick children), Leonard's Square, Finsbury, London, E. C. 1.

Sunday School Union Children's Convalescent Home, 11 Derby Road, Bournemouth.

Surgical Home for Boys, Baustead, Surrey.

Victoria Hospital for Children, Tite street, Chelsea, London, S. W. 3.

Sociétés assurant des vacances à la campagne pour enfants pauvres.

Children's Country Holidays Fund, 18 Buckingham street, London W. C. 2.

Children's Fresh air Mission, 75 Lamb's Conduit Street, London, W. C. 1.

Enfin, il faut citer encore l'institution des « Schools for mothers », qui existent dans beaucoup de villes anglaises où des notions d'hygiène et de puériculture sont enseignées aux mères. Les plus connues sont la « St. Pancras School for Mothers » et la « Birmingham Infant's Health Society ».

Il a été établi encore dans tous les grand centres des « Nursing Mother's Restaurant » où l'on distribue des repas à bon marché aux femmes enceintes et nourrices. (1)

B. — LUTTE CONTRE LES MALADIES MENTALES.

Les principales lois protégeant les défectifs mentaux en Angleterre sont:

Les *Defectives and Epileptics Acts* de 1899 et 1914.

Le *Mental Deficiency Act* de 1913, qui s'applique à tous les débiles mentaux susceptibles de causer un dommage aux autres ou méritant protection.

Organisation pratique de la lutte contre les maladies mentales. (2)

En mars 1922, un Comité, composé de diverses personnalités médicales et particulièrement de neurologistes et de psychiâtres, a décidé de constituer un Conseil national d'hygiène mentale. Le Conseil national, dont l'organisation est calquée sur le Comité national d'Hygiène mentale des Etats-Unis, a décidé d'établir, à l'intérieur des hôpitaux ordinaires, des « cliniques psychologiques » pour le traitement des troubles mentaux au début. Il désire surtout faire à ce sujet l'éducation des étudiants en médecine, ainsi que celle du public. Le Comité provisoire comprend les noms de Norman Moore, Charles Sherrington, John Goodwin, George Newman, etc.

La première réunion du Conseil national d'hygiène mentale de Grande-Bretagne, tenue depuis que celui-ci est légalement constitué a eu lieu à Londres, le 12 juillet 1923, sous la présidence de Courtaunt Thomson, Clifford W. Beers, fondateur du Comité national d'hygiène mentale des Etats-Unis, donna

---

(1) Dr Jos. Gillon. Rapport présenté au 2e Congrès International pour la Protection de l'Enfance. Bruxelles 1921.

(2) Tout ce qui suit a été extrait du livre du Dr Potet : « *L'Hygiène mentale* ».

un résumé du travail accompli en Amérique. Il fut également question du Congrès international qui devait se tenir dans ce dernier pays en 1925. Dans un mémoire sur l'enseignement de la médecine adressé en 1923 au ministre de la Santé par George Newman, la nécessité d'une double instruction psychologique et psychopathologique est longuement envisagée. L'enseignement de la psychologie doit appartenir à la physiologie au sens large du mot; celui de la psychopathologie doit coïncider avec les années d'études cliniques. Entre les deux seraient données quelques leçons de psychologie médicale se rapportant particulièrement aux psychonévroses, aux méthodes d'examen, à la pratique des diverses méthodes de psychothérapie, à l'analyse psychologique et aux tests mentaux. Les exercices cliniques se feraient d'abord dans un asile, puis dans une clinique ouverte pour maladies mentales et nerveuses ou dans un hôpital.

En 1924, l'assemblée annuelle du Conseil national d'hygiène mentale s'est donnée à Londres le 24 septembre. En l'absence de Courtaunt Thomson, c'est Maurice Craig qui occupait la présidence. Le Comité fut réélu avec l'adjonction de quelques nouveaux membres; trois sous-comités furent créés:

Sous-comité n° 1: Prophylaxie et traitement précoce des maladies mentales;

Sous-comité n° 2: Assistance des aliénés sous toutes ses formes et thérapeutique;

Sous-comité n° 3: Débiles mentaux, crimes, etc....

Le « British National Council for M. H. » a son siège, 59, Pont Street, S. W. I. à Londres.

L'hôpital Maudsley (1923) sert, en Angleterre, au traitement des psychopathies, même frustes et précoces, ainsi qu'à l'enseignement de la psychiatrie (Fr. Mott).

Des cliniques psychiatriques ont été créées en Grande-Bretagne et dans les principales villes.

A la réunion annuelle de l'Association d'assistance aux aliénés libérés, le Lord-Chancelier a fait remarquer que peu de situations étaient plus dignes d'intérêt que celle d'une personne ayant souffert d'une maladie mentale, en étant guérie, et renvoyée brusquement dans le milieu social sans parents ni amis. Cette situation, ainsi que celles de ceux qui ont besoin de traitement, a attiré tout particulièrement l'attention du Gouvernement anglais. Celui-ci voit la solution dans la multiplication des admissions sans certificats.

Alfred Mond, membre de la Commission anglaise de la surveillance des asiles, a élaboré un projet de loi qui permettrait aux malades mentaux atteints d'affections légères d'être admis sans certificat dans les asiles publics ou privés. Le projet insiste sur le fait que, prises au début, les maladies mentales ont un pronostic meilleur que lorsque l'évolution est déjà ancienne; 35 % des malades des asiles sont autorisés à en sortir au bout d'une période plus ou moins longue; ce chiffre pourrait être augmenté par une prophylaxie mentale appropriée. Il importe que les classes indigentes aient les mêmes possibilités de traitement que les individus riches, capables de se faire soigner de bonne heure dans des maisons de santé particulières. Le projet prévoit la création d'asiles spéciaux, sans internement légal, pour les malades susceptibles de guérison à brève échéance, ou d'annexes spéciales qui seraient créées dans les asiles existants.

Une loi nouvelle, datant de 1924, édictait — si elle est votée — en Grande-Bretagne, que le traitement des malades peut avoir lieu sans certificats préalable; ainsi on pourrait soigner plus précocement les maladies mentales et les psychonevroses, qui ne peuvent l'être actuellement que dans les institutions privées.

L'hôpital Maudsley, qui constitue en Angleterre la première institution spécialement consacrée à l'étude et au traitement des maladies nerveuses organiques, des névroses et des psychoses à leur début, a été ouvert en 1923; il a été fondé par le Conseil du comité de Londres, sur l'initiative de Henri Maudsley, aliéniste et psychologue; cet hôpital représente la première mesure prise par un organisme public en Angleterre pour le traitement des cas précoces et curables d'affections mentales, sans aucune espèce de formalité d'ordre administratif à l'entrée. Cet hôpital servira aussi pour le diagnostic des cas pour lesquels les techniques, difficiles à mettre en œuvre en ville, seront nécessaires, pour l'observation des cas d'un intérêt scientifique particulier, et pour l'étude de la psychiatrie (enseignement dont est chargé Frédérick Mott).

C. — LUTTE CONTRE L'ALCOOLISME.

Institutions. (1)

Les principales organisations qui se proposent comme but la lutte contre l'alcoolisme en Angleterre sont :
1. United Kingdom Alliance.
2. National Temperance League.
3. British Temperance League.
4. National United Temperance Council.
5. National Temperance Federation.
6. Temperance Legislation League.
7. Scottish Temperance Alliance.
8. Royal Army Temperance Association.
9. Royal Naval Temperance Society.
10. National Commercial Temperance League.
11. United Kingdom Railway Temperance Union.
12. Post Office Total Abstinence Society.
13. The Medical Abstainers' Association.
14. Society for the Study of Inebriety.
15. Native Races and the Liquor Traffic United Committee.
16. Anglo Indian Temperance Association.
17. Church of England Temperance Society.
18. Social Service Board of the Episcopal Church in Scotland.
19. Church of Ireland Temperance Society.
20. Wesleyan Methodist Connexional Temperance and Social Welfare Committee.
21. Friends' Temperance Union.
22. The Temperance Council of the Christian Churches.
23. International Order of Good Templar's Grand Lodge of England.
24. I. O. G. T. Grand Lodge of Scotland.

---

(1) Annuaire antialcoolique international (R. Hercod et A. Koller).

25. I. O. G. T. Welsh Grand Lodge of Wales.
26. I. O. G. T. English Grand Lodge of Wales.
27. Independent Order of Rechabites.
28. National British Women's Temperance Association.
29. Women's Total Abstinence Union.
30. United Kingdom Band of Hope Union.
31. Young Astaimers' Union.

Législation.

Il n'existe en Angleterre aucune loi prohibitive sauf celle de 1923, interdisant la vente des boissons alcooliques aux enfants et jeunes gens âgés de moins de 18 ans.

Beaucoup de projets ont été présentés aux Chambres, mais ont tous échoué.

N. B. — Londres a vu se réunir, en juin 1924, un Congrès antialcoolique de l'Empire britannique, qui a été une revue intéressante de tout ce qui s'est fait et se fait maintenant dans l'Empire pour lutter contre l'alcool.

§ 9. — LA DIMINUTION DE L'IMPOT.

La diminution de l'impôt constitue un moyen eugénique en ce qu'elle dégrève de leurs charges certaines catégories de personnes et leur permet ainsi un plus grand bien-être. Ce bien-être aura pour conséquence une amélioration dans la santé générale de la population. De plus, elle permettra aux classes prévisées de se reproduire d'une façon eugénique. Ici, non plus, il n'y a eu en Angleterre aucune réalisation effectuée jusqu'à présent.

Cependant les eugénistes se sont intéressés à la question.

L'Eugenics Society dans sa réunion annuelle de 1917 a examiné, pour la première fois, la question de l'impôt sur le revenu dans ses rapports avec la famille.

L'année suivante, une lettre du Major Darwin a été adressée à tous les membres du Parlement, leur soumettant les réformes préconisées par l'Eugenics Society en matière d'impôt. Ces réformes tendaient à soulager les familles nombreuses des charges qui leur incombent.

Il est à remarquer que c'est l'Eugenics Society qui a la première soulevé cette question en Angleterre. D'autres organisations adoptèrent les mêmes vues.

Grâce à ces initiatives, en 1918, la Royal Commission on Income Tax a tenu compte, dans son rapport officiel, de l'amendement présenté par l'Eugenics Society lequel préconisait une diminution de l'impôt proportionnellement aux charges de famille des contribuables. Dans ce rapport, un paragraphe était intitulé « The Family Basis ». On peut donc prévoir que les futures réformes législatives en la matière seront déterminées par les efforts de l'Eugenics Society. (1)

§ 10. — LA REEDUCATION DES ANORMAUX.

Des résultats très appréciables ayant été obtenus par la rééducation des anormaux, les eugénistes considèrent ce moyen comme un de ceux qu'il faut envisager avec le plus d'attention, et sur lequel on ne saurait assez porter ses soins.

Aussi allons nous examiner ce qui a été fait, en Angleterre, pour l'amélioration de cette catégorie d'individus.

C'est le Mental Deficient Act qui régit la protection des anormaux en Angleterre. Les faibles d'esprit et les anormaux étaient jusqu'au 15 août 1913 régis par les Lunacy Acts de 1890-1891 sur les aliénés. Le but du Mental Deficient Act est d'améliorer la « situation des déficients mentaux » (mentally defective) et autres anormaux psychiques et d'amender les Lunacy Acts. Il s'étend aux déficients mentaux de tout âge. Il constitue un conseil de Comté, autorité centrale responsable et des commissions locales de surveillance. Même les alcooliques invétérés sont atteints par le Mental Deficient Act. Un grand nombre de femmes font partie de la Commission centrale de contrôle (Board of Control), soit comme inspectrices, soit comme membres. La loi du 15 août 1913 crée ainsi un service autonome placé sous l'autorité du secrétaire d'Etat à l'Intérieur. L'autorité locale établit la liste des déficients insuffisamment protégés; elle prend ensuite auprès des autorités judiciaires, les mesures nécessaires pour leur envoi dans une

---

(1) C. Crafton Black. *Eugenics Review*, 1920, p. 91 et suivants.

institution; elle contracte des arrangements concernant l'éducation et le traitement des déficients avec les administrations, les maisons religieuses, les institutions publiques et privées qui les recueillent.

Les parents sont obligés sous peine d'amende de présenter leurs enfants à l'examen médico-pédagogique si les autorités scolaires les y invitent.

Celles-ci doivent signaler au Comité Scolaire les enfants âgés de plus de 7 ans et de moins de 16 ans qui sont anormaux. Le comité de surveillance toutefois ne s'occupe que de ceux qui sont signalés.

Les institutions privées ne sont admises à se charger de l'éducation des anormaux que si elles sont en possession d'un certificat légal, leur permettant de s'occuper de cette catégorie d'enfants. A côté de ces institutions, il y a encore des asiles reconnus par l'Etat.

L'Angleterre compte plus de 30.000 anormaux. Il résulte d'un rapport publié par la « Royal Commission for the Care and Control of feeble-minded », de 1908, que dans certaines prisons, à Holloway, Pentonville et Pankhurst par exemple, la proportion des faibles d'esprit était si grande, qu'il a fallu classer à part cette catégorie de personnes et leur appliquer un régime spécial.

Il faudrait, dit Clara Herrison Town, séparer ces faibles d'esprit comme si c'était des anormaux. Cette séparation devrait se faire dans l'intérêt de la société, et commencer dès l'âge de 10 à 11 ans.

Le Gouvernement anglais essaie d'affecter le cinéma à l'éducation des anormaux : il se propose de fonder un institut spécial où des représentations cinématographiques seraient données sous la direction de médecins et de pédagogues. (1)

Les principales institutions qui se consacrent à la rééducation des anormaux physiques et mentaux sont :

Aberdeen Asyleum for the Blind, Huntley Street, Aberdeen.

---

(1) Extrait du travail: la rééducation des anormaux par M. Vander Houdelingen. Bulletin de la Protection de l'Enfance, 1920, p. 682.

After-Care Association for Blind, Deaf, and Crippled children, 24, Old Queen Street, London, S. W. 1.

Birmingham Royal Institution for the Blind, Edgbaston.

Brighton Institution for the Instruction of Deaf and Dumb children, 134, Eastern Road, Brighton.

Catholic Blind Asylum, 59, Brunswick Road, Liverpool.

Central Committee for the Care of Cripples, 117, Piccadilly, London, W. 1.

Cripples' Home, Halliwick, Bush Hill Road, Winchmore Hill, London, N., for the reception and training of poor crippled girls.

East London Home and School for Blind Children, Warwick Road, Upper Clapton, E. 5.

Edinburgh Royal Institution for the Education of Deaf and Dumb Children, Henderson Row, Edinburgh.

Groom's (John) Crippleage, 8, Ickforde Street, London, E. C. 1. For the industrial training of blind and crippled girls.

Hampshire and Isle of Wight School and Home for the Blind, St. Edward's Road, Southsea.

London Society for Teaching and Training the Blind, Swiss Cottage, N. W. 3.

Lord Mayor Trelsar's Cripples' Hospital and College, 25, Ely Place, London E. C. 1.

Manchester Royal Residential Schools for the Deaf, old Trafford, Manchester.

Midland Counties Institution (for feeble-minded boys), Knowle, Birmingham.

National Association for Promoting the Welfare of the Feeble-minded, Denison House, Vauxhall Bridge Road, London, S. W. 1.

National Institute for the Blind (maintains, inter alia, the Home for Blind Babies, at Chorley Wood and Southport), 224-228 Great Portland Street, London, W. 1.

National Society for Epilepties (The Chalfont Colony), (maintains a children's branch), Denison House, Vauxhall Bridge Road, London, S. W. 1.

Northern Counties Institute for the Blind, Inverness.

Royal Albert Institution (for feeble-minded boys and girls),
Lancaster.

Royal Blind Asylum School, West Graigmillar, Edinburgh.

Royal Cambrian Institution for the Blind, 100, Castle Street,
Glasgow.

Royal Institution for the Instruction of Deaf and Dumb Children, Edgbaston.

School for the Indigent Blind (Children's Branch), Church
Road, Wavertree, Lancs.

Scottish National Institution for the Education of Imbecile
Children, Larbert, Stirlingshire.

Ulster Society for Promoting the Education of the Deaf and
Dumb and the Blind, Belfast.

§ 11. — LA SELECTION NATURELLE.

Contrairement à l'opinion de certains eugénistes que nous
avons exposée au paragraphe précédent, d'autres, mais plus
rares ceux-ci, considèrent la sélection naturelle comme un
moyen eugénique des plus efficaces. Ils partent du principe
que la nature se charge elle-même d'éliminer les indésirables et
les empêche ainsi de se reproduire. Ils estiment donc qu'il
ne faut en aucune façon agir à l'encontre de ce moyen.

La théorie de la sélection naturelle a été établie sous une
forme modérée par Charles Darwin. Elle a été développée par
les néo-Darwiniens, lesquels proclament que la sélection naturelle est le seul moyen de transformer le caractère d'une race.
Toutefois, il faut remarquer que, sous cette forme extrême,
la théorie darwinienne n'a jamais été soutenue ni par Darwin
ni par Galton. (1)

Déjà le sociologue Spencer dans sa « Statique sociale »,
exposait les effets nuisibles de l'intervention de l'Etat en matière d'hygiène et de protection des incapables, laquelle lègue
à la postérité des tares sans cesse croissantes.

Il ne craint pas d'affirmer que lorsqu'un gouvernement essaye d'empêcher la misère résultant de la compétition et la

---

(1) Dr Saleeby. Les progrès de l'eugénique. *Eugénique*, 1914. p. 11.

lutte pour la vie ou la mort, il crée en réalité beaucoup plus de misère en protégeant les incapables. Les faux philanthropes, ajoute-t-il, sont les gens plus mal avisés que sages qui lèguent à la postérité une malédiction sans cesse croissante.

Le professeur William Ridgewey, dans un discours prononcé en 1908 à Dublin, à la Section d'Anthropologie de l'Association britannique des sciences, exposait le même point de vue.

Il estimait que la tâche financière assumée en organisant l'éducation nationale, l'alimentation, le vêtement. l'habitation aux frais de tous était de nature à influencer défavorablement les classes moyennes. Au lieu de favoriser la reproduction dans ces classes, où l'état physiologique des individus est satisfaisant, les législateurs s'intéressent de plus en plus aux tarés physiques ou moraux.

Certains eugénistes se sont élevés en Grande-Bretagne contre les sociétés protectrices qui s'occupent de marier ou de placer les libérés et les filles repenties, au détriment des seuls travailleurs honnêtes. C'est ce qui s'appelle la sélection à rebours.

Stoddard, dans son livre « The Revolt against Civilisation » et le D' Schiller dans « Eugenics, versus Civilisation », montrent les effets de la civilisation sur la race en tant qu'ils empêchent le libre jeu des lois naturelles.

Les Medical Officers anglais commencent à se demander si l'aide matérielle (distributions de lait et de nourriture) accordée aux mères et aux enfants, physiquement et mentalement malades, qui sans cela ne se multiplieraient plus, est réellement avantageuse pour l'humanité, et si le sentiment philanthropique qui pousse à protéger ce genre d'individu et à leur permettre de se reproduire ne causera pas un grand tort à la race. (1)

Le Major Darwin, dans Eugenics Reform, s'étend également ment sur la nécessité de laisser, dans certains cas, jouer les lois de la sélection naturelle. Il considère que la sélection sexuelle qui est un aspect particulier de la sélection naturelle, est un des grands moyens d'Eugénique naturelle.

---

(1) R. H. Vercoe. National Health, 1925, July, p. 6.

Thomson, dans son ouvrage « Sexuel selection », voudrait aussi que la sélection sexuelle soit à la base de tous les mariages, dans l'intérêt de la beauté de la race.

§ 12. — LA SUPPRESSION.

La suppression pure et simple, sans douleur des vies défectueuses dans la petite enfance a été recommandée en Angleterre par Engel, non seulement au point de vue eugénique, mais encore pour prévenir les souffrances des êtres dégénérés qui sans cela se maintiendraient misérablement dans l'existence. (1)

§ 13. — LA REGLEMENTATION DE L'IMMIGRATION.

La réglementation de l'immigration est un moyen puissant mis à la portée de tous les Etats pour empêcher les tarés des autres nations de venir abaisser le niveau qualitatif des éléments autochtones de la population.

Aussi, non seulement les eugénistes anglais se sont-ils préoccupés de cette réglementation, mais encore la loi est-elle intervenue dans une certaine mesure en vue de protéger la race.

Nous examinerons d'abord les vœux émis, puis nous étudierons brièvement la législation anglaise concernant la réglementation de l'immigration, en tant qu'elle possède un caractère eugénique.

***

Dans le *Memorandum on the consideration of Heredity at the Ministry of Health*, l'Eugenics Society exprime le vœu que la question de l'exclusion et de l'expulsion des étrangers indésirables soit étudiée avec la plus grande attention et que des examens sérieux soient établis tant au point de vue des éléments constitutionnels et héréditaires des individus que des maladies contagieuses. (2)

---

(1) Engel « Elements of Child protection », Londres, 1912.
(2) *Eugenics Review*, 1920, p. 110.

Le Major L. Darwin estime que des mesures devraient être prises en Angleterre pour que tout étranger qui désire se fixer dans le pays possède des qualités d'une valeur au moins égale à celle des Anglais qui ont quitté définitivement la contrée. De plus, l'entrée du pays devrait être prohibée aux personnes ne possédant que des ressources insuffisantes quelles que soient leurs qualités. Il estime que la population de l'Angleterre est assez élevée pour qu'il ne soit pas fait appel à l'élément étranger à moins que celui-ci ne possède une supériorité indiscutable.

Le Major Darwin, déplorant le départ d'éléments vraiment supérieurs, voudrait également qu'on réglemente l'émigration. (1)

Voyons maintenant ce qui a été fait, au point de vue législatif, concernant la réglementation de l'immigration.

Conditions d'admission des immigrants en Angleterre.

Les conditions d'admission imposées aux immigrants, dans l'intérêt de la race, peuvent se grouper en Angleterre sous les chefs suivants :
1. Conditions de police et de moralité.
2. Conditions de santé.
3. Conditions d'ordre économique et professionnel.

1. Conditions de police et de moralité.

L'admission, la surveillance et le contrôle des étrangers sont à l'heure actuelle réglementés par l'ordonnance relative aux étrangers (« Aliens Order, 1920 ») rendue aux termes de la loi sur les restrictions visant les étrangers (« Aliens Restriction Act, 1914 ») et de l'« Aliens Restriction Amendment Act, 1919 », qui modifie celle-ci. Les dispositions qui, aux termes de la première loi, s'appliquaient seulement « lorsqu'un péril imminent ou une circonstance pressante et grave » avait surgi, ont été étendues par la dernière loi à une période d'une année après la mise en vigueur de cette loi.

------

(1) *Eugenics Reform*, p. 489.

Cette mesure a été décrétée à nouveau d'année en année et l'extension des pouvoirs qu'elle prévoit n'est plus conditionnée par l'imminence d'un danger national ou la présence de circonstances extraordinaires.

L'« Aliens Order », 1920, stipule qu'un étranger ne pourra entrer au Royaume-Uni sans y être autorisé par un fonctionnaire du service d'immigration (Immigration Officer), et la permission de débarquer ne peut être donnée que s'il remplit certaines conditions.

Parmi ces conditions, voici celles qui sont inspirées par des raisons de police :

a. L'intéressé ne doit pas avoir été condamné dans un pays étranger pour crime de nature à motiver une extradition.

b. Il ne doit pas être visé par un ordre de déportation lancé en vertu de la loi de 1914 ou d'un ordre d'expulsion rendu aux termes de la loi des étrangers 1905 (« Aliens Act, 1905 »).

c. Il ne doit pas être l'objet d'une interdiction de débarquer émanant du Ministère de l'Intérieur (Home Secretary).

Le Ministre de l'Intérieur a, en outre, pleins pouvoirs pour prescrire toutes autres conditions qui doivent être remplies par les émigrants étrangers.

Aux termes de la même loi, est admis à débarquer au Royaume-Uni tout étranger qui peut prouver, d'une manière satisfaisante, au Service d'immigration britannique :

1. Lorsqu'il est détenteur d'un billet payé d'avance pour une destination en dehors du Royaume-Uni, que le capitaine ou l'armateur du navire sur lequel il est arrivé ou sur lequel il doit quitter le Royaume-Uni a garanti qu'il ne restera pas dans ce pays (sauf dans la mesure où son transit à travers le royaume ou telle autre circonstance dont le bien fondé aurait été reconnu par le Secrétaire d'Etat, le rendrait nécessaire), qu'une attestation analogue est donnée, garantissant que si on lui refuse l'entrée d'un autre pays, il ne retournera pas au Royaume-Uni et qu'il sera entretenu et surveillé de façon suffisante pendant un mois.

2. Qu'après avoir résidé dans le Royaume-Uni pendant une période de six mois ou moins, avoir pris son billet dans ce

pays et s'y être embarqué directement à destination d'un autre pays, il s'est vu refuser l'entrée de ce dernier et qu'il s'est rendu directement à un port du Royaume-Uni sans s'être arrêté en cours de route pendant son voyage de retour.

A l'exception des marins les étrangers arrivant au Royaume-Uni ne doivent débarquer qu'à des ports spécialement désignés.

2. Conditions de santé.

Aux termes du décret relatif aux étrangers (« Aliens Order, 1920 »), un étranger n'est pas autorisé à débarquer s'il est fou, idiot, atteint d'infirmité mentale ou s'il fait l'objet d'un certificat délivré par un inspecteur du Service de santé, et déclarant que, pour des raisons médicales, il n'est pas à souhaiter que le dit étranger soit autorisé à débarquer.

3. Conditions d'ordre économique et professionnel.

Aux termes de l'ordonnance de 1920 sur les étrangers, un étranger ne peut débarquer au Royaume-Uni s'il ne remplit pas les conditions suivantes :

1. Il faut qu'il soit en mesure de gagner sa vie et celle de ceux qui sont à sa charge;

2. S'il désire entrer au service d'un patron résidant au Royaume-Uni, il doit produire une autorisation écrite adressée par le Ministre du Travail au patron et permettant à ce dernier de l'embaucher.

Le Gouvernement britannique a déclaré, dans sa réponse au Questionnaire que « afin de rendre ce système d'autorisation efficace, il a fallu, jusqu'à présent, refuser l'autorisation de débarquer aux étrangers se rendant au Royaume-Uni pour chercher du travail. Lorsque le système des autorisations du Ministère du Travail sera aboli, ce qui peut se produire dans un avenir prochain, et si le décret n'est pas modifié, l'admission de la main-d'œuvre étrangère au Royaume-Uni s'opérera en examinant, avant tout, dans chaque cas particulier, les circonstances qui permettront de déterminer si l'intéressé pourra, le cas échéant, gagner sa vie et celle de ceux qui dépendent de lui.

Introduction et rejet des immigrants.

En ce qui concerne les femmes et les enfants étrangers débarquant dans des ports du Royaume-Uni, les inspecteurs du Service d'immigration désignés aux termes des lois sur les étrangers sont chargés de rechercher tous les cas suspects.

Lorsqu'une prostituée étrangère est reconnue coupable d'un délit, le tribunal qui la condamne a pleins pouvoirs, conformément aux dispositions des lois sur les étrangers, pour demander sa déportation.

Tout étranger en instance de déportation peut être détenu d'après des instructions émanant du Secrétaire d'Etat et conduit sur un navire prêt à partir du Royaume-Uni. L'étranger est considéré comme étant légalement en état d'arrestation pendant qu'il est ainsi retenu, jusqu'au départ du navire. Le capitaine d'un navire faisant escale dans un port en dehors du Royaume-Uni peut être obligé de recevoir à bord de son navire un étranger visé par un ordre de déportation, ainsi que les personnes qui en dépendent. Il peut être également tenu de les transporter à ce port et de leur fournir le logement et l'entretien voulu pendant la traversée. Le Secrétaire d'Etat a le pouvoir d'accorder des exemptions.

Enregistrement des immigrants.

Il est important pour un Etat, même au point de vue de la race, de pouvoir contrôler les ressortissants étrangers qui vivent sur son territoire.

Conformément au décret de 1920 sur les étrangers (« Aliens Order »), tout étranger doit, dans le plus bref délai possible, faire sa déclaration au bureau des étrangers du district dans lequel il réside et fournir soit un passeport pourvu d'une photographie, soit tout autre document établissant sa nationalité et son identité. Il doit indiquer toutes les circonstances qui auraient pu affecter, d'une manière quelconque, l'exactitude des déclarations fournies antérieurement par lui. Il doit, avant de changer de résidence, prévenir le bureau des étrangers de son district de la date à laquelle il se propose de partir et faire connaître sa nouvelle adresse. De plus, il doit, dans les 48 heures suivant son arrivée dans un nouveau district, faire sa déclaration, au bureau des étrangers de ce district. S'il s'absente de sa résidence pour une période de plus de deux mois, il doit fournir au bureau des étrangers de ce district son adresse permanente ainsi que chacun de ses nouveaux changements d'adresse.

Tout étranger ne résidant pas dans le Royaume-Uni doit se présenter au bureau des étrangers de chacun des districts dans lequel il séjourne plus de 24 heures. Au cas où il peut donner les noms et adresse d'un sujet britannique honorablement connu, il est considéré pour l'application de la loi comme habitant à cette adresse.

Toute personne hébergeant un étranger a le devoir d'aider le Service des étrangers dans l'application des règlements; elle doit prévenir le bureau des étrangers de la présence de l'étranger dans sa maison.

Le Secrétaire d'Etat peut quand il le jugera nécessaire, imposer des restrictions spéciales à un étranger. Il peut aussi de sa propre autorité, rendre un arrêté interdisant à un étranger de séjourner dans le Royaume-Uni.

Le décret sur les étrangers peut être à tout moment amendé par un ordre du conseil et il est formellement déclaré « que tout renvoi au décret sur les étrangers impliquera, à moins que le texte ne s'y oppose, renvoi à ce décret, tel qu'il est amendé par les ordres du conseil pour la période en question ».

Placement des immigrants.

Afin qu'ils ne soient pas une charge à la communauté l'Etat veille au placement des immigrants.

Les immigrants ont le droit de se faire enregistrer dans les bureaux officiels de placement dès leur arrivée et peuvent ainsi postuler tout emploi vacant pour lequel ils sont qualifiés.

Lois.

Les principales lois qui règlementent l'immigration en Grande-Bretagne sont :

La loi de 1905 sur les étrangers (« Aliens Act, 1905 »).

La loi de 1914 réglementant l'immigration des étrangers (« Aliens Restriction Act, 1914 »).

La loi de 1919 portant amendement de la loi réglementant l'immigration des étrangers (« Aliens Restriction Amendment Act, 1919 »).

Les règlements et ordonnances de 1920 (« Statutory Rules and Orders, 1920 »).

L'ordonnance du 25 mars 1920 sur les étrangers (« The Aliens Order, 1920 »). (1)

____

(1) Emigration et Immigration. Bureau Int. du Travail, Genève.

CHAPITRE V.

Le Contrôle des Naissances

Le mouvement du Birth-Control (1) est un mouvement essentiellement anglais. Il a pour point de départ « The Principle of Population » du Rev. T. R. Malthus, publié en 1798. Ce livre se bornait à signaler le péril de la surpopulation et préconisait comme remède de retarder les mariages. James Mill fut le premier à proposer une méthode plus efficace, et des chercheurs, tels que Francis Place et Richard Carlile tentèrent, avec John Stuart Mill, déjà en 1821, une propagande en faveur de la limitation de la population. Mais c'est de 1876 que date véritablement le mouvement du contrôle des naissances, lorsque Charles Bradlaugh et Mrs. Annie Besant furent poursuivis pour avoir lancé une brochure médicale américaine enseignant les pratiques anticonceptionnelles. Ce procès, avec l'éloquent plaidoyer de M. Bradlaugh et de Mrs. Besant, intéressa le monde entier. Des milliers de livres sur le sujet furent vendus dans tous les pays et la chute de la natalité, appelée, le suicide de la race, se fit sentir à partir de cette année, presque dans toute l'Europe.

A ce moment, fut créée la première organisation pour la défense du *Birth-Control*, sous le nom de Ligue malthusienne.

Pour la facilité de notre étude sur le mouvement du Birth-Control en Angleterre, nous diviserons ce chapitre en 6 paragraphes distribués comme suit :

§ 1. — Institutions ayant pour but l'étude et la propagation du Birth-Control.

---

(1) L'expression *birth-control*, généralement rendue en français par « limitation des naissances », devrait en réalité, ainsi qu'après d'autres l'a fait remarquer Marie Stopes, faire place à celle de *conception contrôl;* mais elle est tellement bien entrée dans le langage courant qu'il est peu probable qu'elle en disparaisse jamais. (M. Devaldès)

§ 2. — Aperçu du mouvement du Birth-Control en Angleterre.

§ 3. — Cliniques du Birth-Control.

§ 4. — Le Birth-Control et la loi.

§ 5. — Le Birth-Control et le clergé anglican.

§ 1. — INSTITUTIONS AYANT POUR BUT L'ETUDE ET LA PROPAGATION DU BIRTH CONTROL.

Les principaux organismes ayant pour but l'étude et la défense des principes du Birth-Control sont :

A. — La Malthusian League.

B. — La Society for constructive Birth-Control and Racial Progress.

C. — La Society for the Provision of Birth-Control Clinics.

D. — L'Institute of Birth-Control Ltd.

E. — La Worker's Birth-Conrtol Group.

F. — La Birth-Control Education League.

Nous examinerons séparément chacune de ces institutions.

A. — LA MALTHUSIAN LEAGUE.

La Malthusian League fut fondée en 1877 par Annie Besant et Ch. Bradlaugh. Ce dernier en fut le premier président. A partir de 1878, la présidence de la ligue passa à la famille Drysdale avec C. R. Drysdale. Le nom que la ligue s'était donnée, lors de sa création se changea en 1922 pour celui de New generation League for human Welfare through Birth-Control. Mais elle reprit, en 1925, son titre primitif de Malthusian League, sous lequel elle est connue aujourd'hui.

La Malthusian League possède un organe : The New Generation, qui existe depuis 49 ans. Avant 1921, il était publié sous le titre de « The Malthusian ». La ligue a son siège à Londres.

Le président actuel est C .V. Drysdale O. B. E., D. Sc. Dans le comité figurent les économistes Harold Cox et J. M. Keynes, l'anthropologiste Westermarck, le grand rationaliste J. M. Robertson, les écrivains Arnold Benett et Cicely Hamilton, etc.

Nous allons examiner rapidement les points suivants :

I. — L'objet de la ligue.
II. — Les moyens employés par la ligue.
III. — Les principes directeurs de la ligue.
IV. — L'activité de la ligue.

I. — *Objet de la Ligue :*

1. Répandre parmi le peuple, par tous les moyens possibles, la connaissance des pratiques du contrôle des naissances et de ses conséquences au point de vue du bien-être de l'humanité.

2. Agir auprès des représentants du corps médical, en général, et auprès des autorités sanitaires publiques, en particulier, afin qu'ils enseignent les méthodes hygiéniques anticonceptionnelles à tous les gens mariés qui désirent limiter leur famille, soit pour des raisons économiques, soit pour des raisons médicales, et prendre toute mesure utile en vue de cette instruction.

II. — *Moyens employés par la Ligue.*

1. La publication d'une revue mensuelle « The New Generation ».

2. La publication de livres et de brochures sur le malthusianisme et le Birth-Control.

3. L'organisation de conférences devant des sociétés de toute espèce, y compris les clubs et les associations d'ouvriers et d'ouvrières.

4. L'organisation de meetings publics dans les districts.

5. La distribution d'une circulaire, Free Practical Leefleat, intitulée « Méthodes hygiéniques de la limitation des familles », à toute personne mariée de plus de 21 ans, sur demande écrite faite par l'intéressé.

6. L'ouverture d'un Women Welfare Centre, où l'enseignement des méthodes contraceptives est donné en même temps que les autres avis médicaux.

III. — *Principes directeurs de la Malthusian League :*

Les principes sur lesquels est basé l'action de la Malthusian League ont été établis en 1925 comme suit :

1. La population, si elle n'est pas volontairement limitée finit nécessairement par agir sur les moyens de subsistance.

2. La puissance de l'instinct sexuel est telle qu'essayer de restreindre la population par le célibat ou des mariages tardifs conduirait à la prostitution et au développement des maladies vénériennes ; les mariages hâtifs devraient donc être encouragés avec la faculté pour les époux de limiter leur famille au moyen de méthodes contraceptives hygiéniques. Le nombre d'enfants que posséderont les époux ne devrait pas excéder celui qu'ils pourront raisonnablement élever en vue de les rendre heureux et de les faire devenir des citoyens utiles.

3. En l'absence d'une sélection rationnelle, il se fait un accroissement inévitable des éléments faibles et déficients de la communauté, grâce aux efforts de la science et de l'humanitarisme pour les maintenir en vie et leur permettre de se reproduire. Conséquemment, les personnes mariées ne devraient avoir que les enfants qu'ils sont sûrs de mettre au monde vigoureux et sains et capables de subvenir dans la vie à leurs propres besoins.

4. Les grossesses non désirées infligent de grandes souffrances aux femmes, dont beaucoup sont impropres à être mères, et qui toutes gagnent à ce qu'un intervalle de repos existe entre chaque naissance.

5. L'accroissement de la population conduit à l'émigration d'un grand nombre d'hommes les plus sains, non accompagnés de femmes, ce qui a pour résultat de créer dans le pays un déséquilibre et d'amener un excédent de femmes. Celles-ci devront s'unir à des individus déficients qui sans cela ne se seraient probablement pas reproduits.

6. L'accroissement de la population aboutit périodiquement à la guerre, laquelle non seulement cause une grande misère à l'humanité, mais affaiblit la qualité de la race en éliminant les plus vigoureux. (1)

____

(1) The New Generation, juil. 1925, p. 76.

IV. — *Activité de la Ligue.*

Nous allons jeter un coup d'œil rapide sur les faits les plus saillants accomplis par la Ligue en vue d'établir en Angleterre le Birth-Control.

De 1913 à 1926, plus de 73.000 brochures « Méthodes hygiéniques de la limitation des naissances » ont été distribuées, par les soins de la Ligue, et une campagne a été menée dans les districts les plus pauvres de Londres.

En 1922, la Ligue a organisé une conférence internationale : The Fifth International Neo-Malthusian and Birth-Control Conference. Elle s'est tenue au Kingsway Hall et était présidée par le Dr Drysdale. Différentes sections composaient cette conférence : «La section du « Family aspects of Birth-Control », présidente, Mrs. M. Sanger; la section économique et de statistique, président Prof. J. M. Keynes; la section religieuse, président le Rev. Gordon Lang; la section eugénique, président Prof. E. W. Macbride; la section nationale et internationale, président Harold Cox; la section du « Public Meeting », président Mr. H. G. Wells; la section médicale, président Dr C. Killick Millard; la section « contraceptive », président, Dr Norman Haire; la section de propagande, président Prof. Knut Wicksell. (1)

L'Eugenics Society était officiellement représentée à ce congrès.

Le Conseil de la Malthusian League (à ce moment,la New Generation League) a envoyé, au cours de 1922, au Ministry of Health un mémoire signé par Sir Arbuthnot Lane, Sir James Barr, Sir E. Ray Lankester, Sir H. Bryan, Donkin, Dr T. M. Blankie, Mrs. Chalmers-Watson, Prof. E. W. Mac Bride, H. G. Wells, Rear Admiral H. V..Elliott, Lady Hankey, J. M. Keynes, C. B., Lady Chambers, Cicely Hamilton, J. Lort-Williams, K. C., M. P., Rev. Gordon Lang, Rev. A. W. Richards et Harold Cox.

Ce mémoire, invoquant la situation économique du pays, cause du nombre toujours croissant de chômeurs, la grande

---

(1) Contraception. Marie Stopes. p. 331.

proportion d'individus tarés, la crise du logement et l'état de pauvreté dans lequel naissent beaucoup d'enfants, demandait que :

1. Le Ministry of Health nomme un représentant qui examinera le travail accompli par le Women Welfare Centre de la Ligue.

2. Le Ministry of Health encourage l'enseignement des pratiques du contrôle des naissances aux personnes qui le désirent et spécialement à celles dont la santé ou les qualités héréditaires rendent incapables d'engendrer une descendance normale.

3. Le Ministry of Health fasse savoir aux Welfare Centres officiels que les subventions, à eux accordées, ne leur seront pas rétirées du fait qu'ils propagent un tel enseignement avec l'approbation de l'autorité médicale.

En même temps que ce mémoire, une lettre officielle était adressée aux membres du Parlement, appartenant au Labour Party, dans laquelle leur attention était attirée sur les progrès toujours croissants que faisait le chômage en Angleterre et que seul le Birth-Control pourrait enrayer, afin qu'ils usent de leur influence auprès du Ministry of Health..

Sous l'impulsion de Mrs Bertrand Russell, la vice-présidente de la Malthusian League et de Mrs Marjory Allen, une pétition a été signée en 1924 par un grand nombre de femmes anglaises. (Plus de 6.000 signatures ont été recueillies). Cette pétition qui était adressée au Ministry of Health demandait que les pratiques anticonceptionnelles pussent être enseignées librement. (1)

La même année, une députation conduite par M. F. A. Broad, M. P., et comprenant Miss Dor. Jewson, M. P., et Mr H. G. Wells, alla trouver le Minister of Health, afin d'obtenir que le Birth-Control soit enseigné dans les Welfare Centres. La requête fut repoussée.

Enfin, au début de 1925, la Malthusian League organisa une vaste campagne de propagande à travers toutes les grandes villes d'Angleterre. Elle y distribua plus de 1.000.000 de cir-

____

(1) *The New Generation*, *may* 1924, p. 49.

culaires afin que tous les électeurs, dans leur propre intérêt,
insistent auprès du Minister of Health pour que les pratiques
contraceptives soient enseignées aux mères pauvres dans les
Welfare-Centres. (1)

En outre, des conférences sont données par les soins de la
Ligue, tout le long de l'année dans les centres les plus populeux et les plus industriels de l'Angleterre, devant les différents
groupements du Labour Party, devant les mineurs de South-
Wales, etc.

Miss Stella Browne est une des plus ardentes propagandistes
du mouvement dans les régions industrielles.

Mais le principal instrument d'action de la Ligue réside dans
ses cliniques. C'est là que son influence s'exerce directement
et d'une manière pratique sur la population. Nous examinerons
plus loin l'organisation de ces institutions.

B. — LA SOCIETY FOR CONSTRUCTIVE BIRTH CONTROL AND RACIAL PROGRESS.

La Society for Constructive Birth-Control fut fondée en août
1921. Parmi ses vice-présidents, la présidente étant la doctoresse Marie Stopes, il faut citer les noms de Bertrand Russell,
H. G. Wells, le professeur Westermarck, Rt Hon. G.-H. Roberts, Sir W. Arbuthnot Lane, Prof. A. M. Carr-Sanders, etc.
En quelques semaines, cette société s'assura de la part du public, un appui plus important que celui que la vieille Ligue
Malthusienne s'était acquis en quarante années de luttes. (2)
L'organe de la société est le « Birth-Control News », revue trimestrielle fondée en 1922.

La siège de la société se trouve à Londres.

Comme pour la Malthusian League nous examinerons ici :

I. — L'objet de la société.

II. — Les moyens employés par la société.

III. — Les principes directeurs de la société.

IV. — L'activité de la société.

____

(1) *The New Generation*, July 1925, p. 75.
(2) M. Devaldès. *Mercure de France*, 1 mars 1926.

I. — *Objet de la Société :*

1. Faire connaître à tous les faits sexuels et la nature fondamentale des réformes qu'entraîne le contrôle conscient de la conception, connaissance qui est à la base du progrès racique ;

2. Considérer les aspects individuel, national, international, racique, politique, scientifique, spirituel et autres du sujet.

3. Fournir à tous ceux qui ne la possèdent pas encore la connaissance complète des saines méthodes physiologiques de contrôle.

II. — *Moyens employés :*

1. La publication d'une revue trimestrielle : Birth-Control News.

2. La publication de livres et de brochures sur la contraception.

3. La distribution de circulaires sur les méthodes anticonceptionnelles.

4. L'institution d'une clinique « The Mother's Clinic », sur laquelle nous reviendrons au paragraphe intitulé : Les cliniques du Birth-Control.

III. — *Principes directeurs de la Société :*

Ces principes ont été établis par la société elle-même et exposés sous la forme suivante :

1. — L'hygiène sexuelle est un objet d'étude sérieuse et scientifique au même titre que l'hygiène de la nutrition, de la locomotion ou de toute autre fonction humaine.

2. — Par suite de l'attitude de fausse honte qui a jusqu'à présent caractérisé nos rapports avec ce sujet, les nombreuses questions que comportent les différents aspects de la vie sexuelle n'ont pas été traitées de la manière directe, scientifique et physiologique qu'elles méritent et exigent. Nous déplorons cette circonstance et nous nous efforcerons d'y remédier.

3. — Nous soutenons que le plus haut développement spirituel, la plus noble illumination intellectuelle, et les plus ro-

manesques possibilités d'expérience sexuelle individuelle, ne sont pas gâtés, mais, au contraire, exaltés, par de solides connaissances scientifiques.

4. — Nous estimons que, pour ce qui regarde la procréation de membres additionnels de la communauté, ceux qui se chargent de cet important devoir social doivent être mis en possession de la plus parfaite connaissance possible des détails scientifiques et techniques.

5. — Nous croyons que la production au hasard d'enfants par des mères ignorantes, contraintes ou malades, est profondément nuisible à la race. Nous croyons donc que la paternité ne doit plus être le résultat de l'ignorance ou de l'accident, mais un pouvoir mis en œuvre volontairement et en connaissance de cause.

6. — Nous soutenons que pour obtenir ce résultat la connaissance de la simple hygiène du contrôle des naissances est essentielle.

7. — Nous ne nous faisons les avocats d'aucune mesure de contrôle considérée comme finale ou fondamentale, mais soutenons que les *meilleures mesures disponibles* en tout temps devraient être enseignées au public et connues de lui.

8. — Nous désirons rester en contact constant avec tous les progrès scientifiques pouvant influencer les détails pratiques des mesures de contrôle; à cette fin, nous avons organisé un Comité de Recherches médicales chargé de tenir notre Société au courant de la position scientifique de l'hygiène du contrôle des naissances.

9. — *Pour ce qui regarde la population actuelle.* Nous disons qu'il y a malheureusement beaucoup d'hommes et de femmes qui devraient être empêchés de procréer des enfants, à cause de leur mauvaise santé individuelle, ou de la nature morbide ou dégénérée de la progéniture qu'ils produiront vraisemblablement. Ces considérations ne s'appliqueraient pas à un monde supérieur et plus sain.

10. — Il y a beaucoup de femmes dont — parce qu'elles souffrent de la faiblesse de certains organes — la structure est malheureusement telle qu'elles risqueraient la mort si elles essay-

aient d'avoir des enfants — et qui, par conséquent ne devraient pas en avoir.

11. — Il y a malheureusement beaucoup de couples si mal pourvus des biens de ce monde, ou des moyens de les acquérir, qu'ils ne peuvent pas entretenir plus d'enfants, et par conséquent ne devraient plus en avoir. Des femmes, par suite de leur propre manque de moyens d'existence, ou du manque de moyens d'existence de leur mari, peuvent se trouver, de façon permanente ou temporaire, dans une telle situation, par suite d'accident ou de chômage.

12. — La Société approuve et salue l'activité déployée par la première clinique britannique du Contrôle des naissances (The Mother's Clinic, tout d'abord installée Holloway, n° 19), où les très pauvres et ignorants reçoivent une instruction personnelle; mais nous estimons que ce service public ne devrait pas être laissé à charge de l'initiative privée, et que, par conséquent, le Ministère de l'Hygiène devrait procurer l'aide et l'instruction convenables aux femmes des classes laborieuses aux nombreuses Ante-natal Clinics, Welfare Centres, etc., déjà en existence dans tout le pays.

13. — Nous soutenons que la science a déjà rendu possibles des mesures de contrôle des naissances aussi sûres et aussi simples que d'autres mesures hygiéniques largement connues et pratiquées, telles que le nettoyage des dents ou l'enlèvement journalier d'un dentier par quelqu'un qui a des dents artificielles. Nous soutenons donc que pour les gens normaux et sains la science et l'instruction sont une affaire hygiénique, non médicale. Le problème du contrôle de la conception chez ceux qui sont malades ou anormaux, est d'autre part une question purement médicale, et peut comporter des mesures que cette société ne demanderait pas pour l'usage de tous.

14. — En tant que Société, nous travaillons actuellement à la dissémination de la plus parfaite connaissance hygiénique possible parmi tous ceux qui sont assez intelligents pour pouvoir en user, mais nous nous rendons compte du grave problème national que comporte la fertilité de ceux qui sont trop dégénérés ou trop négligents pour être capables d'employer aucune forme de contrôle des naissances.

15. — Nous sommes convaincus que les enfants, dont la naissance a été espacée par des moyens volontaires, ont une mortalité moindre, et que la mère de tels enfants a le temps de recouvrer la santé et de s'occuper du jeune enfant beaucoup mieux que si les grossesses se suivent rapidement ; c'est pourquoi nous nous déclarons en faveur de l'espacement volontaire des naissances désirées même chez la femme la plus saine.

16. — En un mot, nous sommes, profondément et fondamentalement, une organisation « pro-baby », en faveur de la production la plus large possible d'enfants bien portants et heureux, sans préjudice pour la mère, et avec le minimum possible de gaspillage d'enfants par la mort prématurée. Donc, en tant que Société, nous regrettons de voir ceux qui sont les mieux qualifiés pour s'occuper d'enfants avoir des familles relativement peu nombreuses. Sous ce point de vue, notre devise a été: *Babies in the right place*, et c'est autant le but du *Contrôle des Naissances*, envisagé par son côté positif, d'assurer la conception aux gens mariés qui sont sains, n'ont pas d'enfants, et en désirent, que de garantir de la conception ceux qui sont racialement malades, déjà surchargés d'enfants, ou en quelque manière disqualifié comme progéniteurs.

17. — Nous n'avons pas d'opinions fixe concernant le nombre total soit des familles individuelles soit des populations, désirant seulement que l'optimum soit atteint.

IV. — *Activité de la Société:*

En 1921, la Société, dans un meeting général, adoptait la résolution suivante qui fut ensuite imprimée et distribuée aux sans-travails et aux pauvres:

« Afin d'éviter la misère, et qu'un enfant faible vienne au monde, il est important que chacun réalise qu'aucune conception ne devrait avoir lieu dans les périodes de misère ou de mauvaise santé. Cependant, si un enfant est conçu, tous les moyens doivent être employés pour qu'il arrive dans les meilleures conditions.

Mais, il existe de solides et saines méthodes de birth-control (control of conception) et des avis seront donnés par une nurse qualifiée à toute personne mariée sans travail qui présente cette circulaire à la « Mothers' Clinic », à Londres. (1)

La Société a créé dans son sein un Comité spécial: The Committee for Medical Research in Contraception, qui a pour but d'étudier, du point de vue médical, les méthodes anticonceptionnelles. Les membres de ce comité sont: Sir James Barr, Professeur Sir William Bayliss, Harold Chapple, Dr Jane L. Hawthorne, Nurse Maud Hebbes, Geo. Jones, Sir Arbuthnot Lane, Sir John Macalister, Sir Archibald Reid, Christropher Rolleston, David Somerville, Marie C. Stopes, Dr Mather Thomson, Dr E. B. Turner, et prof. E. A. Westermarck. (2)

La première réunion de ce Comité, après une étude approfondie de la question, estima qu'aucune méthode déterminée de recherche n'était urgente pour le moment, bien que des investigations d'ordre général fussent désirables.

Les principaux travaux publiés sous le patronâge de la Society for Constructive Birth Control sont:

Early Days of Birth Control, par Dr Marie Stopes.

Population and Birth Control, par C. Killick Millard.

Fecundity versus Civilization, par Adeline More.

A Letter to Working Mothers, par Dr Marie Stopes.

Mother, How Was I Born par Dr Marie Stopes.

The Christian Case for Birth Control, par le Rev. C. P. G. Rose.

The First Five Thousand, being the First Report of the First British Birth ontrol Clinic, par Dr Marie Stopes.

Love's Coming-of-Age, par Edward Carpenter.

Man and Woman, par Havelock Ellis.

Little Essays of Love and Virtue, par Havelock Ellis.

Married Love, par Dr Marie Stopes.

Wise Parenthood, par Dr Marie Stopes.

Contraception: Its Theory, History and Practice, par Dr Marie Stopes.

---

(1) Contraception. Marie Stopes, pp. 330.
(2) Contraception. Marie Stopes, p. 328.

Radiant Motherhood, par Dr Marie Stopes.

A New Gospel to all Peoples, par Dr Marie Stopes.

The Morality of Birth Control and Kindred Sex Subjects, par un prêtre de l'Eglise d'Angleterre.

Feeding and Care of Baby, par Dr Truby King.

The Mothercraft Manual, par Mabel Liddiard.

Commonsense in the Nursery, par Charis Barnett

Physiology of Reproduction, par Dr Marshall.

Our Ostriches, par Dr Marie Stopes.

International Yearbook of Child Care and Protection, par Edward Fuller.

Life of Marie C. Stopes, par Aylmer Maude.

C. — LA SOCIETY FOR THE PROVISION OF BIRTH-CONTROL CLINICS.

Cette société s'est constituée en 1924 dans le but d'établir en Angleterre des *birth-control clinics.*

De nombreuses cliniques ont déjà été établies sous sa directive comme nous le verrons plus loin.

D. — L'INSTITUTE OF BIRTH-CONTROL, LTD

Cette organisation a été fondée en 1924 afin de permettre aux femmes de toutes les classes de la société de s'instruire sur les questions du birth-control. L'institut est installé dans le Manchester Square District. Il est dirigé par Dr Daisy Wallace. (1)

E. — LA WORKER'S BIRTH-CONTROL GROUP.

Cette société fut créée en 1924 à la suite du refus du Ministry of Health d'autoriser l'enseignement du birth-control dans les Welfare Centres. Elle se compose surtout des femmes ouvrières anglaises. (2)

---

(1) The New Generation, avril 1924, p. 45.

(2) *The New Generation,* juin 1924, p. 62.

§ 2. — APERÇU DU MOUVEMENT DU BIRTH-CONTROL EN ANGLETERRE.

Une histoire détaillée du birth-control en Angleterre demanderait à elle seule un volume.

Aussi nous bornerons nous ici à une simple énumération des faits les plus saillants qui ont marqué la campagne menée par les partisans du birth-control en vue d'établir cette pratique en Angleterre.

Nous nous proposons par là de faire connaître le degré d'avancement de la question dans ce pays et l'état des esprits à son égard, sans toutefois vouloir émettre aucune appréciation personnelle.

* * *

Notre aperçu commencera au début du 20° siècle, tout ce qui précède cette époque, ayant déjà été exposé dans l'*historique* de notre travail.

C'est d'ailleurs, à cette date, qu'une abondante littérature sur le birth-control commença à se faire jour. Nous examinerons ce qui ressort des principaux de ces ouvrages.

En 1901, les professeurs Patrick Geddes et J. Arthur Thompson se faisaient les apôtres du birth-control dans leur livre populaire et à grand succès, déclaraient:

« Indépendamment de l'exès de population, il est temps d'apprendre: 1. que la grossesse annuelle, encore si commune, épuise cruellement la vie maternelle, et souvent tant au point de vue de la durée qu'au point de vue de la qualité; 2. qu'elle est, de même, nuisible à la progéniture; 3. qu'un intervalle de deux années (certains gynécologistes vont jusqu'à trois), est dû à la mère et aux enfants. Il est donc temps, comme nous avons entendu un brave ministre le dire à ses ouailles, d'en finir avec cette affectation qui consiste à regarder un essaim orphelin d'enfants malingres comme la dispensation d'une providence mystérieuse. »

(P. Geddes et J. A. Thompson (1901). *The Evolution of Sex*, pp. XXX, 333.)

Plus tard, en 1909, le Dr C. W. Saleeby, dans le premier numéro de *Eugenics Review*, parlait dans le même sens: « Faisons donc en sorte qu'être père et mère soit dans la vie la chose la mieux préparée, la plus consciente d'elle-même et de ses responsabilités, de sorte que des enfants naissent à ceux qui aiment les enfants, et seulement à ceux qui aiment les enfants, à ceux qui ont l'instinct paternel ou maternel fortement développé, et qui le transmettront dans une large mesure aux êtres qui sortiront d'eux. Dans une génération nourrie de ces principes, sous une génération exclusivement composée d'enfants qui auraient été aimés avant même d'être nés, il y aurait, telle qu'aucune époque ne l'a vue jusqu'ici, une floraison de sympathie, de sentiment tendre, de ces grandes passions abstraites, qui jaillissent de l'émotion du cœur, et qui recréent le monde. »

(Saleeby, C. W. (1909). « The Psychology of Parenthood ». *Eugenics Review*, Vol. I, N° I, avril, pp. 37-46, London, 1909.)

Le distingué professeur de biologie et de génétique, W. Bateson, F. R. S. tant dans sa conférence Herbert Spencer (1) que dans son adresse présidentielle à la réunion australienne de l'Association britannique, fit allusion à la nécessité du birth control. Il dit dans la conférence:

« L'effort de l'organisation sociale ne doit pas tendre au nombre maximum mais à l'optimum, en tenant compte des moyens de distribution. Etendre sur la terre une couche de protoplasme humain de la plus grande épaisseur possible — et c'est l'ambition implicite de beaucoup de publicistes — est absurde au regard des connaissances naturelles. Nous n'avons pas besoin d'une plus grande quantité d'aptes, mais d'une moindre quantité d'inaptes. Un taux élevé de mortalité est souvent associé à un taux élevé de naissances, mais, heureusement, un faible taux de naissance et un faible taux de mortalité sont parfaitement compatibles. »

L'année 1912 fut de grande importance dans le mouvement moderne pour le contrôle de la conception, car, cette année-là,

---

(1) W. Bateson (1912): « Biological Fact and the Structure of Society ». Reprint of the Herbert Spencer Lecture, Clarendon Press, P. P. 34.

sir James Barr, alors Président de la *British Medical Association*, mentionna le « Birth Control » dans son adresse. (1)

Sir James Barr dit: « Un taux de mortalité électif qui était, et qui est, la méthode employée par la nature pour éliminer l'inapte, a été au moins en partie diminué par nos efforts. »

« Nous n'avons pas fait de tentative sérieuse pour établir un taux de mortalité électif de manière à empêcher la propagation de la race par les citoyens les moins dignes »... « Nous devons créer une race vigoureuse, intelligente, entreprenante, saine et confiante en elle-même... nous devons... élever la bannière de la santé avec toute la ferveur d'une religion nouvelle... » Si cet objet doit être rempli, nous devons commencer par ceux qui ne sont pas nés encore. Pour que la race soit relevée de l'inaptitude mentale et physique, les dégénérés mentaux et physiques ne doivent pas être admis à prendre part à l'édification de la race. »

L'année suivante, 1913, fut également notable, car elle vit la session d'ouverture de la National Birth Rate Commission, dont les séances commencèrent sous la présidence de l'évêque Boyd Carpenter. La Commission se composait de dignitaires des différentes Eglises, de médecins, de réformateurs sociaux et autres, et elle tint des séances prolongées, publiait son rapport en 1917. (2) Elle fut reconstituée sous la présidence de l'évêque de Birmingham, siégea deux ans, et publia un second rapport en 1920.

Ces rapports avaient la plus grande valeur, car ils étudiaient à fond le sujet, et l'enquête avait été à la fois détaillée et explicite. Bien que quelques-uns des membres de la Commission fussent hostiles à des mesures «contraceptives » scientifiques, tous se déclarèrent favorables à l'adoption de quelques moyens de contrôle de la procréation indésirable.

---

(1) Sir James Barr, M. D. 1912. Adresse présidentielle à la quatre-vingtième assemblée de la *Briitsh Medical Association:* « Que sommes-nous? Que faisons-nous ici? D'où venons-nous et où allons-nous? » Brit. Med. Journ. Vol. II, pp. 157-163. Londres, juillet 1912.

(2) The Report and Chief Evidence of the National Birth Rate Commission: « The Declining Birth Rate, its Causes and Effects », Seconde éd. pp. XIV, 450, Londres, 1917.

En 1915, quand Margaret Sanger, la nurse américaine, vint dans ce pays pour tâcher d'être aidée dans sa propagande aux Etats-Unis, Marie Stopes obtint que diverses personnalités éminentes signassent, en sa faveur, une lettre au président Wilson, lettre qui aboutit à faire cesser les poursuites dirigées contre elle.

L'année 1917 fut importante, en partie à cause de la publication du rapport, déjà mentionné, de la Birth Rate Commission, et surtout à cause d'un fait jusqu'à présent ignoré du public : cette année-là, un habitant bien connu de Manchester prépara un projet détaillé et pratique pour l'établissement d'une clinique de Birth-Control à St. Mary's Hospital, Manchester, offrant de la doter personnellement de 1.000 livres sterling par an pendant cinq ans, et de 12.000 à sa mort. *La proposition fut refusée*. Pendant quelque temps, cet argent sollicita preneur, car, bien que plusieurs autres tentatives aient été faites pour trouver des gens capables de le mettre en œuvre, personne n'osa s'embarquer dans ce nouveau projet.

Cette année-là aussi, le Dr Killick Millard donna une excellente « adresse » sur ce sujet : Population et Birth-Control, dans la ville dont il était l'officier médical de santé. (C. Killick Millard, M. D. (1917) : « Population and Birth-Control : Présidential Adress delivered before the Leicester Literary and Philosophical Society »).

La première édition de *Wise Parenthood* parut à l'automne de 1918.

La même année (1918), le Doyen de Saint-Paul publiait ses *Outspoken Essays*, avec des arguments tranchants en faveur du contrôle des naissances.

En 1919, Mr Harold Cox, un homme d'Etat très en vue, démontrait devant l'English National Birthrate Commission la nécessité absolue du Contrôle des naissances pour éviter le péril menaçant de la surpopulation. (1)

L'année 1920 marqua un nouveau progrès. Le Dr Killick Millard présenta, sur le contrôle des naissances, un admirable

---

(1) S. Adolphus Knopf, M. D. Birth Control in its medical, social, economic and moral aspects. P. 6.

memorandum à l'Assemblée des évêques à Lambeth; quelque résultat doit avoir été acquis, quoique leur propre memorandum sur le sujet ait été plutôt vague et tendancieux.

Cette année-là aussi, parut le second rapport de la National Birth Rate Commission, avec ses arguments de poids en faveur du principe du contrôle des naissances, et sa déclaration explicite, signée par l'ensemble de la Commission, que « nulle personne susceptible de transmettre une sérieuse tare physique ou mentale ne devrait avoir d'enfants ». (1)

En mars 1921, Mr Humphrey Verdon Roe, et Marie Stopes établirent la première clinique anglaise de Birth-Control.

En octobre 1921, lord Dawson of Penn, rendit service à la cause en prononçant sa fameuse adresse au Congrès de l'Eglise (Church Congress) à Birmingham, où il se fit l'éloquent avocat du Contrôle de la Conception. L'adresse fut ensuite publiée sous forme de brochure. (Lord Dawson of Penn (1922) : « Love, marriage. Birth-Control. Being a speech delivered at the Church Congress at Birmingham, October, 1921 »).

En 1922 apparut un livre important de Carr. Saunders sur le problème de la population, livre groupant une somme immense de renseignements, disséminés, démontrant quelques-unes des erreurs, contenues dans les théories de Malthus, et illustrant le problème des populations optimœ. (A. M. Carr Saunders, 1922 : « The Population Problem »).

Comme on l'a répété de temps à autre, les médecins praticiens les plus avancés, les plus doués d'imagination et de compassion, ont profondément sympathisé avec le mouvement de contrôle des naissances ou l'ont chaudement secondé. Maintenant que la thèse obtient dans une large mesure l'aide et l'approbation du public, on peut s'attendre à des progrès dans les recherches et à des perfectionnements dans les méthodes, bien que les difficultés pratiques de ces recherches restent très grandes, et soient d'autant moins urgentes, que les méthodes

---

(1) The Second Report and Chief Evidence of the National Birth Rate Commission : « Problems of Population and Parenthood ». Pp. CIXV,, 423, Londres, 1920.

dont on dispose déjà suffisant pour la majorité des gens normaux. (1)

Au moment de la fondation de « Mother's Clinic », Marie Stopes fut reçue par le premier Ministre, alors Mr Lloyd George, qui l'engagea à tenir de grands meetings dans le pays, afin que le gouvernement eût l'opinion avec lui s'il tentait quelque chose. Un autre fait montre que le gouvernement ne voit pas d'un œil défavorable cette action et cette propagande pour la limitation des naissances, contre lesquelles aucune législation n'existe en Grande-Bretagne. En 1922, à la Chambre des Communes, un député catholique de Manchester, Mr Hailwood, interpella le Secrétaire d'Etat du Home-Office pour savoir quelles mesures il comptait prendre « pour entraver la publication grandement croissante de littérature obscène ayant pour objet la prévention de la conception », et il demandait au premier Ministre si le gouvernement avait l'intention d'introduire une législation dans le sens de la loi française de 1920. La réponse du Secrétaire du Home-Office fut que la loi sur la littérature obscène était suffisante quand il y avait lieu à poursuites, mais qu'on ne pouvait supposer qu'un tribunal considérerait un livre comme obscène uniquement parce qu'il traiterait du sujet en question, et que le gouvernement ne se proposait nullement d'introduire une législation dans le sens indiqué. (2)

L'Eugenics Society approuve, elle aussi, l'usage des pratiques contraceptionnelles en vue de la réalisation de l'idéal eugénique. Elle estime que, dans l'intérêt de la postérité, il est désirable que les parents limitent leur famille par tous les moyens qu'ils estiment convenables (pourvu que ces moyens ne causent aucun préjudice à la santé, ou, comme l'avortement, ne constituent pas une offense à la morale). Les parents ne peuvent limiter leur famille que pour éviter les conséquences d'une hérédité défectueuse ou pour assurer un intervalle suf-

---

(1) Marie Stopes. Contraception.
(2) M. Devaldes. *Mercure de France*, 1 mars 1926.

fisant entre chaque naissance. Les raisons d'ordre économique sont aussi admissibles. L'Eugenics Society recommande surtout ce contrôle des naissances aux travailleurs dont les gages sont insuffisants pour assurer une éducation convenable à leurs enfants, mais encourage d'autre part à se reproduire ceux qui en ont les moyens.

Mais, par contre, la Society estime que limiter sa famille, quand aucune des raisons citées plus haut n'interviennent, constitue une faute contre la morale et la Societé. (1)

Le *Women's Central Committee, Labour Party* envoyait à la *National Conference of Labour Women*, de 1923 la résolution suivante : « Considérant l'importance d'une génération saine, le *Women's Central Committee* estime que l'enseignement du Birth-Control dans toutes les classes de la société est indispensable. De plus, elle juge, qu'il est de la plus urgente nécessité que le *Standing Joint Committee of Industrial Women's Organizations*, fasse une pétition auprès du Ministry of Health, afin que le Birth-Control soit enseigné dans les Welfare and Maternity Centres et autres endroits de ce genre ». (2)

En avril 1923, le Conseil municipal de Stepney vote une motion permettant d'enseigner les méthodes du Birth-Control aux femmes mariées qui le désirent. La motion avait été présentée par le conseiller Lawder, et appuyée par le conseiller Prescott. Elle fut votée par une majorité de 26 voix contre 24 et stipulée dans les termes suivants :

« Le Conseil, considérant que la prévalence de la natalité dans les districts pauvres et surpeuplés aggrave le problème social (particulièrement au point de vue de la crise des logements et de la santé publique) demande au *Maternity and Child Welfare Committee* d'examiner la possibilité d'enseigner, dans les Maternity and Child Welfare Centres, aux femmes mariées qui désirent limiter leur famille, les méthodes du contrôle des naissances. » (3)

---

(1) Memorandum on the consideration of Heredity at the Ministry of Health, par L. Darwin, 1920.

(2) *Eugenics Review*, 1923, p. 437.

(3) *The New Generation*, juin 1923, p. 69.

Au meeting de la section des femmes de la *National Union of General Workers de Fulham*, le 16 octobre 1923, des résolutions furent prises et envoyées au Ministry of Health, demandant que des informations sur le Birth-Control fussent données dans les Welfare Centres, et qu'une loi, reconnaissant aux femmes le droit d'interrompre la grossesse, fut votée sur la base de la législation soviétique. (1)

L'Université de Cambridge s'intéresse également au mouvement du Birth-Control. Un débat a eu lieu sur la question, à l'*Union Society of Cambridge University*, lors d'une séance de février 1924. Mr J. Busse, de Corpus Christi College, déclara, au nom de son collège, qu'une large application du contrôle des naissances constituerait un remède aux maux sociaux d'aujourd'hui. Lord Dawson, de Penn, parla également en faveur de la limitation des naissances. Un vote termina la séance; 479 membres se déclarèrent en faveur du Birth-Control et 236 contre. (2)

Lors du *National Baby Week Council* de mars 1924, une discussion a été ouverte sur le problème de l'étendue des familles. Parmi les treize orateurs, huit au moins défendirent vigoureusement le Birth-Control et émirent le vœu que les Welfare Centres soient autorisés à donner des avis sur ce sujet. (3)

A la même date, le *Working Men's College de Londres*, après un débat sur la question, vota une résolution en faveur du Birth-Control par trente voix contre onze.

En 1924, se fondait l'*Institute of Birth-Control Ltd*. Au mois de mai de la même année, treize sections des associations féminines du Labour Party demandaient à la *National Conference of Labour Women* que l'enseignement du Birth-Control soit autorisé dans tous les Welfare Centres du pays.

Après le rejet par le Ministry of Health de la pétition des femmes anglaises, tendant à obtenir que les méthodes anticonceptionnelles pussent être enseignées librement, il se forma

---

(1) *The New Generation*, déc. 1923, p. 138.
(2) *The New Generation*, mars 1924, p. 25.
(3) *The New Generation*, avril 1924, p. 37.

une nouvelle organisation pour la défense du Birth-Control
« The Worker's Birth-Control Group ».

Lors du meeting annuel des Labour Women de 1924, le
Birth-Control a été réclamé à une majorité de mille voix contre
huit. Et, à la conférence du parti ouvrier tenue à la même époque, l'étude de la question a été réclamée par onze groupements
différents. La motion était ainsi libellée : « Nous demandons
que le Ministry of Health permette aux autorités médicales officielles de donner des avis sur le Birth-Control à ceux qui le
désirent. De plus,que, lorsque ces autorités donneront ces avis,
le Ministry of Health ne supprime pas de ce fait les subventions qu'il leur accorde ».

En septembre 1924, le Conseil municipal de Brighton votait
une résolution par laquelle il demandait au Gouvernement
d'introduire une loi permettant aux autorités locales d'ouvrir
des cliniques où les ouvrières pourraient recevoir des avis sur
le Birth-Control, ou de permettre l'enseignement de ces méthodes dans les Welfare Centres existant ainsi que dans les cliniques prénatales. (1)

Cette résolution avait été présentée devant le Conseil municipal par un membre travailliste, et fortement soutenue par le
maire de Brighton, Mr H. Milner Black.

C'est en 1924 également que se sont ouvertes les cliniques de
Birth-Control de Mirfield, dans le Yorkshire et de North Kensington.

La question du Birth-Control est chaque année mise à l'ordre
du jour et discutée dans les « Summer Schools » d'Angleterre.
C'est ainsi que Mr. J. M. Keynes, l'économiste, auteur des
Conséquences de la Paix, à la « Summer School » de 1925, qui
s'est tenue à Cambridge, prophétisait que les questions sexuelles exerceraient dans l'avenir une influence croissante en politique et il préconisa la discussion du problème.de la population
dans le parti libéral, en vue de diriger le gouvernement vers
une politique de limitation. (2)

---

(1) *The New Generation*, sept. 1924, p. 101.
(2) M. Devaldès. *Mercure de France*, 1 mars 1926.

En mars 1925, le Conseil de la *National Union of Societies for Equal Citizenship*, adopta une résolution par laquelle il était demandé au Ministry of Health que les pratiques du Birth-Control fussent enseignées dans les Welfare Centres à toutes les femmes mariées qui le désireraient. (1)

C'est en 1925 également que le Comité de l'*Abertillery and District Hospital* a établi la première clinique officielle du Birth-Control. (2)

Le Conseil municipal d'Edmonton a voté, en juillet 1925, une résolution requérant du Ministry of Health qu'il permette aux Medical-Officers de donner des avis anticonceptionnels dans les Welfare Centres, chaque fois qu'ils le jugeront nécessaire. (3)

Vers cette date, la Conférence des Femmes du Labour Party, tenue à Birmingham, a émis à une grande majorité un vœu, souhaitant que le droit de connaître les pratiques anticonceptionnelles, soit accordé aux femmes ouvrières. (4)

Trois autres cliniques de Birth-Control furent fondées cette année, celle de Wolverhampton celle de St Pancras et celle de Cambridge.

En juillet 1925, le Conseil municipal de Shoreditch vota, à son tour, une motion, par laquelle il est demandé au Ministry of Health que le Birth-Control soit enseigné dans les Welfare Centres de Shoreditch. (5)

Lors de la Conférence de la Protection de la Maternité et de l'Enfance, tenue à Londres, le 5 juillet 1926, la question du Birth-Control a fait l'objet de vives discussions. Dʳ Margaret Emslie proposa qu'on enseigne aux femmes les pratiques du Birth-Control dans les Centres de protection de la Maternité. Les raisons qu'elle invoque en faveur de cette pratique sont les suivantes : 1. Les médecins du Centre semblent être les plus indiqués pour donner ce genre d'avis, les femmes, le con-

---

(1) *The New Generation*, avril 1925, p. 37.
(2) *The New Generation*, 1925, p. 75.
(3) *The New Generation*, août 1925, p. 85.
(4) *The New Generation*, 1925, p. 87.
(5) *The New Generation*, sept. 1925, p. 98.

naissant, ne craindront pas de se confier à lui, beaucoup d'entre elles, n'ayant pas les moyens d'avoir un médecin traitant. 2. Les Centres se prêtent plus facilement que les hôpitaux à l'examen requis et à l'application des méthodes de Birth-Control. 3. Les femmes éviteront ainsi de consulter des pharmaciens ou autres personnes non qualifiées et ne seront plus exposées à négliger de prendre les précautions d'hygiène requises après l'application du traitement. 4. Les Centres de protection ont pour but le bien-être des femmes et des enfants. Or, il ne peut y avoir aucun bien-être pour les mères et leurs enfants aussi longtemps qu'elles ne pourront limiter leur famille.

(Ce dernier point a été soutenu par Dr Binnie Dunlop.)

En outre, il fut souhaité que cet enseignement ne soit donné qu'aux femmes qui se font soigner dans ces centres. De plus, il ne sera accordé que pour des motifs médicaux, et aussi pour des motifs médicaux associés à des raisons économiques. Les seules personnes étrangères au Centre admises à cet enseignement seront celles envoyées par les Centres de prophylaxie tuberculeuse et vénérienne ou par des médecins privés qui estiment que le médecin le plus autorisé est, dans le cas particulier celui du Centre. En aucune façon, on ne veut que ces Centres de protection de la Maternité soient considérés comme favorisant l'immoralité.

Le 9 février 1926, pour la première fois dans l'Histoire, la question du Birth-Control a été discutée à la Chambre des Communes. Un projet de loi ainsi libellé avait été déposé par M. E. Thurtle, Labour M. P. de Shoreditch :

« Plaise de voter une loi autorisant les autorités locales à engager des dépenses reconnues nécessaires pour fournir aux femmes mariées qui le désirent des renseignements sur les méthodes de contrôle des naissances. » (1)

87 membres votèrent en faveur du projet et 167 contre.

Etaient favorables au Birth-Control: 54 conservateurs, 27 tra-

---

(1) *The New Generation*, mars 1926, p. 30.

vaillistes et 3 libéraux. Etaient opposés : 114 conservateurs, 44 travaillistes, 10 libéraux et 1 prohibitionniste. (1)

En avril 1926, à la Conférence de l'Independant Labour Party, le Birth-Control a été réclamé par 501 voix contre 58. (2)

La plus grande victoire que les partisans du Birth-Control ont obtenue est sans aucun doute, celle du 28 avril 1926, lorsque la Chambre des Lords par 57 voix contre 44, vota la motion de Lord Buckmaster, demandant au gouvernement d'autoriser que le Birth-Control soit enseigné dans les Welfare Centres.

C'était la première fois dans le monde entier qu'un corps législatif approuvait et autorisait les pratiques du Birth-Control.

Il est à remarquer que le discours de Lord Balfour à la Chambre des Lords en faveur du Birth-Control, lors de cette séance historique, a provoqué une grande émotion en Angleterre et a été d'un grand avantage à la cause. (3)

De nouvelles cliniques se sont encore formées en 1926, à Londres (l'East Centre), à Cambridge, à Manchester et à Aberdeen.

En septembre 1926, le Minister of Health a répondu au *Public Health Committee* du *County Council* de Surrey, à une demande qui lui était faite sur la question « que des avis sur le Birth-Control pouvaient être donnés aux femmes mariées, seulement pour des motifs médicaux, et par des *Medical Offi-cers*, dans les Maternity and Infant Welfare Centres ». (4)

Mr. Julian Huxley, professeur à King's College de Londres, dans les conférences qu'il donne, se fait le défenseur des principes de la limitation de la famille. (5)

---

(1) Le Ministry of Health estime que les centres de protection de la maternité et de l'enfance, qui reçoivent des fonds du public en vertu du « Maternity and Child Welfare Act » de 1918, ne devraient s'occuper que des enfants ou des femmes, attendant ou nourrissant leurs enfants, et pas des femmes mariées ou non mariées qui désirent s'enquérir des méthodes anticonceptionnelles. Ce n'est pas la fonction des centres ante-nataux de donner des avis sur la question du birth-control.

(2) *The New Generation*, mai 1926, p. 49.

(3) *Birth-Control Review*, juin 1926, p. 230.

(4) *The New Generation*, oct. 1926, p. 97.

(5) *The New Generation*, févr. 1925, p. 14.

Enfin, récemment, le Conseil municipal de St Pancras a envoyé au Minister of Health un mémoire lui demandant qu'une législation autorisant l'enseignement du Birth-Control dans les Maternity and Child Welfare Centres soit introduite. (1)

Le mouvement anglais de la limitation des naissances est surtout l'œuvre d'intellectuels, de scientistes, de médecins, d'économistes et de ceux qu'on appelle les Social Workers. L'aristocratie, au sens le plus noble, l'aristocratie du cœur et du cerveau, est le réel propulseur de ce mouvement. (2) Le vote de la Chambre des Lords l'atteste manifestement.

On rencontre des partisans du Birth-Control dans tous les partis politiques. On trouve en chacun d'eux des minorités plus ou moins nombreuses, ayant à leur tête des groupes de personnalités clairvoyantes et sincères tout acquises à l'idée malthusienne, sauf chez les communistes (exception faite pour quelques intellectuels, notamment une femme de valeur, Miss Stella Browne) et les anarchistes. (3) Les socialistes, eux aussi, sont en grande partie opposés aux principes de la limitation, sous l'empire des idées de Karl Marx. -

Le Docteur Schiller a résumé ainsi l'actuelle position des partis devant la question, en se plaçant plus spécialement au point de vue eugéniste :

On pourrait supposer que les conservateurs éprouvent la sympathie la plus naturelle à l'égard d'un mouvement qui a pour objet d'arrêter l'élimination des meilleurs ; mais ce parti tombe de plus en plus sous l'influence des potentats industriels, qui ont grand intérêt à encourager l'abondance du travail à bas prix. On ne peut nier aussi que l'idée de l'eugénique est neuve, et par suite suspecte. Les libéraux, d'autre part, quoique non hostiles à un changement de ce genre, ne sont pas particulièrement favorables à la science et sont infectés d'un faux humanitarisme qui aggrave, au lieu de corriger, les défectuosités sociales ; tandis que le Labour Party, quoiqu'il dût lui être extrêmement répugnant de travailler pour soutenir des dé-

(1) *Eugenics Review*, oct. 1926, p. 253.

(2) M. Devaldès. *Mercure de France*, 1er mars 1925.

(3) M. Devaldès. *Mercure de France*, 1er mars 1925.

générés et des parasites, s'est malheureusement engagé dans la limitation de la production comme moyen d'élever la valeur sociale de tout produit. Il peut donc se faire que nous prêchions des sourds tout autour de nous, auquel cas il ne nous restera qu'à les délaisser pour former un nouveau parti de réformes eugénique. (1)

Au cours de l'hiver 1926-1927 le Birth-Control a fait l'objet de nombreuses discussions dans les journaux anglais et écossais. Les Rotariens anglais se sont eux-mêmes intéressés à la question et ont chargé le Prof. J. Arthur Thomson de leur en parler dans une conférence à Aberdeen, et Sir John Ramsay à Bayswater.

A signaler également la conférence de Julian Huxley à la British Science Guild, sur le Birth-Control, comme moyen eugénique et celle de Lord Riddelee à une réunion d'hygiène à Norwich; ainsi que les articles de F. A. Mackenzie dans le « Spectator » (de Londres), de Dean Inge, de Bern, Shaw, de Earl Russell dans divers organes, du Dr T. Bowen Partington dans « Health and Strenght ». (2)

§ 3. — CLINIQUES DU BIRTH-CONTROL.

Les cliniques du Birth-Control sont celles qui ont pour but d'enseigner les méthodes anticonceptionnelles; une seule enseigne également les méthodes proconceptionnelles, et c'est le « Mother's Clinic ».

Les principales cliniques du Birth-Control, en Angleterre, sont :

A. — La Mother's Clinic.
B. — Le Walworth Centre.
C. — La North-Kensington Women's Welfare Centre.
D. — La Clinique de Mirfield.
E. — The Wolverhampton Women's Welfare Centre.
F. — La St Pancras Clinic.
G. — Le Cambridge Women's Welfare Association.

---

(1) D[r] F. C. S. Schiller. *Eugenics Review*, avril 1925.
(2) *Birth-Control Review*, avril 1927.

H. — Le Manchester and Salford Centre.

I. — L'East London Centre.

J. — L'Aberdeen Centre.

K. — La Clinique de Liverpool.

L. — Les Cliniques de Glasgow, Birmingham et d'Oxford.

M. — La Clinique de Brighton.

N. — Le Pioneer Health Society à Peckham.

O. — La Clinique de Messrs Lambert à Dalston.

P. — La Clinique de Mrs Aldred à Shepherd's Bush, celle
de Fulham.

Q. — Le Cromer Welfare Centre.

Nous examinerons séparément les moyens d'action et l'œuvre des principales d'entre elles.

A. — LA MOTHER'S CLINIC.

La Mother's Clinic fut fondée en 1921 par Marie Stopes et son mari Mr Humphrey V. Roe. Elle fut placée ensuite sous le patronage de la Society for Constructive Birth-Control, et installée dans un quartier populeux de Londres, à Holloway.

L'histoire de sa fondation n'est pas sans offrir un certain intérêt. Mr. Roe qui est un ancien constructeur d'aviation avait observé, dans son usine, les misères engendrées par la surpopulation ouvrière. En 1917, il offrit à un grand hôpital de Manchester une annuité de 1.000 livres sterling pendant 5 ans et un legs de 12.000 livres à inscrire sur son testament, à condition que cet hôpital ouvrit immédiatement une clinique où l'enseignement du contrôle des naissances serait donné aux mères. Mais l'hôpital refusa. Sur ces entrefaites, en 1918, Mr Roe rencontra la doctoresse Marie Stopes et l'épousa. Marie Stopes était alors professeur de biologie à l'Université de Londres, et déjà connue pour sa compétence dans toutes les questions de la vie sexuelle.

Il convient de signaler ses livres très connus en Angleterre : *Married Love*, *Wise Parenthood*, et *Radiant Motherhood*. *Contraception* parut beaucoup plus tard.

Marie Stopes songeait depuis longtemps à fonder une institution de Birth-Control. C'est en 1921 qu'elle mit, avec l'aide de son mari, son projet à exécution. La clinique fut ouverte le 17 mars 1921.

Parmi les noms qui figurent à son comité de patronage, on remarque ceux du philosophe Edward Carpenter, du romancier Arnold Bennett, du critique William Archer, d'Aylmer Maude, du Rt. Hon. J. M. Robertson, le libre-penseur bien connu, et de Miss Maud Royden, la première femme qui obtint le droit de prêcher dans les temples protestants. D'autres noms sont encore à citer comme celui de Lady Constance Lytton et celui de l'ancien ministre ouvrier le Rt. Hon. J. R. Clynes. (1)

La clinique éveilla aussitôt l'attention du public et fut reçue avec enthousiasme. Afin de célébrer la fondation de l'institution un grand meeting fut organisé par Marie Stopes au Queen s Hall. Le grand auditoire était rempli pour entendre les orateurs suivants : Rt. Hon. G. H. Roberts, Dr Jane L. Hawthorne, Dr Killick Millard, Admiral Sir Percy Scott, Councillor H. V. Roe, Dr Marie Stopes, Aylmer Maude. (2)

La clinique, à sa création, comportait une doctoresse en médecine (Dr Jane Lorimer Hawthorne), une doctoresse assistante et une sage-femme diplômée.

Organisation.

La clinique qui avait été primitivement installée à Holloway, a maintenant son siège dans un quartier plus central, à Whitfield Street.

Le personnel se compose d'une doctoresse en médecine, d'une sage-femme qualifiée et d'une infirmière.

La clinique est ouverte tous les jours, et, deux fois par semaine elle ne se ferme que tard dans la soirée afin de permettre aux maris qui le désirent d'y accompagner leur femme, après les heures de travail.

Aucune lettre d'introduction n'est requise et aucun paiement n'est exigé. Toute mère et tout père qui le désire peut venir se faire instruire sur les méthodes contraceptives.

Il est à remarquer que la clinique donne, non seulement des avis sur les possibilités de non-conception, mais encore sur les

---

(1) M. Devaldès. *Mercure de France*, 1 mars 1926.
(2) Contraception. Marie Stopes, p. 326.

possibilités de conception. Des instructions sont données aux personnes stériles qui désirent avoir des enfants.

Des avis sont envoyés par correspondance dans toute l'Angleterre et même à l'étranger. (1)

Résultats.

Les résultats obtenus par la Mother's Clinic sont mentionnés dans le livre de Marie Stopes « The first five thousand ».

On a attendu, en effet, pour parler de cette œuvre en un rapport, que 5.000 femmes y eussent eu recours.

Dans l'estimation de l'ensemble du travail effectué par la clinique, cependant, il faut tenir compte du fait qu'en addition aux cinq mille cas qui ont été vus ou examinés personnellement par la Nurse-accoucheuse, par la sœur de service, ou l'un ou l'autre des médecins, la clinique a été utile dans plus de trente mille autres cas, représentés par des personnes qui se sont présentées au bureau extérieur, qui ont emporté des documents sans se soumettre à un examen personnel, ou qui, écrivant par la poste, ont demandé assistance, ou conseil sur le choix d'un médecin, ou des documents sur le contrôle des naissances, etc.

En plus, des cas d'aide directe, quelques centaines de médecins praticiens, sages-femmes, nurses, inspecteurs sanitaires, etc., sont venus s'instruire des méthodes qu'ils ont ensuite mises en œuvre dans leur propre sphère d'action. de sorte que son influence s'est amplement étendue — même des membres de gouvernements étrangers se sont adressés à la clinique pour obtenir documents et informations.

Encore faut-il compter les visites répétées jusqu'à trois fois et plus. Nous ne comptons que pour un cas celui d'une femme qui revient souvent.

Après cette simple explication concernant l'importance et l'étendue du travail accompli indépendamment de celui que comportent les « cinq mille cas » dont nous allons nous occuper, je vais citer quelques-uns des résultats qui se dégagent à première vue de leur étude.

---

(1) Contraception. Marie Stopes, p. 368.

Sur les 5.000 cas, 4.834 étaient ceux de personnes désirant espacer les naissances de leurs enfants. Les 166 autres étaient ceux de personnes sans enfants désirant être renseignées sur le contrôle des naissances avec l'espoir d'en avoir. Cet aspect positif de l'œuvre est unique au monde dans l'ensemble du mouvement de contrôle des naissances.

Les détails concernant les cas de personnes stériles désirant concevoir, seraient intéressants, mais se développent sur des lignes distinctes de celles de la principale activité. Qu'il nous suffise de signaler que bon nombre de femmes, à la suite de l'intervention de la clinique, ont heureusement mis au monde les enfants qu'elles désiraient, et sont aujourd'hui des mères heureuses; deux d'entre elles sont les mères d'enfants jumeaux. Dans une famille où deux sœurs mariées demeuraient stériles après plusieurs années de mariage, toutes deux conçurent, et engendrèrent des enfants sains, le tout à la suite d'instructions données à la clinique. Dans beaucoup de cas, on ne réussit pas à obtenir la conception désirée, parce que l'un ou l'autre des conjoints désirant la paternité, s'est lui-même stérilisé par ignorance, ayant négligé de soigner la gonorrhée. Dans ce cas, naturellement, aucun renseignement concernant l'acte sexuel ne peut être efficace. Cependant, en l'absence de maladie, le succès obtenu dans la procréation d'enfants *souhaités* a été des plus encourageant.

Qui a recours à la Clinique?

En présence du fait que certains adversaires réactionnaires et peu scrupuleux de l'éducation du pauvre, ont répandu le bruit que la clinique est un endroit où des jeunes filles et des femmes légères viennent chercher une instruction qui leur permette de courir les rues, les chiffres suivants sont intéressants à relever :

Sur 5.000 consultations :

Femmes mariées	4.296
Mères non mariées	2
Couples fiancés sur le point d'être mariés	52

Ainsi, sur les 5.000 consultations, le nombre total de femmes mariées fut de 4.296, le nombre total de mères non mariées de 2, le nombre total de gens sur le point d'être mariés et requérant des conseils d'ordre général plutôt qu'une aide spécifique, de 52. Il est important de signaler que dans tous les cas du dernier groupe, les jeunes gens (qui d'ordinaire venaient ensemble) ont donné à la nurse de service de bonnes raisons expliquant leur demande de renseignements : par exemple, qu'ils devaient se marier le lendemain, ou dans un très bref délai, partir immédiatement pour l'étranger, pour quelque ferme perdue au fond de la Rhodésie, voyager pendant un an, et ainsi de suite. Quant aux *très* pauvres, qui venaient immédiatement avant le mariage, quelques-uns donnaient comme raison que, ne pouvant trouver de logement, ils étaient obligés de se contenter de vivre dans deux chambres, et parfois dans une seule, chez leurs parents, ou qu'ils habitaient des locaux où la venue au monde d'un enfant serait impossible.

Mentionnons que cette difficulté concernant le logement fut souvent soulignée par des femmes qui n'avaient que peu d'enfants et n'auraient pas demandé mieux que d'en avoir davantage si elles avaient pu être logées plus décemment.

Cas de « Contraception ».

Nous ne traiterons plus maintenant que des cas de contraception, et par conséquent, dans les statistiques suivantes. le pourcentage doit être basé sur les 4.384 cas.

Aux débuts de la clinique, quelques-unes des personnes qui furent examinées pour « contraceptive information », quoique mariées, n'avaient pas encore eu d'enfants. Dans de tels cas, la raison donnée pour rester sans enfant semblait suffisante : c'était, par exemple, la folie dans la famille du mari, la folie dans la famille de la femme, la tuberculose, le chômage du mari, ou, chez la femme une conformation anormale, une mauvaise santé, etc. Au bout de quelques mois, cependant, on établit cette règle que celles seulement qui auraient déjà donné le jour à un enfant auraient droit à l'assistance complète de la clinique et à un examen personnel.

Si maintenant nous considérons les familles de celles qui *ont* donné le jour à un enfant au moins, avant de venir à la clinique, nous nous trouvons devant 4.235 cas. Le nombre total de ces grossesses se répartit comme suit :

Rapide élévation du taux de mortalité, coïncidant avec l'augmentation du taux des conceptions.

Du tableau suivant, résulte un fait particulièrement intéressant et important, à savoir que le pourcentage des morts et avortements augmente avec le nombre des grossesses. Naturellement, les femmes qui ont été grosses dix fois ou plus ne sont pas aussi nombreuses que celles qui l'ont été moins souvent, mais, nonobstant cette circonstance, le pourcentage des morts et des avortements augmente avec une si remarquable uniformité qu'on peut conclure que des grossesses répétées sont en elles-même une cause de mortalité infantile que nulles conditions de milieu ne peuvent contrecarrer complètement.

Les chiffres du tableau ci-après sont fort intéressants, on peut même dire qu'ils sont uniques, qu'ils donnent, de la vie de la femme pauvre, une idée beaucoup plus vraie que les taux de mortalité générale relativement faibles cités par les recensements et autres rapports statistiques.

On remarquera que chez les femmes ayant eu deux ou trois grossesses le pourcentage total de mort et d'avortement n'est que de 9.83 ; que chez celles ayant eu cinq grossesses, il s'élève déjà à 21.67 pour cent, chez celles ayant eu dix grossesses, à 33.18 pour cent, chez celles ayant eu douze grossesses, à 37 pour cent, et ainsi de suite.

De tels chiffres ne peuvent être ignorés, et, même « corrigés » pour satisfaire les statisticiens, ils offrent une effrayante image de vitalité gaspillée. Ces faits demeurent embarrassant pour les théoriciens qui affirment que des grossesses répétées n'ont pas d'effet débilitant sur la progéniture. Ils révèlent un taux pour cent de mortalité *in utero* ou dans l'enfance, de 30 à 50 pour cent (nous disons *pour cent*). Le *seul* moyen de se rendre compte de l'effet de grossesses répétées est de calculer la mortalité du fœtus aussi bien que celle de l'enfant né vivant.

Mother's Clinic.

Examen préliminaire de 5.000 cas de consultations à la dite clinique, jusqu'au 31 août 1924.
Histoire maternelle de 4.235 mères, chez qui la conception s'est produite avant qu'elles vinssent à la clinique.

Nombre	Conceptions		Enfants vivants		Morts		Avortements		Désastre complet	
	Cas	Total	Total	Pour cent.	Total	Pour cent	Total	Pour cent.	Morts et fœtal in utero	Pour cent conceptions
Ayant conçu une fois	887	887	834	94.02						
» » deux »	1.088	2.176	1.982	91.08	289	5.01	271	4.82	560	9.83
» » trois »	787	2.361	2.048	86.69						
» » 4 »	535	2.140	1.756	82.06	146	6.82	238	11.12	384	17.94
» » 5 »	335	1.675	1.312	78.33	124	7.35	239	14.32	363	21.67
» » 6 »	203	1.218	949	77.91	106	8.69	163	13.40	269	22.29
» » 7 »	136	952	691	72.58	93	9.77	168	17.65	261	27.42
» » 8 »	100	800	592	74.00	103	12.90	105	13.10	208	26.00
» » 9 »	56	504	359	71.23	59	11.70	86	17.07	145	28.77
» » 10 »	44	440	294	66.82	69	15.69	77	17.49	146	33.18
» » 11 »	24	264	190	71.99	22	8.33	52	19.68	74	28.01
» » 12 »	22	264	166	62.91	49	18.55	49	18.55	98	37.10
» » 13 »	5	65	42	63.84	11	16.90	12	19.25	23	36.15
» » 14 »	5	70	50	71.43	8	11.43	12	17.14	20	28.57
» » 15 »	5	75	45	60.00	22	29.33	8	10.67	30	40.00
» » 16 »	1	16	12	75.00	2	12.50	2	12.50	4	25.00 (1)
» » 17 »	2	34	17	50.00	10	28.41	7	20.59	17	50.00

(1) Cette seule famille remarquablement saine fait descendre le taux de mortalité, mais *malgré ce fait*, celui-ci reste élevé.
N.-B. -- Les chiffres ci-dessus sont calculés *pour cent*, dans le sens ordinaire le taux de mortalité l'est *pour mille*.

B. — LE WALWORTH WOMEN'S WELFARE CENTRE.

Le Walworth Women's Welfare Centre a été créé en novembre 1921 par la Malthusian League, et grâce aux efforts du Dr et de Mrs Drysdale.

Organisation.

La Walworth Women's Welfare Centre est établi à Walworth, dans un des quartiers les plus pauvres de Londres. Le Centre était d'abord à la fois une maternité, un centre de protection de l'enfance et une clinique du birth-control. On y donne aux femmes des conseils sur la maternité, sur les soins à donner aux enfants et, à celles qui le désirent, des méthodes hygiéniques de limitation des naissances.

Le Centre est dirigé par le Dr Norman Haire, gynécologue renommé.

Le personnel se compose d'une infirmière qualifiée, qui s'y trouve à demeure, et de trois femmes-médecins qui y donnent des consultations deux fois par semaine. Des brochures enseignant les méthodes hygiéniques du contrôle des naissances sont distribuées. Leur nombre a quelquefois atteint cinquante par jour.

Il est à remarquer que le Centre ne donne des informations sur le contrôle des naissances qu'aux personnes âgées de plus de 21 ans qui sont ou mariées, ou sur le point de se marier, et qui signent une déclaration par laquelle elles reconnaissent en conscience que la limitation de la famille se justifie dans leur cas.

Toutes les précautions sont prises pour que les brochures distribuées ne soient lues que par des personnes mariées.

Il existe, au centre, un comité: le *Men's Propaganda Committee*, qui a pour but d'enseigner la nécessité de la limitation de la famille dans les usines, les ateliers, les bureaux, les magasins, les clubs, etc. (1)

Le Centre s'adresse aux classes tout-à-fait inférieures de la société. Il est visité par des personnes venant non seulement

---

(1) Edw Fuller. *Eugenics Review*, 1924, p. 597.

de Londres, mais de la province. De temps à autre, des conférences sont données au Centre aux hommes seulement, sur
les principes et la pratique du birth-control. (1)

Résultats.

Le nombre total des consultations accordées au Centre depuis sa fondation s'élève au chiffre de 5.275. Pendant la seule
année 1925 il a atteint 2.069.

Les visiteurs sont, pour la plupart, des mères de famille dont
le revenu s'élève de £ 2 à £ 3 par semaine, ainsi que des femmes de chômeurs. La plupart des femmes visitent le Centre
d'accord avec leur mari, bien que certaines d'entre elles y
viennent à leur insu. (2)

Le médical superintendant des Asiles d'Aliénés de Londres
renvoie d'une manière habituelle les femmes souffrant d'aliénation mentale intermittente au Walworth Centre afin qu'on
leur enseigne les pratiques anticonceptionnelles.

De nombreuses autorités médicales, des étudiants, des sociologues viennent de partout et même des Etats-Unis pour visiter
le Centre et y examiner le travail accompli.

---

(1) Au début de l'existence de la clinique, la Ligue Malthusienne entra
en lutte avec Marie Stopes, de l'action de qui certains côtés l'irritaient, tels
sa critique des procédés anticeptionnels recommandés par la Ligue, son
mysticisme superposé aux faits, et surtout la partie dite constructive de son
contrôle de la conception. Car si Marie Stopes vise à supprimer la procréation d'enfants qui ne devraient pas naître, elle vise en même temps à en
faire naître d'autres qui, sans elle ne verraient peut-être pas le jour ; et cela,
sans considération du taux de la natalité. Elle dit : « Non pas une réduction
dans le taux de la natalitté, mais une réduction des naissances du mauvais
côté et un accroissement du bon côté. » C'est aller là à l'encontre des principes malthusiens. Mais les faits sont venus atténuer cette divergence. En
effet, 4.834 femmes sont venues à la Mothers' Clinic en quête d'informations
anticonceptionnelles, et 166 seulement pour information pro-conceptionnelle,
parmi lesquelles un petit nombre seulement a réussi à avoir des enfants.
(M. Devaldès. *Mercure de France,* 1 mars 1926.)

(2) Edw. Fuller. *Eugenics Review,* 1924, p. 597.

C. — LA NORTH KENSINGTON WOMEN'S WELFARE CENTRE.

Cette clinique fut fondée en novembre 1924 par la *Society for the Provision of Birth Control Clinics*, sous les auspices du Walworth Centre. Elle a été aménagée par des dames de Kensington.

Elle a son siège dans un quartier très pauvre et très malsain.

Son organisation est calquée sur celle du Walworth Centre. Chaque patiente est examinée individuellement par une femme-médecin. Le prix minimum de la consultation est de 1 shilling. Le nombre des visiteuses va toujours croissant. (1) Il s'est élevé de novembre 1924 à août 1925 au nombre de 450. Ce centre possède 2 femmes-médecins, 2 nurses et une secrétaire.

D. — LA CLLINIQUE DE MIRFIELD.

En 1924, un birth-control clinique a été établie à Mirfield (Yorkshire). Elle est dirigée par Mrs Ellen M. Waddington, J. P. et reçoit de nombreuses visites. Plus de trois cents demandes de renseignements provenant d'hommes et de femmes sont enregistrées chaque mois. Celles-ci proviennent de tous les différents endroits du pays. (2)

E. — THE WOLVERHAMPTON WOMEN'S WELFARE CENTRE.

Cette clinique a été ouverte en mai 1925 à Wolverhampton. C'est une institution très modeste. Pendant le premier mois de son existence, quarante cas se sont présentés. (3) Elle a son siège à Dunstale Road.

F. — LA ST. PANCRAS CLINIC.

Fondée par la *Birth-Control Education League*, elle a été organisée par quelques membres de la Malthusian League en 1925. Elle s'adresse aux femmes pauvres du distrist de St-Pancras. (4)

---

(1) Dr B. Dunlop. *The New Generation*, août 1925, p. 88-89.
(2) *The New Generation*, oct. 1924, p. 111.
(3) Dr B. Dunlop. *The New Generation*, août 1925, p. 88-89.
(4) Dr B. Dunlop. *The New Generation*, août 1925, p. 88-89.

G. — LE CAMBRIDGE WOMEN'S WELFARE ASSOCIATION.

Ce Centre a été établi en 1925 par les soins de la Society for the Provision of Birth-Control Clinics. Il travaille activement et se trouve en contact avec toutes les associations du monde. Son Comité comprend le président du Royal College of Physicians, deux fellows de la Royal Society, deux femmes Justices of the Peace, Mrs Eva Hartree, la première femme Mayor de Cambridge et Mrs Helen Pease. (1) La clinique a son siège à Fitzroy Hall.

H. — LE MANCHESTER AND SALFORD CENTRE.

Cette institution doit son existence à Mrs J. L. Stock et Mrs C. U. Frankenburg, et à l'intervention de la Society for the Provision of Birth-Control Clinics. (2)

I. — L'EAST LONDON CENTRE.

L'East London Centre a été ouvert en juin 1926, sous les auspices de la Society for the Provision of Birth-Control Clinics. Il est installé à Burdett Road et a été organisé grâce à l'aide apportée par Lord Ivor Spencer Churchill et Captain Gerard Leigh. (3)

J. — L'ABERDEEN CENTRE.

Cette clinique a été fondée en 1926 par le *Mother and Child Welfare Committe* de la ville. (4)

K. — LA CLINIQUE DE LIVERPOOL.

Etablie en 1926 par Sister D. Stewart.

---

(1) *The New Generation*, déc. 1926, p. 129.
(2) *The New Generation*, déc. 1926, p. 129.
(3) *The New Generation*, déc. 1926, p. 129.
(4) *The New Generation*, déc. 1926, p. 129.

L. — LES CLINIQUES DE GLASGOW, DE BIRMINGHAM
ET D'OXFORD.

Etablies en 1926.

M. — LA CLINIQUE DE BRIGHTON.

qui a dû se fermer après 9 mois d'existence faute des fonds
nécessaires.

N. — LE PIONEER HEALTH SOCIETY A PECKHAM.

qui est un centre de protection de la famille ; il donne incidemment des avis sur le birth-control.

O. — LA CLINIQUE DE MESSRS LAMBERT DE DALSTON

qui est une organisation privée.

P. — LA CLINIQUE DE MRS ALDRED A SHEPHERD'S BUSH, CELLE
DE FULHAM.

qui sont également des cliniques privées.

Q. — LE CROMER WELFARE CENTRE FOR MATERNITY,
PREMATERNITY AND INFANT WELFARE.

Cette clinique, la plus récente, a été fondée à Londres en
juillet 1927 par le Dr Norman Haire, le distingué gynécologue
et obstétricien.

Elle est à la fois une maternité, un centre de surveillance
prénatale, un centre où l'on donne des conseils sur l'hygiène
de l'enfance. De plus, on y pratique le traitement par irradia-
tions ultraviolettes.

Enfin, la clinique a surtout pour but de donner des avis sur
le birth-control.

Il est à remarquer que toutes ces cliniques reposent sur des
efforts volontaires et sont soutenues par souscriptions de particuliers. Elles ne reçoivent aucune subvention du gouvernement.
Elles ont été fondées, évidemment, pour l'instruction directe,
des procédés anticonceptionnels (dans certains cas proconcep-
tionnels), des femmes et hommes qui s'y présentent ; mais en

outre à titre d'exemples pour le gouvernement. Elles sont prêtes à disparaître le jour ou l'Etat sera disposé à assumer cette tâche lui-même ou à la faciliter aux centres de santé. (1)

Ces cliniques se multiplient de plus en plus et chaque mois voit s'en former de nouvelles.

Outre la Mother's Clinic, qui ressort de la Society for Constructive Birth Control, et le Walworth Centre, de la Malthusian League, la Society for the Provision of Birth-Control Clinics possède huit Centres de birth-control: deux à Londres, quatre en province et deux en Ecosse. En Angleterre, se sont: Cambridge, Kensington, East London, Manchester and Salford, North Kensington et Wolverhampton. D'après le rapport annuel de 1926 de la Society of the Provision of Birth-Control Clinics, le nombres de personnes qui ont reçu des informations dans les cliniques de la société s'élève à 9134. Du 1er septembre 1925 au 31 août 1926, il y en eut 3299.

Si l'on compte les cliniques organisées par les autres associations de birth-control, on constate que leur nombre total s'élevait à plus de vingt à la fin de 1926.

§ 4. — LE BIRTH-CONTROL ET LA LOI.

Il n'y a et il n'y a jamais eu, en Angleterre, des lois interdisant la contraception ou la publication et la propagation des méthodes contraceptives.

Un projet de loi a été voté par la Chambre des Lords, le 28 avril 1926, autorisant l'enseignement du birth-control dans les Welfare Centres.

Voici le texte du projet:

« Que le Gouvernement de Sa Majesté soit requis de retirer toutes les instructions données ou conditions imposées à des Comités de bienfaisance dans le but de refuser aux femmes mariées, dans leur district, les informations que celles-ci pourraient demander concernant la limitation du nombre des naissances. » (2)

---

(1) M. Devaldès. *Mercure de France*, 1 mars 1926.
(2) *Birth-Control Review*, déc. 1926, p. 383.

§ 5. — LE BIRTH-CONTROL ET LE CLERGE ANGLICAN.

Les autorités ecclésiastiques anglaises s'intéressent et prennent même une part active au mouvement du birth-control.

Le plus notable des évêques anglicans favorables à la limitation des naissances, ou, comme il serait plus exact de dire, des conceptions, est celui de Birmingham, le Très Révérend Docteur E. W. Barnes, qui a déjà beaucoup fait parler de lui pour son acceptation de la théroie de l'évolution comme opposée à la Genèse, et, en tant qu'évêque à tendances ultra-modernistes, nommé à son poste actuel par le ministère Mac Donald.

Au cours d'un sermon, il y a quelque temps, il déclarait que le bien-être de l'humanité était menacé par la fécondité humaine et que la civilisation était en danger d'être anéantie par les classes les plus inférieures de la société. Il dénonçait la surpopulation européenne comme la cause de la guerre de 1914-1918 et de toute guerre en général. Et il terminait en formulant le souhait que l'éducation sexuelle fût organisée pour mettre obstacle à la fécondité effrénée.

Il serait sage, concluait-il, d'enseigner aux membres les plus imprévoyants de la société que les familles nombreuses sont une entrave au progrès social. On dit que ces gens se conforment aux commandements: Croissez et multipliez; mais ceux qui parlent ainsi ne font que se dispenser de réfléchir en citant un texte inapplicable aux conditions modernes (Westminster Gazette, 1 juin 1925).

Présidant le dîner annuel de la British Science Guild, en 1923, alors qu'il n'était que le chanoine Barnes, il disait:

« Nous avons besoin de la paix internationale; mais nous ne pourrons l'obtenir que s'il est mis fin au rapide accroissement des populations de l'Europe; ce qui signifie que chaque nation doit croître en force, non en augmentant le nombre de ses citoyens, mais en améliorant leur qualité. Les suggestions pour les mesures pratiques à cette fin feront nécessairement naître l'hostilité du préjugé; qui fera appel à la sanction religieuse. Comme la nécessité nous poussera à agir, nous ou nos descendants, il est certain qu'un vif conflit s'ensuivra. Car il est à craindre qu'un grand laps de temps ne s'écoule avant que les hommes se rendent compte qu'il n'y a aucune différence entre l'idéal de l'eugéniste et l'enseignement du Christ. » (The Times, 29 mai 1923) (1)

Le nombre est déjà respectable d'ecclésiastiques plus ou moins en renom qui recommandent à leurs fidèles la limitation des naissances. Toutefois, ils ne sont encore qu'une minorité, quoiqu'une imposante minorité. Parmi eux, il convient de citer l'homme d'Eglise certainement le plus en vue en Angleterre, le Très Révérend R. W. Inge, doyen du chapitre de la cathédrale de Saint-Paul à Londres, « the gloomy dean », le doyen triste, comme on l'appelle couramment, à cause de son amer pessimisme. On trouve de ses sermons malthusiens et eugénistes dans ses « Outspoken Essays ». Car le doyen Inge faisait partie, il n'y a pas longtemps, du comité de la Ligue malthusienne anglaise. (2) Il faut citer aussi son livre « Sex and Reproduction », dans lequel il défend vigoureusement le principe du contrôle des naissances. Lors de la première conférence américaine du birth-control, il envoyait un message dans ce sens.

Dans des meetings, des conférences où se discute la question du birth-control, nous voyons des ecclésiastiques notables défendre les principes du nouveau mouvement.

En 1921, à une réunion présidée par l'évêque de Birmingham où « The Claims of the Coming Generation » était étudiée, le Rev. Campbell prenait une part active à la discussion.

En 1922, l'évêque de Southwark présidait un meeting au Chapter House de Southwark Cathedral, dans lequel Lady

---

(1) En 1919 déjà, le Right Rev. H. Russell Wakefield, D. D., précédent évêque de Birmingham, président du *Council of Public Morale*, et Chairman de la *National Birth-Rate Commission* déclarait : « ce qu'une nation demande le plus n'est pas de posséder un nombre illimité de citoyens, mais bien un nombre suffisant de citoyens de bonne qualité. Moralement aussi bien qu'eugéniquement, il est juste que la population, dans certaines circonstances, fasse usage de moyens anticonceptionnels ». (Birth-Control in its medical social, economic and moral aspects, S. Adolphus Knopf, M. D., p. 7.)

(2) M. Devaldès, *Mercure de France*, 1 mars 1926.

Barrett prêchait en faveur du Birth-Control. De nombreux clergymen assistaient à la réunion. (1)

Lors de la 5e Conférence internationale du néo-malthusianisme et du birth-control de 1922, le Rev. Gordon Lang présidait la section religieuse et présentait un rapport sur les aspects religieux du birth-control.

Le Rev. A. W. Little, Vicar de Blackpool, dans un meeting du Blackpool Education Committee, tenu en 1923, défendait avec force le principe de la limitation des naissances.

Dans un article du Times du 29 mai 1923, le Rev. G. Walmisley-Dresser, de Bedford Vicarage, demandait la stérilisation des tarés et le Rev. Hugh Chapman (Chapelain de la Chapelle Royale) préconisait de séparer, par la force de la loi, les parents dont la progéniture est tarée et défectueuse.

Vers la même époque, dans le Hibbert Journal, une étude très approfondie de la question du Birth-Control était faite par le Rev. Léonard Hodgson, Dean de Divinity and Magdalen College d'Oxford. (2)

A la conférence de 1924 des *Modern Churchmen*, de Cambridge, des rapports sur les questions sexuelles et le birth-control furent déposés. Dr Douglas White, dans « The Sexual basis of society », insistait sur l'importance de l'élément sexuel dans la vie. Il estime que celui-ci constitue la plus grande force qui peut élever l'homme. Rev. T. F. Royds parla de l'idéal chrétien du mariage et que les parents sont responsables des enfants qu'ils mettent au monde sans pouvoir les élever. Dr A. J. Carlyle condamna la propagation des pratiques du birth control, parmi les classes supérieures et moyennes de la société. (3)

Dans un meeting tenu à Neath, en janvier 1924, le Rev. Gordon Lang examina le Birth-Control à tous les points de vue et, comme il s'adressait en grande partie aux représentants travaillistes de la localité il insista sur les rapports du Birth-Control et des intérêts de la classe ouvrière. (4)

---

(1) *The New Generation*, déc. 1923, p. 137.
(2) *The New Generation*, décembre 1923, p. 137.
(3) *Eugenics Review*, 1924, p. 623.
(4) *The New Generation*, fév. 1924, p. 21.

Un livre par « a Priest of the Church of England », ayant pour titre « The Morality of birth-control », a été publié en vue de défendre le point de vue théologique du Birth-Control.

Lors d'un des derniers meetings de la National Union of Societies for Equal Citizenship, le Rev. Herbert Gray, D. D. déclarait que la population devait être limitée: la question est de savoir si c'est par l'abstinence ou le Birth-Control, ajoutait-il. Il conclut en faveur du Birth-Control.

L'élément jeune du christianisme militant s'est affirmé aussi pour le mouvement. Une partie des membres de l'association qu'on désigne abréviativement du nom de « Copec » *(Conférence on Christian, Politics, Economics and Citizenship)*, réunie en congrès en 1924, se sont prononcés en faveur de la limitation des naissances.

ETATS-UNIS

La première tentative faite aux Etats-Unis au point de vue eugénique s'est manifestée par l'étude de l'hérédité humaine. Il se créât à Boston, en 1880, un « Institute of Heredity ». Celui-ci fut établi par Loring Moody, avec l'aide du poète Longfellow, de Samuel E. Sewall, de Mrs Horace Mann et d'autres personnalités connues. Cet institut se proposait de travailler dans les cadres où se tient actuellement l'*Eugenics Record Office*, mais, comme il était le premier de son temps à s'occuper de ces questions, ses efforts semblent n'avoir pas abouti.

En 1883, Alexander Graham Bell, qui peut être considéré comme le premier chercheur scientifique en matière d'eugénique aux Etats-Unis, publia un journal sur la physiologie de la surdi-mutité, dans lequel il s'attache à démontrer que la surdité congénitale est due à l'hérédité, qu'elle s'accroit par les mariages consanguins, et qu'il est très important d'empêcher les mariages de personnes dans la famille desquelles se rencontrent des cas de surdité congénitale.

Environ cinq ans plus tard, il fonda le Volta Bureau de Washington pour l'étude de la surdité. Ce bureau a rendu de grands services dans le domaine de l'hérédité.

En 1903, l' « *American Breeder's Association* » fut fondée à Saint-Louis, par les éleveurs de plantes et d'animaux qui désiraient se tenir au courant des nouvelles découvertes de la génétique. Cette association, par ses recherches, découvrit que les croisements obtenus sur les animaux et les plantes pouvaient également se retrouver chez les hommes, et la science de l'eugénique trouva ainsi ses bases biologiques.

Aussitôt une section d'eugénique fut fondée, et comme son importance allait toujours croissant, l'association changea son nom contre celui d' « *American Genetic Association* ». Son organe « *The American Breeder's Magazine* » devint « *The Journal of Heredity* ».

Sous les auspices de cette association, l' *Eugenics Record Office* fut établi à Cold Spring Harbor. Nous verrons plus loin l'importance de cette institution.

** **

L'intérêt pour l'eugénique s'est, depuis lors, développé de plus en plus aux Etats-Unis. Beaucoup d'institutions ont inscrit l'étude de cette science à leur programme.

De nombreux clubs de femmes s'occupent de la question, ainsi que tous les young men's christian associations.

La presse périodique est elle-même en faveur du mouvement.

Un congrès catholique tenu à Washington en septembre 1912 a accueilli entièrement les idées eugéniques. (1)

C'est à New-York qu'a eu lieu, du 27 au 28 septembre 1921, le IIe Congrès International d'eugénique (pour les détails, voir l'Introduction).

Enfin, l'eugénique constitue aux Etats-Unis une branche d'enseignement dans l'éducation de la jeunesse. Il y a actuellement sur 613 collèges et universités, 116 institutions dans lesquelles un enseignement eugénique est donné expressément, soit 51 où cet enseignement constitue un cours rattaché à une

---

(1) L. March. *Eugénique*, 1913, p. 86.

section de biologie, de zoologie ou de sociologie et 65 où il est donné accessoirement dans un autre cours. (1)

La plupart des universités possèdent des chaires d'eugénique.

* * *

Nous diviserons cette partie consacrée à l'Eugénique aux Etats-Unis en cinq chapitres.

Chapitre I. — Institutions eugéniques aux Etats-Unis.

Chapitre II. — Publications eugéniques aux Etats-Unis.

Chapitre III. — Raisons nécessitant l'application de l'eugénique aux Etats-Unis.

Chapitre IV. — Différents moyens eugéniques préconisés aux Etats-Unis.

Chapitre V. — Le contrôle des naissances.

---

(1) *Eugénique*, 1925, p. 250.

CHAPITRE I.

Les Institutions eugéniques aux Etats-Unis

Les différentes institutions ayant pour but l'étude ou la propagande de l'eugénique aux Etats-Unis sont:

1. L'*Eugenics Research Association.*
2. L'*Eugenics Record Office.*
3. L'*American Eugenics Society.*
4. La *Race Betterment Foundation.*
5. La *Galton Society.* .
6. L'*American Genetic Association.*
7. L'*Eugenics Education Association.*
8. La *Minnesota Eugenics Society.*
9. L'*Eugenics Educational and social Club of St Louis Mo.*
10. Le laboratoire de Raymond Pearl à Baltimore.
11. Le laboratoire de Woods à Boston.
12. La *Bussey Institution.*
13. La section d'eugénique de la « *Child Welfare Organization* » de Baltimore.
14. La section d'eugénique du *Commonwealth Club* de San Francisco.
15. Le *State Board of Eugenics* de l'Etat d'Oregon.
16. Les *State Board of lEugenics* des Etats d'Idaho, de Montana et d'Oregon.
17. La *Société d'Eugénique du Missouri.*

Nous étudierons séparément chacune de ces institutions dans un paragraphe spécial.

*** *

§ 1. — L'EUGENICS RESEARCH ASSOCIATION.

L'*Eugenics Research Association* est, avec l'*American Eugenics Society* la plus importante société d'eugénique des Etats-
Unis. Ces deux organismes travaillent d'ailleurs en collaboration
étroite.

L'*Eugenics Research Association* est un centre de vulgarisation. Il a été fondé en 1915. Il s'occupe de grouper tous ceux
qui s'intéressent à l'eugénique, et qui, par leurs professions,
peuvent donner des conseils utiles et prudents tels que les médecins, avocats, etc. Il organise aussi dans les clubs ou communautés des conférences ou causeries sur l'eugénique.

Le président dé la société est le Dr. Ch. B. Davenport, et
l'administrateur principal le Dr. H. H. Laughlin.

L'*Eugenics Research Association* comprend de nombreuses
commissions, dont les principales sont les suivantes :

    I. La commission de l' « *Eugenical News* », chargé de
la publication du bulletin de ce nom.

    II. La commission de l'immigration.

    III. La commission de l'eugénique et la guerre.

    IV. La commission de la génétique.

    V. La commission de la bibliographie de l'eugénique.

    VI. La commission qui étudie les caractères héréditaires.

    VII. La commission de la sélection par le mariage.

    VIII. La commission de la fécondité.

    IX. La commission de la compilation et de l'analyse des
lois ayant une portée eugénique.

    X. La commission de l'hérédité du cancer.

L'association publie une revue à grand tirage l'*Eugenical
News*.

Depuis 1915, l'association est officiellement affiliée à
l'*American Association for the Advancement of Science*.

Mais le principal instrument d'action de l'*Eugenics Research
Association* est l'*Eugenics Record Office* à l'étude duquel nous
consacrerons un paragraphe.

§ 2. — L'EUGENICS RECORD OFFICE.

L'*Eugenics Record Office* fut fondé en 1910, par le Dr. C. B. Davenport et grâce aux subventions accordées par Mrs E. H. Harriman.

L'office est situé à Cold Spring Harbor, tout près de New-York. Il fait maintenant partie du Département de génétique de la Carnegie Institution de Washington. Le directeur de l'*Eugenics Record Office* est Charles B. Davenport et le directeur assistant, Harry H. Laughlin.

La station Carnegie et l'office sont installés en pleine forêt, non loin de la mer, dans l'île de « Long Island ». Cet établissement comprend deux grands bâtiments et un personnel d'enquêtes de cent soixante personnes, réparties dans tous les Etats-Unis.

1. — BUTS DE L'OFFICE.

I. Constituer un centre d'informations relatives à l'hérédité humaine et à l'influence des milieux.

II. Commencer un dépôt d'archives avec l'index analytique des caractères héréditaires des familles américaines.

III. Former, diriger et surveiller dans ses travaux, le personnel d'enquête.

IV. Assurer le contact et la collaboration entre toutes les institutions et personnes intéressées à l'eugénique.

V. Collaborer aux recherches sur l'hérédité et sur l'eugénique.

VI. Publier les résultats de ces recherches.

VII. Analyser les facteurs biologiques des transformations des populations vivant sur le territoire américain.

2. — MOYENS EMPLOYES.

I. La publication d'une revue mensuelle l' « *Eugenical News* ».

II. Une bibliothèque qui comprend plus de 4,000 volumes sur l'eugénique et les sciences qui s'y rapportent.

III. La vulgarisation des notions d'eugénique auprès du public au moyen des journaux et des revues illustrées. Pour cela, l'office renseigne et explique aux journalistes les notions d'eugénique qui pourraient intéresser l'opinion. Ceux-ci les rédigent suivant les besoins et les goûts des lecteurs du magazine pour lequel ils travaillent. D'autres fois ce sont des conférenciers qui viennent se documenter à l'office pour aller exposer dans les milieux les plus divers le sens de l'eugénique.

IV. La poursuite de vastes enquêtes scientifiques.

3. — TRAVAUX DE L'OFFICE.

I. — MÉMOIRES.

1. The Hill Folk. Report on a rural communauty of hereditary defectives, Florence H. Danielson and Charles B. Davenport. August, 1913. With 3 folded charts and 4 text figures, 56 p.p., quarto.

2. The Nam Family. A study in cacogenics. Arthur H. Estabrook and Charles B. Davenport. August, 1912. With 4 charts and 4 text figures, 85 p.p., quarto.

II. — BULLETINS.

1. Heredity of Feeblemindedness. Henry H. Goddard. April, 1911, 14 pp., 15 pedigree charts.

2. The Study of Human Heredity. Out of print. Reprinted in Bulletin No. 7.

3. Preliminary Report of a Study of Heredity in Insanity in the Light of the Mendelian Laws. Out of print.

4. A First Study of Inheritance in Epilepsy. Out of print.

5. A Study of Heredity of Insanity in the Light of the Mendelian Theory. A. J. Rosanoff and Florence I. Orr. October 1911, 43 pp., 73 charts, 2 tables. Out of print.

6. The Trait Book. Charles B. Davenport. February, 1912, 52 pp., 1 colored plate, 1 figure.

7. The Family History Book. Charles B. Davenport and others. September, 1912, 101 pp., 16 figures, and 3 plates.

8. Some Problems in the Study of Heredity in Mental Diseases. Henry A. Cotton. August, 1913, 59 pp., 9 figures, 5 folded charts. Out of print.

9. State Laws Limiting Marriage Selection Examined in the Light of Eugenics. Out of print. Charles B. Davenport. June, 1913, 66 pp., 2 charts, and 3 tables.

10. Studies of the Committee on Sterilization. Harry H. Laughlin, Secretary.

   a. The Scope of the Committee's Work. 64 pp., charts and tables.

   b. The Legal, Legislative, and Administrative Aspects of Sterilization. Out of print. 150 pp., 4 charts, 13 tables, 1 map.

11. Reply to Criticism of Recent American Work by Dr Heron of the Galton Laboratory. Out of print.

12. The Feebly Inhibited. I. Violent Temper and Its Inheritance. Charles R. Davenport. September, 1915, 36 pp., 11 charts, and 8 tables.

13. How to Make an Eugenical Family Study. Charles B. Davenport and Harry H. Laughlin. June, 1915, 35 pp., 4 charts, and 2 tables.

14. Hereditary Fragility of Bone (Fragilitas osens, osteopsathyrosis). H. S. Conard and C. B. Davenport. November, 1915, 31 pp., 35 figures, 8 pp., bibliography.

15. Dock Family. Mrs. Anna Wendt Finlayson. May, 1916, 42 pp., 1 chart.

16. The Hereditary Factor in Pellagra. C. B. Davenport, and A Study of the Heredity of Pellagra in Spartanburg County, South Carolina, Dr. E. B. Mimcey. July, 1916, 75 pp., 28 figures, and 8 tables.

17. Huntington's Chorea in Relation to Heredity and Eugenics. C. B. Davenport, based on field notes made by Dr. E. B. Mincey, October, 1916.

18. Inheritans of Stature. Out of print. Charles B. Davenport. July, 1917, 19 text figures and 33 tables, 77 pp.

19. Multiple Neurofibromatosis (von Recklinghausen's disense) and its Inheritance; with the description of a case. S. A. Preiser and C. B. Davenport. October, 1918, 34 pp., 36 figures, 4 pp. bibliography.

20. Heredity of Constitutional Mental Disorders. C. B. Davenport. October, 1920, 11 pp.
21. A Bibliography of Hereditary Eye Defects. Lucien Howe. May, 1921. Out of print.
22. The Inheritance of Specific Capacity. Hazel M. Stanton. April, 1922, 48 pp., 8 figures, 23 tables.
23. The Hereditary Factor in the Etiology of Tuberculosis. Albert Govaerts. September 1923, 19 pp., 6 figures, 4 tables.
24. Body Build; Its Development and Inheritance. C. B. Davenport. February, 1925, 42 pp., 25 figures, 2 plates, 9 tables.

III. Rapports.

1. Report of the First Twenty-seven Month's work of the Eugenics Record Office. Harry H. Laughlin. July, 1913, 32 pp., 9 figures, 1 map, and 1 chart.

IV. — Périodiques.

Eugenical News. A monthly news sheet.
Included in membership dues, Associate, Membership, Supporting Membership of Eugenics Research Association.

V. — Livres.

Eugenics. Charles B. Davenport. A linen bound booklet, 33 pp., 4 plates. Published by Y. M. C. A. Health League.

Heredity in Relation to Eugenics. Charles B. Davenport. 8 v., 298 pp., 17 illustrations and diagrams and plates. Cloth. Published by Henry Holt and Company (By mail).
The following five books should be ordered directly from the Carnegie Institution of Washington. Washington, D. C.

Heredity of Skin-Color in Negro-White Crosses. Charles B. Davenport. 8 vo., 106 pp., 4 plates. Publication No. 188 of Carnegie Institution of Washington.

The Feebly Inhibited : II. Nomadism, or the Wandering Impulse with Special Reference to Heredity. III. Inheritance of Temperament. Charles B. Davenport. 8 vo., 158 pp., 89 figures. Publication No. 236 of Carnegie Institution of Washington.

The Jukes in 1915. Arthur H. Estabrook. 4 vo., 85 pp., 28 charts, 18 tables. Publication No. 240 of Carnegie Institution of Washington.

Naval Officers : Heredity and Development. Charles B. Davenport and Mary T. Scudder.

Body Build and its Inheritance. Charles B. Davenport. 53 figures, 53 tables, 9 plates. Publication No. 329 of Carnegie Institution of Washington.

VI. — BLANK SCHEDULES.

A. — *General Biological Pedigree Investigations.*

1. Record of Family Traits. A brief general record.
2. Genealogical Cards. The so-called Plan I. for a loose-leaf indefinitely expansible family analysis more detailed than is called for by the Record of Family Traits.
3. Eugenical Inventory of Traits of One Family. The so-called Plan II., also an indefinitely expansible loose-leaf system of which the Individual Analysis Card is the unit. The most detailed and valuable and also the most difficult of all the schedules. It should not be asked for until the Record of Family Traits has been successfully filled out.
4. Family. Tree Folder and Single. Trait sheet. The so called Plan II'. This system is used like the Eugenical Inventory of Traits of One Family except that the purpose of the Eugenical Inventory is to list all ontstanding traits, while the Single-Trait sheet records for analysis the family distribution of only one trait.

B. — *Short Schedules for Special Trait Pedigree Records.*

1. Musical Talent.
2. Mathematical Ability.

3. Tuberculosis.
4. Hare-lip and Cleft-palate.
5. Hair Form, Hair and Eye Color, and Complexion.
6. Stature.
7. Weight.
8. Twins.

4. — ACTIVITE DE L'OFFICE. (1)

L'*Eugenics Record Office* centralise les données les plus variées sur l'hérédité humaine, tels que : les biographies, généalogies, pedigrees, rapports d'enquêtes, rapports d'institutions ou de collaborateurs volontaires, découpures de journaux ou extraits de publications ou de brochures. Il collectionne aussi les livres relatant l'histoire des villes américaines, les publications de sociétés de généalogie; il dirige en même temps une série d'enquêtes et de recensements sur les caractères biologiques des populations établies aux Etats-Unis.

Les enquêtes sont en général des notes inscrites dans des formulaires spéciaux renseignant sur les pensionnaires d'institutions chargées du soin des déchets sociaux, des prisons, asiles, hôpitaux, etc.

Toute cette documentation est conservée à l'Office dans une salle spéciale, « Salle des archives » à l'abri de toutes les indiscrétions.

Au fur et à mesure de son entrée, chaque document est examiné, étiqueté et classé par l'archiviste. Il inscrit sur une fiche : le nom, l'adresse et le caractère biologique observé pour chaque membre de la famille et le document bibliographique auquel la famille et le caractère se rapportent. Chacun de ces indices est indiqué par un chiffre se rapportant à un code rédigé par le Dr Davenport, où sont notés plus de deux cents caractères humains (*Trait Book*, bulletin N° 6, de l'*Eugenics Record Office*). C'est le code qui a servi de base pour rédiger celui utilisé dans le Service de Santé de l'Armée américaine (Section et Statistique).

---

(1) Dr A. Govaerts. *Le Scalpel*, 1922, p. 745 et suivantes.

Toute la documentation est ainsi faite suivant les données biographiques, bibliographiques et biologiques.

Au mois de janvier 1921, il y avait plus de 800.000 fiches classées de cette façon, 60.000 pages d'enquêtes manuscrites, 35.000 pages de découpures de journaux, 3.500 pedigrees et plus de 1.700 histoires détaillées de familles.

La recherche scientifique est dirigée par plusieurs comités composés de spécialistes. Ils dressent le plan des recherches, dirigent et surveillent la documentation des problèmes qu'ils ont posés. La plupart du temps ce sont des investigateurs isolés qui font les recherches sur ces problèmes.

Comme études importantes qui ont été faites il faut signaler : l'analyse de familles de dégénérés comme celle des Jukes et Nams dans l'Etat de New-York, la tribu des Ismaels dans le Montana, les Mormons de Utah, celles des métis des îles Bermudes, la distribution de la chorée d'Huntington et les communautés de Woodbury.

Parmi les recensements dirigés par l'Office, il faut citer celui entrepris par le Dr Rosanoff dans le Nassau County d'une population de 100.000 habitants. Il a relevé 1.592 personnes arriérées mentales possédant 2.732 collatéraux dont plus de 600 étaient aussi arriérés. Il y avait donc dans ce county plusieurs familles responsables de cette population arriérée dont on n'aurait jamais connu l'existence sans l'enquête.

L'*Eugenics Record Office* forme lui-même son personnel d'enquête. Il organise chaque été une session de cours portant sur l'hérédité, l'eugénique. Ils sont fréquentés par des gradués de Collèges et d'Universités. Ces élèves achèvent leur instruction par un stage d'un an dans une institution en rapport avec l'Office. Après cela ils deviennent des enquêteurs ou field-workers; ils sont employés par l'institution d'où ils sortent ou par l'*Eugenics Record Office*.

L'*Eugenics Record Office* collabore aussi soit avec les pouvoirs publics soit avec d'autres organisations privées en leur envoyant des investigateurs (docteurs en sciences) qui les aident par les recherches eugéniques.

Ainsi, le Dr H.-H. Laughlin fait partie, comme expert eugénique de la commission parlementaire de l'immigration. Les travaux ont montré la corrélation entre la fréquence des déchets sociaux peuplant les institutions charitables et la qualité biologique de l'immigrant, ils ont montré aussi la valeur de l'enquête eugénique pour connaître les caractères physiques et psychiques de l'immigrant.

Dans un autre ordre d'idées, le Dr C.-B. Davenport a été chargé d'effectuer les mensurations anthropométriques des recrues lors de la mobilisation de l'armée américaine et d'analyser les statistiques médicales. Les conclusions de son travail ont montré que les races qui ont contribué à former la Nation Américaine n'ont rien perdu de leurs caractères héréditaires et que la variation physiologique ou pathologique des populations sont en corrélation avec les caractères de la race qui les constitue.

En résumé, l'*Eugenics Record Office* a pu, en dix années, développer et étendre le travail ébauché par l'initiative privée. Il a contribué à préciser les limites de l'eugénique, enlever les notions du préjugé et de l'arbitraire et montrer leur réalisation pratique possible. Il a fait comprendre, en outre, le sens de l'eugénique et préparé une documentation de la plus grande valeur pour la législation future.

Nous donnons ici le type d'un bulletin de famille utilisé par l'*Eugenics Record Office*.

BULLETIN DE FAMILLE.

(Toute information est reçue à titre confidentiel; aucun nom ne sera publié.)
Nom et adresse de la personne qui prend la responsabilité de ce bulletin; date de l'enquête.

PREMIÈRE PARTIE : HISTORIQUE.

Les neuf questions suivantes se rapportent aux grands-pères et grands-mères paternels et maternels, au père, à la mère et à chacun des enfants :

1. Nom et prénom.
2. Date de naissance.
3. Lieu de naissance (ville, province, pays).
4. Résidence principale.

5. Occupations aux âges successifs.

6. Maladies légères auxquelles on a été sujet : dans la jeunesse, à l'âge mûr.

7. Maladies graves : dans la jeunesse; à l'âge mûr.

8. Opérations subies.

9. En cas de décès : cause et âge du décès.

Observations (goûts, dons naturels, caractères physiques et mentaux, etc.).

DEUXIEME PARTIE : ETAT ACTUEL.

Les renseignements ci-après sont demandés pour tous les membres de la famille considérés dans la première partie et encore vivant :

10. Taille apparente actuelle.

11. Poids apparent

12. Couleur des cheveux.

13. Couleur des yeux (indiquer si les deux yeux sont de couleur différente ou les autres anomalies).

14. Complexion et couleur de la peau.

15. Aptitudes intellectuelles générales.

16. Aptitudes spéciales pour la musique vocale.

17. Aptitudes spéciales pour le dessin ou le coloris.

18. Aptitudes spéciales pour la composition littéraire.

19. Aptitudes spéciales pour les arts mécaniques.

20. Aptitudes spéciales pour le calcul.

21. Aptitudes pour les exercices de mémoire.

22. Force corporelle.

23. Vision.

24. Age auquel la vue s'est modifiée (ou dire si le défaut est congénital).

25. Daltonisme.

26. Audition.

27. Age auquel l'oreille s'est modifiée (ou dire si le défaut est congénital).

28. Articulation verbale.

29. Age auquel le défaut s'est produit (ou s'il est congénital).

30. Tempérament.

31. Usage des mains (droitier, etc.).

32. Marques corporelles de naissance.

33. Doigts anormaux.

34. Dissymétrie du tronc.

TROISIEME PARTIE.

Indiquer pour les frères et sœurs du père et de la mère et pour les autres parents :

Nom et prénom, adresse. — Place dans la généalogie. — Année de naissance. — Année du décès. — Cause du décès. — Taille (adulte), — Couleur des cheveux. — Des yeux. — Défauts de la vue, de l'oreille. — Particularités spéciales physiques ou mentales.

§ 3. — L'AMERICAN EUGENICS SOCIETY.

L'*American Eugenics Society* a été fondée, sous la forme d'un *Ad Interim Committee*, lors du II° Congrès International d'eugénique de New-York.

Le but de ce comité était de poursuivre l'éducation eugénique pendant le temps qui sépare chaque congrès.

Les membres de l'*Ad Interim Committee* ont été à l'origine : Prof. Irving Fisher, de l'Université de Yale, président; D' Ch. Davenport, M. Madison Grant, D' C. C. Little, Chief justice Harry Olson et D' Henry Fairfield Osborn.

En 1922 le nom de ce comité fut changé contre celui d'*Eugenics Committee of the United States of America*. Enfin, en 1926, cette société devint l'*American Eugenics Society* avec Irving Fisher comme président. Les membres du comité de direction sont : Reswell H. Johnson; Ch. B. Davenport; Henry P. Fairchild; Henry E. Crampton; C. C. Little; Madison Grant; H. H. Laughlin; Harry Olson.

1. — BUT DE LA SOCIETE.

Le but général de l'*American Eugenics Society* est de répandre les principes de l'eugénique aux fins d'améliorer la population américaine.

On peut résumer ce but dans les points suivants :

I. L'établissement de recherches eugéniques.
II. L'établissement de l'éducation eugénique.
III. L'établissement d'une législation eugénique. (1)
IV. L'établissement d'une administration eugénique.

Tandis que l'*Eugenics Research Association* entreprend plutôt les travaux de recherches, tout ce qui concerne l'éducation nationale et l'eugénique pratique est organisé par l'*American Eugenics Society*.

---

(1) *Eugenical News*, mars, 1925.

2. — MOYENS EMPLOYES.

L'*American Eugenical Society* pour parvenir à la réalisation de son but a établi dans son sein différents comités dont les principaux sont :

I. Le Comittee on Organisation.
II. Le Comittee on Survey.
III. Le Comittee on Research.
IV. Le Comittee on Formal or scholasticeducation.
V. Le Comittee on Popular Education, Congresses and Conventions.
VI. Le Comittee on Eugenics and Birth-control.
VII. Le Committee on Legislation.
VIII. Le Comittee on Crime Prevention.
IX. Le Comittee on Rosters.
X. Le Comittee on Biologic genealogy.
XI. Le Comittee on Finances.
XII. Le Comittee on Publicity.

En 1924, la Société a créé une commission chargée de faire une étude sur les « *fitter families* », les familles les plus aptes, et a alloué une somme de $ 250 pour la réalisation de ces travaux.

L'*Eugenical News* sert également de bulletin à l'*American Eugenics Society*.

De plus, la société a encore fondé le *Committee on Cooperation with Clergymen*.

En 1926, ce Comité a institué un prix pour le meilleur sermon prêché en Amérique sur l'eugénique.

Ce concours était ouvert à tous les ministres, prêtres, rabbins ou étudiants en théologie. Le sermon devait être prêché avant le 1ᵉʳ juillet 1926. Le montant des différents prix s'élevait respectivement à $ 500 pour le premier prix, $ 300 pour le deuxième et $ 200 pour le troisième.

Ce concours avait été annoncé dans toute la presse et particulièrement dans les journaux religieux. (1)

---

(1) *Eugenical News*, Mars, 1926.

§ 4. — LA RACE BETTERMENT FOUNDATION.

La *Race Betterment Foundation* est, par son *Eugenics Registry*, un centre d'études eugéniques. Cette section est dirigée par le Dr W. Key.

Elle a pour objet le dépistage des mieux doués, physiquement ou moralement, l'aide et la protection de leurs familles. On y recueille des généalogies et l'histoire des familles. Les méthodes utilisées sont celles de l'*Eugenics Record Office* qui se charge de la conservation des documents. (1)

Ses réunions périodiques et sa propagande en font un organe actif du mouvement eugénique.

Cette fondation publie un journal : *Good Health.*

§ 5. — LA GALTON SOCIETY.

La *Galton Society* est une société qui a pour but de propager les idées eugéniques. Elle publie son bulletin dans l'*Eugenical News.*

§ 6. — L'AMERICAN GENETIC ASSOCIATION.

En 1905, l'*American Genetic Asociation*, par l'influence des Drs Jordan et Davenport, créait un Comité de recherches eugéniques.

Ce Comité s'était proposé comme but d'accumuler et d'analyser les faits concernant l'hérédité chez l'homme. Ses travaux portèrent sur l'analyse d'une série de caractères humains facilement accessibles à l'estimation, tels que la taille, la couleur des yeux, etc. Parmi les résultats les plus importants, il faut citer ceux de Davenport sur l'hérédité de la couleur des yeux et des cheveux chez l'homme, et ceux de Goddard sur l'hérédité de la faiblesse mentale.

---

(1) Dr A. Govaerts, *Le Scalpel*, 1922, p. 746.

Par ses travaux, cette association a eu le mérite de préciser les moyens d'investigations de l'eugénique et d'introduire un point de vue nouveau dans l'étude des problèmes médico-sociaux; celui de l'analyse du comportement humain, en tenant compte des indices d'hérédité, le résultat final permettant d'apprécier comment les influences héréditaires se superposent aux autres influences dans le déterminisme des activités sociales. (1)

L'organe de l'*American Genetics Association* est le *Journal of Heredity*.

§ 7. — L'EUGENICS EDUCATION ASSOCIATION.

Cette association a été fondée en Californie en 1923 par Mr. C. M. Goethe, de Sacramento.

Le but de l'institution est d'éveiller la conscience publique sur la nécessité de l'eugénique.

§ 8. — LA MINNESOTA EUGENICS SOCIETY.

Cette société est une société d'Etat ayant pour but de répandre la connaissance des lois de l'hérédité et les principes de l'eugénique. Elle vise aussi à amener l'établissement d'une législation eugénique.

Le siège de la société est à Minneapolis.

Le président est le Dr C. F. Dight.

§ 9. — L'EUGENICS EDUCATIONAL AND SOCIAL CLUB OF ST. LOUIS. MO.

§ 10. — LE LABORATOIRE DE RAYMOND PEARL A BALTIMORE.

Spécialisé dans les statistiques vitales.

§ 11. — LE LABORATOIRE DE WOODS A BOSTON.

Spécialisé dans l'étude de la consanguinité et de la sélection humaine.

---

(1) Dr A. Govaerts. *Le Scalpel*, 1922, p. 744.

§ 12. — LA BUSSEY INSTITUTION.

La *Bussey Institution*, qui dépend de l'Université de Harvard possède d'admirables champs et enclos d'expériences, ainsi qu'une forêt de 2.000 ares.

§ 13. — LA SECTION D'EUGENIQUE DE LA « CHILD WELFARE ORGANISATION » DE BALTIMORE.

Créée en 1922. Son but est de faire valoir le point de vue eugénique dans les problèmes de pédiatrie et ceux du développement physique de l'enfant.

Cette section est représentée par le Dr C. B. Davenport, le Prof. Jennings, le Prof. Pearl, etc.

§ 14. — LA SECTION D'EUGENIQUE DU COMMONWEALTH CLUB DE SAN FRANCISCO.

Le *Commonwealth Club* de San Francisco qui comprend une section d'immigration a établi dans son sein, en 1924, une section d'eugénique, à la tête de laquelle se trouve un professeur d'université, le Prof. S. J. Holmes de l'Université de Californie.

Le but de cette section est 1. de propager les idées eugéniques dans la population de Californie et 2. d'encourager l'étude des problèmes eugéniques.

§ 15. — LE STATE BOARD OF EUGENICS DE L'ETAT D'OREGON.

Les statuts et les attributions de ce Board ont été entièrement renouvelés par une loi de février 1923. Au point de vue eugénique, cette loi est du plus haut intérêt. Elle tient compte des bases biologiques fondamentales de l'être humain sous ses différents aspects mental, physique et moral, et prévoit des mesures légales les plus efficaces pour empêcher la reproduction des dégénérés.

§ 16. — **LES STATE BOARDS OF EUGENICS DES ETATS D'IDAHO
ET DE MONTANA**

qui constituent les agents exécutifs des lois sur la stérilisation. (1)

§ 17. — **LA SOCIETE D'EUGENIQUE DU MISSOURI.**

est une filiale de l'American Eugenics Society. Elle a été fondée en 1926.

* * *

Il existe encore aux Etats-Unis de nombreux autres organismes qui s'intéressent à l'eugénique soit directement, soit indirectement.

C'est ainsi que le département fédéral de l'Agriculture et
les administrations de divers Etats ont créé des stations dans
lesquelles on étudie expérimentalement l'influence des croisements dans les espèces animales et végétales.

Il y a également beaucoup de laboratoires, qui, par leurs
études, contribuent à l'avancement de l'eugénique, tels que
ceux de Stockard, de Guyer, etc.

Enfin, comme nous l'avons vu, il existe dans les Universités
un enseignement eugénique. Cet enseignement est donné par
les professeurs les plus distingués comme Coastle, Couklin,
Holmes et Guyer.

A signaler aussi que la *School of Hygiene and Public Health*
de John Hopkins à Baltimore a établi une section d'eugénique
qui est dirigée par le professeur R. Pearl. Le programme comprend des cours détaillés sur les méthodes d'investigations de
l'eugénique et sur l'application des formules de biométri-
que. (2)

---

(1) *Eugenical News*, novembre, 1925.
(2) Dʳ A. Govaerts, *Le Scalpel*, 1922, p. 747.

CHAPITRE II.

Les Publications Eugéniques aux Etats-Unis

Les principales publications eugéniques aux Etats-Unis sont :

1. *Eugenical News*, organe de l'*Eugenics Research Association*, de l'*American Eugenics Society* et de la *Galton Society*.

2. *Good Health*, organe de la *Race Betterment Foundation*.

3. *Journal of Heredity*, organe de l'*American Genetic Association*.

4. *Genetics*, publié par l'Université de Princeton.

CHAPITRE III.

Raisons nécessitant l'application de l'eugénique aux Etats-Unis

Dans l'exposé que nous allons faire des différentes causes qui déterminent les eugénistes américains à intervenir en vue du bien de la race, nous n'examinerons que celles mises en valeur le plus souvent par les eugénistes eux-mêmes. Nous ne prétendons pas les envisager toutes, mais seulement celles qui nous sont apparues comme les plus déterminantes.

Ce chapitre comprendra 4 paragraphes correspondant à l'examen de chacun de ces motifs.

Ce sont :

§ 1. — Le grand nombre de tarés que possèdent les Etats-Unis.

§ 2. — Les déchets apportés par l'immigration.

§ 3. — Le faible taux des mariages dans les classes supérieures.

§ 4. — La diminution des naissances dans les classes supérieures.

§ 1. — LE GRAND NOMBRE DE TARÉS QUE POSSEDENT LES ETATS-UNIS.

Comme en Angleterre, le grand nombre de tarés physiques et mentaux, existant aux Etats-Unis, constitue le motif le plus important qui détermine les eugénistes à agir.

Nous allons examiner les chiffres que nous donnent les statistiques à cet égard.

CÉCITÉ.

Considérant seulement la population des institutions un recensement de 1900 constate aux Etats-Unis un nombre de 64.763 aveugles. Parmi eux, 35.645 l'étaient complètement et

29.118 partiellement. Dans 4.730 cas, l'affection était congénitale, 19 % des aveugles avaient des membres de leur famille
affectés de la même tare. 4,5 % d'entre eux étaient issus de
mariages consanguins.

En 1920, il y avait aux Etats-Unis 100.000 aveugles. (1)

SURDI-MUDITÉ.

D'après le même recensement de 1900 dans les institutions,
86.515 personnes furent trouvées sourdes-muettes. Plus de
50.000 d'entre elles l'étaient depuis l'enfance et 12.609 depuis
la naissance. Au moins 4,5 % des sourds-muets descendaient
de mariages consanguins, et 32,1 % appartenaient à des familles de sourds-muets.

Le Dr Bowers estime qu'il y avait en 1920 100.000 sourds-
muets aux Etats-Unis. (2)

ALIÉNÉS.

Les recensements faits en 1910 mentionnent le nombre des
aliénés enfermés dans des asiles. Il s'élevait alors à 187.791.
Le nombre de ceux vivant hors des asiles est, sans aucun doute,
considérable, mais ne peut être repéré.

Il y a eu en 1910, 29.304 personnes libérées des asiles. On
peut dire que 25.000 aliénés environ entrent ou sortent chaque
année des asiles.

D'après ces chiffres, il est permis de se rendre compte du
nombre considérable de maladies du système nerveux qu'il
doit y avoir dans la population des Etats-Unis, provenant pour
la plupart de causes congénitales et héréditaires.

Le Dr Horath M. Pollock, statisticien de la Commission de
l'Hôpital de New-York, dans un rapport présenté à l'Association Psychiatrique Américaine démontre l'accroissement considérable du nombre des maladies mentales dans la population
américaine depuis 1880.

Il nous donne à cet effet les chiffres suivants :

---

(1) Dr Bouwers. *Journal of Delinquency*, september, 1921.
(2) *Journal of Delinquency*, sept. 1921.

Maladies mentales repérées dans les institutions de 1880 à 1920.

Année.	Nombre.	Nombre par 100.000 habitants.
1880	40.942	81.6
1890	74.028	118.2
1904	150.151	183.5
1910	187.794	204.2
1918	223.957	217.5
1920	232.680	220.1

Enfin, dans le bulletin de 1926 du Bureau of the Census Department of Commerce de Washington nous empruntons les communications suivantes :

Durant la période de 43 années qui s'est écoulée de 1880 à 1923, le nombre des personnes atteintes de maladies mentales internées dans les asiles est passé de 40.942 à 267.617, soit une augmentation de 226.675 ou de 553,6 %. Le nombre de malades par 100.000 habitants est ainsi passé de 81,6 à 245. Ce nombre a donc été en 1923 trois fois aussi élevé qu'en 1880.

A ces chiffres, le Dr Pollock ajoute trois observations :

1. Que les maladies mentales augmentent alors que les physiques diminuent.

2. Que les maladies mentales sont plus nombreuses dans les villes que dans les campagnes.

3. Que les maladies mentales sont plus nombreuses parmi les classes inférieures que parmi les classes supérieures.

FAIBLES-D'ESPRIT.

Les statistiques de 1910 ne visent, ici aussi, que les malades résidant dans les institutions. Ils étaient à cette époque au nombre de 40.000.

Mais les statisticiens estiment que le nombre total des personnes atteintes de faiblesse mentale s'élève à 300.000. Parmi

celles-ci il n'y en a que 10 ou 15 % qui reçoivent des soins
dans les asiles, environ 15.000 se trouvent être hébergées dans
des établissements de charité, et non pas dans des institutions
spéciales.

Paupérisme.

Les pauvres étaient en 1910 au nombre de 84.198 dans les
asiles de charité. Cette population d'au moins plusieurs centaines de mille personnes, qui entrent et sortent des asiles de
bienfaisance est en grande partie affectée de déficience mentale. En effet, on a constaté que sur le nombre cité plus haut,
13.238 de ces pauvres étaient faibles d'esprit; 3.518 aliénés;
2.202 épileptiques; 918 sourds-muets; 3.375 aveugles; 13.753
paralytiques ou estropiés. Un total de 63 % était atteint de
quelque tare physique ou mentale.

Criminalité.

Les pensionnaires des prisons, des maisons de correction,
pénitenceries et autres endroits similaires s'élevaient en 1910
au nombre de 111.609. Ce chiffre ne comprend pas celui des
25.000 jeunes délinquants. Le tiers des criminels peut être considéré atteint de faiblesse mentale et un examen de 5.000 prisonniers aux Etats-Unis a prouvé que 44 % d'entre eux étaient
des psychopathes. (1)

Epilepsie.

Des statistiques ont été faites en 1916 dans l'Indiana. Elles
ont démontré que le nombre d'épileptiques était de 1.8 pour
1.000 habitants, ce qui représente pour les Etats-Unis un chiffre
de 150.000 épileptiques.

Maladies vénériennes.

Le médecin américain Nœggerath estime qu'à New-York, sur
1.000 hommes contractant mariage, 800 ont eu la blennorhagie et 90 % de ces malades ne sont pas guéris.

---

(1) *Eugenics Review*, 1922, p. 66.

On a calculé que la blennorhagie occasionne aux Etats-Unis 25 % des cas de cécité débutant dans la première année de la vie et 10 % du nombre total des cécités, soit 6 à 10.000 cas de cécité d'origine blennorhagique. (1)

Mais il serait trop long d'énumérer ici les ravages causés par les maladies vénériennes aux Etats-Unis.

TOXICOMANIE.

La toxicomanie s'accroit aux Etats-Unis dans des proportions considérables, sans distinction d'âge, de sexe, de race, de classe sociale, de culture.

L'augmentation au pénitencier d'Atlanta, des admissions des condamnés pour toxicomanie est de 100 % chaque année depuis 1919.

(Dans une enquête faite par la Société des Nations il a été constaté que l'emploi de l'opium est très élevé aux Etats-Unis. La consommation est de 61.918 kg. annuellement.)

L'usage de l'opium est moins fréquent que celui de la morphine, et surtout de l'héroïne.

Dans le seul Etat de New-York, 76.000 onces d'héroïne sont vendues chaque année clandestinement, d'après les chiffres même des statistiques de la police. (2)

D'après le « *Report of Committee of the American Institute of Criminal Law and Criminalogy* » l'Amérique se trouve être dans un grand danger moral et physique du fait de la toxicomanie. L'accroissement de la consommation des stupéfiants a dépassé de beaucoup l'accroissement de la population. Bien que le chiffre de la population de 1900 fut deux fois et demi plus élevé qu'en 1860 la quantité d'opium qui passait à la Douane en vue de la consommation était cinq fois plus grande qu'en 1860, sans tenir compte des stocks venus du Canada et du Mexique. Les Etats-Unis consomment 36 grains d'opium par tête, tandis que l'Autriche n'en consomme qu'un, l'Italie un, la France trois.

---

(1) *Les ravages de la blennorhagie*, Dr Leclerc-Dandoy. Rapport présenté au 1[r] Congrès de la Ligue Nationale Belge contre le Péril vénérien.

(2) Dr Potet, *L'Hygiène mentale*, p. 493.

Il en est de même de la cocaïne. Il a été estimé que 150.000 ozs de cette denrée sont utilisées en Amérique, dont 25 % seulement pour les usages médicaux.

On attribue l'augmentation de la toxicomanie au régime prohibitif alcoolique.

La criminalité s'est accrue considérablement du fait de cet état de choses.

La cocaïne et l'héroïne à elles seules semblent conduire aux crimes les plus violents. (1)

* * *

Les chiffres apportés par les examens de milice durant la guerre ont été pour les Etats-Unis une véritable révélation. 22 % des hommes examinés ont été trouvés inaptes pour le service militaire. Sur 5.758.000 hommes de 21 à 30 ans, 1.289.000 étaient physiquement ou mentalement incapables de servir. Il n'est pas invraisemblable de supposer qu'il existe un nombre semblable de défectives parmi les femmes.

Paul E. Bowers (2) estime qu'en 1920 il y avait aux Etats-Unis environs 656.000 hommes et femmes entre l'âge de 21 et 30 ans absolument inaptes à être des parents.

Comme on le voit, cette situation ne pouvait laisser les eugénistes indifférents. Si on ajoute au mal que ces tarés apportent à la race, les frais énormes que leur entretien coûte à l'Etat, on comprendra encore davantage la nécessité qu'il y a pour les autorités à intervenir.

En 1922, on estimait que ces indésirables représentaient pour l'Etat une dépense de 500 millions de francs par an. (3)

L'Etat de New-York consacre annuellement dans son budget pour l'entretien des seuls aliénés, des sommes plus fortes que pour n'importe quel autre poste, sauf toutefois celui de l'éducation. Mais si la population des anormaux continue à aug-

---

(1) *Eugenics Review*, 1920, p. 132.
(2) J. E. Bowers. M. D. M. S. *« Eugenics »*, Social Pathology, vol. I, N° 9.
(3) *Eugenics Review*, 1922, p. 66.

menter suivant la progression actuelle, leur éducation coûtera
plus à l'Etat que celle des enfants normaux. (1)

Le coût d'entretien annuel d'un faible d'esprit représente
pour les différents Etats les chiffres suivants :

$ 136.50 pour l'Etat d'Illinois.
$ 147.49 pour l'Etat d'Indiana.
$ 148.05 pour l'Etat de Minnesota.
$ 155.47 pour l'Etat d'Ohio.
$ 159.77 pour l'Etat de Wisconsin.
$ 170.16 pour l'Etat de Kansas.
$ 179.42 pour l'Etat de Michigan.
$ 184.77 pour l'Etat de Kentucky.
$ 208.97 pour l'Etat de California.
$ 222.99 pour l'Etat de Maine. (2)

Ces chiffres iront toujours en augmentant, car l'opinion publique réclame de plus en plus que les aliénés et les délinquants
soient traités avec soin. (3)

§ 2. — LES DECHETS APPORTES PAR L'IMMIGRATION.

La proportion considérable d'étrangers de toute espèce qui
envahisent les Etats-Unis tend à faire disparaître la vieille race
américaine.

Il y a à l'heure actuelle 14.000.000 d'étrangers aux Etats-
Unis, et ce nombre augmente d'un demi million tous les ans.

L'année 1923 (un peu avant l'Act de 1924) a enregistré l'entrée de plus de 800.000 immigrants. Au point de vue eugénique, cet apport d'éléments hétérogènes est néfaste, car il est

---

(1) Un seul ménage faible d'esprit, les Jukes, a donné naissance à une série
de criminels, de prostituées et d'indigents, qui de 1802 à 1877 ont coûté 7
millions de francs à l'Etat de New-York.

(2) Statistiques fournies par le Comité National d'Hygiène Mentale (sept.
1927).

(3) Popenoe, *Applied Eugenics*, p. 178.

représenté le plus souvent par les résidus des couches inférieures des populations asiatiques et européennes.

E. A. Ross, démontre la déficience qui en résulte pour la race américaine : « diminution de stature, dépréciation de la moralité, baisse générale du niveau des capacités physiques et mentales ». (1)

Dans la seule année 1914, plus de 33.000 personnes qui voulaient entrer aux Etats-Unis ont dû être renvoyées comme indésirables, plus de la moitié menaçant de devenir une charge pour l'Etat.

. Le Dr Warne (2) constate que le paupérisme et la criminalité ont considérablement augmentés aux Etats-Unis du fait de l'immigration. (3)

L'immigration des races jaunes et des populations des Indes Anglaises constitue un danger particulier. Au point de vue médical, elles introduisent avec elles de nombreuses maladies, telles que celles du foie, des poumons et des intestins pour lesquelles aucun traitement n'est connu aux Etats-Unis. Au point de vue biologique, le mélange des races blanches et jaunes n'engendre que des éléments défectueux.

D'autre part, les déchets apportés par l'immigration sont pour les différents Etats l'occasion de frais considérables :

Dans l'Etat de New-York, le gouvernement, pendant l'année 1922, a dépensé $ 15.831.773.67 pour l'entretien des aliénés, dans les différents asiles officiels. 45 % de ces aliénés étaient d'origine étrangère.

Il résulte donc que $ 7.219.288.94 ont été consacrés, en 1922 pour l'entretien des aliénés étrangers, dans les asiles de l'Etat. Il n'est pas fait ici mention des institutions municipales ni des institutions privées. Il n'est pas non plus tenu compte

---

(1) E. A. Ross, *The Old World in the New.*

(2) Dr Warne, *The Tide of Immigration.*

(3) La Commission de l'Emigration dans l'Italie du Sud a constaté que le nombre des crimes avait considérablement diminué depuis que beaucoup de tarés étaient partis pour l'Amérique.

dans ces chiffres des sommes appliquées à l'entretien des faibles d'esprit, des criminels, etc. (1)

Laughlin démontre d'autre part qu'il n'y a, dans les asiles
américains, que 87.63 pour mille de descendants de natifs
américains, tandis qu'il y a 135.37 pour mille de descendants
d'immigrants. (2)

L'état déficientaire des stocks étrangers importés est démontré par les travaux de Louis I. Dublin. Il a étudié, en effet, comparativement le taux de la mortalité chez les habitants d'origine
américaine et chez ceux d'origine étrangère, et a constaté une
mortalité beaucoup plus élevée parmi ces derniers. Les résultats
de son enquête ont été publiés dans l'*American Economic
Review* (vol. VI, N° 3, 1916).

Le tableau suivant représente la mortalité parmi les différents
stocks de l'Etat de New-York, en 1910 :

Age.	Hommes.			Femmes.		
	Né de parents Améri-cains	Nés de parents étrangers ou mêlés	Etrangers	Nés de parents Améri-cains	Nés de parents étrangers ou mêlés	Etrangers
10 à 14 ans	2.5	2.2	2.5	2.6	2.1	2.4
15 » 19 »	3.6	4.1	4.4	3.2	3.2	3.2
20 » 24 »	5.0	6.8	5.2	4.7	5.2	4.0
25 » 44 »	6.9	14.3	8.7	5.7	9.3	7.3
45 » 64 »	18.8	28.2	28.0	14.3	20.0	23.4
65 » 84 »	77.3	89.9	90.4	68.2	73.9	87.7
85 ans et plus	268.9	323.0	272.7	242.3	324.9	270.5

Pour les deux sexes, la mortalité parmi les éléments nés à
l'étranger, ou nés en Amérique de parents étrangers, dépasse

---

(1) H. Laughlin, Hearings before the Committee on immigration and natu-
ralization, House of Representatives, 1924.

(2) Dr A. Govaerts, *Revue d'Eugénique*, 1923, p. 33.

de beaucoup celle des éléments américains. C'est surtout pour la période de la seconde partie de la vie que cette accentuation se fait sentir. La mortalité des hommes étrangers, de 45 à 64 ans, est de 49 % plus élevée que celle des natifs du même age. Celle des femmes étrangères dépasse de 64 % celle des natives.

Des conditions semblables existent dans l'Etat de Pennsylvania.

Dublin montre en outre que les probabilités de vie sont plus grandes chez les natifs américains que chez n'importe quel autre peuple immigrant (sauf toutefois chez les Russes, ce qui s'explique par le grand nombre de Juifs qui se trouvent parmi eux, lesquels sont connus pour avoir une grande longévité).

Il nous donne à l'appui de sa thèse les chiffres comparatifs suivants :

Probabilité de vie à l'âge de 10 ans.
Statistiques faites en 1910 parmi les populations natives et les populations étrangères immigrées aux Etats-Unis.

Pays d'origine.	Nombre d'années de vie prévues.	
	Hommes.	Femmes.
Etats-Unis	52.96	55.87
Grande-Bretagne	50.27	52.66
Allemagne	49.44	54.35
Irlande	38.69	45.90
Italie	51.94	52.92
Russie	53.44	55.82

D'autres statistiques donnent la probabilité de vie aux différents âges de la vie chez les natifs des Etats-Unis et chez les étrangers immigrés.

Pays d'origine	Membres d'années de vie prévues à l'âge de			
	10	20	40	60 ans
HOMMES vivant dans l'Etat de New-York en 1910				
Etats-Unis	52.96	44.80	29.22	14.92
Grande-Bretagne	50.27	42.23	26.79	13.78
Allemagne	49.44	40.80	25.49	13.25
Irlande	38.40	31.25	18.16	11.25
Italie	51.80	44.23	28.75	15.08
Russie	53.44	44.84	27.85	13.95
FEMMES vivant dans l'Etat de New-York en 1910				
Etats-Unis	55.87	47.55	31.57	16.30
Grande-Bretagne	52.66	44.01	28.17	14.86
Allemagne	54.35	45.57	29.31	14.60
Irlande	45.40	36.90	21.70	10.80
Italie	52.92	44.94	29.68	15.66
Russie	55.82	46.60	29.84	14.73 (1)

§ 3. — LE FAIBLE TAUX DES MARIAGES DANS LES CLASSES SUPERIEURES.

On a constaté aux Etats-Unis que le nombre de mariages était moindre dans les classes supérieures que dans les classes inférieures. Les meilleurs éléments de la population saine des Etats-Unis se trouvent être de ce chef éliminés.

Popenoe estime que les études universitaires féminines constituent un mal pour la race, l'élite des femmes ne se mariant plus, la population est de ce fait privée des meilleurs éléments reproductifs.

Si l'on considère les statistiques on remarque que le pourcentage des femmes graduées qui se marient est de beaucoup inférieur à celui des femmes non-graduées.

Examinons les chiffres donnés par les différents collèges qui se sont livrés à des enquêtes sur ce sujet :

(1) *Eugenics in Race and State*, Louis I. Dublin, *The mortality of foreign race stocks*.

Wellesley College. — Sur 100 femmes diplômées entre les années 1879 et 1888, 35 seulement se sont mariées dans les 10 ans qui ont suivi la prise de leur grade et 48 dans les 20 ans.

Mount Holyoke College. — Enquête faite par le Prof. Amy Hewes :

Date du graduat	Pourcentage des célibataires	Pourcentage des femmes mariées
1842-1849	14.6	85.4
1850-1859	24.5	75.5
1860-1869	39.1	60.9
1870-1879	40.6	59.4
1880-1889	42.4	57.6
1890-1892	50.0	50.0

Bryn Mawr College. — Entre les années 1888 et 1900 cette institution délivra des diplômes à 376 jeunes filles parmi lesquelles 165, c'est-à-dire 43.9 % étaient mariées en janvier 1913.

Vassar College. — Enquête faite par Rob. J. Sprague. — Parmi les graduées des années 1867 à 1892, 509 sur 959 se sont mariées laissant 47 % de célibataires.

A l'Université de l'Etat d'Ohio pendant les années s'étendant de 1885 à 1905, 54 % des femmes graduées étaient mariées. L'Université de Wisconsin entre 1870 et 1905, donne un pourcentage de 51 %. Et les statistiques suivantes pour les 5 années postérieures :

1901	33.9
1902	52.9
1903	45.1
1904	32.3
1905	37.4

A l'Université de l'Illinois, 54 % des femmes diplômées de 1880 à 1905 se sont mariées dans les 10 ans qui ont suivi leur graduat. 53 % seulement des femmes des trois grandes universités de l'Illinois de l'Ohio et du Wisconsin se sont mariées dans les 10 ans qui ont suivi leur graduat.

D'autre part, les statistiques officielles faites aux Etats-Unis ont démontré qu'en 1901 :

45 % des femmes universitaires se marient avant l'âge de 40 ans
90 % de toutes les femmes des Etats-Unis se marient avant l'âge de 40 ans.
96 % de toutes les femmes de l'Arkansas se marient avant l'âge de 40 ans.
80 % de toutes les femmes de Massachussets se marient avant l'âge de 40 ans.

Il est à remarquer que dans le Massachussets 30 % de toutes les femmes sont mariées à l'âge où les femmes des Universités prennent leur grade.

Il a été démontré que les femmes appartenant au Phi Beta Kappa, groupement des écoliers supérieurs, et qui représentent par conséquent une élite parmi les universitaires, possèdent une moyenne de mariage inférieure à celle des femmes universitaires en général.

Non seulement les femmes universitaires se marient moins que les autres, mais encore se marient plus tard que ces dernières.

Miss M. R. Smith a établi des statistiques à ce sujet:

Age du mariage	Femmes universitaires	Femmes non-mariées
au-dessous de 23 ans	8.6 %	30.1 %
de 23 à 32 ans	83.2 %	64.9 %
au-dessous de 33 ans	8.0 %	5.0 %

Toutes ces considérations ne se rapportent pas seulement aux femmes universitaires, mais encore à celles diplômées des écoles secondaires. Parmi elles également on constate une baisse dans le taux des mariages.

Miss Helen D. Murphey nous donne les chiffres suivants fournis par le Washington Seminary (Washington Pennsylvania) :

Années	1845	1855	1865	1875	1885	1895	1900
Nombre de femmes mariées.	78	74	67	72	59	57	55
Nombre de femmes qui se sont adonnées à d'autres occupations que celles du ménage.	20	13	12	19	30	30	39

Des recherches parallèles ont été effectuées relativement aux universitaires masculins.

John C. Philips (1) a mené ses investigations dans les universités de Harvard et de Yale:

Pendant la période de 1851 à 1890, 74 % des gradués de Harvard et 78 % de Yale étaient mariés.

D'autre part, des statistiques établissant des comparaisons entre le taux des mariages des hommes universitaires et celui des femmes universitaires ont été faites à l'Université de Stanford. (2)

Sur 670 hommes diplômés entre 1892 et 1900, 490 ou 73 % étaient mariés en 1910. Sur 330 femmes, 160 ou 48 % étaient mariées à la même époque.

Des résultats semblables ont été trouvés à Syracuse. (3) H. J. Barker montre en effet que, parmi les femmes 57 % se sont mariées et parmi les hommes 81 %. Les femmes se mariant à l'âge moyen de 27 ans et les hommes 28.

Il montre aussi le décroissement du taux des mariages chez les femmes tandis qu'une moyenne plus constante est observée chez les hommes.

---

(1) *Harvard graduates magazine*, XXV, No 97 p. 25, septembre 1916.

(2) Popenoe, *Paul Stanford's Marriage Rate*, « *Journal of Heredity* », VIII, p. 170.

(3) Barker, Howard, J. « *Coeducation and eugenics* », Journal of Heredity, VIII, p. 208.

Années	Moyennes des hommes diplômés, mariés	Moyennes des femmes diplômées, mariées
1852-61	81	87
1862-71	87	87
1872-81	90	81
1882-91	84	55
1892-01	73	48

Davenport a constaté qu'à Harvard, en 1909, parmi ses compagnons d'universités survivants 287 sur 328, c'est-à-dire 1/3 restaient non-mariés.

Popenoe étudie les causes de cet état de choses. Il les attribue aux considérations suivantes:

Pour les hommes.

1. Les restrictions qu'apporte le mariage à ceux que le libertinage attire.

2. Un certain pessimisme vis-à-vis de la femme par suite d'expériences malheureuses.

3. L'infection résultant de maladies vénériennes.

4. Une déficience de l'instinct sexuel, ou un attrait pour les inversions sexuelles.

5. Une infériorité soit physique, soit mentale qui rendent difficile la recherche d'un parti.

6. Une éducation et des études prolongées qui font passer l'âge du mariage.

En particulier, la tendance qu'ont certains collèges d'exiger des diplômes très avancés de la part de leurs candidats, ce qui recule jusqu'à 27 ans l'âge auquel ceux-ci peuvent normalement se faire une situation.

Pour les femmes.

1. Le désir de se créer une carrière ou le besoin de se donner une certaine attitude cynique vis-à-vis des hommes et du mariage, par suite d'une éducation faussée.

2. La plupart d'entre elles sont, de par leur situation (professeurs dans les collèges,) dans l'impossibilité de rencontrer des partis.

3. Leur éducation les rend moins appréciables à côté d'autres jeunes filles plus au courant de la direction d'un ménage et des devoirs de la maternité.

4. L'internement auquel elles sont soumises pendant les années de leur jeunesse qui fait que passe le temps où elles pourraient se marier.

5. L'exigence qu'elles ont de par leur éducation, d'une culture très grande chez l'homme qu'elles veulent épouser.

6. Etant supérieures à la plupart des jeunes gens de leurs connaissances, elles effrayent ces derniers et les éloignent; les hommes en effet ne désirent pas que les femmes aient plus de connaissances qu'ils n'en possèdent eux-mêmes. (1)

§ 4. — LA DIMINUTION DES NAISSANCES DANS LES CLASSES ÉLEVÉES

Une autre constatation qui a été faite est la diminution de la natalité dans les classes supérieures de la population .

1. **La race d'origine américaine se dépeuple.** Ce dépeuplement se fait sentir plus fortement parmi les nationaux de race blanche et de pure souche américaine que parmi toute autre classe de la population.

L'afflux constant de femmes prolifiques immigrant aux Etats-Unis tend à cacher ce danger qui menace le pays.

J. A. Hill, dans les recensements de 1910 démontre qu'une

______

(1) Popenoe. — *Applied Eugenics*, p. 248-250.

femme sur huit parmi les natives des Etats-Unis n'a pas d'enfants, tandis que ce chiffre n'est plus que de 1 sur 19, pour les femmes d'origine étrangère.

Sur 10 mariages, d'après le même auteur, pris dans les différents contingents de race, on peut prévoir, en moyenne, le nombre d'enfants suivants:

Femmes d'origine américaine	27
Femmes d'origine nègre	31
Femmes d'origine anglaise	34
Femmes d'origine russe	54
Femmes d'origine canadienne	56
Femmes d'origine polonaise	62

Les femmes d'origine américaine sont, entre toutes, les moins fécondes. (1)

Dans l'Etat de Rhode Island, F. L. Hoffmann estime que le nombre d'enfants que mettent au monde les femmes étrangères est de 3.35, tandis que celui des natives est de 2.06. Le nombre d'enfants varie également suivant l'origine des femmes étrangères. C'est ainsi qu'il est de:

4.42 pour les françaises-canadiennes.

3.51 pour les russes.

3.49 pour les italiennes.

3.45 pour les irlandaises.

3.09 pour les écossaises et galloises.

2.89 pour les anglaises.

2.84 pour les allemandes.

2.58 pour les suédoises.

2.56 pour les anglaises-canadiennes.

2.31 pour les polonaises.

---

(1) Hill J. A. « *Comparative Fecondity of Women of Native and Foreign Parentage Quarterly* », Pubs. Amer. Statiscical Assn., XIII, 583-604.

Le chiffre atteint par les natives est ici aussi toujours inférieur à celui d'aucune autre étrangère.

Les statistiques établies dans l'Etat de Massachusetts donnent les mêmes résultats: les femmes étrangères ont en moyenne 4.5 enfants et les natives 2.7 (1) Le taux des naissances
était parmi les natifs en 1890, de 12.7 % et de 14.9 en 1910,
tandis qu'il était, parmi les étrangers, de 38.6 en 1890 et de
49.1 en 1910.

Frederick S. Crum (2) a fait des recherches, dans l'Etat de
New-England, s'étendant des années 1750 à 1879 par lesquelles il démontre la décroissance rapide du taux des naissances parmi la population de vieille souche américaine.

De 1750 à 1799 le nombre d'enfants par femmes était en
moyenne de 6.43 %.

De 1800 à 1849 le nombre d'enfants par femme était en
moyenne de 4.94 %.

De 1850 à 1869 le nombre d'enfants par femme était en
moyenne de 3.47 %.

De 1870 à 1879 le nombre d'enfants par femme était en
moyenne de 2.77 %.

Avant l'année 1700 2 % des femmes seulement n'avaient
qu'un enfant. A l'heure actuelle, ce chiffre est monté à 20 %.

Si nous examinons maintenant les statistiques fournies par
Lud. Quessel sur la natalité, la mortalité et le surplus des
naissances sur les décès parmi les différentes races qui forment
la population de Boston, nous verrons qu'il y a parmi les familles américaines, originaires de Boston, un déclin dans la natalité, tandis que les familles d'immigrants accusent au contraire
un énorme surplus de naissances sur les décès comme l'indique
le tableau ci-dessous.

---

(1) Crum F. « *The Decadence of the Native American Stock* ». Quarterly
Pubs. Statist. Assn. XIV, septembre 1914.

(2) Kuczynski R. *Quarterly Journ. of Economics*, nov. 1901 et fév. 1902.

Nationalité	Natalité par 1.000	Mortalité par 1.000	Excès des naissances sur les décès
Américains	16.4	17.2	— 0.8
Ecossais	40.3	15.7	+ 24.6
Anglais	41.0	14.7	+ 26.3
Irlandais	45.6	25.2	+ 20.4
Allemands	48.0	15.0	+ 33.0
Juifs russes	94.6	15.9	+ 78.7
Italiens	104.6	25.3	+ 89.3

Dans le New Hampshire, le surplus des naissances sur les décès parmi les immigrants est de 58.5 pour 1000, tandis que chez les américains les décès pour 1000 habitants dépassent les naissances de 10.4.

Les races immigrantes se multiplient aux Etats-Unis d'une façon inquiétante, tandis que le vieux stock américain diminue toujours et risque même de disparaître complètement.

Lud. Quessel et Popenoe attribuent cet état de choses à l'habitude qu'ont les Américains de réduire leur famille.

Kolb qui a passé six mois à Chicago et San Francisco, vivant comme un ouvrier, nous dit, dans un livre publié en 1905, que les idées néo-malthusiennes, sont largement répandues parmi les classes ouvrières. « La pratique de l'avortement y est courante, et beaucoup de médecins s'en font des revenus. »

Cet usage est d'ailleurs très ancien aux Etats-Unis. En 1859, un passage du « Medical Journal » signalait déjà le fait que les femmes de New-York s'effrayaient moins d'un avortement que de l'extraction d'une dent.

Parmi les causes sociales de la chute de la natalité dans la population américaine, il faut encore mentionner les raisons d'ordre économique. Les classes ouvrières craignent d'être la victime des crises économiques et les classess moyennes des crises politiques, lesquelles entraînent, pour les employés de l'Etat, la perte de leur situation.

Il faut ajouter aussi le coût de vivre très élevé aux Etats-Unis, surtout pour les classes moyennes. (1)

2. Les classes intellectuelles se dépeuplent.

A. — LES FEMMES.

Des statistiques ont démontré que la pratique des études universitaires entraînait, chez les femmes américaines, une baisse considérable dans le nombre des enfants qu'elles mettent au monde.

Parmi les graduées de Wellesley Collège, la moyenne des enfants est de 0.86 par femme, alors que, d'après Sprague, elle devrait être de 3.7.

Comme on peut le constater, elles ne reproduisent même pas leur propre nombre.

Les meilleurs sujets présentent des chiffres encore moins élevés. Les membres de Phi-Beta-Kappa accusent un taux de 0.65.

Le Collège de Mount Holyoke donne les statistiques suivantes pour les années s'étendant de 1842 à 1892:

Années du graduat	Nombre d'enfants proportionnellement au nombre de femmes mariées graduées	Nombre d'enfants proportionnellement au nombre total de femmes graduées
1890-1892	2.77	2.37
1880-1889	3.38	2.55
1870-1879	2.64	1.60
1860-1864	2.75	1.63
1850-1854	2.54	1.46
1842-1844	1.91	0.95

---

(1) *Race suicide in the United-States*, Lud. Quessel (Population and birth control, p. 115 et suiv.).

Au Bryn Mawr College, pour 376 femmes graduées des années 1888 à 1900, il n'y avait, à la date du 1ᵉʳ janvier 1913 que 138 enfants.

Le professeur Sprague a établi des statistiques très complètes concernant le Vassar College :

	Période de 1867 à 1892	Période de 1892 à 1900
Nombre de graduées.	958	1739
Nombre de celles qui enseignent	431 (45 %)	800 (46 %)
Nombre de celles qui se sont mariées.	509 (53 %)	854 (49 %)
Nombre de celles qui ne se sont pas mariées.	450 (47 %)	885 (51 %)
Nombre de celles qui enseignèrent puis ensuite se marièrent.	166 (39 %)	294 (31 %)
Nombre de celles qui enseignèrent puis ensuite se marièrent et eurent des enfants.	112	203
Nombre de celles qui enseignèrent puis ensuite se marièrent et n'eurent pas d'enfants	54 (33 %)	91 (31 %)
Nombre d'enfants de celles qui enseignèrent et eurent des enfants. »	287 (1.73 enfant par famille]	463 (1.57 enfant par famille)
Nombre total d'enfants de toutes les graduées.	973 (1 par gradué)	1488 (2 chacune)
Moyenne des enfants par graduée mariée.	1.91	1.74

M. R. Smith examine maintenant comparativement le nombre d'enfants des femmes universitaires et celui des non-universitaires de condition sociale égale.

	Nombre d'enfants	Moyenne des femmes sans enfants
Universitaires	1.65	25.36
Non-universitaires	1.874	17.89

A l'Université de Syracuse, H. J. Barker a démontré que le nombre d'enfants issus de gradués de cette Université allait sans cesse décroissant.

Avant la guerre civile, chaque femme graduée avait deux enfants en moyenne. Dans la dernière décade du 19e siècle elle n'en avait plus qu'un. (1)

B. — LES HOMMES.

Miss Smith a démontré que parmi les Universitaires de New England du 18e siècle, 2 % seulement de la totalité ne se marièrent pas, tandis que 21 % des gradués de Yale des années 1861 à 1879 et 26 % de ceux de Harvard de 1870 à 1879 restèrent célibataires. Le nombre d'enfants par universitaire de Harvard était de 3.44 à la période primitive et de 1.92 à la période actuelle. Parmi les gradués de Yale, ce chiffre qui était d'abord de 5.16 est passé à 2.55.

A Amherst, 44 gradués sur 440 des périodes s'étendant de 1872 à 1879 restèrent non mariés. Le nombre moyen d'enfant par homme marié était de 1.72.

A Wesleyan, 20 gradués sur 208, de la période 1863 à 1870. restèrent non-mariés. Le nombre d'enfants par homme marié était de 2.31.

Le nombre d'enfants des gradués de l'Université de Syracuse est tombé de l'année 1865 à 1890 de 2.62 à 1.38 par tête.

Les investigations du Dr Cattell faites sur mille hommes de science américains montrent qu'ils laissent, en moyenne, chacun, après eux, deux enfants vivants.

Une famille sur 75 a plus de six enfants, et 22 % d'entre elles sont sans enfants.

Tous ces faits démontrent d'une façon évidente que le nombre d'hommes possédant une certaine hérédité scientifique sera dans la génération qui nous suivra de beaucoup inférieure à celle d'aujourd'hui.

Il faut signaler ici le livre de Ray Erwin et Edw. Alsworth Ross : *Changes in the size of american families in one generation* », et celui de S. J. Holmes « *The size of College families* ».

---

(1) Barker H. J. « *Coeducation and Eugenics* », Journal of Heredity, VIII, mai 1917.

Dans ce dernier, S. J. Holmes de l'Université de Californie
démontre que les grands-parents des étudiants actuels de cette
université possédaient en moyenne en 1920 une famille de
5.21 enfants, tandis que leurs parents n'en avaient plus que 3
à 3.66.

Le professeur Dr Lenz, de Munich, a étudié le problème de
la fertilité décroissante des familles supérieures américaines
et aboutit à des conclusions semblables. (1)

____

(1) *Eugenical News*, janvier 1926.

CHAPITRE IV.

Différents moyens eugéniques préconisés
aux Etats-Unis

Comme en Angleterre, beaucoup des moyens eugéniques préconisés aux Etats-Unis, n'ont pas encore été mis en pratique et n'existent qu'à l'état de projet.

Cependant, il faut reconnaître que les Etats-Unis sont le pays où les réalisations eugéniques sont les plus avancées. Aucune contrée, en effet, ne possède une législation aussi développée en matière de stérilisation des tarés et de réglementation du mariage.

Dans l'énumération des moyens que nous nous proposons de faire, nous tiendrons compte des vœux émis, aussi bien que des réalisations qui ont été accomplies.

Ce chapitre sera divisé en 16 paragraphes correspondant à chacun des principaux moyens préconisés.

§ 1. — L'étude de l'hérédité.

§ 2. — L'augmentation des mariages dans les classes supérieures.

§ 3. — L'augmentation des naissances dans les classes supérieures.

§ 4. — La ségrégation.

§ 5. — La stérilisation.

§ 6. — L'éducation sexuelle et l'éducation eugénique.

§ 7. — La lutte contre le métissage.

§ 8. — La réglementation du mariage.

§ 9. — Les mesures d'hygiène sociale.

§ 10. — La diminution de l'impôt.

§ 11. — La rééducation des anormaux.

§ 12. — L'amélioration de la sélection sexuelle.

§ 13. — La réglementation de l'immigration.

§ 14. — Les examens médicaux préventifs.

§ 15. — La sélection naturelle.

§ 16. — Le retour à la terre.

Afin de maintenir le parallèlisme entre notre étude de l'Angleterre et celle des Etats-Unis, nous consacrerons un chapitre spécial à ce moyen eugénique très important que constitue le contrôle des naissances.

·Le chapitre V envisagera donc l'examen de la question du birth control aux Etats-Unis.

N.-B. — Outre toutes les mesures signalées plus haut, il nous faut encore mentionner une série de moyens suggérés par Popenoe dans son livre « *Applied Eugenics* '» et dont la réalisation doit concourir à l'amélioration de la race.

Ces moyens concernent:

1. l'instruction obligatoire.
2. le minimum de salaire.
3. les pensions maternelles.

> La moitié des Etats ont déjà institué un système de pensions pour les mères veuves, et des mesures analogues sont en voie de réalisation dans les autres Etats. La première de ces lois date de 1914. En général, ces dernières s'appliquent aux mères qui sont veuves ou qui ont perdu leur soutien par suite de l'emprisonnement ou de l'incapacité du mari. L'âge maximum des enfants en vue desquels la mère est secourue est de 14 à 16 ans et, dans quelques cas de 17 à 18 ans. L'allocation donnée pour chaque enfant varie d'après les Etats entre $ 100 et $ 200 par an. Dans la plupart des Etats, la loi exige que la mère soit une personne capable, physiquement, mentalement et moralement d'élever ses enfants, et que l'enfant reste près d'elle plutôt que d'être envoyé au travail ou dans une institution. (1)

4. les logements.
5. le féminisme.
6. les pensions de vieillesse.
7. les associations ouvrières.
8. la religion, laquelle offre une aide solide à l'eugénique. ·
   etc., etc.

______

(1) Voir U. S. *Department of Labor Children's Bureau*, Publication n. 7, « *Laws relative to mothers* », Washington 1914.

§ 1. — L'ETUDE DE L'HEREDITE.

Aux Etats-Unis comme en Angleterre, l'étude de l'hérédité est considérée comme devant être le point de départ de toute autre mesure eugénique.

Des chercheurs érudits se sont signalés dans ce pays par leurs travaux sur la question, et les noms de Davenport, Laughlin, Popenoe ne sont pas les moins connus.

Popenoe préconise l'étude de l'histoire de chaque famille, de ses tares héréditaires en vue de prévenir les unions défectueuses. (1) Il insiste sur l'importance de la généalogie dans l'étude de l'hérédité. Elle en est la base, comme l'hérédité à son tour est le fondement sur lequel travaillera l'eugénique. (2) Dans toute famille devrait être établie une généalogie dans laquelle le facteur biologique occuperait la première place, et bien avant ceux d'ordre historique, légal et social.

Davenport estime que seule la famille doit être le centre des enquêtes scientifiques et non l'individu.

Il existe aux Etats-Unis des sociétés qui se spécialisent dans l'étude des généalogies comme: *The National Genealogical Society.*

La *Library of Congress* possède d'autre part des collections importantes dans ce domaine.

Il y a en outre des institutions fondées dans le seul but d'analyser les généalogies du point de vue biologique ou statistique.

1. La plus vaste de ces institutions est l'*Eugenics Record Office* de Cold Spring Harbor dirigé par Charles B. Davenport (voir le chapitre sur l'*Eugenics Record Office*).

2. La seconde institution est le *Genealogical Record Office*, fondé et dirigé par Alex. Graham Bell à Washington. Elle se consacre seulement à la question de la longévité et elle envoie des listes à remplir par tous ceux qui ont eu dans leur généalogie des membres ayant atteint 80 ans ou plus. On établit alors des rapports entre la longévité et les habitudes de vie des ancêtres ayant vécu jusqu'à cet âge.

---

(1) *Applied Eugenics*, page 200.

(2) Davenport C. B. *(The personality, heredity and work of Charles Otis Whitman)* American Naturalist LI, Janvier 1917.

3. L'*Eugenics Registry* à Battel Creek, Mich., reçoit également des généalogies qu'il envoie à Cold Spring Harbor où elles sont étudiées (1).

Depuis 1915, le *California Bureau of Juvenil Research* a organisé un service d'enquête eugénique, sous la direction du Docteur H. William. Le 15 octobre 1922, il possédait déjà 426 histoires complètes de familles. (2)

Il faut citer encore les travaux sur l'hérédité criminelle, des Docteurs E. Spaulding, médecin résidant au Reformatory pour femmes, de South-Framingham, et de Wil. Healy, Directeur de l'Institut Psycho-Pathologique de Chicago. Ils ont, entre autre étude, présenté au 38ᵉ Congrès médical d'Amérique tenu en 1913 à Minneapolis, un mémoire sur l'hérédité comme facteur de criminalité. (3)

Winschip a établi également des généalogies de familles américaines où il démontre l'nfluence de l'hérédité.

A retenir aussi les recherches de Goddard sur la famille criminelle des « Kallikak » ainsi que celles de Maxwell. (4)

Les enquêtes menées par le Docteur Rosanoff, dont nous avons parlé plus haut (voir les travaux de l'*Eugenics Record Office*) ; celles du Docteur T. H. Harris faites dans l'Etat de Maryland ; celles de Neiss Brown sur la famille Searing dans laquelle il trouve sur 600 individus :

66 morts pendant les trois premières années de la vie ;

45 morts entre 4 et 25 ans ;

24 cas de maladies mentales (20 individus internés, ce qui représente une dépense de 70.000 francs par an) ;

17 membres de cette famille étaient en outre hospitalisés ;

16 furent trouvés alcooliques ;

31 tuberculeux ;

10 anormaux ;

10 épileptiques, etc. (5)

---

(1) Popenoe *(Applied Eugenics)*, page 350.

(2) *Revue d'Eugénique*, 1923, page 16.

(3) Docteur L. Vervaek. *Revue d'Eugénique*, 1923, page 48.

(4) Docteur L. Vervaek, *Revue d'Eugénique*, 1923, page 48.

(5) *Difesa Sociale*, Rome, septembre 1923.

Enfin, on ne peut oublier les travaux si remarquables de A. H. Eastabrook, de F. A. Woods; ceux de Bateson, Punett, Johansson et Jennings sur l'Hérédité en Biologie.

§ 2. — AUGMENTER LE NOMBRE DES MARIAGES DANS LES CLASSES SUPERIEURES.

Les eugénistes américains voudraient s'opposer au dépeuplement des classes supérieures de la population et travailler en vue d'augmenter la natalité parmi elle.

Etant donné le nombre assez élevé des intellectuels qui restent célibataires, Popenoe se préoccupe de cette catégorie d'individus particulièrement intéressante.

Il préconise comme remède à leur situation les moyens suivants :

En ce qui concerne les hommes :

1. Amener les jeunes gens à ne plus mener une vie sexuelle libre et à éviter les maladies vénériennes.

2. F₍ ire valoir toute la dignité du rôle d'époux et de père. Montrer que la vie du mariage est plus heureuse et plus saine que le célibat.

3. Ne pas prolonger la période de l'éducation et de l'enseignement longtemps après la vingtième année. Les étudiants devraient se spécialiser plus tôt.

4. Apprendre aux jeunes intellectuels à prendre soin davantage de leur personne physique.

En ce qui concerne les femmes :

1. Leur donner une éducation qui développe la sensibilité en même temps que l'esprit.

2. Ne pas les tenir systématiquement éloignées de la connaissance des choses sexuelles ce qui les amène à considérer le mariage comme une chose dégradante.

3. Leur enseigner la science du mariage et de la maternité ce qui leur donnera plus de valeur aux yeux de beaucoup d'hommes. (1)

---

(1) *Popenoe Applied Eugenics*, pages 250-254.

§ 3. — AUGMENTER LE NOMBRE DES NAISSANCES DANS LES CLASSES SUPERIEURES.

Non seulement, Popenoe voudrait augmenter le nombre des mariages des intellectuels, mais encore, accroître le taux de naissance parmi eux.

Dans ce but il propose :

1. d'agir sur l'opinion publique ;

2. de faire intervenir l'autorité des religions lesquelles enseignent souvent à leur fidèles la supériorité de la fécondité, et que la stérilité volontaire constitue une faute ;

3. de simplifier la vie et de diminuer les besoins superflus.

4. d'enseigner dans les écoles l'importance de la paternité et de la maternité.

On tend de plus en plus aux Etats-Unis à faire prendre conscience aux jeunes gens dans les écoles de la responsabilité parentale. Les écoles publiques commencent à donner des cours maternels. L'école des Practical Arts, Columbia University, possède une chaire de « *Physical Care of the Infant* ». Les institutions publiques et privées reconnaissent elles-mêmes que la paternité et la maternité est une des fonctions de l'homme et de la femme dans laquelle l'éducation doit intervenir.

M. F. M. Holland de Boston démontre les bienfaisants effets qui résultent pour la race des familles nombreuses.

§ 4. — LA SEGREGATION.

Bien des eugénistes en Amérique sont partisans de la ségrégation comme moyen de préservation de la race.

Ils estiment en effet qu'elle a l'avantage de mettre la société à l'abri d'une reproduction de dégénérés au fur et à mesure qu'ils se détruisent tout en permettant leur surveillance et rendant, à un moment donné, un capital humain que la société peut encore utiliser. (1)

Pollock propose la ségrégation de tous les déficients mentaux et des épileptiques. (2)

---

(1) Docteur Govaerts, « *Le Scalpel* », 1922, page 770.

(2) Docteur Potet, « *L'Hygiène Mentale* ».

Popenoe préconise également ce moyen. (1) Il estime que des institutions spéciales pour les faibles d'esprit devraient exister en grand nombre dans tous les Etats afin de diminuer les frais qu'ils occasionnent aux asiles d'aliénés, aux prisons, aux pénitenceries. Une économie de 20 à 50 % serait réalisée.

Parmi les 10.000 faibles d'esprit en âge d'avoir des enfants, il n'y en a dans l'Etat de New-York que 1750 qui sont soignés dans des institutions pour faibles d'esprit. Environ 4.000 sont enfermés dans des asiles d'aliénés, des pénitenciers, des prisons, tandis que les 4 autres mille sont répandus dans la communauté.

Il existe toutefois des établissements pour faibles d'esprit dans tous les Etats-Unis excepté dans les onze suivants : Alabama, Arizona, Florida, Georgia, Louisiana, Nevada, New Mexico, South Carolina, Tennessee, Utah, West Virginia.

L'Etat de Delaware envoie ses malades dans les instituts de Pensylvanie. Les autres les internent dans les asiles d'aliénés.

Les districts de Colombie et d'Alaska, malgré leurs 800 faibles d'esprit, ne possèdent aucune institution.

La réalisation la plus heureuse dans ce domaine est celle qui a été faite par le « *Training School of Vineland, New-Jersey* » au moyen de son « *Colony Plan* ».

Au point de vue législatif, tous les Etats ont voté des lois sur la ségrégation prescrivant l'internement, avec séparation des sexes, de tous les arriérés mentaux et de tous ceux qui se rendent coupables d'un délit à cause de leur infériorité mentale. L'exécution de la loi fait aussi l'objet d'un jugement du tribunal, après avoir entendu une commission médicale chargée de procéder à l'examen mental du patient. (2)

§ 5. — LA STERILISATION.

Le Etats-Unis sont le pays où la question de la stérilisation eugénique est la plus développée. Non seulement l'opinion est très avancée en sa faveur, mais la législation est, de toutes,

---

(1) Popenoe « *Applied Eugenics* ».
(2) Docteur Govaerts. « *Le Scalpel* », 1922, page 770.

celles qui, la première, l'a inscrite à son programme en vue de l'intérêt de la race.

Tous les spécialistes de l'eugénique se sont préoccupés du problème de la stérilisation des tarés. Déjà en 1906, le Dr Van Metter proposait cette opération. W. T. Shanaham, qui s'est spécialisé dans l'étude de l'hérédité chez les pensionnaires du grand établissement qu'il dirige (Craig Colony), démontre combien il semble nécesaire de mettre les arriérés hors d'état de se reproduire. (I) L'opinion n'est d'ailleurs plus à faire parmi les autorités psychiatriques de ce pays. Les enseignements du Dr Goddard, la sommité bien connue dans la matière, prèchent également en faveur de la stérilisation. Il estime, en effet, que celle-ci nous mettra à l'abri de toute une descendance tarée, et soulagera l'Etat des fortes dépenses occasionnées par la détention. Les travaux du Dr Bowers sont également à citer ici. (2)

Les organismes d'eugénique surtout ont pris à cœur l'étude de ce problème. C'est ainsi que l'*Eugenics Research Association* a créé un comité dont le président est le Dr R. Dickinson : le *Committee on Physiological and Mental Effects of sexual sterilization*. En 1926, le président du comité a fait une tournée dans les différents pays d'Europe afin d'étudier les réalisations pratiques qui y ont été obtenues. (3).

Le Dr H. H. Laughlin, de l'*Eugenics Record Office*, s'est spécialisé dans l'étude de la législation de la stérilisation aux Etats-Unis, et ses travaux sur la matière font autorité.

L'*American Breeders' Asociation* nomma, en 1911, un «*Committee to Study and Report on the Best Practical Means of Cutting off the Defective germ Plasm in the American Population*». Ce Comité a travaillé sous les auspices de l'*Eugenics Record Office*, et a examiné le problème de la stérilisation du point de vue légal. Il s'est efforcé d'établir les caractères que doivent revêtir les lois sur la stérilisation pour qu'elles possè-

---

(1) Dr Potet, *L'Hygiène Mentale.*

(2) *Eugenics Review,* 1922, p. 66.

(3) *Eugenical News,* août 1926.

dent le maximum d'efficacité. Ces caractères se résument comme suit :

1. Il faut considérer la stérilisation comme une mesure eugé-nique, et non pas comme une mesure thérapeutique ou répres-sive.

2. Il faut pourvoir à ce que la loi soit bien appliquée avant qu'aucune opération ne soit effectuée.

3. Il faut se munir d'agents exécutifs compétents.

4. Il faut désigner comme tombant sous le coup de la loi, des classes de personnes bien définies.

5. Faire une enquête adéquate de chaque cas. l'histoire de la famille en étant la partie la plus importante.

6. Désigner le type d'opération autorisée.

7. Veiller à ce que ces mesures soient appliquées d'une ma-nière adéquate.

Enfin, le Dr H. H. Laughlin, de l'*Eugenics Record Office*, s'est spécialisé dans le même étude, et ses travaux sur la légis-lation de la stérilisation eugénique aux Etats-Unis font autorité. Il s'est attaché à établir un type de législation qu'il propose d'instituer dans tous les Etats. Laughlin voudrait voir stéri-liser toutes les « socially inadequate classes ». Il est intéressant de savoir quels sont ceux qu'il fait entrer dans cette catégorie. Ce sont : 1. les faibles d'esprit ; 2. les fous (y com-pris les psychopathes) ; 3. les criminels (y compris les délin-quants et les têtus) ; 4. les épileptiques ; 5. les ivrognes (y com-pris tous les toxicomanes) ; 6. les malades (y compris les tuber-culeux, les syphilitiques, les lépreux et autres personnes attein-tes de maladies chroniques et infectieuses) ; 7. les.aveugles (y compris ceux possédant une vision défectueuse accentuée) ; 8. les sourds (y compris ceux possédant une ouïe défectueuse ac-centuée) ; 9. les malformés (y compris les estropiés) ; 10. les dé-pendants (y compris les orphelins, les sans-demeure, les vaga-bonds et les pauvres).

Comme on peut le constater, c'est dans une large mesure que Laughlin voudrait voir interdire par la loi la reproduction des tarés aux Etats-Unis.

Nous allons maintenant étudier la législation de la stérilisation telle qu'elle existe dans les différents Etats. Nous donnerons tout d'abord un aperçu de l'analyse de ces lois, nous verrons ensuite dans quelle mesure elles ont été appliquées depuis leur mise en vigueur. (1)

(1) Les renseignements relatifs à la législation sur la stérilisation eugénique aux Etats-Unis ont été empruntés aux travaux de H. H. Laughlin : *Eugenical Sterelization.*

I. — INDIANA.

Date d'approbation de la loi : 9 mars 1907.
Référence : Chapitre 215, Lois de 1907.
Sujets de la loi :

a. Hôtes d'institutions : hôtes de toutes institutions d'Etat pour criminels endurcis, idiots, imbéciles et ravisseurs, déclarés, par une commission de trois chirurgiens, physiquement et mentalement incapables d'amélioration, et inaptes à procréer.

b. Population en général : non applicable.

Agents d'exécution de la loi : Un Comité d'experts, consistant en deux chirurgiens habiles et de compétence reconnue lesquels agiront d'accord avec le médecin ordinaire de l'institution, et le conseil des administrateurs de la dite institution.

Base de la sélection :

a. Volontaire. Procédure : aucune prévue.

b. Forcée. Procédure : Inconvénients de procréation et manque de probabilité d'amélioration des conditions mentales et physiques, au jugement du Comité des experts et du conseil des administrateurs de l'institution.

Type de l'opération autorisée : L'opération destinée à empêcher la procréation, qui sera estimée la plus sûre et la plus effective.

Motif d'Etat : Purement eugénique.

Dispositions renforçant la loi : Dans aucun cas les honoraires de consultation ne dépasseront 3 dollars par expert, et ils seront pris sur les fonds affectés à l'entretien de l'institution.

Jurisprudence : Déclarée inconstitutionnelle par la Cour suprême d'Etat, le 11 mai 1921. Cas : Charles F. Williams, médecin en chef de l'Indiana Reformatory, et al., vs Warren Wallace Smith, représenté par Lincoln E. Lankford, son ami le plus proche. Raison : viole le 14ᵐᵉ amendement de la Constitu-

---

(1) Laughlin, *Eugenical Sterelization*, 1926.

tion Fédérale, en ceci qu'elle dénie à l'« appellée » la légitime procédure légale. (Legal Status, July 1, 1925).

Nombre d'opérations accomplies à la date du 1ᵉʳ juillet 1925 : 120.

Utilité actuelle de la loi : Aucune. Lettre morte.

2. — WASHINGTON.

a. — PREMIÈRE LOI.

Section 35. — *Prévention de la Procréation.*

Chaque fois qu'un individu sera convaincu d'abus charnel d'une personne du sexe féminin âgée de moins de dix ans, ou de viol, ou sera convaincu d'être un criminel habituel, la cour peut, indépendamment de tout autre châtiment ou internement qui sera imposé, ordonner de soumettre cet individu à une opération pour la prévention de la procréation.

Date d'approbation de la loi : 22 mars 1909.

Référence : Chapitre 249, Section 35, Code criminel, lois de 1909.

Sujets de la loi : a. Hôtes d'institutions : tout criminel habituel ou individu jugé coupable d'abus charnel de personne du sexe féminin de moins de dix ans, ou de viol.

b. Population en général : tout criminel habituel ou individu jugé coupable d'abus charnel de personne du sexe féminin de moins de dix ans, ou de viol.

Agents d'exécution de la loi : La cour rendant la sentence peut en outre ordonner l'opération.

Base de la sélection :

a. Volontaire. Procédure : Aucune prévue.

b. Forcée. Procédure : Caractère du sujet et ses actes anti-sociaux antérieurs.

Type de l'opération autorisée : « Une opération pour empêcher la procréation ».

Motif d'Etat : Purement répressif.

Dispositions renforçant la loi : Aucune disposition spéciale n'est prévue.

Jurisprudence (1ᵉʳ juillet 1925) : Constitutionnelle, par décret de la suprême cour d'Etat, 3 septembre 1912. Cas : Etat de Washington contre Peter Feilen. (Legal Status, July 1, 1925).

b. — DEUXIÈME LOI.

PREVENTION DE LA PROCREATION.

Act prévenant la procréation par faibles d'esprit, insensés, épileptiques, criminels habituels, dégénérés moraux et pervers sexuels, internés dans des institutions entretenues par l'Etat, autorisant et prévoyant la stérilisation d'individus à potentiel héréditaire inférieur, et prévoyant certains cas d'appel aux Cours supérieures.

La Législation de l'Etat de Washington décrète :

Section 1. — La présente section déclare être le devoir des surintendants de toutes les institutions d'Etat ayant la responsabilité des individus internés, de signaler, chaque trimestre, au Conseil d'hygiène de l'institution, tous les faibles d'esprit, déments, épileptiques, criminels habituels, dégénérés moraux, et pervers sexuels, capables de produire des rejetons qui, ayant hérité d'eux des caractères inférieurs ou anti-sociaux, deviendraient probablement une menace sociale, ou les pupilles de l'Etat.

Section 2. — Le Conseil institutionnel d'Hygiène aura pour devoir d'examiner les caractères innés, les conditions mentale et physique, les fiches personnelles et familiales, de toutes les personnes signalées, dans la mesure où tout cela pourra être vérifié, et, dans ce but, le dit Conseil aura le pouvoir de convoquer des témoins, et tout membre dudit Conseil pourra faire prêter serment à tout témoin qu'il sera désirable d'examiner ; et si, au jugement de la majorité dudit Conseil, la procréation par un tel individu devait produire des enfants ayant tendance héréditaire à la faiblesse d'esprit, à la démence, à l'épilepsie, à la criminalité ou à la dégénérescence, et qu'il n'y ait pas probabilité que l'état de l'individu ainsi examiné puisse s'améliorer au point de rendre conseillable la procréation par lui, ou si l'état physique ou mental d'un tel individu doit être sérieusement amélioré par l'opération, ce sera le devoir dudit Conseil d'ordonner au surintendant de l'institution où le sujet est interné, d'effectuer ou de faire effectuer sur ledit interné tel type de stérilisation que ledit Conseil estimera le meilleur.

Section 3. — L'objet desdites investigations, découvertes et décisions dudit Conseil, sera l'amélioration des conditions physique, mentale, nerveuse ou psychique de l'interné, ou la protection de la société contre la menace de procréation par ledit interné, et en aucune manière une mesure répressive ; et aucun individu ne sera émasculé sous l'autorité du présent Act, à moins que l'opération ne soit trouvée nécessaire pour améliorer l'état physique, mental, neural ou psychique de l'interné.

Section 4. — Après complète enquête concernant l'état de chacun desdits internés, ledit Conseil établira des fiches pour chacun des internés dont l'état a été examiné, et elles seront conservées dans les archives dudit Conseil, et une copie en sera transmise au surintendant de l'institution dans laquelle le sujet est interné, et si une opération est jugée nécessaire par ledit Conseil, une copie de l'ordre dudit Conseil sera immédiatement transmise audit interné, ou, dans le cas d'un dément, à son tuteur légal, et, si ledit dément n'a pas de tuteur légal, à son parent le plus proche connu dans l'Etat de Washington, et si le dément n'a pas de parent connu dans l'Etat de Washington, au gardien custodial dudit dément.

Section 5. — Tout interné désirant appeler de la décision dudit Conseil, ou, si le sujet est sous tutelle ou dans un état d'incapacité, le tuteur dudit interné, peut en appeler à la Cour supérieure du comté dans lequel est située l'institution où le sujet est interné. Un simple avis d'appel, présenté au secrétaire dudit Conseil par l'interné ou la personne qui le représente, suffit à constituer l'appel, *à condition que* cet avis soit présenté dans les quinze jours à partir de la date où la décision du Conseil est communiquée à l'interné ou à son tuteur; et ledit avis d'appel suspendra tous les procédés dudit Conseil en ladite matière jusqu'à ce qu'il soit entendu et statué sur ledit appel; *à condition*, en outre, qu'aucune opération ne soit effectuée, sur aucun interné, avant l'expiration du temps réservé pour en appeler de la décision du Conseil.

Section 6. — Après appel, le secrétaire du Conseil où l'avis d'appel est présenté, doit, dans les quinze jours, ou dans tel délai que la Cour ou le juge de la Cour peut accorder, transmettre une copie certifiée de l'avis d'appel, et la transcription des procédés, découvertes et décision du Conseil, au greffier de la Cour à laquelle s'adresse l'appel. Le procès sera un procès *de novo*, comme prévu par les lois de l'Etat pour les actions en justice. Après appel, si l'interné n'a pas les moyens financiers nécessaires pour employer un attorney, la Cour désignera un attorney pour représenter ledit interné; et cet attorney sera rémunéré par l'Etat, sur l'ordre de la Cour; l'attorney de district du comté où aura lieu le procès, aura pour devoir de représenter ledit Conseil.

Section 7. — Si la Cour ou le jury confirme les décisions dudit Conseil, ladite Cour rendra un jugement, décidant que l'ordre dudit Conseil sera exécuté comme prévu ici. Si la Cour ne confirme pas la décision du Conseil contre lequel s'exerce l'appel, ledit ordre sera nul et vide d'effet.

Section 8. — Sur reçu de la décision du Conseil Institutionnel d'Hygiène, le surintendant de l'institution à laquelle elle est adressée, après expiration du délai d'appel, ou en cas d'appel, après jugement confirmant la décision du Conseil, aura pour devoir légal, d'après les dispositions du présent act, d'effectuer, ou de faire effectuer, telle opération chirurgicale spécifiée dans l'ordre du Conseil Institutionnel d'Hygiène. Toutes opérations semblables seront effectuées avec la considération due à l'état physique de l'interné, et d'une manière sûre et humaine.

Section 9. — Aucun chirurgien effectuant l'opération prévue dans la section précédente, sous la direction du surintendant, ou autre fonctionnaire chargé de l'institution, ne sera tenu pour criminellement ou civilement responsable d'aucun dommage ou perte s'y rapportant, sauf le cas de négligence dans l'accomplissement de l'opération.

Section 10. — Les criminels tombant sous l'application de la présente loi sont ceux qui ont été convaincus trois fois ou plus de crimes, et condamnés en conséquence à emprisonnement.

Les dégénérés moraux et les pervers sexuels sont ceux qui sont adonnés à la pratique de la sodomie ou du crime contre nature, ou autres habitudes sexuelles grossières, bestiales et perverses, prohibées par la loi.

Section 11. — Les dispositions de la présente loi s'appliquent aux internés de sexe mâle comme de sexe féminin de chacune des institutions ici désignées.

Section 12. — D'après les dispositions du présent act, l'Etat ne sera responsable que des dépenses effectives de voyage des membres du Conseil, dépenses faites dans l'accomplissement de leur tâche, et des dépenses effectives et nécessaires se rapportant aux investigations dudit Conseil, et aux appels; elles seront payées sur documents justificatifs présentés par la personne recevant cette indemnité, et prélevées sur les sommes appropriées à l'entretien de l'institution où l'examen aura eu lieu.

> Adopté par la Chambre, le 17 février 1921.
> Adopté par le Sénat, le 2 mars 1921.
> Approuvé par le Gouverneur, le 8 mars 1921.

Référence : Chapitre 53 des Lois de la Session de 1921.

Sujets de la loi :

a. Hôtes d'institution : Faibles d'esprit, déments, épileptiques, criminels habituels, dégénérés moraux et pervers sexuels témoignant de dégénérescence héréditaire, qui sont internés dans des institutions d'Etat.

b. Population en général : Non applicable.

Agents d'exécution de la loi : Le Conseil d'hygiène de l'institution.

Bases de la Sélection :

a. Volontaire : Aucune prévue.

b. Forcée : Inconvénients de procréation et manque de probalités d'amélioration du sujet, au jugement du dit Conseil, après mûr examen.

Bases de la Procédure : Ordre du Conseil communiqué à l'interné ou à son représentant légal. L'interné ou le représentant peut faire appel dans les 15 jours à la Cour supérieure du comté où l'institution est située. Nulle opération ne sera effectuée avant l'expiration du délai d'appel, ou, s'il y a appel, avant la décision de la cour ou du jury.

Type de l'opération autorisée : « L'opération chirurgicale en vue de la stérilisation sexuelle, qui sera spécifiée dans l'ordre du Conseil d'hygiène de l'institution . L'opération « sera effectuée avec la considération nécessaire pour les conditions physiques de l'interné, et d'une manière sûre et humaine ».

Motif d'Etat: En premier lieu, eugénique, et, accessoirement, pour l'avantage personnel de l'interné.

Dispositions renforçant la loi : Ne seront à la charge de l'Etat que les frais effectifs de voyage des membres du Conseil, frais faits dans l'accomplissement de leurs obligations ; ces dépenses seront prises sur les sommes affectée à l'entretien de l'institution.

Jurisprudence (1ᵉʳ juillet 1925) : Non examinée par cours de justice.

Nombre d'opérations accomplies à la date du 1ᵉʳ juillet 1925 : 1.

Utilité actuelle de la loi : La loi existe, mais on ne l'applique pas.

3. — CALIFORNIE.

a. PREMIÈRE LOI.

Date d'approbation de la loi : 26 avril 1909.
Référence: Chapitre 270, Lois de 1909.

Sujets de la loi : Hôtes d'institutions : hôtes d'hôpitaux d'Etat et d'asiles pour faibles d'esprit, internés dans les prisons d'Etat condamnés à vie, ou témoignant de perversions sexuelles ou morales, ou deux fois condamnés pour attentats sexuels, ou trois fois pour d'autres crimes.

b. Population en général. Non applicable.

Agents d'exécution de la loi : Conseil se composant du médecin directeur ou résident de l'institution, en consultation avec le directeur général des hôpitaux d'Etat et le secrétaire du Conseil d'Hygiène de l'Etat.

Bases de la Sélection :

a. Volontaire. Procédure : Aucune prévue.

b. Forcée. Procédure : Décision prise par l'unanimité du Conseil, ou par deux de ses membres, d'après laquelle l'asexualisation sera avantageuse aux conditions physiques, mentales ou morales de l'interné, ou de nature à conduire à l'amélioration de ces conditions.

Type de l'opération autorisée : «Asexualisation ».

Motif d'Etat : Principalement eugénique, mais aussi l'avantage physique, mental ou moral de l'interné ; en partie et dans certains cas, répressif.

Dispositions renforçant la loi : Aucune disposition spéciale prévue.

Jurisprudence : Constitutionnelle, par décret de la Cour suprême, 3 septembree 1912. Abrogée le 13 juin 1913. (Legal Status, July 1, 1925).

b. Deuxième loi.

Act prévoyant l'asexualisation des internés dans les hospices pour déments, dans le *Sonoma State Home*, des internés dans les prisons d'Etat, et des idiots, et abrogeant un act intitulé « Act permettant l'asexualisation des internés dans les hôpitaux d'Etat et le *California Home* pour l'entretien et l'éducation des enfants faibles d'esprit, et des internés dans les prisons d'Etat », approuvé le 26 avril 1909.

(Approuvé le 13 juin 1913. Mis en vigueur le 10 août 1913.)
Le peuple de l'Etat de Californie décrète ce qui suit :

Section 1. — Avant que tout individu qui a été légalement interné dans tout hôpital d'Etat pour déments, ou qui a été interné dans le *Sonoma State Home*, et qui est atteint de folie héréditaire, ou de manie ou démence incurable et chronique, puisse être relâché ou élargi, la Commission d'Etat pour déments peut, à sa discrétion, après investigation soigneuse de toutes les circonstances du cas, décider l'asexualisation dudit individu, et cette asexualisation, qu'elle s'effectue avec ou sans le consentement du malade, sera légale, et ne rendra ni ladite commission, ni ses membres ou autre personne participant à l'opération, responsable au civil ou au criminel.

Section 2. — Chaque fois que, dans l'opinion du médecin attaché à toute prison d'Etat, il sera utile à l'état physique, mental ou moral de tout récidiviste légalement interné dans ladite prison d'Etat, d'être asexualisé, le médecin appellera en consultation le surintendant général des hôpitaux d'Etat, et le secrétaire du Conseil d'hygiène de l'Etat, lesquels, conjointement avec ledit médecin attaché, examineront les particularités du cas, et si dans leur opinion, ou dans l'opinion de deux d'entre eux, l'asexualisation doit être bienfaisante audit récidiviste, ils pourront l'effectuer ; à *condition* que l'opération ne soit effectuée que si ledit récidiviste a été interné au moins deux fois, dans le présent Etat ou dans tout autre Etat ou pays, dans une prison d'Etat pour viol, agression avec intention de commettre le viol, ou séduction, ou au moins trois fois pour tout autre crime ou tous autres crimes, et s'il a prouvé par sa conduite, durant son internement dans une prison d'Etat du présent Etat, qu'il est moralement ou sexuellement dégénéré ou pervers ; à *condition, en outre,* que dans le cas de condamnés à la prison, à vie, et qui témoignent à l'évidence, d'une façon continue, de dépravation morale ou sexuelle, le droit de les asexualiser, prévu dans cette section, s'applique qu'ils aient ou non été plus d'une fois internés dans une prison d'Etat de ce pays ou de tout autre pays ; à *conditions, en outre,* que rien dans le présent act ne s'applique ou se réfère à aucun malade volontairement interné ou gardé dans un hôpital d'Etat de cet Etat.

Section 3. — Tout idiot mineur, peut être asexualisé par le surintendant médical de tout hôpital d'Etat, ou sous sa direction, avec le consentement écrit de ses parents ou tuteur ; s'il s'agit d'un adulte, il peut être asexualisé avec le consentement écrit de son tuteur légalement désigné ; et, sur la requête des parents ou tuteur dudit idiot ou imbécile, le surintendant de tout hôpital d'Etat effectuera ou fera effectuer l'opération sans demander de frais.

Section 4. — Le présent Act abroge un act intitulé « Act permettant l'asexualisation des internés dans les hôpitaux d'Etat et le *California Home* pour l'entretien et l'éducation des enfants faibles d'esprit, et des internés dans les prisons d'Etat », approuvé le 26 avril 1909.

Références : Chapitre 363, Lois de 1913.

Sujets de la loi :

a. Hôtes d'institutions : hôtes d'hôpitaux d'Etat et d'asiles pour faibles d'esprit, sur le point d'être élargis ; récidivistes de toutes les prisons d'Etat. L'act ne s'applique pas aux malades entrés volontairement dans les hôpitaux d'Etat.

b. Population en général : Non applicable.

Agents d'exécution de la loi :

a. Dans le cas des déments la Commission d'Etat pour aliénés.

b. Dans le cas des récidivistes, le médecin attaché à la prison spéciale d'Etat, le directeur général des hôpitaux d'Etat, et le secrétaire du Conseil d'hygiène de l'Etat.

c. Pour les « idiots et faibles d'esprit », le médecin directeur de tout hôpital d'Etat.

Base de la sélection.

a. Volontaire. Procédure : aucune précise.

b. Forcée. Procédure : A la discrétion de la Commission avant l'élargissemeet de personnes atteintes de folie héréditaire, ou de démence chronique incurable.

A la discrétion du médecin attaché à toute prison d'Etat, en consultation avec le directeur général des hôpitaux d'Etat et le secrétaire du Conseil d'hygiène de l'Etat, dans les cas de récidivistes, pourvu que l'asexualisation soit avantageuse à ce type de récidiviste, que le sujet ait été deux fois convaincu d'attentat sexuel, ou trois fois de tout autre crime dans n'importe quel Etat du pays. A la discrétion du directeur médical de tout hôpital, qui peut asexualiser tout mineur « idiot ou faible d'esprit » placé sous sa surveillance, avec le consentement écrit du père ou tuteur si cet « idiot ou faible d'esprit » est adulte ; le dit directeur médical effectuera l'opération à la requête de ces parents ou tuteurs.

Type de l'opération autorisée : Asexualisation.

Motif d'Etat : Principalement eugénique ; dans quelques cas, thérapeutique et répressif.

Dispositions renforçant la loi : Aucune disposition spéciale n'est prévue.

Jurisprudence : Non examinée par cours de justice

c. — AMENDEMENT A L'ACT DU 13 JUIN 1913.

Amendement à la Section 1 d'un Act intitulé : « Act prévoyant l'asexualisation des internés dans les hôpitaux d'Etat pour déments, dans le *Sonoma State Home,* des internés dans les prisons d'Etat, et des idiots, et abrogeant un act intitulé : « Act permettant l'asexualisation des internés dans les hôpitaux d'Etat et le *California Home* pour l'entretien et l'éducation des enfants faibles d'esprit, et des internés dans les prisons d'Etat », approuvé le 26 avril 1909, approuvé le 13 juin 1913.

(Approuvé le 17 mai 1917. Mis en vigueur le 27 juillet 1917.)

Le peuple de l'Etat de Californie décrète ce qui suit :

Section 1. — La Section 1 de l'Act intitulé « Act prévoyant l'asexualisation des internés dans les hôpitaux d'Etat pour déments, dans le *Sonoma State*

Home, des internés dans les prisons d'Etat, et des idiots, et abrogeant un act intitulé : « Act permettant l'asexualisation des internés dans les hôpitaux d'Etat et le *California Home pour* l'entretien et l'éducation des enfants faibles d'esprit, et des internés dans les prisons d'Etat », approuvé le 26 avril 1909, approuvé le 13 iuin 1913, est amendé comme suit :

Section I. — Avant que tout individu qui a été légalement interné dans n hôpital d'Etat pour déments, ou qui a été interné dans le *Sonoma State Home*, et qui est atteint de maladie mentale pouvant avoir été héritée, et susceptible d'être transmise aux descendants, les faibles d'esprit aux divers degrés, les individus atteints de perversion, en s'écartant de façon marquée de la mentalité normale, ou atteints d'affection de nature syphilitique, soient relâchés ou élargis, la Commission d'Etat pour déments peut dans sa discrétion, après une investigation soigneuse de toutes les circonstance du cas, décider leur asexualisation, et cette asexualisation avec ou sans consentement du malade, sera légale et ne rendra ni ladite commission, ni ses membres, ni aucune personne participant à l'opération, responsable au civil ou au criminel.

Référence: Chapitre 489, Lois de 1917.

Sujets de la loi :

a. Hôtes d'institutions : toute personne qui aura été légalement internée dans un hôpital d'Etat pour aliénés, ou qui a été l'hôte du *Sonoma State Home*, et qui se trouve atteinte de maladie mentale pouvant avoir été héritée et susceptible de se transmettre aux descendants, les faibles d'esprit aux divers degrés, toute personne affectée de perversion, ou d'écarts prononcés de la mentalité normale, ou de toute maladie de nature syphilitique, et sur le point d'être renvoyée de l'institution.

b. Population en général : Non applicable.

Agents d'exécution de la loi : Pour les aliénés, la Commission d'Etat « in Lunacy ». Pour les récidivistes les médecins respectivement attachés aux diverses prisons d'Etat, le directeur général des hôpitaux d'Etat, et le Secrétaire du Conseil d'hygiène de l'Etat. Pour les « idiots ou faibles d'esprit », le médecin directeur de tout hôpital d'Etat.

Bases de la Sélection :

a. Volontaire. Procédure : Aucune prévue.

b. Forcée. Procédure : A la discrétion de la Commission avant élargissement d'une personne atteinte de maladie mentale pouvant avoir été héritée et susceptible de se transmettre aux descendants, des faibles d'esprit aux divers degrés, de toute personne affectée de perversion, ou d'écarts prononcés de la mentalité normale, ou de toute maladie de nature syphilitique.

Type de l'opération autorisée : « Asexualisation ».

Motifs d'Etat : Purement eugéniques.

Dispositions renforçant la loi: Aucune disposition spéciale n'est prévue.

Jurisprudence : Non examinée en cours.

d. La Stérilisation prévue dans l'Act établissant la « Pacific Colony ».

Date d'approbation de la loi : 1ᵉʳ juin 1917.

Référence : Section 42, Chapitre 776, Lois de 1917.

Sujets de la loi :

a. Hôtes d'institutions. Tout hôte de la « Pacific Colony », atteint de faiblesse d'esprit, de manie ou démence chronique incurable, et sur le point d'être renvoyé de l'institution.

b. Population en général : Non applicable.

Agents d'exécution de la loi: Conseil de fidei-commissaires, sur recommandation du directeur, approuvée par un psychologue clinique ayant le titre de Ph. D. et un médecin compétent aux termes de la Section 19 du présent Act.

Bases de la Sélection :

a. Volontaire. Procédure : Aucune prévue.

b. Forcée. Procédure : A la discrétion de la Commission, avant élargissement de toute personne faible d'esprit ou atteinte de manie chronique incurable ou de démence.

Type de l'opération autorisée : Stérilisation.

Motif d'Etat : Purement eugénique.

Dispositions renforçant la loi: Aucune prévue.

Jurisprudence : Non examinée en cours.

Nombre d'opérations accomplies à la date du 1ᵉʳ juillet 1925 : 4.636.

Utilité actuelle de la loi : Fonctionne de manière satisfaisante.

4. — CONNECTICUT.

a. Première loi.

ACT RELATIF AUX OPERATIONS AYANT POUR BUT
DE PREVENIR LA PROCRÉATION.

L'Assemblée générale a décrété :

Section 1. — Le directeur de la prison d'Etat, et les surintendants des hôpitaux d'Etat pour déments à Middletown et Norwich sont, par les présentes, autorisés et tenus à nommer pour chacune de ces institutions respectivement deux chirurgiens habiles qui, conjointement avec le chirurgien ou médecin attaché à chacune de ces institutions, constituera un conseil ayant pour tâche d'examiner tels des internés dans lesdites institutions qui lui seront signalés par le directeur surintendant, ou médecin ou chirurgien attaché, comme étant des sujets par lesquels la procréation est indésirable. Ledit conseil examinera l'état physique et mental desdits individus, leur fiche et leur histoire familiale pour autant que celle-ci puisse être vérifiée, et si, au jugement de la majorité dudit conseil, la procréation par le sujet est de nature à produire des enfants ayant une tendance héréditaire à crime, démence, faiblesse d'esprit, idiotie, ou imbécilité, et qu'il n'y ait pas de probabilité que la condition de l'individu ainsi examiné doive s'améliorer au point de rendre désirable la procréation par ledit individu, ou si la condition physique ou mentale dudit individu doit être substantiellement améliorée par l'opération, ledit conseil chargera un de ses membres de pratiquer sur ledit individu, selon les cas, l'opération de la vasectomie ou de l'oöphorectomie. Ladite opération sera effectuée d'une manière sûre et humaine, et le conseil ayant procédé audit examen, et le chirurgien ayant effectué ladite opération recevront de l'État, pour le service rendu, telle indemnité que le directeur de la prison d'Etat, ou le surintendant de l'un desdits hôpitaux, estimera raisonnable.

Section 2. — En dehors des personnes non autorisées par le présent Act, quiconque effectuera, encouragera, assistera, ou en quelque manière déterminera l'accomplissement de l'une des opérations mentionnées dans la Section 1 du présent Act, dans le but de détruire le pouvoir de procréer l'espèce humaine, ou quiconque permettra sciemment que l'une desdites opérations soit effectuée sur ledit sujet, sauf le cas de nécessité médicale, sera condamné à une amende de mille dollars au plus, ou à un emprisonnement de cinq ans au plus dans la prison d'Etat, ou à ces deux peines s'additionnant.

Approuvé, 12 août 1909.

Référence: Chapitre 209, Publics Acts de 1909.

Sujets de la loi :

a. Hôtes d'institutions. Hôtes de prisons d'Etat et d'hôpitaux pour déments.

b. Population en général : Non applicable.

Agents d'exécution de la loi : Conseil de trois chirurgiens, comprenant le médecin attaché, et deux autres nommés par le directeur de l'institution, un des membres dudit Conseil étant désigné pour procéder à l'opération.

Bases de la Sélection :

a. Volontaire. Procédure : Aucune prévue.

b. Forcée. Procédure : Décision par majorité du Conseil, après que celui-ci aura examiné les conditions mentales et physiques du sujet, sa fiche et son histoire familiale, le manque de probabilité d'amélioration de ses conditions physiques et mentales et d'où résulte que la procréation n'est pas à conseiller, ou la probabilité d'une amélioration notable des conditions mentales et physiques du sujet par suite de l'opération.

Types de l'opération autorisée: « Vasectomie ou oöphorectomie, d'une manière sûre et humaine ». Pour les opérations non autorisées par la loi, il est prévu une amende ne dépassant pas 1.000 dollars, ou cinq ans d'emprisonnement, ou ces deux peines ensemble.

Motif d'Etat : Surtout eugénique; aussi thérapeutique.

Dispositions renforçant la loi : Le Conseil procédant à l'examen susdit et le chirurgien effectuant l'opération, recevront de l'Etat, pour ces services, l'indemnité que le directeur de la prison d'Etat ou de l'hôpital estimera raisonnable.

Jurisprudence : Constitutionnelle, suivant l'opinion de l'attorney général de l'Etat, 9 décembre 1912. Non examinée en cours. (Legal Status, July 1, 1925).

b. Loi REVISÉE.

Date d'approbation de la loi : 1ʳ juillet 1918.

Référence : La loi du 12 août 1909 a été incorporée intégralement et sans modifications dans les lois générales, revision de 1918, chap. 137, sect. 2691-2692.

c. Amendement a la loi revisée.

Act amendant les dispositions de l'Act sur les opérations ayant pour but de prévenir la procréation. .

L'Assemblée générale a décidé :

La Section 2691 des lois générales est amendée comme suit : Les directeurs de la prison d'Etat et les surintendants des hôpitaux d'Etat pour déments à Middletown et Norwich, et le surintendant du « Mansfield State Training School and Hospital » à Mansfield Depot, sont, par les présentes, autorisés et tenus à nommer pour chacune de ces institutions respectivement, deux chirurgiens habiles qui, conjointement avec le chirurgien ou médecin attaché à chacune de ces institutions, constituera un conseil ayant pour tâche d'examiner tels des internés dans lesdites institutions qui lui seront signalés par le directeur, surintendant, ou médecin ou chirurgien attaché, comme étant des sujets par lesquels la procréation est indésirable. Ledit conseil examinera l'état physique et mental desdits individus, leur fiche et leur histoire familiale pour autant que celle-ci puisse être vérifiée, et si, au jugement de la majorité dudit conseil, la procréation par le sujet est de nature à produire des enfants ayant une tendance héréditaire au crime, à la démence, à la faiblesse d'esprit, à l'idiotie, ou à l'imbécilité, et qu'il n'y ait pas de probabilité que la condition de l'individu ainsi examiné doive s'améliorer au point de rendre désirable la procréation par ledit individu, ou si la condition physique et mentale dudit individu doit être substantiellement améliorée par l'opération, ledit conseil chargera un de ses membres de pratiquer sur ledit individu, selon les cas, l'opération de la vasectomie ou de l'oöphorectomie. Ladite opération sera effectuée d'une manière sûre et humaine, et le conseil ayant procédé audit examen, et le chirurgien ayant effectué ladite opération, recevront de l'Etat, pour le service rendu, telle indemnité que le directeur de la prison d'Etat, ou le surintendant de l'un desdits hôpitaux, estimera raisonnable.

Approuvé le 2 avril 1919.

Référence : Chapitre 137, Sect. 2691-2692, Lois générales, revision de 1918, amendée par chapitre 69, Publics Acts de 1919.

Sujets de la loi :

a. Hôtes d'institutions : hôtes de prison d'Etat et hôpitaux d'Etat pour déments et faibles d'esprit.

b. Population en général : Non applicable.

Agents d'exécution de la loi : Les directeurs de prison d'Etat ou d'institutions pour déments et faibles d'esprit, désignent, pour chaque institution, deux chirurgiens qui, avec le médecin attaché à l'institution, constituent un Conseil, dont un membre effectue l'opération.

Bases de la Sélection :

a. Volontaire. Procédure : Aucune prévue.

b. Forcée. Procédure : Inconvénients de procréation et manque de probabilité d'amélioration, au jugement de la majorité du Conseil, après examen des conditions mentales et physiques de l'interné, et de l'histoire de sa famille.

Type de l'opération autorisée : Vasectomie ou oöphorectomie, « effectuée d'une manière sûre et humaine ».

Motif d'Etat : Surtout eugénique, aussi thérapeutique.

Dispositions renforçant la loi : Le Conseil chargé dudit examen et le chirurgien chargé de ladite opération, recevront de l'Etat, pour ces services, l'indemnité qui sera estimée raisonnable par le directeur de la prison d'Etat ou de l'hôpital.

Jurisprudence : Non examinée en cours.

Utilité actuelle de la loi : Emploi modéré.

5. — NEW JERSEY.

Act autorisant et prévoyant la stérilisation de faibles d'esprit (y compris les idiots, imbéciles et « morons »), épileptiques, auteurs d'attentats à la pudeur, certains criminels et autres anormaux.

Considérant que l'hérédité joue un rôle très important dans la transmission de la faiblesse d'esprit, de l'épilepsie, des tendances criminelles, et d'autres anomalies :

Le Sénat et l'Assemblée générale de l'Etat de New-Jersey, décrètent :

1. Immédiatement après l'adoption de la présente loi, le gouverneur nommera, par et avec l'avis du Sénat, un chirurgien et un neurologue, l'un et l'autre de capacité reconnue, l'un pour le terme de trois (3) ans et l'autre pour le terme de cinq (5) ans, leurs successeurs respectifs devant être nommés pour un terme complet de cinq ans, lesquels, conjointement avec le Commissaire des charités et corrections, constitueront ce qui est créé par la présente loi et sera désormais connu sous le titre de « Conseil d'Examinateurs des Faibles d'esprit (y compris les idiots, imbéciles et « morons »), Epileptiques, Criminels et autres anormaux », et dont la tâche sera d'examiner l'état physique et mental des faibles d'esprit, épileptiques, certains criminels et autres anormaux, internés dans les diverses institutions correctionnelles, charitables et pénales des comtés et de l'Etat. Si une vacance se produit dans ledit Conseil, elle sera remplie par le Gouverneur pour ce qui reste à courir du terme non expiré.

2. Les criminels qui tomberont sous l'application de la présente loi sont ceux qui auront été convaincus du crime de viol, ou d'une telle série d'attentats contre les lois criminelles qu'elle sera, dans l'opinion des membres dudit conseil d'examinateurs, estimée démontrer suffisamment des tendances criminelles confirmées.

3. Sur requête du surintendant ou autre fonctionnaire administratif de toute institution où de tels sujets sont ou pourraient être internés, ou de son propre mouvement, ledit conseil d'examinateurs peut se réunir pour recueillir des preuves et examiner l'état mental et physique des internés prémentionnés, et si ledit Conseil d'examinateurs, d'accord avec le médecin en chef de l'institution, estime à l'unanimité que la procréation est indésirable et qu'il n'existe pas de probabilité que l'état de l'interné ainsi examiné s'améliore au point de rendre désirable la procréation par ledit interné, il sera légal d'effectuer, en vue de prévenir la procréation, telle opération que ledit Conseil d'examinateurs décidera être la plus effective; et, par conséquent, il sera légal pour tout chirurgien qualifié sous les lois de cet Etat, d'effectuer, sous la direction du médecin en chef de l'institution, ladite opération. Préalablement à ladite délibération, ledit Conseil s'adressera à l'un quelconque des juges de la « Court of Common Pleas » du comté dans lequel le sujet est interné, afin qu'un conseil soit désigné pour représenter l'individu à examiner, ledit conseil devant être présent à ladite délibération et à la procédure subséquente; nul ordre dudit Conseil d'Examinateurs ne sera exécuté moins de cinq jours après avoir été transmis au greffier de la « Court of Common Pleas » du comté dans lequel ledit examen aura eu lieu, et après qu'une copie de l'ordre aura été communiquée au conseil désigné pour représenter l'individu examiné, la preuve de la communication de ladite copie devant être transmise au greffier de la « Court of Common Pleas ».

Tous les ordres émis selon les dispositions du présent Act sont sujets à revision par la Cour Suprême ou l'un des juges d'icelle, et s'il y a appel de l'un de ces ordres, ladite Cour peut ordonner un délai dont les effets ne cesseront que lorsqu'il aura été statué sur ledit appel. Le Juge de la « Court of Common Pleas » désignant un conseil selon les dispositions du présent Act, peut fixer l'indemnité à lui payer, et elle le sera de la même façon dont les frais de Cour sont actuellement payés.

Aucun chirurgien effectuant une opération selon les dispositions du présent Act ne sera tenu pour responsable, l'ordre du Conseil d'examinateurs lui servant de garantie et d'autorité.

4. La fiche concernant l'examen de chacun desdits internés, signée par ledit Conseil d'examinateurs, sera conservée dans l'institution où ledit sujet est interné, une copie en sera transmise au Commissaire des charités et corrections, et, un an après l'accomplissement de l'opération, le surintendant ou autre fonctionnaire administratif de l'institution où le sujet est enfermé, fera rapport au Conseil d'Examinateurs concernant l'état de l'interné et les effets de l'opération sur ledit interné. Une copie du rapport sera jointe à la fiche d'examen.

5. Il sera payé, sur les fonds appropriés pour l'entretien de ladite institution, à chaque médecin dudit Conseil d'examinateurs, une indemnité ne dépassant

pas dix dollars (10) *per diem*, pour chaque jour effectivement consacré audit travail d'examen, et les frais réels et nécessaires qu'il aura faits pour aller, venir, et procéder à l'examen.

Quant au jugement du Conseil d'examinateurs, il est nécessaire de recourir à l'assistance d'un chirurgien pris en dehors du personnel médical de l'institution, pour effectuer l'opératoin ou y aider; les frais nécessaires inhérents à l'intervention dudit chirurgien seront payés sur les frais d'entretien de ladite institution.

Si l'une quelconque des dispositions du présent Act est contestée en une Cour quelconque, et si les dispositions du présent Act se référant à l'une quelconque des classes d'individus y énumérées est tenue pour inconstitutionnelle et nulle, la décision ne sera pas considérée comme invalidant l'Act entier, mais seulement telles dispositions dudit Act se référant à la classe en question, qui sont spécifiquement soumises à revision, et visées par la décision de la Cour.

7. Le présent Act entre immédiatement en vigueur.

Approuvé le 21 avril 1911.

Référence : Chapitre 190, Lois de de 1911.

Sujets de la loi :

a. Hôtes d'institutions : hôtes de maisons correctionnelles de l'Etat, institutions charitables et pénales (faibles d'esprit, épileptiques, ravisseurs et criminels confirmés).

b. Population en général : Non applicable.

Agents d'exécution de la loi : Conseil d'examinateurs, consistant en un chirurgien, un neurologue, l'un et l'autre de compétence reconnue, nommés par le Gouverneur, avec l'avis du Sénat, agissant en conjonction avec le commissaire des services de charité et de correction; toute personne autorisée d'après les lois de l'Etat, sous la direction du médecin en chef de l'institution, peut pratiquer l'opération; ces dispositions sont sujettes, à revision par la Cour suprême ou l'une des juridictions qui en dépendent.

Bases de la Sélection :

a. Volontaire. Procédure : aucune prévue.

b. Forcée. Procédure : décision unanime du Conseil, d'accord avec le médecin en chef de l'institution, après examen des conditions mentales et physiques du sujet du manque de probabilité d'amélioration de son état, et, par conséquent, des inconvénients de la procréation.

Types de l'opération autorisée : Telle opération ayant pour but d'empêcher la procréation, que le dit Conseil d'examinateurs estimera la plus effective.

Motifs d'Etat : Purement eugéniques.

Dispositions renforçant la loi : Sur les fonds affectés à l'entretien de ladite institution, il sera payé à chacun des médecins dudit Conseil d'examinateurs, une indemnité ne dépassant pas 10 dollars *per diem*, pour chaque jour effectivement consacré audit travail d'examen, et les dépenses réelles et nécessaires qu'il aura faites pour aller au lieu dudit examen, en revenir, et procéder à l'examen lui-même. Si le juge de la « Court of common pleas » désigne un conseil aux termes du présent act, le juge peut fixer l'indemnité qui lui sera payée, et elle le sera de la même manière que le sont actuellement les autres dépenses en cour de justice.

Jurisprudence : Déclarée inconstitutionnelle par la Suprême Cour d'Etat, le 18 novembre 1913. Cas : Alice Smith *vs,* Conseil d'examinateurs des faibles d'esprit. Raison : Viole le 14ᵉ amendement à la Constitution Fédérale, en refusant aux épileptiques internés dans des institutions l'égalité de tous sous la protection de la loi. (Legal Status, July 1, 1925.)

Nombre d'opérations accomplies (à la date du 1ᵣ juillet 1925): 0.

Utilité actuelle de la loi: Lettre morte.

6. — IOWA.

a. Première loi.

Act destiné à prévenir la procréation par criminels habituels, idiots, faibles d'esprit et imbéciles. (Additionnel au titre XII du Code relatif à la police de l'Etat.)

L'Assemblée générale de l'Etat d'Iowa, décrète :

Section 1. — *Asexualisation de criminels, idiots, etc.* Le fonctionnaaire chargé de la direction de toute institution publique de l'Etat, destinée à l'entretien et à la garde des criminels, idiots, faibles d'esprit, imbéciles, ivrognes, morphinomanes, épileptiques et syphilitiques, aura pour devoir et est par les présentes dispositions, autorisé et obligé à examiner, annuellement, ou plus fréquemment, l'état mental ou physique des internés dans lesdites institutions, afin de déterminer s'il convient de leur permettre de procréer, et d'appeler en consultation, annuellement, ou plus fréquemment, les membres du « board of parole » de l'Etat. Les membres dudit « board », le fonctionnaire directeur, et le chirurgien surintendant de chacune de ces institutions auront faculté d'apprécier en ces matières. Si la majorité d'entre eux décide que la procréation par un tel interné produirait des enfants ayant tendance à maladie, crime, démence, faiblesse d'esprit, idiotie ou imbécilité, et qu'il n'existe pas de probabilité que l'état du sujet ainsi examiné puisse s'améliorer au point de rendre désirable la procréation par ledit sujet, ou si l'état physique ou mental dudit sujet doit être amélioré par l'opération, ou si ledit sujet est épileptique ou syphilitique, ou donne, durant son internement dans l'institution, preuve continue qu'il est ou qu'elle est moralement ou sexuellement perverti ou pervertie, le chirurgien de l'institution effectuera l'opération de la vasectomie ou de la ligature des tubes fallopiens, suivant les cas, sur ledit sujet. L'opération ne sera effectuée que sur tout condamné ou interné dans l'institution, qui aura été convaincu de prostitution ou de violation de la loi, telle qu'elle est formulée par le chapitre deux cent seize (216), des acts de la trente-troisième Assemblée générale, ou qui aura été deux fois convaincu de tout autre attentat sexuel, ou aura été trois fois convaincu de crime; chacun de ces condamnés ou internés sera soumis, selon les cas, à ladite opération de vasectomie, ou ligature des tubes fallopiens, par le chirurgien de l'institution.

Section 2. — Pénalité. En dehors des personnes autorisées par le présent Act, quiconque effectue, encourage, assiste, ou contribue en quelque manière à l'une des opérations mentionnées dans la Section I du présent Act, afin de détruire le pouvoir de procréer l'espèce humaine, ou quiconque permet sciemment que l'une desdites opérations soit effectuée sur l'un desdits individus, sauf le cas de nécessité médicale, sera condamné à une amende ne dépassant pas mille (1000) dollars, ou à un emprisonnement d'un an au plus dans la prison du comté, ou à ces deux peines s'additionnant.

Approuvé le 10 avril 1911.

Référence: Chap. 129, acts de la 34ᵉ Assemblée générale, 1911.

Sujets de la loi :

a. Hôtes d'institutions: hôtes d'institutions publiques pour criminels, idiots, faibles d'esprit, imbéciles, ivrognes, morphinomanes, épileptiques et syphilitiques.

b. Population en général: Non applicable.

Agents d'exécution de la loi: Conseil, comprenant le directeur et le chirurgien en chef de chaque institution, ainsi que des membres du «State Board of Parole»; l'opération sera effectuée par le médecin de l'institution.

Bases de la Sélection :

a. Volontaire. Procédure: aucune prévue.

b. Forcée. Procédure: Décision par majorité du conseil, après examen des conditions mentales et physiques du sujet, du manque de probabilité d'amélioration mentale ou physique, et par conséquent des inconvénients de la procréation, ou de l'amélioration importante probable si l'opération s'effectue, ou du fait que le sujet donne continuellement la preuve qu'il est atteint de perversion morale ou sexuelle.

Type de l'opération autorisée: Vasectomie ou salpingectomie. Les opérations non autorisées par le présent act sont passibles d'une amende de 1000 dollars au maximum, ou d'un emprisonnement dans le « penitenciary » d'un an au plus, ou de ces deux peines s'additionnant.

Motifs d'Etat: Surtout eugéniques; répressifs en cas de certains attentats à la pudeur; thérapeutiques.

Dispositions renforçant la loi: Aucune disposition spéciale prévue.

Jurisprudence: Abrogée, 19 avril 1913. (Legal Status, July 1, 1925).

b. Deuxième loi.

Act abrogeant la loi mentionnée au chapitre cent vingt-neuf (129) des acts de la trente-quatrième Assemblée générale, et lui substituant des dispositions relatives à la prévention de la procréation par les criminels, auteurs d'attentats à la pudeur, idiots, faibles d'esprit, imbéciles, ivrognes, déments, morphinomanes, épileptiques, syphilitiques, pervers moralement ou sexuellement, individus tarés et dégénérés.

L'Assemblée générale de l'Etat d'Iowa décrète :

Section I. — Asexualisation de criminels, idiots, etc. — « Board of Parole ». — *Obligations.* Le « Board of Parole » de l'Etat, de concert avec le directeur et le médecin de toute institution publique de l'Etat, chargée de l'entretien et de la garde des criminels, auteurs d'attentats à la pudeur, idiots, faibles d'esprit, imbéciles, déments, ivrognes, morphinomanes, épileptiques, syphilitiques, pervers moralement ou sexuellement, individus tarés ou dégénérés, aura pour devoir, et il lui est, par les présentes, permis et ordonné, d'examiner, annuellement ou plus fréquemment, l'état physique et mental, la fiche et l'histoire familiale, des internés dans ces institutions, afin de déterminer s'il convient de permettre à chacun de ces internés de procréer, et de décider en cette matière. Si la majorité d'entre eux estime que la procréation par un de ces internés produirait des enfants ayant tendance à maladie, difformité, crime, folie, faiblesse d'esprit, idiotie, imbécilité, épilepsie ou alcoolisme, ou si l'état physique ou mental dudit interné doit être amélioré par l'opération, ou si ledit interné est épileptique ou syphilitique ou fait preuve, durant son internement dans ladite institution, d'être moralement ou sexuellement pervers, le médecin de l'institution ou un autre médecin par lui désigné, effectuera sur ledit individu, et suivant les cas, l'opération de la vasectomie ou de la ligature des tubes fallopiens. L'opération sera effectuée sur tout interné dans ladite institution, qui aura été convaincu de prostitution ou de violation de la loi telle qu'elle est formulée au chapitre deux cent seize (216) des acts de la trente-troisième Assemblée générale, ou qui aura été deux fois convaincu de crime, et chaque interné sera soumis à ladite opération de la vasectomie ou de la ligature des tubes fallopiens, suivant les exigences du cas, par le médecin de l'institution, ou un autre médecin qu'il aura désigné.

Section 2. — Opération sur demande pour certains individus. Les individus atteints de syphilis ou d'épilepsie peuvent s'adresser au « board of parole » ou à tout juge de la Cour du district; et, sur l'ordre dudit « board » ou dudit juge, l'opération de la vasectomie ou de la ligature des tubes fallopiens peut être effectuée sur lesdits individus. La loi restreignant le mariage de tels individus sera considérée comme nulle et sans effet, dans le cas où une des parties contractantes se sera soumise à l'opération, et si le fait était connu des deux parties avant le mariage.

Section 3. — Rapport annuel. Le « board of parole » présentera chaque année, au gouverneur de l'Etat, un rapport annuel, donnant le compte-rendu de ses activités relatives aux dispositions de la présente loi, ainsi que les observations et renseignements statistiques se rapportant à ses effets utiles.

Section 4. — Prohibition de l'asexualisation non autorisée. — Pénalité. En dehors des personnes autorisées par le présent Act, quiconque effectuera, encouragera, assistera, ou contribuera en quelque manière à l'accomplissement de l'une des opérations mentionnées par la Section Un (1) du présent Act, dans le but de détruire le pouvoir de procréer l'espèce humaine, ou quiconque, sciemment, permettra qu'une de ces opérations soit effectuée sur un desdits individus, sauf le cas de nécessité médicale, sera condamné à une amende ne dépassant pas mille (1000) dollars ou à un emprisonnement d'un an au plus, ou à ces deux peines s'additionnant.

Approuvé le 19 avril 1913.

Référence: Chapitre 187, acts de la 35ᵉ Assemblée générale, 1913.

Sujets de la loi: Hôtes d'institution: hôtes d'institutions publiques pour criminels, ravisseurs, idiots, faibles d'esprit, imbéciles, insensés, ivrognes, morphinomanes, épileptiques, syphilitiques, pervers moralement ou sexuellement, individus contaminés et dégénérés. Stérilisation absolument exigée en cas d'individus deux fois convaincus de crime capital, ou d'attentat à la pudeur autre que la « traite des blanches », car dans ce dernier cas une seule conviction rend la stérilisation forcée.

b. *Population en général:* Tout individu affecté de syphilis ou d'épilepsie peut être stérilisé sur requête adressée au « Board of parole » ou à un juge de la cour du district.

Agents d'exécution de la loi: Le « Board of Parole » de l'Etat, avec le directeur et le médecin de chaque institution pour les institutions respectives. Sur demande adressée au « Board of Parole » ou à tout juge de la cour du district, par des individus affectés de syphilis ou d'épilepsie, le « board » ou la cour peut autoriser, suivant les nécessités du cas, la vasectomie ou la salpingectomie. Si l'une des parties voulant contracter mariage se soumet à une telle opération et le fait savoir à l'autre partie, la loi restreignant le mariage de telles personnes devient sans effet. Le « board » est « chargé d'examiner, une fois annuellement, ou plus souvent », les conditions mentales et physiques et l'histoire familiale des hôtes d'institutions, afin de déterminer les facultés de procréation de semblables individus, et d'adresser annuellement au gouverneur un rapport sur son activité, ainsi que « des observations et statistiques concernant ses avantages ».

Bases de la Sélection :

a. Volontaire. Procédure: Toute personne atteinte de syphilis ou d'épilepsie peut être stérilisée sur requête présentée au « board of parole » ou à un juge de la cour du district.

b. Forcée. Procédure: Décision, par la majorité d'un conseil spécial comprenant le « board of parole » et le directeur et le médecin en chef de l'institution, d'après laquelle la procréation par le sujet produirait des enfants ayant tendance à maladie, dégénérescence ou difformité ou d'après laquelle les conditions physiques et mentales du sujet seraient améliorées par l'opération ou d'après laquelle le sujet est atteint de perversion sexuelle ou morale; l'opération sera effectuée par le médecin de l'institution, ou par un médecin qu'il aura désigné.

Type de l'opération autorisée: Vasectomie ou salpingectomie. Les opérations, sauf celles autorisées par le présent act, sont passibles d'une amende de 1000 dollars au maximum, ou d'emprisonnement d'un an au maximum dans le « penitentiary » ou de ces deux peines s'additionnant.

Motif d'Etat: Surtout eugénique; répressif dans le cas de certains crimes et attentats à la pudeur; thérapeutique.

Dispositions renforçant la loi: Aucune disposition spéciale prévue.

Jurisprudence: Abrogée le 16 avril 1915, après avoir été déclarée inconstitutionnelle par la Cour fédérale du district, 24 juin 1914. Cas: Rudolph Davis vs. William H. Berry, et al. Motifs : 1. Aucune disposition prévue pour procès légal régulier, contrairement au 14° amendement à la Constitution fédérale. 2. Punition cruelle et inusitée. 3. « Bill of attainder ». (Legal Status, July 1, 1925.)

c. Troisième loi.

Date d'approbation de la loi: 16 avril 1915 (abroge seconde loi, 19 avril 1913).

Référence: Chapitre 202, acts de la 36° Assemblée générale, 1915.

Sujets de la loi:

a. Hôtes d'institutions; hôtes de toute institution d'Etat atteints de démence, idioties, faiblesse d'esprit ou syphilis.

b. Population en général: Non applicable.

Agents d'exécution de la loi: Le directeur de tout hôpital pour déments et la majorité de son personnel médical, avec l'approbation du Conseil de surveillance ou de la majorité de ses membres.

Bases de la Sélection:

a. Volontaire. Procédure: Décision par le directeur et son personnel médical que l'opération est conforme aux intérêts du malade et de la société. Le consentement écrit du mari, de la femme, des parents, du tuteur ou du parent le plus proche, est indispensable.

b. Forcée. Procédure: Aucune prévue.

Type de l'opération autorisée: Vasectomie ou salpingectomie. Les opérations, sauf celles autorisées par le présent act, sont passibles d'une amende « ne dépassant pas 1000 dollars, ou d'un emprisonnement d'un an au maximum dans le « penitentiary » ou de ces deux peines s'additionnant ».

Motif d'Etat: Surtout eugénique; répressif dans le cas de certains crimes et attentats à la pudeur; thérapeutique.

Dispositions renforçant la loi: Aucune disposition spéciale n'est prévue.

Jurisprudence: Non examinée en cours.

Nombre d'opérations au 1ᵉʳ juillet 1925 56

Utilité actuelle de la loi: Activité modérée.

7. — NEVADA.

Date d'approbation de la loi: 17 mars 1911.

Référence: Section 28, Loi sur les crimes et châtiments.

Sujets de la loi:

a. Hôtes d'institutions: Criminels invétérés et individus convaincus d'abus sexuel de personnes du sexe féminin au-dessous de dix ans.

b. Population en général: Criminels invétérés et individus convaincus d'abus sexuel de personnes du sexe féminin au-dessous de dix ans.

Agents d'exécution de la loi: La cour rendant la sentence pour le crime peut en outre ordonner l'opération.

Bases de la Sélection:

a. Volontaire: Procédure: aucune prévue.

b. Forcée. Procédure: Réputation du sujet, et ses actes antisociaux antérieurs.

Type de l'opération autorisée: Toute opération empêchant la procréation, excepté la castration.

Motif d'Etat: Purement répressif.

Dispositions renforçant la loi: Aucune disposition spéciale prévue.

Jurisprudence: Inconstitutionnelle par décision de la Cour du District fédéral, 25 mai 1918. Cas: Etat de Nevada *vs* Pearly C. Mickle. Motif: Contraire à Section 6, art. 1er de la constitution de Nevada, qui défend toute punition cruelle ou inusitée. (Legal Status, July 1, 1925.)

Nombre d'opérations accomplies (à la date du 1er juillet 1925): 0

Utilité actuelle de la loi: Lettre morte.

<h2 style="text-align:center">8. — NEW-YORK.</h2>

Act amendant la loi d'hygiène publique, relativement aux opérations destinées à prévenir la procréation.

A acquis force de loi le 26 avril 1912, avec l'approbation du Gouverneur. Adopté, trente-cinq membres présents.

Le Peuple de l'Etat de New-York, représenté dans le Sénat et l'Assemblée, décrète ce qui suit :

Section 1. — L'article dix-huit du chapitre quarante-neuf des lois de mil neuf cent neuf intitulé: « Act relatif à l'hygiène publique, constituant le chapitre quarante-cinq des lois consolidées », devenu l'article dix-neuf de la Section cinq du chapitre cent vingt-huit des lois de mil neuf cent onze, en devient l'article vingt, et les sections trois cent cinquante et trois cent cinquante et une dudit chapitre deviennent respectivement les sections trois cent soixante et trois cent soixante et une.

§ 2. Ledit chapitre est présentement amendé par l'insertion d'un nouvel article, qui sera l'article dix-neuf, et dit comme suit :

<h3 style="text-align:center">ARTICLE 19.</h3>

Opérations destinées à prévenir la procréation.

Section 350. — Conseil d'examinateurs; indemnité et frais.

Section 351. — Droits et devoirs généraux du Conseil. Sujets à opérer.

Section 352. — Désignation d'un conseil représentant les sujets à opérer.

Section 353. — Opérations non autorisées et illégales.

§ 350. — *Conseil d'examinateurs; indemnité et frais.* — Immédiatement après l'adoption du présent act, le Gouverneur nommera un chirurgien, un neurologue, et un médecin praticien, chacun ayant au moins dix ans d'expérience dans la pratique effective de sa profession, pour un terme de cinq ans, lesquels constitueront le Conseil, créé par le présent act, d'examinateurs des faibles d'esprit, criminels et autres anormaux. L'indemnité aux membres dudit Conseil sera de dix dollars *per diem* pour chaque jour effectivement consacré à l'accomplissement des obligations dudit Conseil, plus leurs frais de voyage effectifs et nécessaires. Toute vacance se produisant au sein dudit Conseil sera remplie par nomination du Gouverneur pour le terme non-expiré.

§ 351. — *Droits et devoirs généraux du Conseil. — Sujets à opérer.* — Ledit Conseil aura pour devoir d'examiner l'état mental et physique, la fiche et l'histoire familiale des faibles d'esprit, épileptiques, criminels et anormaux internés dans les divers hôpitaux d'Etat pour déments, prisons d'Etat, établissements correctionnels, institutions charitables et pénales de l'Etat; et si au jugement de la majorité dudit Conseil la procréation par un tel individu doit produire des enfants ayant tendance héritée à crime, démence, faiblesse d'esprit, idiotie ou imbécilité, et qu'il n'y ait pas probabilité que l'état de l'individu ainsi examiné s'améliore au point de rendre désirable la procréation par ledit individu, ou si l'état physique ou mental dudit individu doit être substantiellement amélioré par l'opération, ledit Conseil désignera un de ses membres pour effectuer telle opération en vue de prévenir la procréation que ledit Conseil estimera être la plus effective.

Les criminels tombant sous l'application de la présente loi seront ceux qui auront été convaincus du crime de viol, ou d'une telle série d'attentats contre la loi criminelle, que le Conseil l'estimera une preuve suffisante de tendances criminelles confirmées.

§ 352. — *Désignation d'un Conseil représentant les sujets à opérer.* — Le Conseil d'examinateurs s'adressera à tout juge de la Cour Suprême ou à tout juge de comté du comté où ledit sujet est interné, pour la désignation d'un Conseil représentant l'individu à examiner. Ledit conseil sera présent à l'audience devant le juge et à la procédure subséquente, et aucun ordre émanant dudit Conseil ne sera exécuté moins de cinq jours après qu'il aura été transmis au greffier de la Cour, et qu'une copie en aura été communiquée au conseil désigné pour représenter l'individu examiné, et que la preuve de cette communication de ladite copie de l'ordre aura été transmise au greffier de la Cour. Tous les ordres émis suivant les dispositions du présent Act seront soumis à revision par la Cour Suprême ou tout juge d'icelle, et ladite Cour peut, s'il a été appelé dudit ordre, accorder un délai dont les effets ne cesseront qu'après qu'il aura été statué sur l'appel. Le juge de la Cour désignant un Conseil selon les dispositions du présent Act peut fixer l'indemnité à lui payer. Aucun chirurgien effectuant une opération suivant les dispositions du présent Act ne peut être tenu pour responsable. La fiche d'examen de chaque interné, signée par ledit Conseil d'examinateurs, sera conservée par l'institution où ledit sujet est interné, et un an après l'opération le surintendant ou autre fonctionnaire administratif de l'institution adressera au Conseil d'examinateurs un rapport sur l'état de l'interné et l'effet de l'opération sur ledit interné, et une copie dudit rapport sera jointe à la fiche de l'examen.

§ 353. — *Opérations non autorisées et illégales.* — Quiconque, non autorisé par le présent act, effectuera, encouragera, aidera ou permettra en toute autre manière l'accomplissement d'une opération ayant pour but de détruire le pouvoir de procréer l'espèce humaine, ou quiconque permettra sciemment qu'une telle opération soit effectuée sur un tel individu en dehors du cas de nécessité médicale, se rendra coupable de « misdemeanor ».

§ 3. Le présent Act entre immédiatement en vigueur.

Sujets de la Loi:

a. Hôtes d'institutions; hôtes d'hôpitaux d'Etat pour déments et faibles d'esprit, ou d'institutions charitables, ravisseurs et criminels invétérés internés dans les prisons d'Etat et maisons de correction.

b. *Population en général:* Non applicable.

Agents d'exécution de la loi: Conseil d'examinateurs, consistant en un chirurgien, un neurologue, un médecin praticien nommé pour cinq ans par le gouverneur; un des membres du conseil sera désigné par celui-ci pour effectuer l'opération. Toutes les décisions seront sujettes à revision par la Cour Suprême ou toute juridiction émanant d'elle.

Bases de la Sélection: .

a. Volontaire. Procédure: Aucune prévue.

b. Forcée. Procédure: Décision par la majorité du Conseil, après examen des conditions physiques et mentales du sujet, de son histoire et de celle de sa famille, du manque de probabilité d'amélioration de son état, et par conséquent des inconvénients de procréation, ou de la probabilité d'une sérieuse amélioration de l'état du sujet, par suite de l'opération.

Type de l'opération autorisée: Toute opération empêchant la procréation. Le type sera déterminé par le conseil d'examinateurs. Sauf dans le cas de nécessité médicale, une opération non-autorisée constitue un délit.

Motif d'Etat: Purement eugénique.

Dispositions renforçant la loi: « L'indemnité sera de 10 dollars par jour pour chaque jour effectivement consacré par les membres du conseil à l'accomplissement de leur mission, et leurs frais de voyage réels et nécessaires. » Le juge de la Cour désignant un conseil aux termes du présent act peut fixer l'indemnité qui lui sera payée: 5000 dollars prévus pour 1913-1914.

Jurisprudence: Déclarée inconstitutionnelle par la Suprême Cour d'Etat, 5 mars 1918, et par la Division d'appel, 1er juillet 1918. Cas: Frank Osborn *vs* Lemon Chomson, et al. Motif: refuse l'égale protection de la loi garantie par le 14e amendement à la Constitution fédérale. Appel en suspens devant la Cour d'Appel, quand la loi a été abrogée par act de la Législature, chap. 119, Lois de 1920, signé par le gouverneur, 10 mai 1920. (Legal Status, July 1, 1925.)

Nombre d'opérations au 1er juillet 1925 42

Utilité actuelle de la loi: Lettre morte. Abrogée.

9. — NORTH DAKOTA.

Act destiné à prévenir la procréation par criminels confirmés, déments, idiots, anormaux et auteurs d'attentats à la pudeur; à instituer un Conseil d'Examinateurs médicaux et à pourvoir à son fonctionnement.

L'Assemblée législative de l'Etat de North Dakota, décrète:

§ 1. — Chaque fois que le directeur, surintendant ou chef de toute prison d'Etat, école correctionnelle, école d'Etat pour faibles d'esprit, ou de tout hôpital ou asile d'Etat pour déments, certifiera par écrit qu'il croit que l'état mental ou physique d'un interné serait amélioré par l'opération, ou que la procréation par cet interné produirait vraisemblablement des enfants anormaux ou faibles d'esprit à tendances criminelles, et que l'état dudit interné n'offre pas d'espérances d'amélioration qui rendrait la procréation par lui désirable ou utile à la communauté, il sera légal de pratiquer en vue de la stérilisation dudit interné une opération chirurgicale selon les dispositions ci-après:

§ 2. — Afin de réaliser les dispositions du présent Act, le médecin principal de ladite institution, le secrétaire du Conseil d'Hygiène de l'Etat, et un autre médecin chirurgien compétent dont la désignation est prévue ci-après, constitueront le Conseil d'Examinateurs pour ladite institution. Le troisième membre dudit Conseil sera un médecin chirurgien compétent et de bonne réputation, ayant pratiqué sa profession dans le North Dakota pendant au moins dix ans, et qui sera désigné par le « Board of Control » de l'Etat, pour un temps limité seulement par le bon plaisir dudit « Board of Control ». Une telle désignation peut être faite dans chacun des comtés où une desdites institutions est située, ou bien un seul médecin-chirurgien peut être désigné pour deux ou plus desdites institutions, à nommer dans la lettre de désignation. L'indemnité *per diem* du membre ainsi désigné sera fixée par le « State Board of Control » dans la lettre de nomination, et ne dépassera pas 10 dollars par jour consacré à l'accomplissement effectif de la tâche; un double de cette lettre sera remis à l'Auditeur d'Etat; le *per diem* et les dépenses effectives et nécessaires dudit membre seront allouées et payées de la manière prévue par la loi pour le payement des salaires et frais des membres, agents et employés du « State Board of Control ».

§ 3. — Quand le surintendant d'une desdites institutions estime utile que l'opération soit effectuée sur un ou plusieurs des internés, il en rédige la demande par écrit, la signe, en remet une copie au « Board of Control » et une au médecin en chef de ladite institution, sur quoi le médecin en chef de ladite institution convoque immédiatement une réunion dudit Conseil d'Examinateurs qui se tiendra au siège de ladite institution, endéans les quinze jours de la convocation, laquelle sera faite par écrit, signée par ledit médecin en chef, indiquera clairement la date et l'objet de ladite réunion, et contiendra les noms de tous les internés dont le cas doit être examiné à ladite réunion.

§ 4. — A ladite réunion ledit Conseil d'Examinateurs s'informera attentivement de l'état mental et physique de chacun des internés soumis à l'examen, et, autant que possible, de son histoire familiale, et dans ce but tout membre dudit Conseil peut recevoir sous la foi du serment la déposition de tout témoin qu'il sera expédient d'examiner, ladite audience peut être remise de jour en jour, et, en cas de nécessité, les sessions peuvent être tenues ailleurs qu'au local de ladite institution.

§ 5. — Après complète enquête concernant l'état de chacun desdits individus, ledit Conseil rédigera des fiches respectivement pour chacun des individus qui auront été l'objet de l'enquête, et lesdites fiches ou bien ordonneront que l'interné soit stérilisé au moyen de telle opération qui sera estimée convenable, ou bien déclareront que la stérilisation n'est pas nécessaire ou désirable, ou ajourneront le cas, à un temps et à un lieu déterminés, ou à un examen ultérieur, pour supplément d'observation et d'enquête. Cette audience sera conduite selon les dispositions de la Section 4 du présent Act. Si ledit Conseil, dans sa fiche, ordonne ladite opération sur ledit interné, il désignera quelle opération doit être effectuée, et dans quel but, et nommera un chirurgien habile, appartenant ou non audit Conseil, pour l'accomplir.

§ 6. — Lesdites institutions conserveront tous les documents se rapportant à la procédure prévue par le présent Act, et les minutes complètes desdites réunions; dans ce but le médecin en chef de l'institution sera le secrétaire dudit Conseil d'Examinateurs et le gardien de ses archives.

§ 7. — Quand, de l'avis du médecin en chef d'une desdites institutions, ladite opération serait utile sur un des individus qui y sont internés, pour l'une des raisons ici exposées, et que ledit interné demande par écrit que l'opération s'effectue, ou y consent par écrit, il peut effectuer ou faire effectuer ladite opération sans prendre l'avis dudit Conseil d'Examinateurs. Quand une telle opération est effectuée aux termes du présent Act, le médecin principal qui effectue ou fait effectuer ladite opération aura pour obligation d'en rendre immédiatement compte au « State Board of Control » sur tel papier que le « Board of Control » prescrira.

§ 8. — Chaque fois que l'attorney d'Etat d'un comté aura des raisons de croire qu'un individu convaincu d'acte qualifié crime, aura été, deux fois ou plus, antérieurement convaincu d'actes qualifiés crime, dans le North Dakota ou ailleurs, ledit attorney d'Etat sera tenu de rechercher et de se procurer, aux frais du comté, les copies des documents établissant la culpabilité, existant dans les autres comtés ou Etats, ainsi que les preuves d'identification qui pourront être obtenues. Ces documents seront transmis au « State Board of Control », qui préviendra le médecin en chef de l'institution où ledit individu est interné, et le Secrétaire du Conseil d'hygiène de l'Etat; et le cas sera traité selon la procédure instituée par la Section 1 du présent act, disposant que nulle opération semblable ne sera effectuée sans le consentement du « Board of Control ».

§ 9. — Aucun chirurgien ayant habilement accompli l'une quelconque des opérations autorisées par le présent Act, ne sera tenu pour responsable, la résolution et l'ordre dudit Conseil d'Examinateurs, ou de la Cour, ou le consentement soit de l'interné, soit de ses parents, ou tuteur, lui servant de complète garantie et autorité.

§ 10. — Le médecin en chef de chacune des institutions, dans lesquelles sont internés des sujets stérilisés, sera tenu d'observer soigneusement chacun desdits internés, afin de vérifier l'effet de l'opération sur l'état moral, mental et physique, desdits individus stérilisés, et de rédiger, une fois par an, et plus fréquemment si le Gouverneur le demande, un rapport sur chacun desdits individus, rapport dont il gardera une copie dans les archives de l'institution, et transmettra des copies respectivement au Gouverneur, au « State Board of Control », et au Secrétaire du Conseil d'hygiène de l'Etat.

§ 11. — *Urgence.* — Etant donné que l'hérédité joue un rôle très important dans la transmission du crime, de la démence, de l'idiotie et de l'imbécilité, et que nos institutions pour dégénérés sont débordées, à cause du manque de moyens adéquats d'empêcher le continuel accroissement de cette classe d'individus; étant donné, d'autre part, qu'il n'existe pas de disposition légale autorisant l'opération destinée à stériliser les anormaux, le présent Act entrera en vigueur dès le moment où il sera adopté et approuvé.

Approuvé le 13 mars 1913.

Référence: Chapitre 56, Lois de 1912.

Sujets de la loi:

a. Hôtes d'institution: hôtes des prisons d'Etat, écoles de réforme, écoles pour faibles d'esprit, et hôpitaux pour déments.

b. Population en général: Non applicable.

Agents d'exécution de la loi: Conseil, consistant en le médecin en chef de l'institution, le secrétaire du Conseil d'Hygiène de l'Etat, et un médecin et chirurgien compétent, de bonne réputation et expérimenté, qui sera nommé par le Conseil de Contrôle de l'Etat, ce dernier devant désigner un chirurgien habile, choisi ou non parmi les membres du Conseil, pour effectuer l'opération.

Bases de la Sélection:

a. Volontaire. Procédure: Le médecin en chef de toute institution de ce genre peut effectuer ou faire effectuer une opération en vue de stériliser un des internés, sans soumettre le cas au conseil des examinateurs, si l'interné donne son consentement écrit.

b. Forcée. Décision, par le Conseil, après examen de l'état physique et mental du sujet, du manque de probabilité d'amélioration physique ou mentale, et par conséquent des inconvénients de la procréation, ou de la probabilité de l'amélioration du sujet par suite de l'opération.

Type de l'opération autorisée: Opération chirurgicale pour stérilisation.

Motif d'Etat: Surtout eugénique; aussi thérapeutique.

Dispositions renforçant la loi: L'indemnité journalière des membres nommés par le Conseil de Contrôle de l'Etat sera fixée par ce Conseil dans la lettre de nomination et ne dépassera pas 10 dollars par jour consacré à l'accomplissement effectif de leurs obligations; l'indemnité journalière, ainsi que les frais réels et nécessaires de ces membres seront alloués et payés de la même manière que la loi prévoit pour le payement des honoraires et frais du Conseil de Contrôle de l'Etat; il en sera de même pour la recherche et l'obtention, aux frais du comté, de la transcription de fiches de conviction provenant d'autres comtés ou Etats, et de telle évidence ou identification qui pourra être obtenue.

Jurisprudence: Non examinée en cour.

Nombre d'opérations au 1ᵉʳ juillet 1925 33

Utilité actuelle de la loi: Fonctionnement modéré.

10. — KANSAS.

a. Première loi.

Act destiné à empêcher la procréation par criminels habituels, idiots,. épileptiques, imbéciles, déments, et établissant une pénalité pour quiconque désobéira.

La Législature de l'Etat de Kansas, décrète:

Section 1. — Les fonctionnaires directeurs de toutes les institutions d'Etat de cet Etat-ci, chargés de l'entretien et de la garde des criminels habituels, idiots, épileptiques, imbéciles et déments, sont tenus, et, par le présent act, il leur est permis, de solliciter l'avis et les services professionnels d'assistants chirurgiens compétents qui, d'accord avec le médecin ou chirurgien chargé de l'institution où les sujets sont internés, constitueront l'autorité ayant pour mission d'examiner tel interné ou tels internés des diverses institutions par lesquels la procréation est estimée indésirable. Ladite autorité examinera l'état physique et mental dudit interné ou desdits internés, leur histoire dans la mesure où elle peut être vérifiée, et si, au jugement de ladite autorité, la procréation par ledit interné ou lesdits internés produirait des enfants ayant tendance héréditaire au crime, à la démence, à la faiblesse d'esprit, à l'épilepsie, à l'idiotie ou à l'imbécilité, et qu'il n'y ait pas de probabilité que l'état de l'interné ou des internés ainsi examinés doive changer au point de rendre désirable la procréation par ledit interné ou lesdits internés, ou si l'état physique ou mental desdits internés doit être sérieusement amélioré par l'opération, ladite autorité fera rapport de ses conclusions, avec recommandation à la cour de district, ou à toute autre cour de juridiction compétente dans le district et pour le district d'où ledit interné ou lesdits internés ont été envoyés à ladite institution ou aux dites institutions. Le cour déterminera, après audience, en la matière, et si elle admet que le sujet est un criminel habituel dans le sens ordinaire de ce mot, ou qu'il est dément, idiot, imbécile ou épileptique, et que l'objet du présent Act sera atteint par l'opération, décidera que l'opération doit s'effectuer, et chargera un des membres de l'autorité signataires du rapport, d'accomplir, selon les cas, l'opération de la vasectomie ou de l'oöphorectomie, sur l'individu. L'attorney de comté du comté où aura lieu l'audience peut être désigné par la cour pour représenter l'Etat dans la procédure. Ladite opération sera faite d'une manière sûre et humaine, et le chirurgien qui l'effectuera recevra de l'Etat telle indemnité pour le service rendu, que le Conseil d'administration estimera raisonnable laquelle indemnité sera prélevée sur le fonds d'entretien de l'institution où ledit individu est interné. Remarque: par criminel habituel, le présent Act entend un individu qui aura été convaincu d'un crime comportant turpitude morale.

Section 2. — Quiconque, en-dehors des personnes autorisées par le présent
Act, effectuera, encouragera, assistera, ou en quelque manière déterminera
l'accomplissement d'une des opérations mentionnées à la Section I du présent
Act, dans le but de détruire le pouvoir de procréer l'espèce humaine, ou
quiconque, sciemment, permettra qu'une de ces opérations soit effectuée sur
un des dits individus, en-dehors du cas de nécessité médicale, sera condamné
à une amende ne dépassant pas mille dollars (1000) ou emprisonné dans
la prison du comté pour un an au plus, ou condamné à ces deux peines
s'additionnant.

Section 3. — Les fonctionnaires directeurs chargés des tâches spécifiées à
la Section I, qui manqueront à les effectuer, les négligeront, où s'y refuseront
pendant soixante jours ou plus, seront coupables du délit (« misdemeanor »),
et pourront être condamnés à une amende ne dépassant pas cent dollars (100),
ou à un emprisonnement dans la prison du comté ne dépassant pas trente
jours, ou à la fois à ladite amende et audit emprisonnement.

Section 4. — Le présent Act entrera en vigueur et aura force de loi à
partir du moment de sa publication au code.
Par le gouverneur, non signé, 14 mars 1913.

Référence: Chapitre 305, Lois de la Session de 1913.

Sujets de la loi:

a. Hôtes d'institutions: Idiots, épileptiques, imbéciles, déments, et individus convaincus de crime comportant turpitude
morale, et qui sont internés dans les institutions d'Etat.

b. Population en général: Non applicable.

Agents d'exécution de la loi: Par une administration comprenant les directeurs de chaque institution de l'Etat, en conjonction avec des chirurgiens compétents, laquelle administration transmettra ses conclusions à la cour du district ou à toute
juridiction compétente, dans le district ou pour le district où
l'interné a été arrêté; l'ordre final de stérilisation sera donné
par la cour, qui désignera un des membres de la dite administration pour effectuer l'opération.

Bases de la Sélection:

a. Volontaire. Procédure: aucune.

b. Forcée. Procédure: Ordre final de la cour à laquelle auront
été transmises les conclusions de l'administration, après examen
des conditions physiques et mentales du sujet, de sa fiche et
de son histoire familiale, avec ce résultat que l'état du sujet
aura été reconnu non améliorable et par conséquent la procréa-

tion indésirable; ou que l'état du sujet serait sérieusement amélioré par l'opération.

Type de l'opération autorisée: Vasectomie ou oöphorectomie d'une manière sûre et humaine. Les opérations non autorisées par la loi ou par la nécessité médicale, sont passibles d'une amende de 1000 dollars au plus, ou d'emprisonnement d'un an au plus, ou de ces deux peines s'additionnant.

Motif d'Etat: Surtout eugénique; aussi thérapeutique.

Dispositions renforçant la loi: « Le chirurgien qui aura effectué l'opération recevra de l'Etat, pour le service rendu, telle indemnité que le Conseil d'Administration estimera raisonnable, et ladite indemnité sera prélevée sur le fonds d'entretien de l'institution où le sujet est confiné.

Jurisprudence: Abrogée, 13 mars 1917.

b. Deuxième loi.

CHAPITRE 299.

Se rapportant aux internés dans certaines institutions d'Etat et prévoyant l'examen et la stérilisation de certains internés dans certains cas.

HOUSE BILL n. 484.

Act destiné à prévenir la procréation par criminels habituels, idiots, épileptiques, imbéciles et déments, et établissant des pénalités pour quiconque désobéira, et abrogeant les sections 9967, 9968 et 9969 des Lois générales de 1915.

La Législature de l'Etat de Kansas, décide:

Section 1. — Que le Directeur de la Prison d'Etat, le surintendant du Hutchinson Reformatory, le surintendant de chacun des hôpitaux d'Etat pour déments, de l'Hôpital d'Etat pour épileptiques, du Home d'Etat pour faibles d'esprit, ou de l'école industrielle d'Etat pour jeunes filles, certifiera par écrit au Conseil administratif de l'institution à la tête de laquelle il ou elle se trouve, qu'il ou elle croit que l'état mental ou physique de l'un quelconque des internés serait amélioré par l'opération, ou que la procréation par un tel interné produirait vraisemblablement des enfants anormaux ou faibles d'esprit à tendances criminelles, et que l'état dudit interné ne semble pas devoir s'améliorer de façon à rendre désirable, ou utile à l'Etat, la procréation par ledit interné; dans ce cas, il sera légal d'effectuer une opération chirurgicale pour la stérilisation dudit interné' selon les dispositions qui

-suivent. Cette opération ne rendra responsable soit au civil soit au criminel ni le conseil d'examinateurs ni ses membres ni aucune personne participant à l'opération. Mais, avant que l'opération soit effectuée, il en sera donné avis par écrit à l'intéressé, et à son tuteur s'il y en a un ; cet avis indiquera le temps et le lieu d'une réunion qui devra se tenir au moins trente jours plus tard ; ledit interné aura le droit d'y être représenté par un conseil et d'y présenter les témoignages qu'il pourrait avoir à fournir.

Section 2. — Afin d'appliquer les dispositions du présent Act, le médecin en chef de chacune desdites institutions, le Conseil administratif de ladite institution, et le secrétaire du Conseil d'hygiène de l'Etat, constitueront un Conseil d'examinateurs pour ladite institution.

Section 3. — Quand le directeur ou surintendant de l'une desdites institutions estimera utile que ladite opération soit effectuée sur un ou plusieurs internés, il sera tenu de le signaler par un écrit signé de lui (ou d'elle s'il s'agit d'une directrice ou surintendante), au président du Conseil d'administration de ladite institution, sur quoi le président dudit Conseil d'administration convoquera immédiatement une réunion dudit Conseil d'examinateurs, à tenir au siège de l'institution à une date ne dépassant pas quinze jours après l'envoi de la convocation. La convocation mentionnera clairement la date et l'objet de ladite réunion et les noms de tous les internés dont les cas seront considérés à ladite réunion.

Section 5. — Après complet examen de l'état de chacun desdits individus, ledit Conseil d'examinateurs rédigera des résolutions séparées pour chacun des individus qui ont été l'objet de l'enquête ; lesdites résolutions diront si l'individu doit ou non être stérilisé ; s'il y a lieu à stérilisation, la résolution dira quelle opération doit être effectuée et quel en est le but ; s'il s'agit d'une personne du sexe mâle, ce sera l'opération de vasectomie ou asexualisation ; s'il s'agit d'une personne du sexe féminin, la salpingectomie ou oöphorectomie, et elles désigneront un chirurgien compétent, qui peut ou non être en connection avec l'institution, pour effectuer l'opération. Si le chirurgien n'est pas en connection avec ladite institution, le Conseil d'administration peut l'indemniser sur des bases raisonnables, et l'indemnité sera prélevée sur le fonds d'entretien de ladite institution, de la manière prévue par la loi.

Section 6. — Ladite institution conservera les comptes-rendus de toute la procédure aux termes du présent Act, et les minutes complètes des réunions. A cette fin, le médecin en chef de ladite institution sera le secrétaire dudit Conseil d'examinateurs, et le gardien de ses archives.

Section 7. — En dehors des personnes autorisées par le présent act, quiconque effectuera, encouragera, assistera, ou en quelque manière déterminera l'accomplissement de l'une des opérations mentionnées par le présent Act, dans le but de détruire le pouvoir de procréer l'espèce humaine, sauf le cas de nécessité médicale, sera condamné à une amende de cent (100) dollars au moins et de cinq cents (500) dollars au plus, et emprisonné dans la prison du comté pour six mois au moins et un an au plus.

Section 8. — Les sections 9967, 9968 et 9969, des Lois générales de 1915, so... ≈brogées par les présentes.

Section 9. — Le présent Act entrera en vigueur et aura force de loi à partir de sa publication au code.

Approuvé le 13 mars 1917.

Référence: Chapitre 299, lois de 1917.

Sujets de la loi:

a. Hôtes d'institutions: hôtes d'hôpitaux d'Etat pour déments, épileptiques ou faibles d'esprit, ou d'écoles d'Etat pour jeunes filles, prisons d'Etat et maisons correctionnelles.

b. Population en général: Non applicable.

Agents d'exécution de la loi: Médecin en chef de toute institution semblable, comité directeur de l'institution, et secrétaire du Bureau d'Hygiène de l'Etat.

Bases de la Sélection:

a. Volontaire. Aucune prévue.

b. Forcée. Procédure: Décision du Conseil d'examen d'après laquelle les conditions physiques et mentales de tout interné seront améliorées par l'opération, ou que la procréation par ledit interné produira vraisemblablement des enfants défectueux ou faibles d'esprit avec tendances criminelles, et que l'état dudit interné ne laisse pas espérer une amélioration telle que la procréation devienne désirable.

Type de l'opération autorisée. « Vasectomie ou asexualisation ». « Salpingectomie ou oöphorectomie ». Les opérations non autorisées par la loi sont passibles d'une amende de 100 à 500 dollars et d'un emprisonnement de six mois à un an.

Motif d'Etat: Thérapeutique et eugénique.

Dispositions renforçant la loi: Si le médecin n'est pas en connection avec l'institution, le Conseil d'administration de celle-ci peut faire des arrangements raisonnables concernant l'indemnité à lui payer, et celle-ci sera prélevée, de la manière prévue par la loi, sur le fonds affecté à l'entretien de ladite institution.

Jurisprudence: Non examinée en cours de justice.

Nombre d'opérations accomplies (à la date du 1er juillet 1925) 335

Utilité actuelle de la loi: Fonctionne d'une manière satisfaisante.

II. — WISCONSIN.

Stérilisation d'anormaux: Section 561 zm. Le « *State Board of Control* » est, par les présentes, autorisé à désigner,. de temps à autre, un chirurgien et un aliéniste, de capacité reconnue, qui auront pour obligation d'examiner, conjointement avec les surintendants des institutions de l'Etat et du Comté qui ont charge des individus criminels, déments, faibles d'esprit et épileptiques, la condition physique et mentale des dits individus légalement internés dans les dites institutions.

2. Ledit « Board of control », aux temps où il l'estimera convenable, soumettra aux dits experts et aux surintendants de chacune des dites institutions les noms des internés de ladite institution qu'ils désirent faire examiner au point de vue de leur état mental et physique, et les dits experts et le surintendant de la dite institution après avoir examiné, en se procurant les preuves à l'appui, les conditions mentales et physiques des dits internés, feront rapport audit « board of control » des dites conditions mentales et physiques.

3. Si les dits experts et surintendant estiment à l'unanimité que la procréation est indésirable, il sera légal d'effectuer telle opération en vue d'empêcher la procréation, qui sera estimée la plus sûre et la plus effective, pourvu, toutefois, que l'opération ne soit pas effectuée en dehors des cas autorisés par ledit «Board of Control ».

4. Avant l'accomplissement de l'opération, le « Board of Control » de l'Etat aura pour obligation de prévenir par écrit, au moins trente jours d'avance, le mari ou femme, les parents ou tuteur, s'ils sont connus, et sinon, la dernière personne chez qui ledit interné aura résidé.

5. Lesdits experts recevront comme indemnité une somme qui sera fixée par le « State Board of Control », et n'excédera pas dix dollars par jour plus les frais, et lesdits experts ne seront payés que pour le nombre effectif de jours consacrés à l'accomplissement de leur tâche.

6. La fiche d'examen de chacun desdits internés sera conservée et enregistrée au bureau dudit « Board of Control » à Madison, Wisconsin, et six mois après l'opération, le surintendant de l'institution où le sujet est légalement interné, fera rapport au dit « Board of Control » sur l'état dudit interné, et les effets de l'opération sur ledit interné.

7. Le « State Board of Control » signalera tous les deux ans dans son rapport biennal, régulier le nombre d'opérations accomplies aux termes de la présente section et le résultat desdites opérations.

8. Il est prélevé par les présentes dispositions, sur le trésor de l'Etat non autrement approprié, la somme d'argent suffisante pour effectuer l'objet de la présente section, somme qui ne dépassera pas deux mille dollars. (1913, C. 693).

Date d'approbation de la loi: 30 juillet 1913.

Référence: Chapitre 693, lois de 1913.

Sujets de la loi:

a. Hôtes d'institutions: hôtes de toutes les institutions de l'Etat et du comté, pour criminels, insensés, faibles d'esprit et épileptiques.

b. Population en général: Non applicable.

Agents d'exécution de la loi: Conseil spécial, comprenant « un chirurgien et un aliéniste d'habileté reconnue... en conjonction avec les directeurs d'institutions de l'Etat et du comté », nommé par le Conseil de Contrôle de l'Etat. Le conseil spécial a pour tâche d'examiner les conditions mentales et physiques des individus « légalement internés » dans toutes les institutions de l' « Etat et du comté ». Le conseil « se réunit, recueille les faits et les examine » et transmet au Conseil d'hygiène de l'Etat ses observations concernant les cas dûment désignés par ledit Conseil de Contrôle.

Bases de la Sélection:

a. Volontaire. Procédure: aucune prévue.

b. Forcée. Procédure: Avec l'autorisation du Conseil de Contrôle de l'Etat, une opération peut être effectuée sur tout interné dont le nom est communiqué à ce conseil, si le conseil spécial des experts décide par un vote unanime que la procréation est indésirable.

Type de l'opération autorisée: « Telle opération pour empêcher la procréation qui sera considérée comme la plus sûre et la plus effective. »

Motif d'Etat: Purement eugénique.

Dispositions renforçant la loi: « ... une somme d'argent suffisant à réaliser l'objet de cette section, mais ne dépassant pas deux mille dollars. » Le Conseil de Contrôle de l'Etat paie l'indemnité aux experts; celle-ci ne dépassera pas 10 dollars par jour et frais journaliers réellement faits dans l'accomplissement de la tâche.

Jurisprudence: Non examinée en cours.

Nombre d'opérations accomplies à la date du 1ᵉʳ juillet 1925: 144.

Utilté actuelle de la loi: Fonctionne modérément.

12. — MICHIGAN.

a. Première loi.

Act autorisant la stérilisation d'individus mentalement anormaux entretenus en tout ou partie aux frais publics dans les institutions publiques de cet Etat, et prévoyant une pénalité pour l'accomplissement non autorisé des opérations prévues.

Le Peuple de l'Etat de Michigan décrète :

Section 1. — Il est permis à la direction de toute institution entretenue en tout ou partie aux frais publics, et ayant en sa garde des individus qu'une cour de juridiction compétente a estimés être, et qui sont, mentalement anormaux ou déments, de rendre incapable de procréation, par vasectomie ou salpingectomie, ou par tel perfectionnement de ladite opération chirurgicale qui est le moins dangereux pour la vie et répond le mieux au but proposé, tout individu mentalement anormal ou dément.

Section 2. — Les conseils d'administration desdites institutions et les médecins ou chirurgiens chargés desdites institutions, constitueront, pour chacune des institutions respectivement, un conseil qui sera tenu d'examiner tels internés dans lesdites institutions qui leur seront signalés par le directeur ou surintendant médical comme étant des individus par lesquels la procréation est indésirable. Ledit conseil recevra le rapport des experts aliénistes mentionnés ci-après, examinera l'état physique et mental desdites personnes ainsi que leur fiche et leur histoire familiale pour autant qu'elle puisse être vérifiée, et si au jugement de la majorité dudit Conseil, la procréation par ledit individu devait produire des enfants ayant tendance héritée à démence, faiblesse d'esprit, idiotie ou imbécillité, et qu'il n'y ait pas probabilité que l'état de l'individu ainsi examiné s'améliore au point de rendre désirable la procréation par lui, ou si l'état physique ou mental du sujet doit être sérieusement amélioré par l'opération, ledit Conseil chargera un médecin ou chirurgien compétent, avec les assistants qui pourront être nécessaires, d'effectuer l'opération de vasectomie ou salpingectomie ou toute autre opération ou tout autre perfectionnement de la vasectomie ou salpingectomie admis par la profession médicale, selon les cas, sur ledit individu. Ladite opération sera effectuée d'une manière sûre et humaine et le conseil procédant à l'examen, et le médecin ou chirurgien de l'institution ne recevront pas d'indemnité extra. Toutefois, un préavis d'au moins trente jours doit être donné aux parents ou tuteur dudit individu avant l'opération ; ledit avis spécifiera le but, le temps et le lieu, dudit examen ; *en outre*, quand lesdits parents ou tuteur s'opposent à l'accomplissement de l'opération, la question de savoir si l'individu est d'esprit sain sera soumise à la « probation court » du comté où l'institution est située, et qui décidera de ladite question et de la nécessité de l'opération, comme dans les autres cas relatifs à des déments dont ladite cour connaît.

Section 3. — Si l'institution n'a pas pour chef un médecin, l'autorisation est donnée à ladite institution de faire effectuer ladite opération, et d'employer dans ce but des médecins experts qui examineront l'état du sujet, feront leur rapport, et effectueront l'opération avec tels autres assistants qui seront nécessaires. *Toutefois,* avant que l'opération soit ordonnée, on obtiendra au préalable de deux médecins ayant les qualités requises par la loi pour examiner en matière de démence, un rapport écrit affirmant que l'opération est désirable dans l'intérêt du malade ou pour le bien de la communauté. *En outre,* ces médecins recevront pour leurs services l'indemnité fixée par les lois pour l'examen et le certificat d'un individu dément. Les diverses sommes nécessaires à l'accomplissement des objets du présent Act seront certifiées exactes par les conseils respectifs et seront payées sur les fonds généreux de l'Etat, sur mandat de l'Auditeur général.

Section 4. — Relativement à chaque individu stérilisé aux termes du présent Act, le « Board of Control » de l'institution où ledit individu est interné transmettra au Conseil d'hygiène publique de l'Etat de Michigan une fiche indiquant par écrit les nom, âge, sexe, nationalité, type ou classe d'anormalité mentale de cet individu, la nature de l'opération accomplie, l'état mental et physique subséquent, selon qu'il aura été affecté par l'opération ; toutefois, lesdites fiches ne seront pas accessibles au public, mais peuvent être communiquées aux membres du « Board of Control » desdites institutions, aux membres immédiats de la famille de la personne opérée, ou à tout médecin ou chirurgien désigné par eux.

Section 5. — Quiconque, non autorisé par le présent Act, effectue, encourage, assiste, ou en quelque manière détermine l'accomplissement d'une des opérations mentionnées à la section une du présent Act, dans le but de détruire la faculté de propager l'espèce humaine, ou quiconque permet sciemment que lesdites opérations soient effectuées sur ledit individu, sauf le cas de nécessité médicale, sera coupable de crime (« felony ») et sur conviction sera condamné à une amende de mille dollars au plus, ou emprisonné dans la prison d'Etat pour cinq ans au plus, ou des deux peines s'additionnant, à la discrétion de la Cour devant laquelle ledit individu ou lesdits individus auront été ainsi convaincus.

Approuvé le 1ʳ avril 1913.

Référence: Act n° 34, Publics Acts de 1913.

Sujets de la loi:

a. Hôtes d'institutions: individus défectueux au point de vue mental, ou insensés, internés dans les institutions d'Etat entretenues totalement ou partiellement aux frais du public.

b. Population en général: Non applicable:

Agents d'exécution de la loi: Pour chaque institution, un conseil se composant des membres du Conseil d'administration de ladite institution et des médecins ou chirurgiens y attachés. Ce conseil chargera un médecin ou chirurgien compétent d'effectuer l'opération. Si aucun médecin n'est attaché à l'institution, le conseil d'administration peut payer un médecin ou chirurgien pour effectuer l'opération, le sujet étant prévenu trente jours d'avance, avec faculté d'être entendu en cour.

Bases de la Sélection:

a. Volontaire. Procédure: aucune prévue.

b. Forcée. Procédure: Décision, par majorité du conseil, après examen de l'état physique et mental du sujet, du manque de probabilité d'amélioration, de cet état mental ou physique, et par conséquent des inconvénients de la procréation, ou de la probabilité, d'amélioration de l'état du sujet par suite de l'opération.

Type de l'opération autorisée: Vasectomie et salpingectomie d'une manière sûre et humaine, ou perfectionnement de ces opérations les rendant moins dangereuses pour la vie. Les opérations, sauf celles autorisées par le présent act ou le cas de nécessité médicale, sont passibles d'une amende ne dépassant pas 1000 dollars, ou d'un emprisonnement ne dépassant pas cinq ans, ou de ces deux peines s'additionnant.

Motif d'Etat: Surtout eugénique; aussi thérapeutique.

Dispositions renforçant la loi: Le médecin ou chirurgien attaché à l'institution et accomplissant l'opération, ne recevra pas d'indemnité; si on emploie des chirurgiens de l'extérieur. ils recevront pour leurs services l'indemnité fixée par les statuts pour l'examen et le certificat constatant la démence. Les sommes nécessaires à effectuer les dispositions du présent act, seront prélevées sur le fond général de l'Etat, moyennant autorisation de l'auditeur-général.

Jurisprudence : Déclarée inconstitutionnelle par la Suprême Cour d'Etat. le 28 mars 1918. Cas: H. A. Haynes, Rapporteur *vs* William B. Williams, Juge du Circuit, Répondant.

Motif: Refuse la protection égale pour tous de la loi, garantie par le 14° amendement à la Constitution Fédérale. (Legal status, July1, 1925).

b. Deuxième loi.

ACT AUTORISANT LA STERILISATION D'INDIVIDUS MENTALEMENT ANORMAUX.

Le Peuple de l'Etat de Michigan décrète :

Section 1. — Les mots « individus mentalement anormaux » seront, aux termes du présent Act, considérés comme comprenant les idiots, imbéciles et faibles d'esprit, mais non les aliénés. Dans le présent Act, les mots « estimé anormal » signifient tout individu mentalement anormal ayant été trouvé et jugé tel par une Cour de juridiction compétente d'après les lois et statuts de cet Etat. Lorsque, dans cet Act, des noms ou pronoms du genre masculin sont employés, ils doivent être considérés comme s'appliquant aux personnes du sexe féminin aussi bien qu'aux individus du sexe mâle.

Section 2. — Dès qu'un individu est estimé anormal par une Cour de juridiction compétente, la dite cour peut, après audience selon qu'il est disposé ci-dessous, ordonner tel traitement par les Rayons X ou l'opération de la vasectomie ou de la salpingectomie ou tout autre traitement le moins dangereux possible pour la vie, afin de rendre ledit anormal incapable de procréation.

Section 3. — La cour peut émettre un ordre comme dit plus haut à la requête :

1. du père, mère, mari, femme, frère, sœur, enfant ou plus proche parent de l'individu estimé anormal ;

2. d'une des personnes suivantes résidant dans le comté où le jugement a été émis :

a. le « prosecuting attorney », sheriff ou tout « peace officer » ;

b. tout directeur, surintendant ou inspecteur des pauvres ;

c. Le Conseil de contrôle, de tuteurs ou d'administration de toute institution pénale, correctionnelle ou charitable de l'Etat, si ladite institution est complètement sous le contrôle de l'Etat ;

d. toute autre personne que le juge examinateur après examen des faits et circonstances de tout cas particulier, estimera être qualifiée pour présenter ladite requête.

Ledit ordre peut être émis au moment où l'individu est estimé anormal ou en tout autre temps.

Section 4. — Quand une requête est présentée comme dit ci-dessus, la cour fixera un jour pour l'audience de ladite requête, et un avis signalant les temps et lieu de ladite audience sera remis personnellement dix jours au moins avant ladite audience :

1. A l'individu estimé anormal s'il a plus de dix ans ;

2. Au « prosecuting attorney » du comté où sera tenue l'audience;

3. Au mari ou femme, père ou mère, ou enfant majeur dudit anormal, ou à la personne chez qui ledit anormal réside, ou dans la maison de laquelle il peut être, et si aucun des parents nommés dans la présente subdivision ne peut être découvert; de même

4. A son tuteur *ad litem* qui sera désigné par la Cour pour recevoir ledit aire et représenter à l'audience ledit anormal.

La Cour peut à sa discrétion faire remettre l'avis dans toute partie de l'Etat à tout parent de l'individu anormal ou à toute autre personne intéressée.

Section 5. — La cour fera examiner l'anormal par trois médecins de bonne réputation, de la manière actuellement prévue par la loi pour l'examen de l'état mental d'individus présumés anormaux (faibles d'esprit), dans le but de connaître l'opinion desdits médecins sur le point de savoir si l'individu estimé anormal doit être traité aux termes du présent Act.

Section 6. — La Cour, à l'audience, après examen complet des témoignages écrits, relatifs à l'état mental et physique de l'individu estimé anormal et de l'histoire de son cas, déterminera, au cas où il n'y ait pas de jury requis, si ledit individu doit être traité aux termes du présent Act pour son propre bien ou le bien de la communauté.

Si la Cour l'estime nécessaire, ou si l'anormal ou tout parent ou tuteur *ad litem* le demande, un jury de six citoyens libres « free holders », qualifiés comme jurés dans les « Courts of Record », sera convoqué à déterminer si ledit individu doit être traité aux termes du présent Act; ledit jury devant être choisi de la manière prévue pour le choix d'un jury ayant à connaître de la « condamnation » de terrain à l'usage du chemin de fer.

Les jurés recevront les mêmes honoraires de présence et de déplacement (« mileage ») que la loi accorde aux jurés de la Cour de circuit. Le présumé anormal aura le droit d'être présent à ladite audience, à moins qu'il ne soit prouvé à la Cour par le certificat de deux médecins de bonne réputation, que son état est tel qu'il rendrait indésirable et peu sûr son déplacement à cette fin ou son apparition à l'audience.

Section 7. — La Cour peut ordonner le traitement ou l'opération destinée à rendre un individu estimé anormal incapable de procréation, quand à ladite audience il sera découvert :

1. a. que ledit anormal manifeste des inclinations sexuelles rendant probable qu'il procréera des enfants à moins qu'il ne soit étroitement confiné, ou rendu incapable de procréer; et

b. que les enfants procréés par ledit individu estimé anormal auront une tendance héritée à l'anormalité mentale; et

c. qu'il n'existe pas de probabilité d'amélioration de l'état dudit individu, permettant de croire que lui ou ses enfants n'auront pas lesdites tendances héritées; ou

2. a. que ledit anormal manifeste des inclinations sexuelles rendant probable qu'il procréera des enfants à moins qu'il ne soit étroitement confiné, ou rendre incapable de procréer; et

b. qu'il ne serait pas à même d'entretenir ses enfants et de veiller sur eux s'il en avait, et que, par suite de sa propre anormalité mentale, lesdits enfants tomberaient probablement à charge de la chose publique.

Section 8. — La Cour peut, avec le consentement des parents ou tuteur d'un individu estimé anormal ordonner le traitement ou l'opération susceptible de rendre ledit anormal incapable de procréation lorsque, à ladite audience, il sera découvert que l'état mental ou physique dudit anormal serait sérieusement amélioré par l'opération ou le traitement, ou que l'opération ou le traitement est utile audit anormal.

Section 9. — Tout anormal aura le droit d'en appeler d'un ordre de traitement ou opération devant le rendre incapable de procréation, de la même manière et aux mêmes termes, et les individus trouvés et estimés anormaux (faibles d'esprit), peuvent en appeler ; tant que l'appel est pendant et qu'il n'a pas été statué sur ledit appel, l'exécution de l'ordre sera suspendue ; et la Cour émettra l'ordre nécessaire ou utile pour la garde et la surveillance de l'anormal en attendant qu'il soit statué sur ledit appel.

Section 10. — Chaque fois que la Cour ordonnera le traitement ou l'opération prévus par le présent Act, elle ordonnera à un médecin ou chirurgien compétent, ayant l'assistance nécessaire, de procéder à ladite opération ou de donner ledit traitement. Ledit médecin ou chirurgien recevra la somme de vingt-cinq dollars par opération ou traitement.

Section 11. — L'invalidation de toute partie, section, ou disposition, du présent Act, ne sera pas considérée comme affectant la validité de toute autre partie, capable d'avoir des effets pratiques indépendamment de la partie, section ou disposition invalidée.

Approuvé le 25 mai 1923.

Référence: Sec. 2, Act N° 285, Publics Acts de 1923.

Sujets de la loi:

a. Hôtes d'institutions: Idiots, imbéciles, faibles d'esprit, mais pas les déments.

b. Population en général: Idiots, imbéciles, faibles d'esprit, mais pas les déments.

Agents d'exécution de la loi: Conseil de trois médecins réputés, pour examiner les conditions physiques de l'interné, et d'un médecin désigné par la cour pour effectuer l'opération.

Bases de la Sélection:

a. Volontaire. Procédure : La Cour peut, avec le consentement des parents ou tuteur de l'individu jugé défectueux, ordonner le traitement ou l'opération en vue de la stérilisation, du moment que, à l'audience, il est découvert que l'état mental ou physique dudit défectueux serait sérieusement amélioré par le traitement ou l'opération, ou que le traitement ou opération serait en quelque autre manière profitable à l'individu défectueux.

b. Forcée. Procédure: La Cour peut ordonner la stérilisation d'un individu jugé défectueux du moment qu'à l'audience il est découvert que la procréation par ledit défectueux est probable et produirait des enfants ayant tendance héritée à défectuosité mentale, que ledit défectueux ne serait pas à même d'entretenir, et qu'il n'existe pas de possibilité que l'état dudit défectueux s'améliore de façon à rendre la procréation désirable.

Type de l'opération autorisée : Traitement par Rayons X ou l'opération de vasectomie ou salpingectomie ou autre traitement le moins dangereux possible pour la vie et ayant pour but de rendre ledit défectueux incapable de procréation.

Motif d'Etat : Surtout eugénique, aussi thérapeutique.

Dispositions renforçant la loi : Le médecin recevra vingt-cinq dollars pour chaque opération ou traitement.

Jurisprudence : La Cour Suprême de l'Etat de Michigan, le 18 juin 1925, dans le cas de Willie Smith, représenté par Fred. M. Butzel, Tuteur *Ad Litem*, Plaignant en appel, *vs* Edward Command, « Probate Judge » du Comté de Wayne, Défendant en appel,, considère la seconde loi du Michigan sur la stérilisation comme constitutionnelle. La majorité de la Cour est d'accord « que cette loi, si on tient compte de l'objet pour lequel elle a été élaborée et des conditions qui la garantissent, si on tient compte en outre du fait qu'elle est justifiée par les découvertes de la science biologique, constitue une manifestation juste et raisonnable du pouvoir de police de l'Etat .» La Cour estime aussi « que les méthodes prévues par la loi pour effectuer son objet, ne sont pas déraisonnables, cruelles ou oppressives, et que les résultats sont profitables et au sujet et à la société ». Quant aux « formes légales nécessaires » prévues par la Constitution de Michigan, la Cour estime que, aux termes de cette loi, « les formes régulières sont suivies et l'occasion de se défendre moyennant le droit d'appel est donné. Rien de plus n'est exigé par la clause de la Constitution concernant les formes légales nécessaires ».

« Sauf la 2ᵉ division de la section 7, cette loi doit être considérée comme l'exercice raisonnable du pouvoir de police de l'Etat dans les limites de la Constitution. »

Note : La seconde division de la section 7 prévoit des exceptions dans les cas où l'individu estimé défectueux serait probablement à même d'entretenir ses enfants, s'il en avait. Ceci, aux yeux de la Cour, constitue une législation de classe ; la loi n'est plus appliquée sur une base uniformément eugénique, mais fait une classe séparée d'exception non eugénique, basée sur la « capacité financière d'entretenir des enfants ». (Legal Status, July 1, 1925).

c. Amendement a la loi du 25 mai 1923.

Nᵒ 71. — Act amendant la section deux de l'Act numéro deux cent quatre-vingt-cinq des Public Acts de mil neuf cent vingt-trois, intitulé : « Act autorisant la stérilisation d'individus mentalement anormaux ».

Le Peuple de l'Etat de Michigan décrète :

Section 1. — La Section deux de l'Act numéro deux cent quatre-vingt-cinq des Public Acts de mil neuf cent vingt-trois, intitulé « Act autorisant la stérilisation d'individus mentalement anormaux », est amendé comme suit :

Section 2. — Dès qu'un individu est estimé anormal par une Cour de juridiction compétente, ladite Cour, ou, si le malade a été interné dans une institution d'Etat, la « probate cour » du comté où ladite institution est située, peut, après audience, selon qu'il est disposé ci-dessous, ordonner tel traitement par les Rayons X ou l'opération de la vasectomie ou de la salpingectomie ou tout autre traitement le moins dangereux possible pour la vie, afin de rendre ledit anormal incapable de procréation.

Approuvé le 23 avril 1925.

Référence : Public Act Nᵒ 71 de 1925.

Sujets de la loi : La section 2 de la loi de 1923 a été amendée de manière à déférer la faculté d'ordonner le traitement ou l'opération à la Cour qui a déclaré l'individu défectueux, ou à la « probate Court » du comté où l'institution est située.

Nombre d'opérations accomplies à la date du 1ᵉʳ juillet 1925 : 48.

Utilité actuelle de la loi : Fonctionne modérément.

13. — NEBRASKA.

Date d'approbation de la loi : Sans signature du gouverneur, 8 juillet 1915.

Référence : Chapitre 237, Lois de 1915.

Sujets de la loi :

a. Hôtes d'institutions : Faibles d'esprit ou déments internés dans les institutions pour déments ou faibles d'esprit, ou dans les prisons d'Etat, maisons correctionnelles, écoles industrielles, qui sont sur le point d'être élargis.

b. Population en général : Non applicable.

Agents d'exécution de la loi : Conseil de commissaires d'Etat. Les institutions désigneront cinq médecins du personnel desdites institutions, trois desquels appartiendront à des institutions pour jeunes gens faibles d'esprit, et aux hôpitaux pour déments.

Bases de la Sélection:

a. Volontaire. Procédure: Décision, par le Conseil d'Examinateurs, en vertu de laquelle la procréation par un tel interné serait nuisible à la société. Le consentement écrit de l'interné, ou du mari, de la femme, du tuteur ou du parent le plus proche, est indispensable.

b. Forcée. Procédure : Aucune prévue.

Type de l'opération autorisée : Telle opération... pour empêcher la procréation qui au jugement dudit Conseil d'examinateurs sera le mieux appropriée à chaque cas individuel.

Motif d'Etat : Purement eugénique.

Dispositions renforçant la loi : Les membres dudit Conseil d'examinateurs ne recevront pas d'indemnité pour leurs services en cette qualité, mais leurs frais de voyage réels et nécessaires leur seront remboursés sur les fonds des institutions respectives dont les hôtes seront examinés par eux.

Juriprudence : Non examinée en cours.

Nombre d'opérations accomplies (à la date du 1ʳ juillet 1925): 262.

Utilité actuelle de la loi: Fonctionne de manière satisfaisante.

14. — NEW HAMPSHIRE.

a. Première loi.

Act permettant les opérations stérilisantes dans certains cas de maladie mentale et faiblesse d'esprit.

Section 1. — Vasectomie et fallectomie légalisées sous certaines conditions.

Section 2. — Cas où l'opération peut être effectuée dans certaines institutions d'Etat. Procédure relative au consentement.

Section 3. — Indemnité au chirurgien opérateur. Comment elle sera payée.

Section 4. — Mise en vigueur immédiatement après adoption.

La Cour générale décide :

Section 1. — Que les opérations de vasectomie et fallectomie peuvent être effectuées sous les conditions et avec les restrictions ci-après mentionnées, et, dans ces termes, seront légales.

Section 2. — Quand l'une des opérations stérilisantes reconnues mentionnées par les présentes se trouve indiquée pour empêcher la reproduction de faiblesse d'esprit, ou pour le traitement thérapeutique de certaines formes de maladie mentale, les médecins chargés des institutions de l'Etat et du comté, et ayant la garde des personnes ainsi affectées, peuvent recommander au plus proche parent, tuteur, et à la personne affectée elle-même l'utilité et la nécessité de ladite opération ; et si le consentement écrit du malade (au cas où il est mentalement à même de le donner) aussi bien que celui du plus proche parent ou tuteur est donné, le médecin chargé dudit cas convoquera un Conseil de deux médecins praticiens patentés, — dont un médecin et un chirurgien — n'ayant pas moins de cinq ans de pratique et non apparentés au malade, et qui aura pour tâche, en conjonction avec le médecin chargé du cas, d'examiner l'individu sur qui il est question d'effectuer l'opération. Les consultants décideront si ledit individu est mentalement capable de donner son consentement, et ils mettront par écrit leur décision et leurs raisons de la prendre, et ce rapport écrit sera conservé dans les archives de la « probate court » du comté où l'individu réside, auquel cas le consentement du tuteur ou parent le plus proche, est nécessaire. Si, au jugement des médecins consultants, l'opération doit empêcher la propagation de l'infériorité mentale, ou si au jugement des médecins consultants l'état physique ou mental dudit individu doit être sérieusement amélioré par l'opération, les consultants choisiront un chirurgien compétent pour effectuer l'opération de la fallectomie ou vasectomie, suivant les cas, sur ledit individu.

Section 3. — Le soin de payer l'indemnité aux médecins consultants et aux chirurgiens dans le cas d'individus à charge du public sera confié à la direction des diverses institutions, et ladite indemnité sera payée sur les fonds appropriés à l'entretien desdites institutions.

Section 4. — Le présent Act entrera en vigueur aussitôt adopté.

Approuvé le 18 avril 1917.

Référence : Chap. 181, Lois du New Hampshire pour 1917.

Sujets de la loi :

a. Hôtes d'institution : hôtes d'institutions de l'Etat et du comté qui sont atteints de faiblesse d'esprit ou de certaines formes de maladie mentale.

b. Population en général : Non applicable.

Agents d'exécution de la loi : Le médecin attaché à toute institution de l'Etat ou du comté et ayant le soin de cas semblables, en consultation avec deux médecins praticiens patentés ayant au moins cinq ans de pratique, l'un médecin, l'autre chirurgien, peut recommander la stérilisation au malade et à son parent le plus proche ou tuteur.

Bases de la Sélection :

a. Volontaire. Procédure : Si on peut obtenir le consentement écrit du malade, à supposer qu'il soit dans un état mental qui lui permette de le donner, ainsi que le consentement du parent le plus proche ou du tuteur, les médecins consultants peuvent choisir un chirurgien compétent pour effectuer l'opération.

b. Forcée. Procédure : Aucune prévue.

Type de l'opération autorisée: Fallectomie et vasectomie.

Motif d'Etat : Principalement eugénique; aussi thérapeutique.

Dispositions renforçant la loi : Les médecins et chirurgiens consultants seront payés sur les fonds appropriés à l'entretien desdites institutions.

Jurisprudence : Non examinée en cours.

b. AMENDEMENT A LA LOI DE 1917.

Date d'approbation de la loi : 14 avril 1921.

Référence : Chapitre 152, Loi du New Hampshire de 1921.

Sujets de la loi : Le présent amendement explique la section 2 plus clairement en disant que dans le cas où le malade est mentalement incapable de donner son consentement, le consentement du tuteur ou du plus proche parent suffit.

Nombre d'opérations accomplies (à la date du I^r juillet 1925): 41.

Utilité actuelle de la loi : Fonctionne modérément.

15. — OREGON.

a. Première loi.

Act (H. B. 162)

prévenant la procréation par faibles d'esprit, déments, épileptiques, criminels habituels, dégénérés moraux et pervers sexuels, qui peuvent être internés dans les institutions entretenues aux frais publics, en autorisant et prévoyant la stérilisation d'individus à potentiel héréditaire inférieur.

Le Peuple de l'Etat d'Oregon décide:

Section 1. — Les présentes établissent et constituent pour l'Etat d'Oregon un Conseil d'Etat d'Eugénique, qui sera composé du Conseil d'Hygiène de l'Etat, du Surintendant de l'Hôpital d'Etat de l'Oregon, du Surintendant de l'Institution d'Etat pour faibles d'esprit, et du Surintendant de la Prison d'Etat, de l'Oregon, dont les obligations seront ci-après définies. Le secrétaire du Conseil d'hygiène de l'Etat, servira de secrétaire audit Conseil, et les membres dudit Conseil n'auront droit à aucune indemnité.

Section 2. — Ce sera, et les présentes déclarent être, le devoir du Surintendant de l'Hôpital d'Etat de l'Oregon, du Surintendant de l'Eastern Oregon, State Hospital, du Surintendant de l'Institution d'Etat pour faibles d'esprit, et du Surintendant de la Prison d'Etat de l'Oregon, de signaler tous les trimestres, au Conseil d'Etat d'Eugénique, tous les faibles d'esprit, déments, épileptiques, criminels habituels, dégénérés moraux et pervers sexuels, qui sont individus susceptibles de produire une progéniture qui, par suite de l'hérédité de caractères inférieurs ou antisociaux, devriendraient probablement une menace sociale, ou les pupilles de l'Etat.

Section 3. — Le Conseil d'Etat d'Eugénique aura pour tâche d'examiner les caractères innés, l'état mental et physique, les fiches personnelles, les caractères familiaux et l'histoire de tous les individus signalés de cette manière, pour autant que ces détails pourront être vérifiés, et à cette fin ledit Conseil aura la faculté de convoquer des témoins, et tout membre dudit Conseil pourra faire prêter serment à tout témoin qu'il y a lieu d'examiner; si au jugement de la majorité dudit Conseil la procréation par ledit individu doit produire des enfants ayant tendance héritée à faiblesse d'esprit, démence, épilepsie, criminalité ou dégénérescence, et qu'il n'y ait pas de probabilité que l'état de l'individu ainsi examiné s'améliore au point de rendre désirable la procréation par ledit individu, ou si l'état physique et mental dudit individu doit être sérieusement amélioré par l'opération, ledit Conseil sera tenu d'adresser, au surintendant de l'institution où le sujet est interné, un ordre d'effectuer ou de faire effectuer sur ledit individu tel type de stérilisation qui pourra être estimé le meilleur par ledit Conseil.

Section 4. — L'objet desdites investigations, résolutions et desdits ordres dudit Conseil sera l'amélioration de l'état physique, mental, nerveux ou psychique, de l'interné; ou de protéger la société de la menace de procréation par ledit interné, et en aucune manière ne doit être envisagé comme mesure répressive; et personne ne sera émasculé aux termes du présent Act, en dehors du cas où l'opération sera estimée nécessaire à l'amélioration de l'état physique, mental, nerveux ou psychique de l'interné.

Section 5. — Après complète enquête sur l'état de chacun desdits internés, ledit Conseil rédigera des fiches distinctes pour chacun des internés dont l'état a été examiné, et lesdites fiches seront conservées dans les archives dudit Conseil; une copie en sera transmise au surintendant de l'institution dans laquelle le sujet est interné; et si une opération est estimée nécessaire par ledit Conseil, une copie de l'ordre dudit Conseil sera immédiatement remise à l'interné, ou, dans le cas d'un dément, au tuteur légal, et si ledit dément n'a pas de tuteur légal, à son parent le plus proche comme dans l'Etat d'Oregon, et si ledit dément n'a pas de parent connu dans l'Etat d'Oregon, au gardien chargé de la surveillance dudit dément.

Section 6. — Tout interné qui désire en appeler de la décision dudit Conseil, ou, si l'interné est sous tutelle, ou « disability », le tuteur dudit interné peut en appeler à la cour de circuit du comté où est situé l'institution dans laquelle le sujet est interné.

Un simple avis d'appel adressé au Secrétaire dudit Conseil, par l'interné ou toute personne qui le représente, suffit à constituer l'appel. *Toutefois*, ledit avis doit être adressé dans les quinze jours suivant la date où l'interné ou son tuteur est prévenu de la décision du Conseil, et ledit avis d'appel suspendra tous les procédés dudit Conseil, en ladite matière, jusqu'à ce que ledit Conseil soit entendu, et qu'il ait été statué sur l'appel. En outre, aucune opération ne sera effectuée sur aucun interné, tant que n'est pas expiré le délai d'appel de la décision du Conseil.

Section 7. — Sur appel, le Secrétaire dudit Conseil auquel a été adressé l'avis d'appel, doit dans les quinze jours, ou tel délai que la cour ou le juge d'icelle peut accorder, transmettre une copie légalisée, de l'avis d'appel, et la transcription des procédés, résolutions et ordres du Conseil, au greffier de la cour à qui il en est appelé.

Le procès sera un procès *de novo* comme il est prévu par les lois de l'Etat pour le jugement d'actions intentées devant les tribunaux. Sur ledit appel, si l'interné n'a pas les moyens financiers de recourir à un attorney, la cour désignera un attorney pour représenter ledit interné, et ledit attorney sera indemnisé par l'Etat sur ordre de la cour; et l'attorney de district du comté où a lieu le procès représentera ledit Conseil.

Section 8. — Si la cour ou le jury confirme les résolutions dudit Conseil, la cour rendra un jugement décidant que l'ordre dudit Conseil doit être effectué comme le disposent les présentes. Si la cour ne confirme pas la décision dudit Conseil dont il est appelé, ledit ordre sera nul et vide l'effet.

Section 9. — Sur reçu de l'ordre du Conseil d'Eugénique de l'Etat prévu à la Section 3, le surintendant de l'institution à laquelle il est adressé, après expiration du délai d'appel, ou en cas d'appel après jugement confirmant l'ordre du Conseil, devra, et les présentes lui en font une obligation légale, effectuer ou faire effectuer telle opération chirurgicale qui pourra être spécifiée dans l'ordre dudit Conseil d'Eugénique. Toute opération de ce genre sera accomplie avec la considération due à l'état physique de l'interné, et d'une manière sûre et humaine.

Section 10. — Les criminels qui tomberont sous l'applicaiton de la présente loi seront ceux qui auront été convaincus trois fois ou plus de crime (felony) par les cours de n'importe quel Etat, et, en conséquence, condamnés à être détenus dans la prison.

Les dégénérés moraux et les pervers sexuels sont ceux qui sont adonnés à la pratique de la sodomie ou du crime contre nature, ou autres habitudes sexuelles grossières, bestiales, et perverses prohibées par la loi.

Section 11. — Les dispositions du présent act s'appliqueront également aux internés mâles ou du sexe féminin des institutions ici désignées.

Section 12. — Aux termes du présent Act, l'Etat n'est responsable que des dépenses de voyage effectives des membre du Conseil, dépenses faites dans l'accomplissement de leur tâche, et des frais effectifs et nécessaires inhérents aux investigations du Conseil, et à l'appel.

Approuvé par le Gouverneur, le 19 février 1917.

Référence : Chapitre 279, Lois générales de 1917.

Sujets de la loi :

a. Hôtes d'institutions : Faibles d'esprit, déments, épileptiques, criminels habituels, dégénérés moraux, pervers sexuels, qui sont internés dans des institutions entretenues par les deniers publics.

b. Population en général : Non applicable.

Agents d'exécution de la loi : Conseil eugénique d'Etat, comprenant le Bureau d'Hygiène de l'Etat, le directeur de l'hôpital d'Etat de l'Orégon, le directeur de l'hôpital d'Etat de l'Eastern Oregon, le directeur de l'Institution d'Etat pour faibles d'esprit, et le directeur de la prison d'Etat de l'Orégon.

Bases de la Sélection :

a. Volontaire. Procédure : Aucune prévue.

b. Forcée. Procédure : Inconvénients de la procréation et
manque de probabilité d'amélioration dans la condition mentale, au jugement de la majorité du Conseil.

Type de l'opération autorisée: Tel type de stérilisation que
le Conseil estimera le plus convenable.

Motif d'Etat: Pour l'amélioration des conditions physiques,
mentales, nerveuses, ou psychiques, de l'interné, pour protéger
la société, et en aucune manière comme mesure répressive.

Dispositions renforçant la loi: L'Etat ne doit payer que les
frais effectifs de voyage des membres du Conseil, frais faits
dans l'accomplissement de leur tâche, et les dépenses réelles et
nécessaires comportées par les investigations dudit Conseil et
l'appel s'y rapportant.

Jurisprudence: Déclarée inconstitutionnelle par la Cour du
Circuit pour le comté de Marion, 13 décembre 1921. Cas: Jacob
Cline *vs* Conseil eugénique d'Etat de l'Orégon. Motif: Viole
le 14e amendement en refusant les formes légales nécessaires.
(Legal Status, July 1, 1925.)

b. Deuxième loi.

Act

prévoyant la stérilisation de tous les faibles d'esprit, déments, épileptiques,
criminels habituels, dégénérés moraux et pervers sexuels qui sont une
menace pour la société, et prévoyant les moyens nécessaires à reconnaître
quels sont lesdits individus, et abrogeant les sections 2887 à 2898, inclus, et
8448 à 8459 (inclus), des lois d'Oregon.

Le Peuple de l'Etat d'Oregon décrète :

Conseil d'Etat d'Eugénique.

Section 1. — Constitution. Secrétaire. — Il est, par les présentes, établi et
constitué par l'Etat d'Oregon un « conseil d'Etat d'Eugénique » qui sera
composé du conseil d'Etat d'hygiène, du surintendant de l'hôpital d'Etat
de l'Oregon, du surintendant de l' « Eastern Oregon State Hospital », du
surintendant de l'institution d'Etat pour faibles d'esprits, et du surintendant de la prison d'Etat de l'Orégon, dont les obligations seront ci-après
définies. Le Secrétaire du Conseil d'hygiène de l'Etat servira de secrétaire
audit Conseil, et les membres dudit conseil ne recevront pas d'indemnité.

Section 2. — Rapports trimestriels par les surintendants des Conseils d'Etat. — Ce sera, et les présentes déclarent être, l'obligation du surintendant de l'hôpital d'Etat de l'Oregon, du surintendant de l' « Eastern Oregon State Hospital », du surintendant de l'institution d'Etat pour faibles d'esprit, et du surintendant de la prison d'Etat de l'Orégon, et du fonctionnaire d'hygiène de l'Etat, de signaler chaque trimestre, les 1er janvier, avril, juillet et octobre, au Conseil d'Etat d'Eugénique, tous les individus, mâles ou du sexe féminin, qui seraient faibles d'esprit, déments, épileptiques, criminels habituels, dégénérés moraux et pervers sexuels, et qui seraient, ou, dans son opinion, pourraient devenir, une menace pour la société.

Section 3. — Examen des individus signalés; stérilisation. — Le Conseil d'Etat d'Eugénique aura pour obligation d'examiner les caractères innés, l'état mental et physique, l'histoire personnelle et familiale de tous les individus signalés, pour autant que cette vérification soit possible, et dans ce but le dit Conseil aura la faculté de convoquer des témoins, dont la convocation sera émise par ledit Conseil et adressée de la même manière et avec le même effet que les convocations dans les cas criminels de la cour de circuit, et tout membre dudit Conseil pourra faire prêter serment à tout témoin qu'il est désirable d'examiner au cours de la procédure, et si, au jugement de la majorité dudit Conseil la procréation par un tel individu devait produire un enfant ou des enfants ayant tendance héritée à faiblesse d'esprit, démence, épilepsie, criminalité ou dégénérescence, ou qui deviendraient probablement une menace sociale ou tomberaient à charge de l'Etat, et qu'il n'existe pas de probabilité que l'état de la personne ainsi examinée s'améliore au point d'éviter de telles conséquences, ce sera l'obligation dudit Conseil d'émettre un ordre exposant ses conclusions par rapport audit individu, auxdits points de vue, et spécifiant tel type de stérilisation qui puisse être estimé par ledit Conseil convenant le mieux à l'état dudit individu, et devant le plus vraisemblablement produire les résultats bienfaisants aux points de vue spécifiés dans la présente section.

Section 4. — Résolutions par écrit. Fiches. Service de copie. — Après complète enquête sur l'état de chacun desdits individus, ledit Conseil rédigera ses résolutions et conclusions séparément pour chacune des personnes dont il a examiné l'état, y compris ses résolutions, conclusions et ordre comme il est ici disposé, et ils seront conservés aux archives dudit Conseil, et une copie en sera fournie au fonctionnaire qui a signalé le cas, et si une opération est estimée nécessaire par ledit Conseil sur ladite personne objet de ladite investigation, une copie de l'ordre dudit Conseil recommandant ladite opération sera communiquée immédiatement à ladite personne, ou, en cas d'un individu dément ou faible d'esprit, à son tuteur légal, et si l'individu n'a pas de tuteur légal, à son plus proche parent connu, et si ledit individu n'a pas de parent connu ou d'ami personnel dans l'Etat d'Orégon, au gardien chargé de la surveillance dudit dément.

Section 5. — But et objets. — Les investigations, résolutions et ordres dudit conseil, seront faits dans le but d'assurer l'amélioration de l'état physique, mental, nerveux ou psychique de l'individu, ou de protéger la société contre les actes dudit individu, ou contre la menace de procréation par ledit individu, et en aucune manière comme mesure répressive.

Section 6. — Opérations à effectuer avec le consentement des individus intéressés. — Si un individu, dont l'état a été examiné par ledit Conseil et a fait l'objet d'un rapport, comme prévu ci-dessus, consent par écrit à l'accomplissement de ladite opération, ladite opération sera effectuée sur ledit individu par le surintendant de l'institution où ledit individu est interné, ou sous sa direction, si ledit individu est interné dans des institutions d'Etat ici mentionnées, ou s'il n'est pas interné dans une desdites institutions, ladite opération sera effectuée par le fonctionnaire d'hygiène de l'Etat, ou sous sa direction. Toute opération de ce genre sera effectuée avec la considération due à l'état physique de l'individu sur qui elle est effectuée, et d'une manière sûre et humaine. Si l'individu objet de l'opération est faible d'esprit ou dément, le consentement ci-dessus mentionné dans la présente Section signifiera non seulement le consentement écrit de la personne à opérer, mais, en outre, le consentement écrit du tuteur légal de ladite personne, ou si elle n'a pas de tuteur légal, le consentement écrit du plus proche parent connu ou ami personnel de ladite personne dans l'Etat d'Orégon, ou si ladite personne est démente, faible d'esprit, et n'a ni tuteur légal ni parent connu ou ami personnel dans l'Etat d'Orégon, le consentement écrit du gardien chargé de la surveillance dudit dément ou faible d'esprit.

Section 7. — Procès au cas où le consentement n'est pas donné. — Si ledit individu ne consent pas, dans les vingt jours qui suivent le moment où l'ordre lui est communiqué, à l'accomplissement de ladite opération, ledit Conseil d'eugénique, par son secrétaire, ou autre fonctionnaire chargé de ses fiches et archives, dans les quinze jours qui suivront, ou tel temps plus long que la cour ou le juge d'icelle peut accorder, adressera une copie de la procédure et des résolutions, conclusions et ordre, se rapportant audit individu, au greffier du comté où ledit individu réside ou peut être trouvé. Sur réception des résolutions, conclusions et ordre par ledit greffier, il émettra un mandat adressé audit individu, et le délivrera au sheriff, en même temps qu'une copie dudit ordre préparée et légalisée par lui, et le sheriff sera tenu de communiquer lesdits mandat et copie de l'ordre à l'individu y désigné, lequel sera requis, dans les vingt jours qui suivront la date de cette communication, de prévenir par écrit de sa comparution le greffier de comté ou de comparaître en personne devant ledit greffier, qui enregistrera la comparution dudit individu dans la procédure. Si l'individu est dément ou faible d'esprit, son tuteur, s'il en a un, peut comparaître à sa place; sinon, son plus proche parent ou ami. S'il est dans une autre institution d'Etat, les facilités nécessaires à sa comparution lui seront fournies.

Section 8. — Procédure en cour. — La question sera de savoir si les fiches et conclusions dudit Conseil seront confirmées par la cour, et elle sera jugée par la cour de circuit dudit comté comme procédure spéciale de la même manière qu'une action civile portée devant les tribunaux et dans laquelle l'Etat d'Orégon serait le « plaintiff » et l'individu ainsi convoqué le « defendant ». Chaque partie aura les mêmes droits quant à la production des témoignages, et le cas sera jugé de la même manière que toute autre action civile. Dans tous les cas semblables, l'attorney de district du comté où la procédure a lieu apparaîtra et poursuivra l'action au nom de l'Etat. Si le « defendant » n'a pas d'attorney et n'est pas à même de s'en procurer un, la cour désignera un attorney appartenant au barreau dudit comté, et ledit attorney sera indemnisé par l'Etat, sur ordre de la cour. Sur la requête de l'une ou de l'autre partie, toutes les questions de fait seront appréciées par un jury, et la cour en tout cas se procurera le témoignage complet aux frais de l'Etat.

Section 9. — Mesures pour renforcer le jugement. — Si les résolutions et conclusions du conseil d'eugénique sont confirmées par la cour, le défendant sera immédiatement placé sous bonne garde par le shériff dudit comté, et peut être admis par la cour à fournir caution, dont ladite cour fixera le montant; s'il n'est pas admis à caution, il restera sous bonne garde jusqu'à l'accomplissement de l'opération prévue par lesdites résolutions.

Section 10. — Appel à la Cour Suprême. Mode. Temps. — L'une et l'autre partie peut en appeler de la cour de circuit à la cour suprême de cet Etat, de la même manière et dans le même délai, et avec le même effet, qu'il en est appelé des autres actions civiles, et le cas sera jugé en cour suprême de la même manière que les autres appels en matière d'action légale. Si le défendant est représenté par un attorney désigné par la cour, comme prévu ci-dessus par la Section 8, et, dans l'opinion de la cour, est financièrement incapable de supporter sa part des frais d'appel, les frais effectifs et nécessaires de défense dudit appel, et la poursuite (prosédition thereof) jusqu'à la décision finale par la cour suprême, seront payés par l'Etat sur ordre de ladite cour de circuit.

Section 11. — Dépenses. Responsabilité de l'Etat. — L'Etat ne sera responsable, aux termes du présent Act, et sauf les cas ci-dessus prévus, que des frais effectifs de voyage des membres du Conseil, frais faits dans l'accomplissement de leurs obligations, et des dépenses effectives et nécessaires inhérents aux investigations dudit Conseil, sur appel desdites investigations.

Section 12. — Rien dans le présent Act ne sera considéré comme autorisant le Conseil d'eugénique, ou ses représentants, ou le fonctionnaire d'hygiène de l'Etat, ou ses représentants, ou le surintendant d'une des quatre institutions mentionnées aux sections 1 et 2 du présent Act, ou ses représentants, à entraver en aucune manière le droit qu'a l'individu de demander le médecin de son choix; pourvu que ledit médecin ait, dans l'opinion dudit Conseil, la compétence nécessaire pour effectuer l'opération; ni d'entraver l'action de toute personne dont la religion traite ou administre les malades ou les souffrants par des moyens purement spirituels; pourvu que ces action, traitement ou administration ne contrarient en aucune manière les effets du présent Act, et la réalisation de son objet.

Section 13. — Les Sections 2287, 2288, 2889, 2890, 2891, 2892, 2893, 2894, 2895, 2896, 2897, 2898, 8448, 8449, 8450, 8451, 8452, 8453, 8454, 8455, 8456, 8457, 8458, 8459, sont abrogées.

Approuvé par le gouverneur, le 24 février 1923.

Enregistré au bureau du Secrétaire d'Etat, le 24 février 1923.

Référence: Chapitre 194, Lois générales de 1923.

Sujets de la loi :

a. Hôtes d'institution: Tous les « individus » faibles d'esprit, déments, épileptiques, criminels habituels, dégénérés moraux, et pervers sexuels qui sont, ou pourraient devenir, une menace pour la société.

b. Population en général. Le contexte de la loi limite évidemment l'expression « individu » aux internés dans certaines institutions d'Etat.

Agents d'exécution de la loi: Conseil eugénique de l'Etat comprenant le Conseil d'hygiène de l'Etat et les directeurs de l'hôpital d'Etat de l'Oregon, de l'hôpital d'Etat de l'Eastern Oregon, de l'Institution d'Etat pour faibles d'esprit, et de la Prison d'Etat de l'Oregon.

Bases de la Sélection:

a. Volontaire. Procédure: Du moment que le Conseil eugénique de l'Etat estime que la procréation par ledit individu produirait des enfants ayant tendance héritée à faiblesse d'esprit, démence, épilepsie, criminalité ou dégénérescence, ou deviendraient soit une menace soit une charge pour l'Etat et que l'amélioration des conditions de l'individu défectueux est improbable, une opération en vue de la stérilisation peut être effectuée si le consentement écrit de l'individu défectueux peut être obtenu. Dans le cas de faibles d'esprit ou de déments, le consentement écrit du tuteur ou du parent ou ami le plus proche doit aussi être obtenu.

b. Forcée. Procédure: Si le consentement de l'individu défectueux ne peut être obtenu, l'opération peut encòre être effectuée s'il y a jugement et si la cour confirme les conclusions du Conseil eugénique d'Etat.

Type de l'opération autorisée: « Tel type de stérilisation que ledit Conseil estimera le plus en rapport avec l'état du sujet, et le plus à même de produire les résultats bienfaisants dans l'ordre d'idées que la présente section spécifie. »

Motif d'Etat: Pour l'amélioration des conditions physiques, mentales, nerveuses ou psychiques du sujet, ou afin de protéger la société contre ses actes, ou contre la menace de procréation par lui, mais en aucune façon comme mesure répressive.

Dispositions renforçant la loi: L'Etat n'est responsable que des frais de voyage effectifs des membres du Conseil, frais faits dans l'accomplissement de leur tâche, et des frais actuels et nécessaires que comportent les investigations dudit Conseil ou l'appel qui s'y rapporte.

Jurisprudence: Non examinée en cours.

c. Amendement a la loi de 1923.

Act

amendant la section 1, chapitre 194, Lois générales de l'Orégon, 1923, relatives à la stérilisation de faibles d'esprit, déments, etc.

Le Peuple de l'Etat d'Oregon décrète:

Section 1. — Que la Section 2, chapitre 194, Lois générales de l'Oregon, 1923, est par les présentes amendée de façon à dire comme suit:

Section 2. — Rapports trimestriels, par surintendant des Conseils d'Etat. Il sera et il est par les présentes déclaré être le devoir du surintendant de l'hôpital d'Etat de l'Oregon, du surintendant de l'institution d'Etat pour faibles d'esprit et du surintendant de la prison d'Etat de l'Oregon, et du fonctionnaire d'hygiène de l'Etat, de signaler tous les trois mois, les premier janvier, avril, juillet et octobre au Conseil d'Etat d'Eugénique, tous les individus, mâles ou du sexe féminin, qui seraient faibles d'esprit, déments, épileptiques, criminels habituels, dégénérés moraux et pervers sexuels, qui sont, ou dans son opinion pourraient devenir, une menace pour la société. Quand un individu est convaincu du crime de viol, sodomie, ou du crime contre nature, ou de tout autre crime spécifié dans la Section 2099 des Lois de l'Orégon, ou de tentative de commettre lesdits crimes, le greffier de la cour communiquera immédiatement au Conseil d'Etat d'eugénique une copie légalisée de la fiche de conviction dudit individu.

Approuvé par le gouverneur, le 24 février 1925.

Enregistré au bureau du Secrétaire d'Etat, le 25 février 1925.

Référence: Chapitre 198, Lois générales de l'Oregon, 1925.

Sujets de la loi :

Cet amendement rend la loi de 1923 applicable à toute personne convaincue de viol, sodomie ou crime contre nature, ou de tout autre crime spécifié dans la section 2099 des lois de l'Orégon, ou de toute tentative de commettre un desdits crimes. *Nombre d'opérations accomplies (à la date du 1er juillet 1925):* 313.

Utilité actuelle de la loi: Fonctionne d'une manière satisfaisante.

16. — SOUTH DAKOTA.

a. Première loi.

Date d'approbation de la loi: 8 mars 1917.
Référence: Chapitre 236 (S. B. 257), lois de 1917.
Sujets de la loi :

a. Hôtes d'institutions: Hôtes de la Maison d'Etat pour faibles d'esprit.

b. Population en général: Non applicable.

Agents d'exécution de la loi: Conseil d'Etat pour charité et correction, le directeur de ladite institution, et le médecin de l'institution ou un autre médecin qu'il aura choisi.

Bases de la Sélection:

a. Volontaire. Procédure: aucune prévue.

b. Forcée. Procédure: Inconvénients de procréation, et probabilité d'amélioration de l'état mental par opération, au jugement du Conseil et du directeur.

Type de l'opération autorisée: Suivant le cas, vasectomie ou ligature des tubes Fallopiens.

Dispositions renforçant la loi: Aucune disposition spéciale prévue.

Jurisprudence: Non examinée en cours.

b. Loi revisée.

Code revisé 1919. Article 10: Ecole et home d'Etat pour faibles d'esprit. Section 5538.

Vasectomie. — Le surintendant de l'Ecole et home d'Etat pour faibles d'esprit sera tenu d'examiner l'état mental et physique, les fiches et histoire

familiale des internés dans ladite institution afin de déterminer s'il est indési
rable de permettre auxdits internés de procréer, et il sera tenu en outre d'adresser au Conseil de charités et corrections un rapport annuel sur lesdits examens.
Ledit Conseil sera tenu, conjointement avec le surintendant de ladite institution, d'examiner soigneusement la fiche de chaque interné, et de déterminer
s'il est indésirable de permettre auxdits internés de procréer, et si la majorité,
y compris le surintendant, décide que la procréation par un desdits internés
produirait des enfants ayant tendance à maladie, faiblesse d'esprit, idiotie ou
imbécillité, ou si l'état mental d'un desdits internés doit probablement être
amélioré de façon sérieuse par l'opération, le médecin de l'institution, ou un
médecin choisi par lui, effectuera l'opération de la vasectomie ou ligature
des tubes fallopiens, selon les cas, sur ledit individu. Le surintendant du
home pour faibles d'esprit conservera la fiche de tous les internés opérés,
avec statistiques et notes d'opération concernant ses résultats bienfaisants, et
adressera au gouverneur un rapport annuel sur tous les internés opérés, avec
les résultats desdites opérations.

Source: Chapitre 236, 1917.

Date d'approbation de la loi: 1er juillet 1919.

Référence: Section 5538, Code revisé 1919.

La loi du 1er juillet 1917 a été incorporée intégralement et sans changement dans le Code revisé de 1919.

c.*Amendement au Chapitre 235 (sur la Ségrégation), Lois de 1921.*

Date d'approbation de la loi: 10 mars 1925.

Référence: Chapitre 164, lois de 1925.

Sujets de la loi:

a. Hôtes d'institutions: Hôtes de l'Ecole de l'Etat et Asile pour faibles d'esprit.

b. Population en général. Les faibles d'esprit qu'on peut laisser libres sans danger pour la sécurité publique, peuvent éviter d'être internés dans l'Ecole de l'Etat et asile pour faibles d'esprit, en se soumettant à une opération en vue de la stérili-sation.

Agents d'exécution de la loi: Commission d'Etat pour la sur-veillance des faibles d'esprit, comprenant le directeur de l'Ecole de l'Etat et asile pour faibles d'esprit, et un médecin et un avocat désignés par le gouverneur; ainsi que le Conseil de contrôle des déments pour le comté.

Bases de la Sélection:

a. *Volontaire.* Procédure: Si le Conseil de contrôle des déments pour le comté considère qu'un individu faible d'esprit peut sans danger rester libre, cet individu évitera l'internement à l'Ecole d'Etat et asile pour faibles d'esprit en se soumettant à une opération en vue de stérilisation.

b. *Forcée.* Procédure: Inconvénients de la procréation par tout interné à l'Ecole d'Etat et asile pour faibles d'esprit, et probabilité d'amélioration dans la condition mentale de l'interné par suite de l'opération.

Type de l'opération autorisée: Vasectomie ou ligature des tubes Fallopiens.

Motif d'Etat: Purement eugénique.

Dispositions renforçant la loi: Les honoraires payés au médecin effectuant l'opération seront fixés par le Conseil de contrôle des déments, et prélevés sur les fonds généraux du comté.

Jurisprudence: Non examinée en cours.

Nombre d'opérations accomplies au 1ᵉʳ juillet 1925 0

Utilité actuelle de la loi: On en prépare l'application.

17. — MONTANA

Act destiné à prévenir la procréation par idiots héréditaires, faibles d'esprit, déments et épileptiques qui sont internés dans les institutions custodiales d'Etat, en autorisant et prévoyant la stérilisation eugénique desdits internés.

L'Assemblée législative de l'Etat de Montana décrète:

Section 1. — Le présent Act sera connu sous le titre de « Loi de stérilisation eugénique ».

Section 2. — Aux fins du présent Act, les expressions: a. hérédité, b. procréer, c. institution custodiale, d. interné, e. stérilisation eugénique, sont définis comme suit:

a. *L'Hérédité* dans l'espèce humaine est la transmission, par spermatozoïde et ovum, des qualités physiques, physiologiques et psychologiques des parents à la progéniture.

b. *Procréer* signifie engendrer ou concevoir progéniture, et s'applique également aux individus mâles ou du sexe féminin.

c. Une *institution custodiale* est une institution qui fournit aliment, logement, contrainte, traitement, éducation, soins ou résidence, pour internés déclarés mentalement délinquants, par les voies légales.

d. Un interné est un individu idiot, faible d'esprit, dément ou épileptique, qui est traité, éduqué ou soigné dans une institution custodiale.

e. La *stérilisation eugénique* est ici définie comme vasectomie, ou salpingectomie, ou tel traitement médical adéquat qui sûrement et d'une manière permanente annulera le pouvoir de procréer une progéniture, réalisera la stérilité sexuelle permanente, et les plus hauts avantages thérapeutiques pour le malade.

Section 3. — Le Conseil d'Etat d'eugénique est par les présentes constitué et établi pour l'Etat de Montana. Il se composera comme suit : le médecin en chef de chaque institution custodiale, le président de l'Association médicale d'Etat, un membre du sexe féminin nommé par l'Association médicale d'Etat, et le Secrétaire du Conseil d'Etat d'hygiène, le dernier nommé devant être président du Conseil.

Section 4. — Ledit Conseil aura pour obligation d'approuver ou désapprouver tout certificat de stérilisation à lui soumis par le médecin en chef d'une institution custodiale, et concernant un interné, comme prévu à la section 5 du présent Act, et de reviser la décision dudit médecin en chef en cas de non-consentement de la part du tuteur, ou meilleur ami, comme prévu à la section 6. Ce Conseil est aussi investi de la faculté d'exercer un contrôle général des mat.:res se rapportant à la stérilisation, sur le médecin en chef et les assistants des institutions custodiales, et d'exiger d'eux les fiches et les renseignements nécessaires pour la détermination de l'efficacité, des bienfaits et des effets spécifiques de la stérilisation eugénique.

Section 5. — *Responsabilité de la stérilisation.* La stérilisation sera effectuée par le médecin en chef de l'institution custodiale, ou sous sa direction, dès que, par examen compétent de l'interné, effectué par lui, et sur approbation du Conseil d'Etat d'Eugénique, il découvrira que ledit interné ou lesdits internés rentrent dans la catégorie ou les catégories mentionnées ci-dessus. Toutefois, avant que cette stérilisation ait lieu, ledit médecin en chef sera tenu de rédiger un certificat convenable du projet de stérilisation dudit interné ou desdits internés, et de le présenter au Conseil d'Etat d'eugénique, pour obtenir l'approbation dudit Conseil (l'approbation devant être prouvée par l'endossement au verso dudit certificat que rédigera le secrétaire dudit Conseil).

Section 6. — *Consentement.* Avant d'établir le certificat mentionné dans le paragraphe précédent, le médecin sera tenu de s'assurer du consentement du tuteur légal dudit interné, et au cas où ledit interné n'aurait pas de tuteur légal, du consentement de son plus proche parent connu ou de sa plus proche parente connue dans l'Etat de Montana, et si ledit interné n'a pas de parent connu dans l'Etat de Montana, du consentement du gardien chargé de la surveillance dudit interné. Dans tous les cas où ce consentement est refusé, le refus doit être mentionné au certificat par le médecin en chef, et il devient obligatoire pour celui-ci de notifier à l'interné et à son tuteur, ou plus proche parent connu dans l'Etat de Montana, et si ledit interné n'a pas de plus proche parent connu dans l'Etat de Montana, au gardien chargé de la surveillance dudit interné, la stérilisation proposée, en lui fixant ou leur fixant une date pour comparaître devant le Conseil d'Etat d'Eugénique et lui exposer les raisons pour lesquelles la stérilisation ne doit pas avoir lieu. Le Conseil d'Etat d'Eugénique sera alors tenu de retirer l'approbation donnée à la stérilisation dudit interné, jusqu'à ce que ledit Conseil ait entendu et discuté les motifs de l'objection. A l'audience, ledit Conseil sera tenu d'approuver ou de désapprouver la stérilisation.

Si les protestataires dûment avisés ne comparaissent pas à l'audience, il sera passé outre à toute objection.

Sur approbation par le Conseil d'Etat d'Eugénique, le secrétaire d'icelui endossera l'approbation au verso du certificat de stérilisation de l'interné, et le médecin en chef fera procéder à la stérilisation comme si le consentement avait été donné.

Il pourra être appelé de toutes les décisions du Conseil d'Etat d'Eugénique à la « District Court » du district où l'institution custodiale de l'interné est située; l'appel sera constitué, par une pétition de la partie ou des parties ci-dessus mentionnées comme protestataires et adressée contre le Conseil d'Eugénique, à ladite cour; dans ce cas les procédés en vue de la stérilisation seront suspendus jusqu'à ce que la cour ait définitivement statué sur le cas.

Section 7. — Responsabilité. Aucun des membres du Conseil d'Eugénique, ni les médecins en chef, ni les assistants, ni aucune autre personne participant légalement à l'exécution des dispositions du présent Act, ne sera responsable, soit au civil soit au criminel, à cause de ladite participation; toutefois, la stérilisation dudit interné ou desdits internés, par le médecin en chef de l'institution custodiale ou ses assistants, pour tout autre objet que celui défini par le présent Act, ou par fraude ou « duress », ou sans l'approbation du Conseil d'Etat d'Eugénique, constituera un crime (« felony ») punissable d'une amende de 1000 dollars au plus, ou d'emprisonnement dans la prison d'Etat pour cinq ans au plus, ou des deux.

Section 8. — Le but des résolutions et ordre dudit Conseil et de toute opération effectuée en conséquence, sera l'amélioration de l'état physique, mental, nerveux ou psychique, dudit interné, ou la protection de la société contre la menace de procréation par ledit interné, et en aucune manière une mesure répressive.

Section 9. — Tous Acts ou parties d'Acts en conflit avec les présentes, sont abrogés.

Section 10. — Le présent Act entrera en vigueur à partir du moment où il sera adopté et approuvé.

Approuvé le 15 mars 1923.

Référence: Chapitre 164, Lois de la Session 1923.

Sujets de la loi:

a. Hôtes d'institution: Idiots héréditaires, faibles d'esprit, déments et épileptiques internés dans les institutions d'Etat.

b. Population en général: Non applicable.

Agents d'exécution de la loi: Conseil eugénique d'Etat comprenant le médecin en chef de chaque institution, le président de l'Association médicale de l'Etat, un membre féminin nommé par l'Association Médicale de l'Etat, et le secrétaire du Conseil d'hygiène de l'Etat.

Bases de la Sélection:

a. Volontaire. Procédure: L'opération en vue de la stérilisation peut être effectuée sans audience légale si le consentement du parent le plus proche ou du tuteur légal de l'interné est obtenu.

b. Forcée. Procédure: Le médecin en chef de l'institution où est interné le sujet obtient le consentement du parent le plus proche ou du tuteur légal ou custodial de l'interné et soumet au Conseil, par approbation, le certificat de stérilisation. Si le consentement n'est pas donné, il y a jugement, après lequel le Conseil possède encore le pouvoir d'ordonner la stérilisation. L'opération est effectuée par le médecin en chef de l'institution ou sous sa surveillance.

Type de l'opération autorisée: Vasectomie ou salpingectomie ou autre traitement médical qui d'une manière sûre et permanente annulera la faculté de procréer, déterminera la stérilité permanente et aura pour le malade le maximum d'avantage thérapeutique.

Motif d'Etat: Eugénique et thérapeutique, nullement répressif.

Dispositions renforçant la loi: Aucune disposition spéciale prévue.

Jurisprudence: Non examinée en cours.

Nombre d'opérations (accomplies à la date du 1ᵉʳ juillet 1925) 23

Utilité actuelle de la loi: On en prépare l'application.

18. — DELAWARE.

Stérilisation d'individus mentalement anormaux. Act prévoyant la stérilisation de certains individus mentalement anormaux.

L'Assemblée générale de l'Etat de Delaware décrète:

Section 1. — Sur requête écrite du Conseil ou Commission ayant contrôle de toute institution d'Etat ou de Comté qui a charge d'individus déments, faibles d'esprit ou épileptiques, au Conseil d'Etat des charités, ledit Conseil est par les présentes autorisé à désigner un médecin et un aliéniste de capacité reconnue qui auront pour devoir, en conjonction avec le surintendant de l'institution qui a la garde desdits individus, d'examiner l'état mental et physique des individus mentionnés dans ladite requête écrite, qui sont légalement détenus dans lesdites institutions, et si lesdits médecin, aliéniste et surintendant décident à l'unanimité que la procréation est indésirable, le Conseil ou Commission ayant la garde de la personne ainsi examinée, pourra légalement, avec le consentement écrit du Conseil d'Etat des Charités, faire effectuer sur ladite personne, telle opération pour empêcher la procréation, que lesdits médecin et aliéniste décideront être la plus sûre et la plus efficace. Toutefois, avant l'accomplissement de ladite opération, ledit Conseil ou Commission ayant la garde de ladite personne sera tenu de prévenir au moins trente jours d'avance et par écrit, le mari ou femme, parents ou tuteur s'ils sont connus et peuvent être découverts, et sinon, la personne avec laquelle ledit interné a résidé en dernier lieu, si cette personne peut être découverte.

Section 2. — Le Conseil ou Commission ayant la garde de tout individu opéré aux termes du présent Act, payera sur ses fonds les frais d'examen et d'opération, ainsi que les frais d'hôpital et de transport qui s'y rapportent.

Section 3. — Dans toute institution ayant la garde d'une personne opérée aux termes du présent Act, une fiche sera conservée, concernant l'opération et ses effets sur la personne opérée, et lesdites fiches seront en tout temps ouvertes à l'inspection du Conseil d'Etat des Charités, lequel tous les deux ans fera rapport à la Législature des résultats desdites opérations en y joignant tels commentaires qu'il pourra juger utiles.

Approuvé 28 avril A. D. 1923.

Référence: Chapitre 62, Lois de Delaware 1923.

Sujets de la loi:

a. Hôtes d'institutions: hôtes d'institutions de l'Etat et du comté pour déments, faibles d'esprit et épileptiques.

b. Population en général. Non applicable.

Agents d'exécution de la loi: Le directeur de l'institution et un médecin et un aliéniste nommés par le Conseil d'administration de l'institution, qui agit avec le consentement écrit du Conseil d'Etat pour charités.

Bases de la Sélection:

a. Volontaire. Procédure: aucune prévue.

b. Forcée. Procédure: Décision des directeur, médecin et aliéniste, après examen des conditions mentales et physiques de l'individu, et d'après laquelle la procréation est indésirable.

Type de l'opération autorisée: Telle opération qui sera décidée par lesdits médecin et aliéniste comme étant la plus effective.

Motif d'Etat: Purement eugénique.

Dispositions renforçant la loi: Le Conseil de l'institution ayant la garde dudit individu prélèvera sur ses fonds les frais d'examen, d'opération, d'hôpital et de transport se rapportant à l'opération.

Jurisprudence: Non examinée en cours.

Nombre d'opérations (accomplies à la date du 1ᵉʳ juillet 1925) 5

Utilité actuelle de la loi: Fonctionne modérément.

19. — VIRGINIE.

Act prévoyant la stérilisation sexuelle en certains cas, des internés dans les Institutions d'Etat.

Approuvé le 20 mars 1924.

Etant donné que la santé du malade individuellement et le bien de la Société peuvent être avantagés dans certains cas par la stérilisation d'individus mentalement anormaux, effectuée sous une surveillance soigneuse et par des autorités compétentes et consciencieuses.

Etant donné que ladite stérilisation peut être effectuée chez les individus du sexe mâle par l'opération de vasectomie et du sexe féminin par l'opération de salpingectomie, lesquelles opérations peuvent être accomplies sans grande douleur et sans danger sérieux pour la vie du sujet, et

Etant donné que la chose publique a en garde custodiale, et entretient dans diverses institutions d'Etat, beaucoup d'individus anormaux qui, s'ils étaient élargis, deviendraient vraisemblablement, par la propagation de leur espèce, une menace pour la Société, mais qui, une fois incapables de procréer, pourraient avec sécurité être élargis ou pourvoir à leur propre entretien tant à leur avantage qu'à celui de la Société, et

Etant donné que l'expérience humaine a démontré que l'hérédité joue un rôle important dans la transmission de la démence, de l'idiotie, de l'imbécillité, de l'épilepsie et du crime; à présent, et pour ces raisons:

1. Il est décrété par l'Assemblée générale de Virginie, que quand le surintendant du Western State Hospital, ou de l'Eastern State Hospital, ou du South Western State Hospital, ou du Central State Hospital, ou de la Colonie d'Etat pour Epileptiques et Faibles d'esprit, sera d'avis qu'il est de l'intérêt bien entendu des malades et de la Société, que tout interné, dans l'institu-

tion dont il a la charge soit sexuellement stérilisé, ledit surintendant est par les présentes autorisé à effectuer ou faire effectuer, par quelque médecin capable ou chirurgien, l'opération de la stérilisation sur tout malade interné dans ladite institution et atteint des formes héréditaires de la démence qui sont chroniques, d'idiotie, imbécillité, faiblesse d'esprit ou épilepsie; pourvu que ledit surintendant se soit au préalable conformé aux dispositions du présent Act.

2. Ledit surintendant commencera par adresser au Conseil spécial de son hôpital ou de sa colonie une pétition établissant les faits de la cause et les bases de son opinion, vérifiés par son témoignage au mieux de sa persuasion et croyance, et demandant audit conseil d'émettre un ordre lui imposant d'effectuer ou de faire effectuer par un médecin compétent par lui désigné, dans sa pétition, ou désigné par ledit Conseil dans son ordre, sur l'interné dans son institution nommé dans sa pétition, l'opération de vasectomie s'il s'agit d'un individu mâle, et de salpingectomie s'il s'agit d'une personne du sexe féminin.

Une copie de ladite pétition doit être communiquée à l'interné en même temps qu'un avis écrit désignant, trente jours au moins avant la remise de ladite pétition audit Conseil spécial de directeurs, les temps et lieu où, dans ladite institution, ledit Conseil de directeurs pourra ouïr ladite pétition, et statuer.

Une copie desdits avis et pétition sera également communiquée au tuteur légal ou représentant dudit interné, si ledit tuteur ou représentant est connu dudit surintendant, et s'il n'existe pas de tuteur ou représentant, du moins à la connaissance dudit surintendant, ledit surintendant s'adressera à la cour de circuit du Comté ou de la ville où est située ladite institution, ou au juge d'icelle en office, qui par un ordre dûment enregistré au « Common law order book » de ladite Cour, nommera quelque individu convenable pour agir en qualité de tuteur de l'interné durant et pour les objets de la procédure aux termes du présent Act, afin de défendre les droits et intérêts dudit interné, et le tuteur ainsi désigné, recevra, de ladite institution, des honoraires n'excédant pas vingt-cinq dollars, selon qu'il sera déterminé par le juge de ladite Cour, et ledit tuteur recevra également une copie desdits avis et pétition. Ledit tuteur peut être remercié ou déchargé en tout temps par ladite Cour ou le juge d'icelle en office, et un nouveau tuteur être désigné et lui être substitué.

Si l'interné est un enfant ayant ses parents ou un de ses parents vivant, dont les noms et adresses soient connus du surintendant, ils recevront, ou il recevra, selon les cas, une copie desdits avis et pétition.

Après que l'avis exigé par le présent Act aura été ainsi donné, ledit Conseil spécial, aux temps et lieu y désignés, avec telles raisonnables remises de temps en temps et de lieu en lieu que ledit Conseil spécial pourra déterminer, procédera à l'audience et à l'examen de ladite pétition, et des témoignages offerts en sa faveur ou contre elle; ledit Conseil aura soin que ledit interné ait l'occasion et la faculté d'assister auxdites audiences en personne s'il le demande, ou si son représentant, tuteur ou parent ayant eu communication de l'avis et pétition prémentionnés, le demande.

Ledit Conseil spécial peut recevoir et considérer comme témoignage les pièces se rapportant à la déte..tion et autres fiches dudit interné dans les institutions ci-desus désignées, pièces dont l'authenticité sera certifiée par le ou les surintendants desdites institutions, ainsi que tout autre témoignage légal qui pourrait être offert par une des parties au cours de la procédure.

Tout membre dudit Conseil spécial aura la faculté de faire prêter serment à tout témoin auxdites audiences.

Les dépositions peuvent être reçues par l'une quelconque des parties, après avis préalable, et présentées comme témoignage, si d'autre part la chose est estimée pertinente.

Ledit Conseil spécial conservera les fiches de tous les témoignages recueillis aux dites audiences, et fera mettre par écrit, en double, tout témoignage oral, pour être conservé dans ses archives.

L'une quelconque des parties aura le droit d'être représentée par un Conseil auxdites audiences.

Ledit Conseil spécial peut refuser la demande contenue dans la pétition, ou si ledit Conseil spécial découvre que ledit interné est dément, idiot, imbécile, faible d'esprit ou épileptique, et, en vertu des lois de l'hérédité, le probable parent potentiel d'une progéniture socialement inadéquate, atteinte des mêmes maux, que ledit interné peut être sexuellement stérilisé sans détriment pour sa santé générale, et que le bien de l'interné et de la Société seront avantagés par ladite stérilisation, ledit Conseil spécial peut ordonner audit surintendant d'effectuer ou de faire effectuer par quelque médecin compétent qui sera désigné dans ledit ordre, sur ledit interné, trente jours au moins après la date dudit ordre, l'opération de la vasectomie s'il s'agit d'un individu mâle, de la salpingectomie s'il s'agit d'une personne du sexe féminin. Toutefois rien dans le présent Act ne sera interprété comme autorisant l'opération de la castration ou la suppression d'un des organes importants du corps.

3. De tout ordre ainsi émis par le Conseil spécial, ledit surintendant ou ledit interné ou son représentant ou tuteur ou parent ou ami le plus proche, aura, dans les trente jours qui suivront la date dudit ordre, droit d'appel à la Cour de circuit du comté ou de la ville où ladite institution est située, lequel appel pourra être constitué par l'avis dudit appel donné par écrit à tout membre dudit Conseil spécial et aux autres parties intéressées dans la procédure, sur quoi ledit surintendant communiquera immédiatement une copie des pétition, avis, témoignages et ordres dudit Conseil spécial, certifiés par le président ou en son absence par tout autre membre dudit Conseil, au greffier de ladite Cour de circuit, lequel enregistrera l'appel, qui sera ouï par ladite Cour et sur lequel il sera statué aussi tôt que possible.

Ladite Cour de circuit en statuant sur l'appel peut examiner les pièces de la procédure devant le Conseil spécial, y compris les témoignages y présentés, en même temps que toute autre évidence légale que ladite cour pourra considérer comme pertinente qui pourrait être offerte à ladite Cour par l'une quelconque des parties intéressées dans l'appel.

Sur ledit appel, ladite Cour de circuit peut confirmer, reviser ou annuler les ordres dudit Conseil dont il est appelé, et peut émettre tel ordre qu'elle estime juste et légitime, et qu'elle communiquera audit Conseil de directeurs.

Tant que l'appel est pendant, et qu'il n'a pas été statué sur ledit appel, la procédure instituée par l'ordre dudit Conseil spécial est sans effet.

4. Toute partie intéressée dans l'appel à la Cour de circuit peut dans les quatre-vingt-dix jours après la date de l'ordre final, en appeler à la suprême Cour d'appel, qui peut accorder ou refuser ledit appel, et aura juridiction pour ouïr et statuer sur les pièces du procès devant la Cour de circuit, et d'émettre tel ordre qu'elle estimera que la Cour de circuit aurait dû émettre.

Tant que l'appel sera pendant devant la suprême Cour d'appel, la procédure aux termes des ordres du Conseil spécial ou de la Cour de circuit, restera sans effet jusqu'à ce que la suprême Cour d'appel ait statué sur ledit appel.

5. Aucun desdits surintendants ni aucune autre personne participant légalement à l'exécution des dispositions du présent Act ne sera responsable au civil ou au criminel en raison de ladite participation.

6. Rien dans le présent Act ne sera interprété comme empêchant le traitement médical ou chirurgical, pour de sérieuses raisons thérapeutiques, de toute personne dans cet Etat, par un médecin ou chirurgien ayant licence dans cet Etat ; lequel traitement pourrait comporter incidemment l'annulation ou la destruction des fonctions reproductrices.

Référence: Chapitre 394, Acts de 1924.

Sujets de la loi:

a. Hôtes d'institutions: Tout hôte d'institution d'Etat pour déments, faibles d'esprit ou épileptiques, qui est atteint de démence héréditaire récurrente, idiotie, imbécillité, faiblesse d'esprit ou épilepsie, et qui, stérilisé, pourrait être élargi et pourvoir à son propre entretien.

b. Population en général: Non applicable.

Agents d'exécution de la loi: Conseil spécial de directeurs pour tout hôpital d'Etat ou colonie avec faculté d'accorder ou de refuser les demandes de stérilisation présentées par le directeur de tout hôpital d'Etat pour déments, faibles d'esprit ou épileptiques.

Bases de Sélection:

a. Volontaire. Procédure: aucune prévue.

b. *Forcée*. Procédure: La stérilisation peut être ordonnée si le Conseil spécial découvre que l'interné est dément idiot, imbécile, faible d'esprit ou épileptique, et le probable géniteur potentiel d'une progéniture socialement inapte, vraisemblablement affligée des mêmes maux, et que d'autre part l'opération peut être effectuée sans danger pour sa santé générale.

Type de l'opération autorisée: Vasectomie ou salpingectomie.

Motif d'Etat: Eugénique et thérapeutique.

Dispositions renforçant la loi: Si l'interné n'a pas de tuteur légal, le juge du circuit peut désigner une personne convenable pour agir comme telle, et déterminer que des honoraires n'excédant pas vingt-cinq dollars seront payés par l'institution audit tuteur pour ses services.

Jurisprudence: Déclarée constitutionnelle le 13 avril 1925 par la Cour du Circuit du Comté d'Amherst. La constitutionnalité de la loi a été soutenue, le 12 novembre 1925, par la Suprême Cour d'appel de Virginie. Cas: Carrie Buck *vs* A. S. Priddy, Directeur. La Cour a estimé que l'act de l'Assemblée générale de Virginie intitulé « Act prévoyant la stérilisation sexuelle des hôtes d'institutions d'Etat, dans certains cas approuvée le 20 mars 1924, est valide et constitutionnelle, et que les objections qui la représentent comme contraire aux dispositions de la Constitution de l'Etat de Virginie et des Etats-Unis sont sans valeur. (Legal Status, July 1, 1925.)

Nombre d'opérations accomplies à la date du 1er juillet 1925: 91.

Utilité actuelle de la loi: Fonctionne modérément.

20. — IDAHO.

ACT

créant un Conseil d'Etat d'Eugénique; prévoyant la stérilisation de tous les faibles d'esprit, déments, épileptiques, criminels habituels, dégénérés moraux et pervers sexuels, qui sont une menace pour la Société, et prévoyant les moyens de vérifier quels sont lesdits individus.

La Législature de l'Etat d'Idaho décrète:

CONSEIL D'ETAT D'EUGENIQUE.

Section 1. — Constitution. Secrétaire. Il est par les présentes établi pour l'Etat d'Idaho un Conseil d'Etat d'Eugénique qui sera composé du conseiller d'hygiène publique de l'Etat, du surintendant du « Northern Idaho Sanitorium », du surintendant de l'« Idaho State Sanitorium », à Nampa, du surintendant de l'« Idaho Insane Asylum », du surintendant de l'« Idaho Industrial Training School » et du directeur de la Prison, dont les obligations seront ci-après définies. Le Conseiller d'hygiène publique de l'Etat d'Idaho servira de secrétaire audit Conseil, et les membres dudit Conseil ne recevront pas d'indemnité.

Section 2. — Rapports trimestriels, par les chefs d'institutions et de département. Ce sera, et les présentes déclarent être, le devoir du Conseiller d'Etat d'hygiène publique, du surintendant du « Northern Idaho Sanitorium », du surintendant de l'« Idaho State Sanitorium », du surintendant de l'«Idaho Insane Asylum », du surintendant de l'« Idaho Industrial Training School » et du directeur de la Prison d'Etat de l'Idaho, de signaler trimestriellement, les premiers janvier, avril, juillet et octobre, au Conseil d'Etat d'Eugénique, tous les individus, mâles ou du sexe féminin, qui étant faibles d'esprit, déments, épileptiques, criminels habituels, dégénérés moraux et pervers sexuels, seraient, ou à leur avis, pourraient devenir, une menace pour la Société.

Section 3. — Examen des individus signalés. Stérilisation. Le Conseil d'Etat d'Eugénique aura pour devoir d'examiner les caractères innés, les conditions mentale et physique, les fiches personnelles et l'histoire familiale de tous les individus signalés de cette manière, pour autant que ces détails puissent être vérifiés, et à cette fin, ledit Conseil aura faculté de convoquer des témoins, les convocations étant émises par le Conseil et adressées de la même manière et avec le même effet que les convocations dans les cas criminels devant la Cour de District, et tout membre dudit Conseil pourra faire prêter serment à tout témoin qu'il sera désirable d'examiner au cours de ladite procédure. et si au jugement de la majorité dudit Conseil, la procréation par ledit individu devait produire un enfant ou des enfants ayant une tendance héritée à faiblesse d'esprit, démence, épilepsie, criminalité, ou dégénérescence, ou qui probablement deviendraient une menace sociale ou des pupilles de l'Etat, et qu'il n'y ait pas probabilité que la condition dudit individu ainsi investigué et examiné s'améliore au point d'éviter de telles conséquences, ledit Conseil aura pour devoir d'émettre un ordre comportant ses conclusions par rapport audit individu en ladite matière, et spécifiant tel type de stérilisation qui pourra être considéré par ledit Conseil comme convenant le mieux à l'état dudit individu, et étant vraisemblablement le plus à même de produire les résultats bienfaisants aux points de vue spécifiés dans la présente section.

Section 4. — Observations écrites. Fiche. Copie. Après complète enquête de l'état de chacun desdits individus, ledit Conseil émettra séparément des observations écrites et des conclusions pour chacun des individus dont il aura examiné la condition, y compris ses observations, conclusion et ordre comme prévu par les présentes, et lesdites pièces seront conservées dans les archives dudit Conseil et une copie en sera fournie au fonctionnaire qui aura signalé le cas, et si une opération est estimée nécessaire par ledit Conseil sur l'individu objet de l'enquête, une copie de l'ordre dudit Conseil recommandant lesdites opérations sera immédiatement communiqué audit individu, ou, dans le cas d'un individu dément ou faible d'esprit, à son tuteur légal, et si ledit individu n'a pas de tuteur légal, à son plus proche parent connu, ou ami personnel, dans l'Etat d'Idaho, et si ledit individu n'a pas de parent connu ou ami personnel, dans l'Etat d'Idaho, au gardien chargé de la surveillance dudit individu.

Section 5. — But et objets. Lesdites investigations, observations et ordres dudit Conseil auront en vue l'amélioration de l'état physique, mental, nerveux ou psychique du sujet, ou la préservation de la Société contre les actes dudit sujet, ou contre la menace de procréation par ledit sujet, mais né seront en aucune sorte une mesure répressive.

Section 6. — Opérations à effectuer avec le consentement des individus intéressés. Si quelque individu dont l'état a été examiné et signalé par ledit Conseil, comme ci-dessus prévu, consent par écrit à l'accomplissement de l'opération spécifiée dans l'ordre dudit Conseil, ladite opération sera effectuée sur ledit individu par le Conseiller d'hygiène publique de l'Etat, ou sous sa direction. Toutes questions semblables seront effectuées avec la considération due à l'état physique de l'individu qui en est l'objet, et d'une manière sûre et humaine. Si l'individu à opérer est faible d'esprit ou dément, le consentement ci-dessus mentionné dans la présente section sera interprété comme signifiant non seulement le consentement écrit de l'individu à opérer, mais, en outre, le consentement écrit du tuteur légal dudit individu, ou si ledit individu n'a pas de tuteur légal, le consentement écrit du plus proche parent connu ou ami personnel dans l'Etat d'Idaho.

Section 7. — Procès en cas de non consentement. Si l'individu ne consent pas, endéans les vingt jours qui suivront la communication dudit ordre audit individu, à l'accomplissement de l'opération, ledit Conseil d'eugénique, par son secrétaire ou tout autre fonctionnaire chargé de ses archives, dans un délai de quinze jours, ou de tel temps que la Cour ou le juge d'icelle pourra allouer, adressera une copie de sa procédure, et de ses observations, conclusion et ordre, se rapportant audit individu, au greffier de la Cour de District du comté où ledit individu réside ou peut être trouvé. Sur remise des observations, conclusions et ordres audit greffier, ledit greffier émettra un mandat adressé audit individu, et le délivrera au shériff, en même temps qu'une copie dudit ordre préparée et légalisée par lui, et ledit shériff sera tenu de communiquer immédiatement lesdits mandat et copie dudit ordre audit individu y mentionné, qui sera requis, dans les vingt jours suivant cette communication, d'annoncer par écrit audit greffier de la Cour de District sa comparution au sujet de son cas, ou de comparaître en personne devant ledit greffier, qui enregistrera la comparution dudit individu dans ladite procédure. S'il est dément ou faible d'esprit, son tuteur, s'il en a un, peut comparaître en son lieu et place, sinon, son plus proche parent ou ami. S'il est interné dans une institution d'Etat, les facilités nécessaires à ladite comparution doivent lui être données.

Section 8. — Procédure de la Cour. — La question sera de savoir si les observations et conclusions dudit Conseil seront confirmées par la cour, et elle sera traitée devant la Cour du District dudit comté comme procédure spéciale et de la même manière qu'une action civile en justice dans laquelle l'Etat d'Idaho serait le « plaintiff » et l'individu objet du mandat le « defendant ». Chacune des parties aura les mêmes droits en matière de production de témoignages et le cas sera traité de la même manière que tout autre action civile. Dans tous les cas semblables, le « Prosecuting Attorney » du comté où a lieu la procédure comparaîtra et poursuivra au nom de l'Etat. Si le « defendant » n'a pas d'attorney et n'est pas à même de s'en procurer un, la cour désignera un attorney du barreau dudit comté pour se charger de sa défense, et de son appel s'il y a lieu, comme prévu ci-après, et ledit attorney sera indemnisé par l'Etat, sur ordre de la Cour. Sur requête de l'une quelconque des parties intéressées dans ladite procédure, toutes les questions de fait seront soumises à un jury, et la cour en tout cas se procurera les témoignages complets aux frais de l'Etat.

Section 9. — Renforcement du jugement. — Si les observations et conclusions du Conseil d'Eugénique sont confirmées par la cour, le « defendant » sera immédiatement mis en état d'arrestation par le sheriff dudit comté, et pourra être autorisé par la Cour à donner caution ; ladite caution sera fixée par la cour. S'il n'est pas admis à fournir caution, il sera détenu jusqu'à ce que l'opération prévue dans lesdites observations soit effectuée.

Section 10. — Appel à la Cour Suprême. Mode. Temps — L'une quelconque des parties intéressées dans ladite procédure peut en appeler de la Cour de District à la Cour Suprême du présent Etat de la même manière et dans le même délai que pour les appels dans les autres actions civiles, et ledit cas sera décidé par la Cour Suprême de la même manière que les autres appels d'action en justice. Si le « defendant » est représenté par un attorney désigné par la Cour, comme prévu ci-dessus dans la Section 8, et, de l'avis de la Cour, est financièrement incapable de supporter pour sa part les frais d'appel, les dépenses effectives, raisonnables et nécessaires du « defendant » quant à l'appel et à la poursuite de l'appel jusqu'à jugement définitif de la Cour suprême seront payés par l'Etat sur ordre de la Cour de District.

Section 11. — Dépenses. Responsabilité de l'Etat. — L'Etat ne sera responsable, aux termes du présent Act, et sauf les dispositions ci-dessus, que des dépenses effectives de voyage des membres du Conseil faites dans l'accomplissement de leurs obligations, et des dépenses effectives et nécessaires inhérentes aux investigations du Conseil, ou à l'appel desdites investigations.

Section 12. — Rien dans le présent Act ne sera interprété comme autorisant le Conseil d'Eugénique, ou ses représentants, ou le Conseiller d'hygiène publique de l'Etat, ou ses représentants, ou le surintendant d'une des six institutions mentionnées aux Sections 1 et 2 du présent Act, ou ses représentants, d'entraver en aucune manière le droit de choisir la personne dont la religion traite ou administre le malade ou souffrant par des moyens purement spirituels, pourvu, toutefois, que lesdits traitements, pratique ou administration n'empêchent pas l'exécution des dispositions du présent Act, et la réalisation de son objet.

Approuvé le 13 mars 1925.

Référence: Chapitre 194, Lois de la Session de 1925, Idaho.

Sujets de la loi:

a. Hôtes d'institutions: Tous les « individus » qui sont faibles d'esprit, déments, épileptiques, criminels habituels, dégénérés moraux et pervers sexuels, qui sont, ou pourraient devenir, une menace pour la société.

b. Population en général: Le texte de la loi limite évidemment l'expressison « individus » aux internés dans certaines institutions d'Etat.

Agents d'exécution de la loi: Conseil eugénique d'Etat composé du Conseiller d'Etat d'Hygiène, et des directeurs de toutes les institutions d'Etat pour déments, faibles d'esprit et criminels.

Bases de la Sélection:

a. Volontaire. Procédure: Du moment que le Conseil eugénique d'Etat estime que la procréation par ledit individu produirait des enfants ayant tendance héréditaire à faiblesse d'esprit, démence, épilepsie, criminalité ou dégénérescence, ou à devenir soit une menace soit une charge pour l'Etat et que l'amélioration des conditions de l'individu défectueux n'est pas probable, une opération en vue de la stérilisation peut être effectuée, si le consentement écrit de l'individu défectueux peut être obtenu. Dans le cas d'individus faibles d'esprit ou déments, le consentement écrit du tuteur ou du plus proche parent ou ami de l'individu défectueux doit aussi être obtenu.

b. Forcée. Procédure: Si le consentement de l'individu défectueux ne peut être obtenu, l'opération peut cependant être effectuée s'il y a jugement et si la cour confirme les conclusions du Conseil eugénique d'Etat.

Type de l'opération autorisée: « Tel type de stérilisation que ledit Conseil estimera le mieux adapté aux conditions dudit individu, et le mieux à même de produire des résultats bienfaisants dans l'ordre d'idées envisagé par cette section. »

Motif d'Etat: Pour l'amélioration des conditions physiques, mentales, nerveuses ou psychiques de l'individu, ou pour protéger la société contre les actes de cet individu, ou contre la menace de procréation par lui ; en aucune manière comme mesure répressive.

Dispositions renforçant la loi: L'Etat ne prend à sa charge que les frais réels de voyage des membres du Conseil, frais faits dans l'accomplissement de leur tâche, et les frais réels et nécessaires que comportent les investigations dudit Conseil et l'appel s'y rapportant.

Jurisprudence: Non examinée en cours.

Nombre d'opérations accomplies (à la date du 1ᵉʳ juillet 1925) 1

Utilité actuelle de la loi: Fonctionne modérément.

21. — MINNESOTA.

Date d'approbation de la loi: 8 avril 1925.
Référence: Chapitre 154, H. F. N. 469.

Sujets de la loi:

a. Hôtes d'institution: Tout individu légalement interné dans l'école d'Etat pour faibles d'esprit, ou qui a été interné depuis six mois consécutifs dans l'hôpital des fous.
b. Population en général: Non applicable.

Bases de la Sélection:

a. Volontaire. Procédure: Décision par Conseil de Contrôle, en consultation avec le directeur de l'institution et un médecin et psychologue désigné par le Conseil et d'après laquelle la stérilisation est désirable. Le consentement écrit de l'épouse ou du plus proche parent du faible d'esprit doit être obtenu ; si l'interné est dément, son consentement ainsi que celui de son épouse et de son parent le plus proche doivent être donnés par écrit.

b. Forcée. Procédure: Aucune prévue.

Type de l'opération autorisée: Vasectomie ou tubectomie.

Motif d'Etat: Purement eugénique.

Dispositions renforçant la loi: Aucune disposition spéciale prévue.

Jurisprudence: Non examinée en cours.

Nombre d'opérations accomplies (à la date du 1ᵉʳ juillet 1925) 0

Utilité actuelle de la loi: On en prépare l'application.

22. — UTAH.

Act prévenant la procréation par criminels sexuels habituels, idiots, épileptiques, imbéciles et déments, et établissant des pénalités pour la violation dudit Act.

La Législature de l'Etat d'Utah décrète :

Section 1. — Stérilisation des criminels. — Quand le surintendant de l' «Utah State Hospital and Sanitorium» ou de l'école industrielle de l'Etat, ou le directeur de la prison d'Etat, sera d'avis qu'il est de l'intérêt bien entendu des malades et de la société, que tout interné dans l'institution à lui confiée, soit stérilisé sexuellement, ledit surintendant est par les présentes autorisé à effectuer ou faire effectuer par un médecin ou chirurgien capable, l'opération de stérilisation ou asexualisation sur tout malade interné dans ladite institution et atteint de tendances sexuelles criminelles habituelles, démence, idiotie, imbécilité, faiblesse d'esprit ou épilepsie, pourvu que ledit surintendant se soit préalablement conformé aux dispositions du présent Act.

Section 2. — Pétition pour vasectomie, etc. — Communication de l'avis. — Audience. — Ledit surintendant ou directeur adressera d'abord au Conseil spécial de directeurs de son hôpital ou école industrielle ou prison d'Etat, une pétition établissant les faits du cas et les fondements de son opinion, certifiés par son témoignage au mieux de sa connaissance et croyance, et demandant qu'un ordre soit émis par ledit Conseil le requérant d'effectuer ou de faire effectuer par un médecin compétent, qu'il désignera dans ladite pétition ou que ledit Conseil désignera dans son ordre, sur l'interné dans l'institution nommé dans ladite pétition, l'opération de vasectomie s'il s'agit d'un individu mâle et de salpingectomie s'il s'agit d'un individu du sexe féminin, ou d'asexualisation qu'il s'agisse de l'un ou de l'autre.

Une copie de ladite pétition doit être communiquée à l'interné trente jours au moins avant la présentation de ladite pétition au Conseil spécial de direc-teurs, en même temps qu'un avis écrit indiquant le temps et le lieu où, dans ladite institution, ledit Conseil peut ouïr ladite pétition et statuer à son sujet.

Une copie de la pétition et de l'avis sera également communiquée au tuteur légal dudit interné si ledit tuteur est connu du surintendant et s'il n'y a pas de semblable tuteur, du moins à la connaissance du surintendant, ledit sur-intendant s'adressera à la cour de district du comté ou de la ville où est située ladite institution, ou au juge d'icelle en office, lequel par un ordre dûment enregistré au « common law order book » de ladite cour, nommera une personne apte à agir en qualité de tuteur dudit interné durant et pour les fins de la procédure aux termes du présent Act, pour défendre les droits et intérêts dudit interné, et le tuteur ainsi désigné recevra de ladite institution des honoraires n'excédant pas vingt-cinq dollars, selon ce qui sera déterminé par le juge de ladite cour, pour ses services en vertu de cette désignation, et ledit tuteur aura de même communication desdits avis et pétition. Ledit tuteur peut être remercié ou déchargé en tout temps par ladite cour ou le juge d'icelle en office, et un nouveau tuteur être nommé et lui être substitué.

Si ledit interné est un enfant ayant ses père et mère ou l'un d'eux vivant, et dont les noms et adresses soient connus dudit surintendant, il leur sera, ou il lui sera, selon les cas, également donné communication desdits pétition et avis.

Après que l'avis requis par le présent act aura été donné ainsi, ledit Conseil spécial, aux temps et lieu y nommé, avec telles raisonnables remises de temps en temps et de lieu en lieu que ledit Conseil spécial pourra déter-miner, procèdera à ouïr et considérer ladite pétition et les témoignages offerts en sa faveur ou contre elle ; toutefois ledit Conseil spécial veillera à ce que ledit interné ait l'occasion et la faculté d'être présent auxdites audiences, en personne s'il le désire, ou si le tuteur ou parent auquel auront été com-muniqués la pétition et l'avis, le demandent.

Ledit Conseil spécial peut recevoir et considérer comme témoignage aux-dites audiences les pièces de détention et autres concernant ledit interné par rapport à ou dans chacune desdites institutions, certifiées par le surintendant ou directeur desdites institutions, en même temps que toute autre évidence légale qui pourra être offerte par l'une des parties intéressées à la procédure.

Tout membre dudit conseil spécial aura la faculté de faire prêter serment aux témoins auxdites audiencés.

Les dépositions peuvent être reçues par chaque partie après avis préalable, et présentées comme témoignage, si d'autre part la chose est estimée pertinente.

Ledit Conseil spécial peut refuser la demande qui fait l'objet de la pétition, auxdites audiences, et fera mettre en double par écrit tout témoignage oral afin de les conserver dans ses archives.

Chaque partie intéressée dans ladite procédure aura le droit d'être repré-sentée par un Conseil auxdites audiences.

Ledit Conseil spécial peut refuser la demande qri fait l'objet de la pétition, ou si ledit Conseil spécial découvre que ledit interné est habituellement criminel sexuel, dément, idiot, imbécile, faible d'esprit ou épileptique, et, en vertu des lois de l'hérédité, le probable parent potentiel d'une progéniture socialement inadéquate atteinte de même, que ledit interné peut être sexuellement stérilisé ou asexualisé sans détriment à sa santé générale, et que le bien de l'interné et de la société sera avantagé par ladite stérilisation ou asexualisation, ledit Conseil spécial peut ordonner audit surintendant ou directeur d'effectuer ou de faire effectuer par un médecin compétent qui sera nommé dans ledit ordre, sur ledit interné, trente jours au moins après la date dudit ordre, l'opération de vasectomie ou asexualisation s'il s'agit d'un individu mâle ou de salpingectomie ou asexualisation s'il s'agit d'une personne du sexe féminin.

Section 3. — Appel à la procédure devant la cour. — De tout ordre ainsi émis par ledit Conseil spécial, ledit surintendant ou ledit interné ou son tuteur ou parent ou amis le plus proche, aura, dans les trente jours après la date dudit ordre, droit d'appel à la cour de district du comté ou de la ville où ladite institution est située, l'appel sera constitué par l'avis dudit appel donné par écrit à tout membre dudit Conseil, et autres parties intéressées dans la procédure, sur quoi ledit surintendant ou directeur adressera immédiatement une copie des pétitions, avis, témoignages et ordres dudit Conseil spécial certifié par le président ou en son absence par tout autre membre dudit Conseil, au greffier de ladite cour de district, qui enregistrera l'appel de manière à ce qu'il soit ouï et qu'il soit statué à son sujet par ladite cour le plus tôt possible.

Ladite cour de district en statuant sur ledit appel pourra examiner les pièces de la procédure devant ledit Conseil spécial, y compris les témoignages y apportés, avec toute autre évidence légale que ladite cour peut estimer pertinente, et qui pourra être offerte à ladite cour par une des parties intéressées à l'appel.

Sur ledit appel, ladite cour peut confirmer, reviser ou annuler les ordres dudit Conseil spécial dont il est appelé, et peut émettre tel ordre qu'elle estime juste et légitime et qu'elle adressera audit Conseil spécial de directeurs.

Tant que l'appel est pendant, la procédure aux termes des ordres du Conseil spécial est sans effet jusqu'à ce qu'il soit statué sur l'appel.

Section 4. — Appel à la Cour Suprême. — Toute partie intéressée dans l'appel à la cour de district peut dans les quatre-vingt-dix jours après la date de l'ordre définitif, en appeler à la cour suprême de l'Utah, laquelle peut concéder ou refuser ledit appel et aura juridiction pour ouïr et déterminer sur les pièces du procès devant la cour de district, et d'émettre tel ordre qu'elle estimera que la cour de district aurait dû émettre.

Tant que l'appel sera pendant devant la suprême cour de l'Utah, la procédure en vertu des ordres du Conseil spécial ou de la cour de district restera sans effet jusqu'à ce que ladite cour suprême de l'Utah ait statué sur l'appel.

Section 5. — Responsabilité. — Aucun desdits surintendants ou directeurs, ni aucune autre personne participant légalement à l'exécution des dispositions du présent Act, ne sera responsable soit au civil soit au criminel en raison de ladite participation.

Section 6. — Exception de certains traitements. — Rien dans le présent Act ne sera interprété comme empêchant le traitement médical ou chirurgical pour sérieuses raisons thérapeutiques d'aucun individu dans le présent Etat, par un médecin ou chirurgien ayant licence de cet Etat, traitement qui pourrait incidemment comporter l'annulation ou la destruction des fonctions reproductrices.

Section 7. — Action illégale. — Pénalité. — Sauf dans les cas autorisés par le présent Act, toute personne qui effectuera, encouragera, aidera, ou en quelque manière déterminera l'accomplissement d'une des opérations mentionnées dans le présent Act, en vue de détruire le pouvoir de procréer l'espèce humaine, en dehors du cas de nécessité médicale, se rendra coupable de crime.

Section 8. — Abrogation générale. — Tous Acts ou parties d'Acts en conflit avec les présentes, sont, par les présentes, abrogés.

Approuvé le 16 mars 1925.

Référence: Chapitre 82, Lois de l'Utah, 1925.

Sujets de la loi:

a. Hôtes d'institutions: Tout hôte d'une institution d'Etat qui est atteint de tendance criminelle habituelle, démence, idiotie, imbécilité, faiblesse d'esprit ou épilepsie.

b. Population en général: Non applicable.

Agents d'exécution de la loi: Conseil spécial de directeurs de chaque hôpital ou colonie d'Etat ayant la faculté d'accorder ou de refuser la demande de stérilisation présentée par le directeur de tout hôpital d'Etat pour dément, faible d'esprit ou épileptique.

Bases de la Sélection:

a. Volontaire. Procédure: Aucune prévue.

b. Forcée. Procédure: La stérilisation peut être ordonnée si le Conseil découvre que l'interné est dément, idiot, imbécile, faible d'esprit ou épileptique, et le probable géniteur potentiel d'une descendance affectée de la même manière, et si l'opération peut être effectuée sans détriment de sa santé générale.

Type de l'opération autorisée: Vasectomie ou salpingectomie.

Motif d'Etat: Eugénique et thérapeutique.

Dispositions renforçant la loi: Si l'interné n'a pas de tuteur légal, le juge de la cour du district peut désigner une personne qualifiée pour agir en cette qualité, et peut déterminer des honoraires ne dépassant pas vingt-cinq dollars qui seront payés par l'institution audit tuteur pour ses services.

Jurisprudence: Non examinée en cours.

Nombre d'opérations accomplies (à la date du 1er juillet 1925) 0

Utilité actuelle de la loi: On en prépare l'application.

23. — MAINE.

Date d'approbation du statut: 11 avril 1925 (Effective 11 juillet 1925).

Référence: Chapitre 208, Lois publiques de 1925.

Sujets de la loi:

a. Hôtes d'institution: Individus atteints de faiblesse d'esprit ou de certaines formes de maladie mentale.

b. Population en général: Individus atteints de faiblesse d'esprit ou de certaines formes de maladie mentale, et se trouvant sous la garde de médecins.

Agents d'exécution de la loi: Le médecin chargé du cas, en conjonction avec un médecin et un chirurgien ayant au moins cinq ans d'expérience comme médecins praticiens patentés, et n'étant pas parents du malade.

Bases de la Sélection:

a. Volontaire. Procédure: Probabilité d'aggravation de la faiblesse d'esprit, et désir de traitement thérapeutique de certaines formes de maladie mentale. Le consentement écrit du malade, si celui-ci est mentalement capable de le donner, ainsi que du plus proche parent ou du tuteur, doit être fourni.

b. Forcée. Procédure: Aucune prévue.

Type de l'opération autorisée: Vasectomie et fallectomie.

Motif d'Etat: Eugénique et thérapeutique.

Dispositions renforçant la loi: Aucune disposition spéciale prévue.

Jurisprudence: Non examinée en cours.

Nombre d'opérations accomplies (à la date du 1er juillet 1925) 0

Utilité actuelle de la loi: On en prépare l'application.

***

Un projet prévoyant la stérilisation des criminels d'habitude, des fous inguérissables et des idiots a été voté par le Sénat de l'Etat de Colorado le 29 mars 1927. Six voix seulement se sont opposées au projet.

Dans l'Etat de Vermont, un projet prévoyant la stérilisation eugénique est également passé le 16 mars 1927 par 21 voix contre 0. Le projet permet le stérilisation des faibles d'esprit, avec le consentement du sujet.

Enfin, au moment de mettre sous presse, nous apprenons que l'Etat d'Indiana vient d'accepter une proposition de loi, devenue loi le 11 mars 1927 par la signature du gouverneur Jackson. La stérilisation est de ce chef autorisée, mais est limitée aux fous qui se trouvent dans les asiles et pour lesquels les médecins ne prévoient aucune guérison possible. Ces opérations seront pratiquées par le corps médical des institutions aux frais de l'Etat.

(Birth Control Review, avril 1927.)

B. Statistiques d'application des lois sur la stérilisation eugénique aux États-Unis. (1)

Nous examinerons dans chaque Etat, la mesure dans laquelle les lois sur la stérilisation ont été appliquées, d'après les chiffres fournis par les différentes institutions jusqu'en juillet 1925.

CALIFORNIE.

Dix Institutions d'Etat sont autorisées par la loi à pratiquer la stérilisation. Elles ont exécuté les opérations de la stérilisation eugéniques dans les proportions suivantes:

	Hommes.		Femmes.		
	Vas-ectomy	Cas-tration	Salpin-gectomy	Ovari-otomy	Total
1. State Hospital, Stockton.........	961	0	388	41	1,390
2. Napa State Hospital, Imola ...	33	0	289	6	328
3. State Hospital, Agneu	10	0	110	4	124
4. Mendocino State Hospital, Talmage	27	0	18	0	45
5. S. Cal State Hospital, Patton	972	0	511	0	1.483
6. Sonoma State Home, Eldridge	358	0	505	14	877
7. State Hospital, Norwalk	255	1	115	10	381
8. Preston School of Industry, Waterman	0	0	0	0	0
9. State Prison, San Quentin	7	0	0	0	7
10. State Prison at Folsom,Represa	1	0	0	0	1
Total reported	2,624	1	1,936	75	4.636

---

(1) Laughlin : *Eugenical Sterilization*, II, 1926.

CONNECTICUT.

Quatre institutions sont autorisées par la loi à pratiquer
la stérilisation. Elles ont exécuté les opérations de la stérilisation eugéniques dans les proportions suivantes:

	Hommes.		Femmes.		Total
	Vas-ectomy	Cas-tration	Salpin-gectomy	Ovari-otomy	
1. State Prison, Wethersfield	0	0	0	0	0
2. State Hospital, Middletown ...	0	0	2	0	2
3. State Hospital, Norwich	6	0	70	12	88
4. Mansfield State Training Sch'. and Hospital, Mansfield Dep.	0	0	3	0	3
Total reported	6	0	75	12	93

DELAWARE.

Deux institutions d'Etat sont autorisées par la loi à pratiquer
la stérilisation. Elles ont exécuté les opérations de la stérilisation eugénique dans les proportions suivantes:

	Hommes.		Femmes.		Total
	Vas-ectomy	Cas-tration	Salpin-gectomy	Ovari-otomy	
1. Del. State Hospital, Farnhurst	0	0	0	0	0
2. Delaware Colony for Feeble-minded, Stockley	2	0	3	0	5
Total reported	2	0	3	0	5

IDAHO.

Cinq institutions sont autorisées par la loi à pratiquer la
stérilisation. Ces institutions sont:

1. Northern Idaho Sanatorium, Orofino.
2. Idaho State Sanatorium, Nampa.
3. Idaho Insane Asylum, Blackfoot.
4. Idaho State Penitentiary, Boise.
5. The Idaho Industrial Training School, St Anthony, a exécuté les opérations de la stérilisation eugénique comme suit: Ovariotomy: 1.

INDIANA.

Sept institutions sont autorisées par la loi à pratiquer la stérilisation. The Boy's School à Blainfield et The Girls' School à Indianapolis sont probablement aussi autorisées, mais cela n'a pas été officiellement déclaré.

Ces institutions autorisées ont exécuté la stérilisation eugénique dans les proportions suivantes:

	Hommes.		Femmes.		
	Vas-ectomy	Cas-tration	Salpin-gectomy	Ovari-otomy	Total
1. Reformatory, Jeffersonville ...	118	0	0	0	118
2. State Prison, Michigan City ...	0	0	0	0	0
3. Women's Prison, Indianapolis	0	0	0	0	0
4. School for Feeble-Minded Youth, Fort Wayne	0	0	2	0	2
5. Farm Colony for Feeble-Minded, Butlerville	0	0	0	0	0
6. Village for Epileptics, Newcastle	0	0	0	0	0
7. State Farm, Greencastle	0	0	0	0	0
Total reported	118	0	2	0	120

IOWA.

Cinq institutions d'Etat sont autorisées par la loi à pratiquer la stérilisation. Elles ont exécuté les opérations de la stérilisation eugénique dans les proportions suivantes:

	Hommes.		Femmes.		
	Vas- ectomy	Cas- tration	Salpin- gectomy	Ovari- otomy	Total
1. State Hospital, Clarinda	13	0	5	0	18
2. State Hospital, Independence	4	0	2	0	6
3. State Hospital, Cherokee	0	0	0	0	0
4. State Hospital, Mount Pleasant	24	0	8	0	32
5. Hospital for Epileptics and School for Fleeble-Minded, Woodward	0	0	0	0	0
Total reported	41	0	15	0	56

KANSAS.

Dix institutions d'Etat sont autorisées par la loi à pratiquer la stérilisation. Elles ont exécuté les opérations de la stérilisation eugénique dans les proportions suivantes:

	Hommes.		Femmes.		
	Vas- ectomy	Cas- tration	Salpin- gectomy	Ovari- otomy	Total
1. State Hospital, Topeka	121	4	77	19	221
2. State Hospital, Osawatomie ...	23	9	24	4	60
3. State Hospital for Epileptics, Parsons	4	7	2	0	13
4. State Training School, Winfield	0	38	0	2	40
5. State Penitentiary, Lansing ...	0	0	0	0	0
7. Industrial Reformatory, Hutchinson	0	0	0	0	0
8. Industrial School for Girls, Belait	0	0	0	0	0
9. Industrial School for Boys, Topeka	0	0	0	0	0
10. Industrial Farm for Women, Lausing	0	0	1	0	1
Total reported	148	58	104	25	335

MAINE.

Trois institutions d'Etat sont autorisées par la loi à pratiquer la stérilisation. Ces institutions sont:

1. Maine State School for the Feeble-Minded, West Pownal
2. Augusta State Hospital, Augusta ....
3. Bangor State Hospital, Bangor

MICHIGAN.

Deux institutions d'Etat sont autorisées par la loi à pratiquer la stérilisation. Elles ont exécuté les opérations de la stérilisation eugénique dans les proportions suivantes:

	Hommes.		Femmes.		
	Vas-ectomy	Cas-tration	Salpin-gectomy	Ovari-otomy	Total
1. Mich, Farm Colony for Epileptics, Wahjamega	0	0	1	0	1
2. Mich. Home and Training School, Lapeer	7	0	38	2	47
Total reported	7	0	39	2	48

MINNESOTA.

Six institutions d'Etat sont autorisées par la loi à pratiquer la stérilisation. Ces institutions sont:

1. School for Feeble-Minded and Colony for Epileptics, Faribault ....
2. State Hospital, Rochester ......
3. State Hospital, Fergus Falls ...
4. Anoka State Asylum, Anoka..
5. State Hospital, Hastings ....
6. State Hospital, St Peter ....

MONTANA.

Deux institutions d'Etat sont autorisées par la loi à pratiquer la stérilisation. Elles ont exécuté les opérations de la stérilisation eugénique dans les proportions suivantes:

	Hommes.		Femmes.		Total
	Vas-ectomy	Cas-tration	Salpin-gectomy	Ovari-otomy	
1. School for Deaf, Blind and Fee-ble-Minded Children, Boulder...	0	0	0	0	0
2. State Hospital, Warm Springs	11	0	12	0	23
Total reported	11	0	12	0	23

NEBRASKA.

Neuf institutions d'Etat sont autorisées par la loi à pratiquer la stérilisation. Elles ont exécuté les opérations de la stérilisa- tion eugénique dans les proportions suivantes:

	Hommes.		Femmes.		Total
	Vas-ectomy	Cas-tration	Salpin-gectomy	Ovari-otomy	
1. Institution for Feeble-Minded Youth, Beatrice	8	0	14	0	22
2. State Hospital, Norfolk	52	0	25	0	77
3. Hastings State Hospital, Ingleside	49	0	15	0	64
4. State Hospital, Lincoln	32	0	61	6	99
5. Penitentiary, Lincoln	0	0	0	0	0
6. State Industrial School, Kearney	0	0	0	0	0
7. Industrial Home, Milford	0	0	0	0	0
8. Girls' Training School, Geneva	0	0	0	0	0
9. Industrial Farm for Women, York	0	0	0	0	0
Total reported	141	0	115	6	262

NEVADA.

Une institution d'Etat a été autorisée par ordre des Cours Criminelles à pratiquer la stérilisation. Cette institution est:

1. State Penitentiary, Carson City

NEW-HAMPSHIRE.

Deux institutions d'Etat et toutes les county institutions ayant la garde de faibles d'esprit ou de certaines formes de troubles mentaux sont autorisées par la loi à pratiquer la stérilisation. Elles ont exécuté les opérations de la stérilisation eugénique dans les proportions suivantes:

	Hommes.		Femmes.		Total
	Vas-ectomy	Cas-tration	Salpin-gectomy	Ovari-otomy	
State Institutions.					
1. State Hospital, Concord	1	0	25	0	26
2. State School, Laconia	3	0	6	0	9
Total reported	4	0	31	0	35
County Institutions.					
1. Rockingham County Hospital, Exeter	0	0	6	0	6
2. Hillsborough County Hospital, Grasmere	0	0	0	0	0
3. Grafton County Hospital, Woodsville	0	0	0	0	0
Total reported	0	0	6	0	6
Grand total reported	4	0	37	0	41

NEW-JERSEY.

Dix institutions d'Etat, ainsi que plusieurs county institutions du même type sont autorisées par la loi à pratiquer la stérilisation. Les dix institutions d'Etat sont:

1. State Prison, Trenton ....

2. Reformatory, Ralway ....

3. Home of Girls, Trenton ....

4. Home for Boys, Jamesburg ...

5. State Hospital, Trenton ....

6. State Hospital, Morris Plains

7. State Village for Epileptics, Skillman ....

8. Colony for Feeble-Minded Males, New Lisbon ....

9. Reformatory for Women, Clinton ....

10. Institution for Feeble-Minded Women, Vinclaud ....

NEW-YORK.

Trente institutions d'Etat étaient autorisées à pratiquer la stérilisation avant l'abrogation de la loi. Elles ont exécuté les opérations de la stérilisation eugénique d'après les proportions suivantes:

	Hommes.		Femmes.		Total
	Vas-ectomy	Cas-tration	Salpin-gectomy	Ovari-otomy	
1. State Prison, Auburn	1	0	0	0	1
2. Clinton St. Prison, Dannemora	0	0	0	0	0
3. Sing Sing Prison, Ossining ...	0	0	0	0	0
4. Gr. Meadow Prison, Comstock	0	0	0	0	0
5. Farm for Boys, Valutie	0	0	0	0	0
6. Reformatory, Elmira	0	0	0	0	0
7. East. N.-Y. Reform. Napanoch	0	0	0	0	0
8. Agricultural and Industrial School, Industry	0	0	0	0	0
9. Train. School f. Girls, Hudson	0	0	0	0	0
10. Western House of Refuge for Women, Aldon	0	0	0	0	0
11. Reformatory for Women, Bedford Hills	0	0	0	0	0
12. Institution for Feeble-Minded Children, Syracuse	0	0	0	0	0
13. Newark State School, Newark	0	0	0	0	0
14. Custodial Asylum, Rome ...	0	0	0	0	0
15. Craig Col. f. Epilept., Sonyea.	0	0	0	0	0
16. Letchworth Village, Thiells..	0	0	0	0	0
17. Matteawan St. Hosp., Beacon	0	0	0	0	0
18. State Hospital, Utica	0	0	0	0	0
19. State Hospital, Willard	0	0	0	0	0
20. Hudson River State Hospital, Poughkeepsie	0	0	0	0	0
21. State Hospital, Middletown ...	0	0	0	0	0
22. State Hospital, Buffalo	0	0	12	0	12
23. State Hospital, Binghamton ...	0	0	0	0	0
24. St. Lawrence State Hospital, Ogdensburg	0	0	0	0	0
25. State Hospital, Rochester	0	0	0	0	0
26. Gowanda St. Hospital, Collins	0	0	24	5	29
27. State Hospital, Kings Park ...	0	0	0	0	0
28. State Hospital, Central Islip ...	0	0	0	0	0
29. Long Island State Hospital, Brooklyn	0	0	0	0	0
30. Manhattan State Hospital, Ward's Island, N.-Y.	0	0	0	0	0
Total reported	1	0	36	5	42

NORTH DAKOTA.

Quatre institutions d'Etat sont autorisées par la loi à pratiquer la stérilisation. Elles ont exécuté les opérations de la stérilisation eugénique dans les proportions suivantes:

	Hommes.		Femmes.		
	Vas-ectomy	Cas-tration	Salpin-gectomy	Ovari-otomy	Total
1. State Training School, Mandan	0	0	4	0	4
2. State Penitentiary, Bismarck ...	0	0	0	0	0
3. Hospital for Insane, Jumestown	14	0	9	1	24
4. Institution for Feeble-Minded, Grafton	4	0	1	C	5
Total reported	18	0	14	1	33

OREGON.

Quatre institutions d'Etat sont autorisées par la loi à pratiquer la stérilisation. Elles ont exécuté les opérations de la stérilisation eugénique dans les proportions suivantes:

	Hommes.		Femmes.		
	Vas-ectomy	Cas-tration	Salpin-gectomy	Ovari-otomy	Total
1. State Hospital, Salem	1	43	53	23	120
2. Eastern Oregon State Hospital, Pendleton	0	44	0	9	53
3. Institution for Feeble-Minded, Salem	5	4	131	0	140
4. State Penitentiary, Salem	0	0	0	0	0
Total reported	6	91	184	32	313

SOUTH DAKOTA.

Une institution d'Etat est autorisée par la loi à pratiquer la stérilisation. Cette institution est:

1. State School and Home for
   Feeble-Minded, Redfield. ......

UTAH.

Trois institutions d'Etat sont autorisées par la loi à pratiquer la stérilisation. Ces institutions sont:

1. State Mental Hospital, Provo
2. State Prison, Salt Lake City ...
3. State Industrial School, Ogden

VIRGINIA.

Cinq institutions d'Etat sont autorisées par la loi à pratiquer la stérilisation. Elles ont exécuté les opérations de la stérilisation eugénique dans les proportions suivantes:

	Hommes.		Femmes.		
	Vas-ectomy	Cas-tration	Salpin-gectomy	Ovari-otomy	Total
1. State Colony for Epileptics and Feeble-Minded, Colony	0	0	80	0	80
2. Central State Hospital, Petersburg	0	0	0	0	0
3. Eastern State Hospital, Williamsburg	0	0	0	0	0
4. Southwestern State Hospital, Marion	0	0	8	0	8
5. Western State Hospital, Stannton	2	1	0	0	3
Total reported	2	1	88	0	91

WASHINGTON.

Deux institutions d'Etat sont autorisées par la loi à pratiquer la stérilisation. Elles ont exécuté les opérations de la stérilisation eugénique dans les proportions suivantes:

	Hommes.		Femmes.		Total
	Vas-ectomy	Cas-tration	Salpin-gectomy	Ovari-otomy	
1. State Penitentiary, Walla Walla	1	0	0	0	1
2. State Reformatory, Monroe ...	0	0	0	0	0
Total reported	1	0	0	0	1

WISCONSIN.

Onze institutions d'Etat sont autorisées par la loi à pratiquer la stérilisation. Ces institutions sont:

1. State Prison, Waupun ....
2. State Reformatory, Green Bay
3. State Hospital, Mendota. ......
4. Northern Hospital for Insane, Winnebago ....
5. Public School, Sparta ....
6. Industrial School for Boys, Waukeska ....
7. Industrial School for Girls, Milwaukee ....
8. S. Wis. Colony and Training School, Union Grove ....
9. Industrial Home for Women, Taycheedah ....
10. Central State Hospital, Waupun ....
11. The Northern Wis. Colony and Training School, Chippenva Falls, a exécuté 26 vasectomies sur les hommes et 118 salpingectomies sur les femmes. ....

Statistique par Etats des opérations de la stérilisation eugéni-
que aux Etats-Unis, jusqu'à juillet 1925.

	Hommes.		Femmes.		
	Vas-ectomy	Cas-tration	Salpin-gectomy	Ovari-otomy	Total
1. California	2.624	1	1.936	75	4.636
2. Connecticut	6	0	75	12	93
3. Delaware	2	0	3	0	5
4. Idaho	0	0	0	1	1
5. Indiana	118	0	2	0	120
6. Iowa	41	0	15	0	56
7. Kansas	148	58	104	25	335
8. Maine	0	0	0	0	0
9. Michigan	7	0	39	2	48
10. Minnesota	0	0	0	0	0
11. Montana	11	0	12	0	23
12. Nebraska	141	0	115	0	262
13. Nevada	0	0	0	0	0
14. New Hampshire	4	0	37	0	41
15. New Jersey	0	0	0	0	0
16. New-York	1	0	36	5	42
17. North Dakota	18	0	14	1	33
18. Oregon	6	91	184	32	313
19. South Dakota	0	0	0	0	0
20. Utah	0	0	0	0	0
21. Virginia	2	1	88	0	91
22. Washington	1	0	0	0	1
23. Wisconsin	26	0	118	0	144
Total	3.156	151	2.778	159	6.244

§ 6. — L'EDUCATION SEXUELLE ET L'EDUCATION EUGENIQUE.

Aux Etats-Unis, non seulement les eugénistes mais encore les autorités gouvernementales se préoccupent d'inculquer à la population les notions de sa responsabilité vis-à-vis de la race.

Le gouvernement fait une propagande très grande auprès des familles et des écoles supérieures pour que l'éducation sexuelle soit donnée à la jeunesse. (1) Il estime que cette éducation constitue un moyen dans la campagne prophylactique contre les maladies vénériennes (Lucien March, « L'Education Eugénique en vue du Mariage »). Dans ce but, il a publié un livre sur l'éducation sexuelle à l'usage des professeurs des écoles supérieures « High School and Sex Education ». Dans ce livre, il est insisté pour que cette éducation ne soit pas donnée comme un tout, mais incidemment, et à l'occasion d'autres enseignements. Ce livre est publié par l'U. S. Public Health Service. (2)

Le Bureau of Education et le Service Fédéral d'Hygiène ont créé un comité mixte qui a organisé des conférences pour le corps enseignant, réuni des données et publié des brochures de propagande, destinées à faciliter cet enseignement que, dans plus de trente Etats, tous les élèves de seconde et de réthorique ont reçu en 1919.

Le département de la prophylaxie anti-vénérienne de l'armée américaine et les bureaux d'hygiène ont composé des films, des brochures, des affiches, extrêmement remarquables. Des semaines d'hygiène sociale ont été organisées dans un grand nombre d'agglomérations; elles débutent par un meeting des

____

(1) Une enquête a été organisée aux Etats-Unis sur la question de savoir de quelle manière s'était faite l'initiation sexuelle des enfants. Dans la plupart des cas, on a constaté que cette initiation était l'œuvre des camarades de jeux, d'école et d'atelier.

(2) « *Eugenical News* », septembre 1923, page 87.

mères et se continuent par des conférences dans des ateliers et dans des écoles.

Pendant la guerre, 45 femmes-médecins américaines se sont consacrées entièrement à cette propagande.

Dans cette campagne, les questions sexuelles sont abordées ouvertement, et la propagande ne s'adresse pas aux hommes seulement mais aux familles.

L'Oregon Social Hygiene Society a publié, dans le même ordre d'idées, des brochures très courtes sur: « La vie sexuelle raisonnable de l'homme », « La vérité au sujet de ce que savent les enfants des questions sexuelles », « Les fiançailles et le mariage ». Dans cette dernière brochure, la question du péril vénérien n'intervient qu'occasionnellement; il est question du choix des époux, de la durée des fiançailles, de la vie conjugale, etc., etc.

Le Bureau d'Hygiène de Minnesota a fait savoir qu'il se tenait à la disposition du public pour tous renseignements et avis officiels.

Les publications du bureau d'hygiène du Massashusetts ne sont pas moins remarquables. (1)

Des associations, des groupements, des représentants de l'enseignement se sont préoccupés avec un intérêt tout spécial de la question.

La New-York Association of Biology Teachers a élaboré un programme détaillé où elle expose en dix points les différentes conditions que devra réunir cet enseignement. (2)

A citer aussi les travaux de Eleanor Rowland Wembridge sur les « Social backgrounds in sex education ».

Dans le rapport sur l'Education d'Hygiène Sociale des Teachers Collège de l'Université de Columbia présenté à la session d'été 1920, les grands principes suivants ont été émis:

---

(1) Docteur Sand. « *Programme de la Propagande Anti-vénérienne en Angleterre et aux Etats-Unis* ».

(2) *Journal of Social Hygiene*, octobre 1922.

1. L'instruction sexuelle ne sera pas concentrée dans une courte période de la jeunesse, mais sera échelonnée tout le long du temps de l'éducation.

2. L'éducation sexuelle étant une phase de l'éducation du caractère, c'est dans la famille qu'elle s'exercera. Des conférences et des écrits seront donnés aux parents afin qu'ils sachent comment éduquer leurs enfants en matière sexuelle.

3. Cet enseignement ne doit pas commencer avec l'adolescence mais dans la plus petite enfance.

Quatre buts doivent être poursuivis:

a. développer un esprit large, sérieux, scientifique et respectueux envers les problèmes de la vie.

b. développer une grande hygiène sexuelle dans un but de santé personnelle.

c. développer les responsabilités personnelles à l'égard des aspects sociaux, éthiques, psychiques et eugéniques de la question sexuelle en vue de la génération future.

d. l'éducation sexuelle doit envisager aussi la lutte contre les maladies vénériennes. Etc., etc. (1)

Le Bureau de l'Instruction publique de Chicago a donné, à partir du 17 novembre 1922, une série de conférences pour instruire les parents des élèves des écoles publiques sur les problèmes de l'éthique et de l'hygiène sexuelle. Ces conférences sont faites le soir dans les écoles: en ont été chargés: Klarkowski, Sadie Bay Adair, John Dill Robertson, Hart Hanson et J. Lewis Coath. (2)

L'American Eugenics Society a créé dans son sein un comité: le « Committee on formal education » qui a pour but de rechercher la mesure dans laquelle l'eugénique et la génétique sont enseignés actuellement dans les collèges et les institutions d'en-

---

(1) *Eugenics Review*, 1921, page 479.
(2) *Dr Potet*. L'hygiène mentale, p. 310.

seignement. Il se propose également d'encourager et de propager l'étude de ces questions.

Ce comité a établi un questionnaire qui est envoyé à tous les collèges et universités du pays. Il est demandé dans ce questionnaire: le nom des cours institués sur la matière, celui des professeurs, les livres et ouvrages employés, les crédits accordés pour cet enseignement, le nombre d'élèves suivant ces cours, les compte-rendus des cours, le nombre d'heures y consacrées, les travaux de laboratoire, etc., etc. (1)

Une société ayant pour objet l'étude des questions sexuelles s'est formée aux Etats-Unis: le Committee for Research on Sex Problem. Il se trouve être sous la direction du National Research Council.

Le Bureau of Social Hygiene possède un fonds d'environ un million de dollars consacrés à l'étude et à la propagande de l'hygiène sexuelle.

L'American Social Hygiene Association dépense $ 200.000 par année pour l'éducation sexuelle et la lutte contre la prostitution et les maladies vénériennes.

Le Committee of Fourteen, de New-York (of Fifteen, de Chicago, of Twenty d'Utica), qui se préoccupe de la répression des vices sexuels et de la législation y relative, dépense dans ce but $ 15.000 par année pour la seule ville de New-York.

Le Committee on Eugenics and Dysgenics of Birth Regulation examine les aspects sociologiques du problème.

Enfin, le Committee on Maternel Health, l'American Birth-Control League, la Voluntary Parenthood League, le Committee on Maternel Welfare (représentant l'American Association of Obstetricians, les gynecologues, l'American Gynecological Society et l'American Pediatric Society) travaillent aussi largement à la propagation d'une morale sexuelle plus élevée.

Les Eglises, les Christian Associations, les organisations sociales, celles d'hygiène publique, les institutions médicales, les

---

(1) *Eugenics Review*, 1921, p. 479.

collèges, les laboratoires biologiques y tendent dans la même mesure.

Il faut encore citer les travaux très connus du Dr Dickinson, du Dr Daisy Robinson qui visent à établir une éducation sexuelle rationnelle, de Voigtlander, Malinowski, Grasse qui ont étudié, en 1923, les problèmes relatifs à l'instinct sexuel, de Thomas W. Gallowy, de l'Association américaine d'hygiène sociale. Ce dernier a fait une série de leçons aux membres de l'enseignement, à l'Ecole de pédagogie de l'Université de New-York, sur l'hygiène sexuelle.

Pour finir, il faut signaler l'étude scientifique des questions sexuelles qui va être entreprise d'une façon systématique fort bien comprise, par une division des sciences médicales, qui fait elle-même partie d'une organisation nationale des Etats-Unis (créée pendant la guerre) : le Conseil national des Recherches. Le comité chargé d'organiser le plan des travaux fut nommé en novembre 1921. Il comprend des hommes de science universellement connus: Cannon, Katharine Bement Davis, Conklin, Thomas W. Salmon, R. M. Yerkes, M. R. Lillie.

Cette organisation a un but purement scientifique, avec une méthode de travail collectif que nous allons schématiser brièvement: le but est de « diriger, stimuler, protéger, systématiser et coordonner des recherches sur les problèmes de la sexualité, afin d'accroître aussi rapidement que possible nos connaissances scientifiques dans ce domaine ».

Les grandes divisions de la recherche ont été établies comme suit:

1. Biologie de la sexualité (point de vue systématique et génétique) ;

2. Physiologie de la sexualité et reproduction ;

3. Psychobiologie infra-humaine de la sexualité ;

4. Psychobiologie humaine de la sexualité (comprenant les points de vue individuel, anthropologique, ethnologique, sociopsychologique (Mourgue). (1)

---

(1) Dr Potet. *L'hygiène mentale*, p. 310.

§ 7. — LA LUTTE CONTRE LE METISSAGE.

Les eugénistes américains luttent énergiquement contre tout mélange de race aux Etats-Unis et particulièrement contre tout mélange de blancs et de noirs.

Il est reconnu en effet que la race noire est eugéniquement inférieure à la race blanche. Les noirs ne pourront jamais atteindre au développement social et moral des blancs. L'expérience historique, les études authropologiques, les statistiques faites en Amérique dans les écoles concourent à le prouver. Il est établi que la valeur intellectuelle, la résistance aux maladies est de beaucoup inférieure chez les nègres que chez les blancs. On peut donc conclure que la race blanche perd toujours au croisement, tandis que la race nègre y gagne.

Se basant sur ces données, Popenoe (1) estime que:

1. — Il est de toute nécessité, dans l'intérêt de la race d'empêcher les mélanges entre noirs et blancs.

2. — L'opinion publique n'est pas suffisante dans beaucoup de cas pour prévenir ces mariages. Il est donc indispensable que la loi intervienne.

3. — Il est insuffisant d'interdire seulement les mariages entre blancs et noirs, les mulâtres étant le plus souvent des bâtards. Il faut encore que la loi punisse toute relation sexuelle entre blancs et noirs.

Au point de vue pratique, de nombreux Etats ont voté des lois défendant le mariage non seulement entre les représentants de la race noire et ceux de la race blanche, mais encore entre ces derniers et ceux de la race jaune, et de la race indienne. (Nous donnerons un aperçu de ces législations lorsque nous exposerons les interdictions apportées au mariage par la loi des différents Etats.) (2)

---

(1) Popenoe. — Applied Eugenics p. 280-297.
(2) Voir page 302 et suivantes.

Quatre Etats (Louisiana, Nevada, South Dakota et Alabama) possèdent des lois prohibant toute relation sexuelle quelle qu'elle soit entre les blancs et les noirs. (1)

L'Etat de Virginie a voté une loi en 1924 (8 mars) ayant pour but de préserver l'intégrité de la race. Cette loi prévoit l'enregistrement par le State Registrar of Vital Statistics de toutes les personnes relativement à leurs caractères raciques, tels que caucasiens, nègres, mongols, indien américain, malais etc. Les autorités locales peuvent obtenir un certificat sur l'origine raciale de chaque personne résidant dans son district et née avant 1912.

§ 8. — LA REGLEMENTATION DU MARIAGE.

Les Etats-Unis sont un des pays où la réglementation du mariage est la plus sévère dans les dispositions qui concernent l'intérêt de la race. Les législateurs ont compris, en effet, que pour exercer une action eugénique efficace sur l'ensemble de la population, c'est au moment du mariage qu'il faut intervenir (Dr Sand).

La législation eugénique du mariage aux Etats-Unis concerne les points suivants :

A. — L'âge du mariage.

B. — Le degré de consanguinité.

C. — Le mélange des races.

D. — L'état physique et mental des conjoints.

E. — Les certificats médicaux avant le mariage.

F. — Le divorce et l'eugénique aux Etats-Unis.

---

(1) Popenoe estime qu'il serait désirable que fut définie par la loi, la qualité de « nègre » Certains Etats appliquent ce terme à ceux qui n'ont plus qu'un seizième de sang nègre, d'autres aux nègres véritables, et, la plupart, aux mulâtres de la première génération.

Nous étudierons chacun de ces points en particulier et nous réserverons une étude spéciale aux certificats médicaux avant le mariage, lesquels sont entrés dans la législation de certains Etats.

Enfin, nous examinerons encore les facilités accordées aux conjoints qui désirent dissoudre leur mariage pour des motifs qui intéressent le bien de la race.

A. — L'AGE DU MARIAGE.

Dans le droit général et traditionnel, l'âge légal du mariage est, de quatorze ans pour les hommes et de douze ans pour les femmes.

Actuellement, la législation de chacun des états particuliers fixe comme suit l'âge du mariage :

L'âge de vingt et un ans, pour le mariage des hommes, a été établi dans les Etats ci-après : Alaska, Californie, Idaho, Indiana, Massachusetts, Montana, Nebraska, Michigan, Minnesota, Nevada, New-York, Ohio, Oklahoma, Oregon, South-Dakota, West-Virginia, Wisconsin, Wyoming; l'âge de dix-sept ans dans les districts de : Columbia, Iowa, North-Caroline, North-Dakota, Texas; l'âge de quatorze ans dans les Etats de Tennessee, Virginie, New-Hampshire, Kentuky, Louisiane.

L'âge de dix-huit ans a été fixé, pour le mariage des femmes, dans les Etats de : Alaska, Delaware, Idaho, New-York, Washington; l'âge de seize ans dans les Etats de : Wyoming, West-Virginia, Nevada, Nebraska, Montana, Michigan, Indiana, Arizona; l'âge de quinze ans dans les Etats de : Californie, Minnesota, New-Mexico, Oklahoma, Oregon, South-Dakota, Wisconsin; l'âge de quatorze ans dans les Etats de : Alabama, Arkansas, district de Colombie, Georgia, Illinois, Indian Territory, Iowa, North Caroline, Texas, Utah; l'âge de treize ans dans les Etats de New-Hampshire, North Dakota; enfin, l'âge de douze ans dans les Etats de : Virginia, Tennessee, Louisiana, Kentucky.

Il n'y a pas de prescription légale en cette matière, dans les Etats de : Colorado, Connecticut, Florida, Kansas, Maine, Maryland, Mississippi, Missouri, New Jersey, Pennsylvania, Rhode Island, South Caroline, Vermont. (1)

B. — LE DEGRE DE CONSANGUINITE. (2)

Presque tous les Etats interdisent les mariages consanguins.

Nous allons examiner, rapidement, jusqu'à quel degré de parenté, cette interdiction existe dans les différents Etats.

Alabama. — Le fils ne peut épouser ni sa mère ni sa belle-mère, ni la sœur de son père ou de sa mère, ni la veuve de son oncle. Le frère ne peut épouser sa sœur ni sa demi-sœur, ni la fille de son frère ou de son demi-frère, ni celle de sa sœur ou de sa demi-sœur. Le père ne peut épouser sa fille ou sa petite-fille, ou la veuve de son fils. Aucun homme n'épousera la fille de sa femme ou la fille du fils ou de la fille de sa femme. Tous ces mariages sont incestueux.

Ces dispositions s'appliquent à la parenté illégitime aussi bien qu'à la légitime.

Ces mariages sont nuls et déclarés criminels.

Alaska. — Les mariages sont interdits entre parents jusqu'au troisième degré de consanguinité inclusivement qu'ils soient de whole ou de half blood.

Arizona. — Les mariages sont interdits entre ascendants ou descendants en ligne directe, entre frères et sœurs de half ou de whole blood, entre oncles et nièces, tantes et neveux, cousins germains.

Ces mariages sont nuls et criminels.

Arkansas. — Les mariages sont interdits entre ascendants ou descendants directs, entre frères et sœurs, de half ou de whole blood, oncles et nièces, tantes et neveux, cousins ger-

---

(1) Dr Pierre Nisot. Etude Historique et de Droit Comparé sur l'âge en matière de capacité nuptiale.

(2) Voir Milton Ives Levy. Mariage and Divorce.

mains; dispositions étendues à la parenté illégitime. Les mariages incestueux sont nuls et criminels.

Californie. — Les mariages sont prohibés entre parents et enfants, ancêtres et descendants de tout degré, frères et sœur de half ou whole blood, oncles et tantes avec nièces et neveux, de parenté légitime ou illégitime.

Les mariages incestueux sont nuls et criminels.

Colorado. — Les mariages sont prohibés entre parents et enfants, grands-parents et petits-enfants de tout degré, entre frères et sœurs de half ou de whole blood, oncles et tantes avec nièces et neveux, entre cousins germains de parenté légitime ou illégitime.

Les mariages incestueux sont nuls et criminels.

Connecticut. — Aucun homme ne peut épouser ni sa mère, ni sa grand-mère, ni sa fille ou petite-fille, ni sa sœur, nièce, step-mother ou step-daughter. Aucune femme ne peut épouser son père ou grand-père, son fils ou petit-fils, son frère, oncle, neveu, step-father ou step-son. Ces mariages sont criminels.

Les mariages incestueux sont nuls'.

Delaware. — Les mariages sont prohibés entré ascendants et descendants, leurs veuves ou maris, entre step ascendants et descerdants, entre frères et sœurs, oncles et nièces, tantes et neveux.

Les mariages incestueux sont criminels et nuls.

District de Colombie. — Le mariage est prohibé entre ascendants et descendants par consanguinité ou affinité, entre frères et sœurs, entre step parents et step enfants.

Les mariages incestueux sont nuls et criminels.

Floride. — Le mariage est prohibé entre ascendants et descendants, entre frères et sœurs, entre oncles et nièces, entre tantes et neveux.

Les mariages incestueux sont criminels.

Géorgie. — Le mariage est prohibé d'un homme avec sa step-mother, ou avec sa belle-mère, sa belle-fille, sa step-daughter, ou avec la petite-fille de sa femme; est prohibé aussi le mariage d'une femme avec les mêmes parents.

Les mariages incestueux sont nuls et criminels.

Hawaï. — Le mariage est prohibé jusqu'au quatrième degré de consanguinité. Ces mariages sont annulables. Les mariages incestueux sont criminels.

Idaho. — Le mariage est prohibé entre ascendants et descendants, entre frères et sœurs de half ou de whole blood, entre oncles et nièces, entre tantes et neveux, entre cousins germains. Ces mariages sont criminels.

Les mariages incestueux sont nuls.

Illinois. — Le mariage est prohibé entre ascendants et descendants directs, entre frères et sœurs, de half ou de whole blood, entre oncles et nièces, entre tantes et neveux, entre cousins germains, qu'ils soient de parenté légitime ou illégitime.

Les mariages incestueux sont nuls et criminels.

Territoire Indien. — Le mariage est prohibé entre parents et enfants, grands-parents et petits-enfants de tout degré, entre frères et sœurs de half ou de whole blood, entre oncles et nièces, entre tantes et neveux, entre cousins germains, qu'ils soient de parenté légitime ou illégitime.

Les mariages incestueux sont nuls et criminels.

Indiana. — Le mariage est interdit jusqu'au degré de parenté de second cousin exclusivement.

Les mariages incestueux sont nuls et criminels.

Iowa. — Le mariage est interdit entre ascendants et descendants directs, entre frères et sœurs, entre oncles et nièces, entre tantes et neveux, entre step-parents et step-children, entre beaux-parents et beaux-enfants, entre cousins.

Ces mariages sont nuls.

Les mariages incestueux sont annulables et criminels.

Kansas. — Le mariage est prohibé entre ascendants et descendants, entre frères et sœurs de half ou de whole blood, entre oncles et nièces, entre tantes et neveux, entre cousins germains. Ces dispositions s'étendent à la parenté illégitime.

Ces mariages sont nuls et criminels.

Les mariages incestueux sont nuls.

Kentucky. — Le mariage est prohibé entre ascendants et descendants, leurs épouses ou maris, entre step-ascendants et descendants, entre frères et sœurs, entre oncles et nièces, ou petites nièces, entre tantes et neveux ou petits-neveux. Ces mariages sont nuls.

Les mariages incestueux sont criminels.

Louisiane. — Le mariage est prohibé entre ascendants et descendants, entre frères et sœurs de half ou de whole blood, entre oncles et nièces, entre tantes et neveux. Ces dispositions s'étendent à la parenté illégitime.

Le mariage entre ascendants et descendants est nul.

Le mariage incestueux est annulable et criminel.

Maine. — Le mariage est prohibé entre ascendants et descendants, entre frères et sœurs, entre oncles et nièces, entre tantes et neveux, avec les ascendants ou descendants de l'épouse.

Les mariages incestueux sont nuls et annulables et criminels.

Maryland. — Le mariage est prohibé entre ascendants et descendants par consanguinité ou par affinité, entre frères et sœurs, entre oncles et nièces, entre tantes et neveux. Ces mariages sont nuls et criminels.

Les mariages incestueux sont nuls.

Massachusetts. — Le mariage est prohibé entre ascendants et descendants par consanguinité ou affinité, entre frères et sœurs, entre oncles et nièces, entre tantes et neveux.

Ces mariages sont nuls et criminels.

Michigan. — Le mariage est prohibé entre ascendants et descendants par consanguinité ou affinité, entre frères et sœurs, entre oncles et nièces, entre tantes et neveux, entre cousins germains.

Ces mariages sont annulables.

Les mariages incestueux sont nuls et criminels.

Minnesota. — Le mariage est prohibé entre parents jusqu'à cousin germain exclusivement.

Ces mariages sont nuls.

Les mariages incestueux sont criminels.

Mississippi. — Le mariage est prohibé entre ascendants et descendants, par consanguinité ou par affinité, entre frères et sœurs, entre oncles et nièces, entre tantes et neveux, entre cousins germains.

Les mariages incestueux sont nuls et criminels.

Missouri. — Le mariage est prohibé entre ascendants et descendants directs, entre frères et sœurs, entre oncles et nièces, entre tantes et neveux, entre cousins germains.

Ces mariages sont criminels.

Les mariages incestueux sont nuls.

Montana. — Le mariage est prohibé entre ascendants et descendants, entre frères et sœurs de half ou de whole blood, entre oncles et nièces, entre tantes et neveux, entre cousins germains.

Ces mariages sont criminels.

Les mariages incestueux sont nuls, annulables et criminels.

Nebraska. — Le mariage est prohibé entre ascendants et descendants, entre frères et sœurs, de half et de whole blood, entre oncles et nièces, entre tantes et neveux, entre cousins germains de whole blood.

Les mariages incestueux sont nuls et criminels.

Nevada. — Mariage prohibé entre parents jusqu'à second cousin exclusivement ou jusqu'à premier cousin de half blood.

Les mariages incestueux sont nuls et criminels.

New-Hampshire. — Mariage prohibé entre ascendants et descendants, leurs épouses ou époux, step-ascendants et step-descendants, frères et sœurs, oncles et nièces, tantes et neveux, cousins germains.

Les mariages incestueux sont nuls et criminels.

New-Jersey. — Mariage prohibé entre ascendants et descendants directs, entre frères et sœurs, entre oncles et nièces, entre tantes et neveux.

Ces mariages sont annulables et criminels.

Les mariages incestueux sont nuls.

New-Mexico. — Mariage prohibé entre ascendants et descendants, entre frères et sœurs, entre oncles et nièces, entre tantes et neveux.

Ces mariages sont criminels.

Les mariages incestueux sont nuls.

New-York. — Mariage prohibé entre ascendants et descendants, entre frères et sœurs, entre oncles et nièces, entre tantes et neveux.

Ces mariages sont criminels.

Les mariages incestueux sont nuls.

North Carolina. — Mariage prohibé entre parents jusqu'à cousins germains exclusivement, y compris doubles cousins.

Ces mariages sont nuls.

Les mariages incestueux sont criminels.

North-Dakota. — Mariage prohibé entre ascendants et descendants, entre frères et sœurs, entre oncles et nièces, entre tantes et neveux, entre cousins germains.

Les mariages incestueux sont nuls et criminels.

Ohio. — Mariage prohibé entre ascendants et descendants directs, entre frères et sœurs, entre oncles et nièces, entre tantes et neveux, entre cousins germains.

Les mariages incestueux sont criminels.

Oklahoma. — Mariage prohibé entre ascendants et descendants directs, entre step-father et step-daughter, entre step-mother et step-son, entre beau-père et belle-fille, entre belle-mère et beau-fils, entre frères et sœurs, entre oncles et nièces, entre tantes et neveux, entre premiers cousins et seconds cousins.

Ces mariages sont criminels.

Les mariages incestueux sont nuls.

Oregon. — Mariage prohibé entre parents jusqu'à cousins germains exclusivement.

Les mariages incestueux sont nuls.

Les mariages nuls sont criminels.

Pennsylvanie. — Mariage prohibé entre ascendants et descendants, entre step-parents et step-children, entre frères et sœurs, entre oncles et nièces, entre tantes et neveux, entre cousins germains, entre maris et femmes d'ascendants ou descendants.

Ces mariages sont nuls.

Les mariages incestueux sont criminels.

Iles Philippines. — Mariage prohibé entre ascendants et descendants par consanguinité ou affinité légitime ou illégitime, entre collatéraux par consanguinité ou affinité légitime jusqu'au quatrième degré, entre collatéraux par consanguinité ou affinité naturelle jusqu'au second degré, entre parents et enfants adoptifs, entre les descendants légitimes de parents et enfants adoptifs pendant la durée de l'adoption. Le gouvernement peut lever l'interdiction pour le troisième et le quatrième degré de consanguinité collatérale, comme pour l'affinité collatérale et parenté adoptive.

Les mariages incestueux sont nuls et criminels.

Porto-Rico. — Mariage prohibé entre ascendants et descendants par consanguinité ou affinité, entre frères et sœurs, entre oncles et nièces, entre tantes et neveux, entre cousins germains, entre oncles et petites-nièces, entre tantes et petits-neveux, entre parents et enfants légitimes ou adoptifs, entre l'adopté et l'épouse survivante de l'adoptant, entre parents adoptifs et l'épouse survivante de la personne adoptée.

La cour du district peut lever l'interdiction pour le quatrième degré de consanguinité.

Ces mariages sont nuls excepté les mariages naturels.

Les mariages incestueux sont criminels.

Rhode-Island. — Mariage prohibé entre ascendants et descendants, par consanguinité ou affinité entre frères et sœurs, entre oncles et nièces, entre tantes et neveux.

Les mariages incestueux sont nuls et criminels.

Caroline du Sud. — Mariage prohibé entre ascendants et descendants par consanguinité ou affinité, entre frères et sœurs, entre step-parents et step-children, entre oncles et nièces, entre tantes et neveux.

Les mariages incestueux sont criminels.

South Dakota. — Mariage prohibé entre ascendants et descendants directs, frères et sœurs de half et de whole blood, oncles et nièces, tantes et neveux, entre cousins germains de half et de whole blood, entre step-parents et step-children.

Ces mariages sont criminels excepté ceux de step-relatives

Les mariages incestueux sont nuls.

Tennessee. — Mariage prohibé entre ascendants et descendants directs, avec l'ascendant ou le descendant direct de l'un ou l'autre parent, avec l'enfant d'un grand-parent, avec le descendant direct d'un époux ou d'une épouse, avec l'époux ou l'épouse d'un parent ou d'un descendant direct.

Les mariages incestueux sont nuls et criminels.

Texas. — Mariage prohibé entre ascendants et descendants directs, entre frères et sœurs, entre oncles et nièces, entre tantes et neveux, avec les ascendants ou les descendants d'un des époux, ou avec l'époux survivant d'un parent ou d'un enfant.

Ces mariages sont criminels.

Utah. — Mariage prohibé entre ascendants et descendants, entre frères et sœurs, entre oncles et nièces, entre tantes et neveux, entre parents jusqu'au quatrième degré exclusivement.

Les mariages incestueux sont nuls et criminels.

Vermont. — Mariage prohibé entre ascendants et descendants, avec ascendants ou descendants de l'époux ou de l'épouse, entre frères et sœurs, entre oncles et nièces, entre tantes et neveux, avec ascendant ou descendant de l'autre époux, avec l'époux survivant d'un ascendant ou descendant.

Les mariages incestueux sont nuls et criminels.

Virginia. — Mariage prohibé entre ascendants et descendants, entre frères et sœurs, entre oncles et nièces, entre tantes et neveux, avec l'époux survivant d'un ascendant ou descendant, avec ascendant ou descendant de l'époux.

Washington. — Mariage prohibé entre parents jusqu'au second degré exclusivement, entre ascendants ou descendants de l'époux ou de l'épouse, entre l'époux ou l'épouse des ascendants ou descendants.

Ces mariages sont criminels.

West-Virginia. — Mariage prohibé entre ascendants et descendants, entre frères et sœurs, entre oncles et nièces, entre tantes et neveux, entre un homme et sa step-mother, sa demi-sœur, la femme de son oncle, la femme de son fils, la fille de sa femme, sa petite-fille, sa step-daughter, la veuve de son neveu et les cas correspondants pour le mariage d'une femme.

Prohibé aussi le mariage entre cousins germains et double-cousins.

Les mariages prohibés sont annulables.

Les mariages incestueux sont criminels.

Wisconsin. — Mariage prohibé entre parents jusqu'à second cousin exclusivement de half ou de whole blood.

Ces mariages sont annulables et criminels.

Les mariages incestueux sont nuls.

Wyoming. — Mariage prohibé entre ascendants et descendants directs, entre frères et sœurs de half ou de whole blood, entre oncles et nièces, entre tantes et neveux, entre cousins germains. Cette prohibition ne s'étend qu'à la parenté par consanguinité.

Les mariages incestueux sont nuls.

C. — LE MELANGE DES RACES. (1)

Dans beaucoup d'Etats, la loi s'oppose au mariage entre individus de race différente. Nous avons exposé la raison de cette interdiction au paragraphe relatif à la lutte contre le métissage. (2)

Examinons maintenant quels sont les Etats où semblable interdiction existe.

Alabama. — Les mariages entre nègres jusqu'à la troisième génération et blancs sont considérés par la loi comme criminels.

Arizona. — Les mariages entre les blancs et les nègres, entre les blancs et les Indiens, entre les blancs et les Mongols sont nuls.

Arkansas. — Les mariages entre les blancs et les nègres ou les mulâtres sont nuls.

Californie. — Les mariages entre les blancs et les nègres, les blancs et les Mongols ou les mûlatres sont nuls.

---

(1) Milton Ives Livy. Marriage and Divorce.
(2) Voir page 291.

Colorado. — Les mariages entre les blancs et les nègres ou les mulâtres sont nuls.

Delaware. — Les mariages entre les blancs et les nègres ou les mulâtres sont nuls.

Florida. — Les mariages entre les blancs et les nègres sont nuls et déclarés criminels.

Georgia. — Les mariages entre blancs et noirs sont nuls.

Idaho. — Les mariages entre les blancs et les nègres ou les mulâtres, entre les blancs et les Mongols, sont nuls.

Indian Territory. — Les mariages entre les blancs et les nègres ou les mulâtres sont nuls.

Indiana. — Les mariages entre les blancs et les noirs ayant au moins un huitième de sang nègre sont nuls.

Kentucky. — Les mariages entre les blancs et les nègres ou les mulâtres sont prohibés et considérés comme criminels.

Louisiana. — Les mariages entre les blancs et les personnes de couleur sont nuls.

Maryland. — Les mariages entre les blancs et les noirs sont nuls.

Mississippi. — Les mariages entre les blancs et les nègres, ou les Mongols ayant au moins un huitième de sang étranger sont nuls.

Missouri. — Les mariages entre les blancs et les nègres ou les Mongols sont nuls.

Nebraska. — Les mariages entre les blancs et les personnes ayant un huitième, ou plus, de sang nègre, japonais ou chinois sont nuls.

Nevada. — Les mariages entre les blancs et les nègres, entre les blancs et les Mongols, entre les blancs et les Indiens sont criminels.

North Carolina. — Les mariages entre les blancs et les nègres, entre les blancs et les Indiens, ou entre les blancs et les nègres ou les Indiens jusqu'à la troisième génération sont prohibés et déclarés criminels.

North Dakota. — Les mariages entre les blancs et les personnes ayant un huitième ou plus de sang nègre sont nuls.

Oklahoma. — Les mariages entre les blancs et les nègres sont prohibés.

Oregon. — Les mariages dans lesquels l'une ou l'autre des parties possède un quart ou plus de sang nègre, chinois ou canaque, ou plus de la moitié de sang Indien sont nuls.

South Carolina. — Les mariages entre les blancs et les Indiens, les blancs et les nègres, les blancs et les mulâtres, ou les métis ou les « half breeds » sont nuls et déclarés criminels.

Tennessee. — Les mariages entre les blancs et les nègres ou les descendants de nègres jusqu'à la troisième génération sont prohibés et déclarés criminels.

Texas. — Les mariages entre les blancs et les nègres sont nuls.

Utah. — Les mariages entre les blancs et les nègres, entre les blancs et les Mongols sont nuls.

Virginia. — La Racial Integrity Law défend le mariage d'un blanc avec toute personne qui n'est pas de race blanche. La loi prévoit expressément que par blancs elle n'entend que les personnes n'ayant d'autre sang que le sang caucasien. Mais celles qui ont un seizième ou moins de sang indien américain, sans autre mélange, seront considérées comme de sang blanc. (Depuis longtemps déjà, en Virginie, celui qui avait un seizième ou plus de sang nègre était considéré comme nègre, et celui qui avait un quart ou plus de sang indien, sans aucun mélange de sang nègre, était considéré comme indien).

West Virginia. — Les mariages entre les blancs et les noirs sont annulables et déclarés criminels.

Wyoming. — Les mariages entre les blancs et les noirs, entre les blancs et les mulâtres, entre les blancs et les Mongols, entre les blancs et les Malais sont prohibés.

Comme on le voit 28 Etats ont adopté des lois interdisant les mariages entre races différentes. Dans la majorité des autres Etats, des projets ont été déposés pendant ces dernières années, mais ils n'ont pû être adoptés à cause des efforts et de la campagne menée par la « National Association for the Advancement of Colored People » dont le président est Oswald Garrison Villard. W. E. Du Bois, mulâtre distingué, et directeur de la publicité.

D. — L'ETAT PHYSIQUE ET MENTAL DES CONJOINTS. (1)

Des prescriptions relatives à l'état physique et mental des conjoints existent dans beaucoup d'Etats; elles ont pour origine les campagnes entreprises pour la protection de l'enfance et pour la préservation de la tuberculose, des maladies vénériennes et des maladies mentales qui ont profondément impressionné l'opinion.

Les Etats suivants possèdent des dispositions à cet égard :

Arkansas, California, Colorado. — Le mariage des personnes atteintes d'incapacité physique ou d'aliénation mentale avant le mariage est annulable.

Connecticut. — Les mariages des épileptiques et des imbéciles, lorsque la femme est âgée de moins quarante-cinq ans, sont criminels.

Delaware. — Les mariages des épileptiques ou des faibles d'esprit, ou des personnes atteintes de maladies vénériennes ou d'autres maladies contagieuses, ou des alcooliques et autres toxicomanes est annulable à la demande de la partie innocente.

District of Columbia. — Les mariages des idiots ou des fous sont annulables.

Georgia, Hawaï, Idaho. — Les mariages avec des personnes atteintes d'incapacité physique ou mentale au moment du mariage sont annulables.

Illinois. — L'aliénation mentale ou l'idiotie à l'époque du mariage rend celui-ci annulable.

Indian Territory. — Les mariages avec des personnes atteintes d'incapacité physique ou mentale sont annulables.

---

(1) Milton Ives Livy. Marriage and Divorce.

Indiana. — L'incapactié mentale de l'une ou l'autre partie au moment du mariage rend celui-ci annulable.

Iowa. — Les mariages avec des personnes atteintes d'incapacité physique ou mentale au moment du mariage sont annulables.

Kansas. — Les mariages des épileptiques, des imbéciles, des faibles d'esprit, des fous, sont nuls, à moins que la femme soit âgée de plus de quarante-cinq ans.

Kentucky. — Les mariages des idiots, des fous sont nuls.

Maine. — Les mariages des personnes qui étaient idiotes ou folles au moment du mariage sont annulables.

Massachusetts. — Les mariages des fous ou des idiots sont annulables.

Michigan. — Les mariages des aliénés, des idiots, des épileptiques ou des personnes atteintes de maladies vénériennes à l'époque du mariage, sont prohibés et annulables.

Les mariages des personnes qui ont eu une maladie vénérienne et ne se sont pas soignées, ou avec celles qui ont été internées pour épilepsie, faiblesse mentale, imbécillité ou folie, sont criminels.

Minnesota. — Les mariages des femmes de moins de quarante-cinq ans ou des hommes de tout âge, sauf avec une femme de plus de quarante-cinq ans, qui sont épileptiques, imbéciles, faibles d'esprit ou fous sont annulables.

Missouri. — Les mariages entre des personnes dont l'une ou l'autre est folle, imbécile, faible d'esprit ou épileptique sont déclarés nuls et criminels.

Montana. — Les mariages dans lesquels l'une ou l'autre des parties est faible d'esprit ou atteinte d'incapacité physique au moment du mariage sont annulables.

Nebraska. — Les mariages contractés avec des personnes atteintes de folie ou d'idiotie au moment du mariage sont nuls.

New Hampshire. — Le mariage d'un homme avec une femme de moins de quarante-cinq ans est prohibé et déclaré criminel lorsque l'une des parties est épileptique, imbécile, faible d'esprit, idiote ou folle. Il en est de même des mariages des personnes atteintes de maladies vénériennes à moins que certaines conditions ne soient remplies.

New-Jersey. — Les mariages des personnes qui ont été internées comme épileptiques, folles ou faibles d'esprit sont défendus si celles-ci ne possèdent pas de certificats attestant leur guérison. Ces mariages sont déclarés criminels.

North-Carolina. — Les mariages des personnes atteintes d'incapacité physique ou de faiblesse de volonté ou de compréhension sont nuls.

North Dakota. — Les mariages contractés par des personnes atteintes d'incapacité physique ou mentale sont annulables.

Ohio. — Les mariages des personnes atteintes d'imbécillité congénitale sont nuls.

Oklahoma. — Les mariages contractés par des personnes atteintes de maladies vénériennes sont prohibés et déclarés criminels.

Oregon. — Les mariages au moment duquel une des parties manquait de compréhension sont annulables.

Iles Philippines. — Les mariages des personnes atteintes de faiblesse d'esprit ou d'incapacité physique sont annulables.

Rhode Island. — Les mariages avec des idiots ou des fous sont nuls.

South Carolina. — Les mariages avec des idiots et des fous sont prohibés.

South Dakota. — Les mariages avec des personnes atteintes d'incapacité physique ou mentale au moment du mariage sont annulables.

Texas. — Les mariages avec des personnes atteintes de folie ou d'incapacité physique au moment du mariage sont annulables.

Utah. — Les mariages des fous ou des idiots ou des personnes atteintes de syphilis ou de gonnorhée sont prohibés et nuls.

Les mariages des personnes atteintes d'aliénation au moment du mariage ou d'incapacité physique sont annulables.

Vermont. — Les mariages des personnes atteintes de maladies vénériennes sont prohibés.

Les mariages des personnes atteintes d'incapacité mentale ou physique au moment du mariage sont annulables.

Virginia. — Le mariage des personnes atteintes d'aliénation mentale ou d'incapacité physique est annulable.

Washington. — Les mariages contractés par des personnes atteintes de maladies vénériennes contagieuses, ou par des alcooliques, des criminels ou des fous sont prohibés et déclarés criminels.

Wisconsin. — Les mariages des épileptiques sont prohibés et déclarés criminels.

Les mariages des fous, des idiots sont nuls.

Wyoming. — Les mariages des fous ou des idiots sont nuls.

E. — LES CERTIFICATS MEDICAUX AVANT LE MARIAGE.

C'est aux Etats-Unis que *l'examen médical prénuptial* fut légalement imposé en premier lieu.

L'Etat de Washington promulgua en 1909, une loi rendant obligatoire le *certificat médical d'aptitude au mariage*. Mais cette loi fut bientôt révoquée.

Actuellement, sept Etats possèdent des « Marriage Certification Laws » :

Oregon, North Dakota, Wisconsin, Alabama, North Carolina, Wyoming, Louisiane.

LOI DE L'OREGON

(Lois de 1913, chap. 187.)

1. Aucun employé du Comté de cet Etat ne délivrera un certificat de mariage sans obtenir du requérant un certificat d'un médecin dûment autorisé à pratiquer la médecine dans l'Etat; ce certificat qui sera fait dans les dix jours précédant la requête devra prouver que l'homme est libre de toute maladie vénérienne.

... ...

4. Les « County physicians » des différents Comtés devront, sur demande, faire l'examen nécessaire et délivrer le certificat, gratuitement, si l'intéressé est indigent.

LOI DU NORTH DAKOTA

(Lois de 1913, chap. 207, sect. 3.)

Le juge du Comté, avant qu'une licence de mariage ne soit délivrée, exigera de chaque requérant un affidavit d'au moins un médecin dûment autorisé, prouvant que les parties contractantes ne sont ni faibles d'esprit, ni imbéciles, ni épileptiques, ni aliénées, ni ivrognes, ni affectées de tuberculose pulmonaire à un stade avancé et que l'homme n'est affligé d'aucune maladie vénérienne contagieuse. Il demandera également un affidavit d'une personne désintéressée prouvant que les dites parties ne sont pas des criminels habituels.

LOI DE WISCONSIN

(Lois de 1915, chap. 525. Lois de 1917, chap. 212)

1. Toute personne mâle demandant une licence de mariage devra, dans les quinze jours qui précèdent cette demande, se faire examiner sur le point de savoir si elle est ou non atteinte de maladie vénérienne. Il sera illégal de la part de l'employé d'état civil de délivrer une licence à toute personne qui omet de présenter un certificat prouvant qu'elle est indemne de maladie vénérienne, autant que le peut déterminer un examen approfondi et l'application des épreuves cliniques et scientifiques, quand le médecin les jugent nécessaires. Lorsqu'un examen microscopique de gonocoques est nécessaire, il pourra sur la demande d'un médecin être fait, gratuitement, au laboratoire de l'Etat. La réaction de Wasserman pourra, sur sa demande, être faite gratuitement par l'Institut psychiatrique de Mendota. Un certificat sera délivré par un médecin, pouvant exercer dans cet état, ou dans l'Etat où réside l'intéressé. Il sera rédigé comme suit :

« Je soussigné, médecin dûment autorisé à pratiquer dans
» l'Etat de......... mes lettres de créances étant déposées au
» bureau de......... dans la ville de....... County de.........
» certifie que j'ai ce jour......... 19... procédé à un examen
» approfondi de......... (nom de la personne) et le crois indemne
» de toute maladie vénérienne.

» Signature du médecin. »

2. Les examinateurs seront des médecins dûment autorisés à
pratiquer dans cet Etat ou dans l'Etat dans lequel réside l'intéressé. Les honoraires d'un seul examen ne devront pas excéder
2 dollars. Le médecin du Comté, ou de l'asile de n'importe quel
comté, fera sur la demande l'examen nécessaire et délivrera le
certificat, gratuitement, si l'intéressé se trouve être indigent.

LOI DE ALABAMA

(Lois de 1919 n° 178.)

1. Toute personne mâle faisant une demande de licence de
mariage devra, dans les quinze jours qui précèdent cette demande, se faire examiner sur le point de savoir si elle est ou non
atteinte de maladie vénérienne, et il sera illégal du juge « of
probate » d'aucun Comté de livrer une licence à toute personne
qui omet de présenter un certificat déclarant qu'elle est indemne
de toute maladie vénérienne, dans la mesure où peut le déterminer une examen approfondi et l'application des épreuves
cliniques et scientifiques si le médecin juge celles-ci nécessaires.
Ce certificat sera délivré par un médecin patenté, et sera rédigé
comme suit :

« Je soussigné étant médecin patenté certifie avoir ce jour......
» 19... procédé à un examen approfondi de......... (nom de la
» personne) et le considère indemne de toute maladie véné-
» rienne.

» Signature du médecin. »

Aucun mariage ne sera célébré sans que l'homme ne soit
soumis à un examen médical et n'ait obtenu un certificat d'un
médecin le déclarant libre de toute maladie vénérienne.

2. L'examinateur sera un médecin dûment patenté autorisé à exercer dans cet Etat. L'officier de tout comté fera sur demande l'examen en question et délivrera le certificat, gratuitement.

Les honoraires des examens en question ne peuvent dépasser 5 dollars.

LOI DE WYOMING

(Lois de 1913, chap. 187. Lois de 1921, chap. 160, sec, 16,)

Toute personne mâle requérant une licence de mariage devra produire un certificat fait, dans les dix jours qui ont précédé la demande de licence, par un médecin autorisé à pratiquer dans l'Etat de Wyoming, prouvant que le requérant est libre de toute maladie vénérienne à un stade contagieux.

LOI DE NORTH CAROLINA

(Lois de 1921, chap. 129.)

1. Aucune licence de mariage ne sera délivrée par le Register or Deads d'aucun comté à un homme la demandant s'il ne produit un certificat fait dans les 7 jours qui précèdent sa présentation, le certificat doit prouver la non existence de maladies vénériennes, de tuberculose à un stade contagieux, il faut aussi que le requérant n'ait pas été reconnu idiot, imbécile, ou faible d'esprit par un Tribunal compétent. Aucune licence ne sera délivrée à aucune femme qui ne présente pas un certificat prouvant qu'elle n'est pas atteinte de tuberculose à un stade infectieux, et qu'elle n'a pas été reconnue faible d'esprit, par une Cour de juridiction permanente.

2. Ce certificat devra être fait par un médecin autorisé à exercer la médecine et la chirurgie dans l'Etat et qui résidera dans le Comté où la licence aura été demandée ou par l'officier de santé du Comté, dont le devoir sera d'examiner gratuitement ceux qui le requièrent.

LOI DE LA LOUISIANE

(Lois de 1924, n° 164.)

1. Toute personne mâle faisant une demande de licence de mariage devra, dans les quinze jours qui précèdent cette demande, se faire examiner sur le point de savoir si elle est ou non atteinte de maladie vénérienne, et il sera illégal de la part de l'employé d'Etat-civil, ou de la paroisse, ou du Recorder des Naissances, des Morts et des Mariages de la ville de New-Orléans, de la paroisse d'Orléans, ou de tout autre employé autorisé à délivrer des licences de mariage, de délivrer cette licence à toute personne qui omet de présenter un certificat déclarant qu'elle est libre de toute maladie vénérienne, dans la mesure où peut le déterminer un examen approfondi et l'application des épreuves cliniques et scientifiques, quand le médecin juge celles-ci nécessaires. Lorsqu'un examen microscopique des gonocoques doit avoir lieu, il pourra être fait gratuitement sur la demande de tout médecin de l'Etat, au laboratoire d'Hygiène de l'Etat.

2. Les examinateurs seront des médecins dûment autorisés à pratiquer. Les honoraires de ces examens ne dépasseront pas 2 dollars. Le médecin de la paroisse, ou de la cité, ou de l'asile, ou le coroner, ou l'officier de santé, ou de toute autre subdivision politique, fera sur demande l'examen nécessaire, et délivrera le certificat gratuitement, si l'intéressé est indigent.

3. Le certificat médical requis par la section sera rédigé comme suit :

» Je soussigné, médecin dûment autorisé certifie que j'ai en
» ce jour......... procédé à un examen approfondi de.........
» (nom de la personne) et le considère libre de toute maladie
» vénérienne.

» Signature. »

Il serait intéressant de voir les résultats que ces législations ont apportés dans la pratique.

Une enquête conduite par M. Fred. S. Hall (médical certification for marriage, New-York, Russell Sage Fondation, 1925), a montré que certains médecins se contentent d'interroger la personne qui se présente devant eux, ou ne pratiquent qu'un examen trop sommaire. Dans l'ensemble, cependant, la loi paraît sérieusement appliquée. (1)

Telle quelle, la législation sur l'examen médical prénuptial a produit des effets certains, établis par l'enquête à laquelle s'est livré M. Hall :

1° Elle a éclairé l'opinion publique par les discussions qu'elle a provoquées, et elle continue à l'éduquer par son application quotidienne.

2° Elle a amené les hommes qui désirent se marier à s'assurer de leur état de santé, avant de demander le certificat requis.

3° Elle a prévenu un certain nombre de contaminations, en faisant différer le moment du mariage jusqu'à la guérison. (2)

D'autres Etats possèdent seulement des projets de loi.

C'est ainsi que dans les Etats de Iowa et de Michigan, un bill a été mis à l'ordre du jour interdisant aux ecclésiastiques et aux officiers de l'Etat-civil de procéder au mariage de toute personne ne présentant pas un certificat attestant leur bonne santé mentale et physique.

Le projet de l'Etat de Michigan a été repoussé en 1921.

L'Etat de South-Dakota possède également une proposition d'après laquelle tout candidat au mariage devra justifier d'une bonne santé physique et mentale.

Dans le Missouri, à l'initiative de la doctoresse Owens-Adair, le gouverneur a déposé un projet de loi, tendant à établir que les postulants au mariage devront, avant de se marier, subir un examen médical. L'autorisation de contracter mariage ne sera pas accordée aux déficients physiques ou mentaux avant qu'ils n'aient été rendus stériles. Les intéressés pourront interjeter appel contre les données fournies par le médecin examinateur et se faire examiner à nouveau par trois médecins désignés par le tribunal. (3)

Dans le Delaware, le sénateur Dupont a déposé un projet de loi autorisant des « mariages d'essai d'une durée maximum d'un an ». Les époux qui décideraient de prolonger leur vie con-

---

(1) Dr Sand. Engénique 1929. Tome III ,n° 8.

(2) Ibid.

(3) Pro Juventute 1921, n° 4.

jugale au-delà de cette limite, ne pourraient plus demander le divorce. (1) Cette disposition n'a évidemment qu'une portée indirectement eugénique.

Certains Etats, comme l'Illinois, sous l'impulsion de la *Social Hygiene League* de Chicago, distribuent des brochures illustrées, destinées à montrer aux candidats au mariage les dangers et les responsabilités qu'ils encourent ou font encourir à leur future progéniture, en ne se soumettant pas, en temps voulu, à l'examen du médecin. (2)

Dans l'Etat de New-York, un bill a été déposé en 1924 (14 mars) proposant « que la cérémonie du mariage ne soit pas célébrée avant le troisième jour qui suit la date de la délivrance de la licence de mariage, à moins de l'autorisation d'un juge de la court of record, et aucun officier d'état-civil ne pourra délivrer une licence de mariage sans avoir inscrit avec une encre de couleur différente de celle du corps du certificat les mots suivants : la célébration du mariage d'après la stipulation de cette licence est défendue par la loi avant la date du... », en suite de quoi l'officier ajoutera la date.

Ce projet a pour but de prévenir les mariages hâtifs et de permettre la réflexion afin que la sélection par le mariage soit plus délibérée. (3)

Enfin, il existe des associations bénévoles qui procèdent à des examens médicaux prématrimoniaux. C'est ainsi qu'à Chicago, ces examens sont organisés depuis 1922, sous la direction de Andrew M. Raman et H. N. Bundesen. Ils sont approuvés par la population féminine en général et, pour la seule période de novembre à décembre 1922, 300 personnes ont été examinées. (4)

Pollock préconise la prohibition du mariage entre personnes anormales. Il estime également qu'on pouvait avec avantage empêcher le mariage de personnes normales avec celles por-

(1) Eugénique 1925 p. 251
(2) Eugénique 1925 p. 251.
(3) The Reform Bulletin, 14 mars 1924.
(4) Dr Potet. L'hygiène mentale.

teuses de tares psychiques; pour cela, des sortes de bureaux généalogiques ou eugéniques seraient organisés dans les villes et les villages; ils renseigneraient chaque citoyen sur les défauts et les qualités des individus et constitueraient des « family stocks » très utiles. (1)

Disons encore que le clergé américain semble favoriser ces pratiques. A Chicago, l'évêque Anderson et le doyen Summer ont refusé de laisser célébrer des mariages parce que les couples s'avançaient à l'autel sans s'être préalablement munis de l'indispensable certificat attestant qu'ils jouissaient d'une parfaite santé. Le Rév. Mabel R. Witham, de Boston, incitait tous ses confrères à refuser d'unir les couples qui ne produiraient pas un certificat médical.

F. — LE DIVORCE ET L'EUGENIQUE AUX ETATS-UNIS. (2)

Nous allons jeter un coup d'œil rapide sur la législation du divorce dans les différents Etats pour autant que celle-ci renferme des dispositions intéressant le bien de la race.

Alabama. — Le divorce est prononcé pour emprisonnement de deux ans dans un pénitencier, pour ivresse habituelle durant le mariage, pour toxicomanie, pour folie occasionnant un séjour de vingt années successives dans un asile durant le mariage.

Le divorce est encore prononcé quand l'homme est en-dessous de 17 ans ou la femme en-dessous de 14 ans en se mariant; mais si le demandeur cohabite avec le défendeur après l'âge légal, le mariage est ratifié.

Alaska. — Le mariage est nul quand l'âge légal n'est pas atteint.

Le mariage est dissous pour ivresse habituelle contractée pendant le mariage et continuée pendant l'année précédant la demande de dissolution.

---

(1) Dr Potet, *L'Hygiène Mentale*.

(2) Milton Ives Livy, *Marriage and Divorce*.

Arizona. — Le divorce est prononcé pour ivresse habituelle. Le mariage peut être annulé quand l'homme est en-dessous de 18 ans ou la femme en-dessous de 14 ans; la cohabitation après l'âge légal, le régularise.

Arkansas. — Le divorce est prononcé pour ivresse habituelle. Le mariage peut être annulé quand les conjoints n'ont pas l'âge légal de consentement.

Californie. — Le divorce est prononcé pour ivresse habituelle pendant un an.

Le mariage peut être annulé quand les conjoints n'ont pas l'âge légal de consentement; pour folie, à moins que les conjoints n'aient cohabité après la guérison.

Colorado. — Le divorce est prononcé pour ivresse habituelle pendant un an.

Connecticut. — Le divorce est prononcé pour une sentence d'emprisonnement pour la vie, pour ivresse habituelle.

Le mariage peut être annulé quand l'un des contractants est mineur.

Cuba. — Le divorce est prononcé pour condamnation aux travaux forcés, ou à perpétuité.

Le mariage peut être annulé quand l'homme est en-dessous de 14 ans ou la femme en-dessous de 12 ans.

Delaware. — Le divorce est prononcé pour ivresse habituelle.

Le mariage peut être annulé pour folie, et si les contractants n'ont pas l'âge de consentement; toutefois la cohabitation après l'âge légal, le régularise.

District de Colombie. — Le mariage peut être annulé quand il a été contracté pendant la folie d'un des conjoints, à moins qu'il n'y ait eu cohabitation après la folie; quand le mari est en -dessous de 21 ans ou la femme en-dessous de 18 ans.

Floride. — Le divorce est prononcé pour ivresse habituelle.

Georgie. — Le divorce est prononcé pour parenté dans les degrés prohibés, incapacité mentale au moment du mariage, pour offense prouvée impliquant au moins 2 ans de prison, pour toxicomanie.

Le mariage peut être annulé quand l'homme est en-dessous de 17 ans ou la femme en-dessous de 14 ans.

Hawaï. — Le divorce est prononcé pour une sentence d'emprisonnement à perpétuité, ou pour au moins 7 ans, pour lèpre incurable, pour ivresse habituelle, pour folie incurable existant depuis au moins trois ans.

Le mariage peut être annulé pour folie ou idiotie, aussi quand l'homme est en-dessous de 18 ans ou la femme en-dessous de 15 ans.

Idaho. — Le divorce est prononcé pour ivresse habituelle pendant un an ; pour folie permanente si le malade a été interné dans un asile d'aliénés pendant les 6 ans précédant l'action au divorce.

Le mariage peut être annulé quand l'une des parties était faible d'esprit en contractant mariage, à moins que ce conjoint en revenant à la raison, cohabite librement avec l'autre, quand l'une des parties en contractant était physiquement incapable d'entrer en mariage et que cette incapacité perdure et soit incurable ; quand les parties sont en-dessous de l'âge légal de consentement.

Illinois. — Le divorce est prononcé pour ivresse habituelle pendant deux ans, pour crime prouvé impliquant une peine infamante.

Territoire Indien. — Le divorce est prononcé pour conviction d'un crime infamant, ivresse habituelle pendant un an, pour folie incurable et permanente survenant pendant le mariage.

Le mariage peut être annulé quand l'une des parties est physiquement ou mentalement incapable, ou est en-dessous de l'âge légal.

Indiana. — Le divorce est prononcé pour ivresse habituelle, pour culpabilité prouvée d'une infraction infamante, subséquente au mariage.

Le mariage peut être annulé pour folie, aussi quand le mari est en-dessous de 18 ans ou la femme de 16 ans.

La séparation peut être prononcée pour ivresse habituelle, pour toxicomanie.

Iowa. — Le divorce est prononcé pour ivresse habituelle.

Le mariage peut être annulé pour folie ou idiotie, aussi quand le mari a moins de 16 ans ou la femme moins de 14 ans.

Kansas. — Le divorce est prononcé pour ivresse habituelle, culpabilité prouvée de felony et emprisonnement dans un pénitencier subséquent au mariage.

Le mariage peut être annulé pour défaut d'âge ou de connaissance au moment du mariage. Le mari doit avoir 17 ans et la femme 15 ans.

Kentucky. — Le divorce est prononcé pour condamnation pour felony, pour dissimulation d'une maladie répugnante existant au moment du mariage ou contractée après. Le divorce est accordé à la femme innocente pour ivresse habituelle du mari pendant un an, avec dilapidation sans prévoyance de l'entretien de sa famille.

Le divorce est accordé au mari pour ivresse habituelle de la femme pendant un an. Le mariage peut être annulé quand l'homme est en-dessous de 14 ans ou la femme en-dessous de 12 ans.

Louisiane. — Le divorce est prononcé pour condamnation à une peine infamante, intempérance habituelle.

Le mariage peut être annulé quand le mari est en-dessous de 14 ans ou la femme en-dessous de 12 ans.

Maine. — Le divorce est prononcé pour toxicomanie.

Le mariage est nul pour idiotie ou folie.

Les époux en-dessous de 21 ans pour l'homme et de 18 ans ans pour la femme doivent avoir le consentement des parents pour se marier.

Maryland. — Le consentement des parents est requis pour le mariage d'un homme en-dessous de 21 ans ou d'une femme en-dessous de 18 ans.

Massachusetts. — Le divorce est prononcé pour toxicomanie invétérée, pour condamnation aux travaux forcés pour au moins 5 ans.

Le mariage peut être annulé pour idiotie ou folie, aussi quand l'homme est en-dessous de 14 ans et la femme en-dessous de 12 ans.

Minnesota. — Le divorce est prononcé pour culpabilité prouvée de crime, pour ivresse habituelle pendant un an précédant la demande en divorce.

Le mariage peut être annulé pour défaut de connaissance, et quand les époux n'ont pas l'âge légal.

Mississippi. — Le divorce est prononcé pour condamnation à un pénitencier, ivresse habituelle, toxicomie, pour folie, idiotie.

Michigan. — Le divorce est prononcé pour ivresse habituelle, pour sentence d'emprisonnement de trois ans.

Le mariage est nul quand l'un des époux a été condamné à la prison perpétuelle, ou si l'homme n'a pas 18 ans ou la femme 16 ans.

Missouri. — Le divorce est prononcé pour culpabilité prouvée de félonie ou de crime infamant depuis le mariage, pour ivresse habituelle pendant un an, pour culpabilité prouvée de félonie ou de crime infamant avant le mariage, ignoré du conjoint alors.

Le mariage peut être annulé quand l'un des conjoints est incapable de le contracter pour une raison quelconque.

Montana. — Le divorce est prononcé pour ivresse habituelle pendant un an.

Le mariage peut être annulé quand une incapacité physique existe, quand l'une des parties n'a pas l'âge du consentement, ou quand elles sont d'esprit faible.

Nebraska. — Le divorce est prononcé pour sentence d'emprisonnement d'au moins trois ans, pour ivresse habituelle.

Le mariage peut être annulé pour folie, idiotie, ou quand l'une des parties n'a pas l'âge légal.

Nevada. — Le divorce est prononcé pour culpabilité prouvée de félonie ou d'un crime infamant, pour ivresse.

Le mariage peut être annulé pour défaut de connaissance, ou si l'homme est en-dessous de 18 ans ou la femme en-dessous de 16 ans.

New Hampshire. — Le divorce est prononcé pour culpabilité prouvée de crime, ivresse habituelle pendant trois ans.

Le mariage peut être annulé si l'homme est en-dessous de 14 ans ou la femme en-dessous de 13 ans.

New-Jersey. — Le mariage peut être annulé pour défaut d'âge légal.

New-Mexico. — Le divorce est prononcé pour ivresse habituelle.

Le mariage peut être annulé pour défaut d'âge, pour folie. Personne n'est autorisé à se marier s'il n'est certain d'être capable de contracter mariage.

New-York. — Le mariage est annulé pour incurable incapacité physique, pour défaut de connaissance, pour défaut d'âge.

North-Carolina. — La séparation peut être prononcée pour ivresse habituelle.

North-Dakota. — Le divorce est prononcé pour ivresse habituelle, pour toxicomanie, pour culpabilité prouvée de félonie, pour folie entraînant 5 ans de séjour dans une institution de l'Etat.

Le mariage peut être annulé pour défaut d'âge, 16 ans pour le mari et 13 ans pour la femme, pour faiblesse d'esprit.

Ohio. — Le divorce est prononcé pour ivresse habituelle pendant trois ans, pour emprisonnement dans un pénitencier.

L'âge légal du mariage est 18 ans pour l'homme et 16 ans pour la femme.

Oklahoma. — Le divorce est prononcé pour ivresse habituelle, pour culpabilité prouvée de félonie et emprisonnement dans un pénitencier après le mariage.

Le mariage peut être annulé pour défaut d'âge ou de connaissance.

Oregon. — Le divorce est prononcé pour culpabilité prouvée de félonie, ivresse habituelle contractée pendant le mariage et continuée pendant un an.

Le mariage peut être annulé pour défaut de connaissance ou d'âge (18 ans pour l'homme et 15 pour la femme).

Panama. — Le divorce est prononcé pour ivresse habituelle.

L'obligation de cohabiter peut être suspendue pour folie, pour maladie contagieuse et autres infortunes similaires.

Le mariage est nul quand l'homme est au-dessous de 14 ans ou la femme de 12, pour cause de folie.

Pennsylvania. — Le divorce est prononcé pour culpabilité prouvée de crime ayant entraîné une sentence d'au moins deux ans, pour folie incurable.

Iles Philippines. — Le divorce partiel est prononcé pour condamnation aux travaux forcés ou à la détention perpétuelle.

Le mariage peut être annulé pour défaut d'âge (14 ans pour l'homme et 12 ans pour la femme) faiblesse d'esprit, incurable incapacité physique.

Porto-Rico. — Le divorce est prononcé pour culpabilité prouvée entraînant la perte des droits civils, ivresse habituelle, toxicomanie.

Le mariage peut être annulé pour faiblesse mentale, pour défaut d'âge (18 ans pour l'homme, 16 ans pour la femme) pour incompétence physique.

Rhode-Island. — Le divorce est prononcé pour ivresse habituelle pour toxicomanie, si l'une des parties est présumée morte civilement.

Le mariage peut être annulé si l'une des parties est convaincue de crime entraînant la mort civile.

South-Carolina. — Le mariage peut être annulé pour idiotie, pour folie.

South-Dakota. — Le divorce est prononcé pour culpabilité prouvée de félonie, ivresse habituelle pendant un an.

Le mariage peut être annulé pour défaut d'âge (18 ans pour l'homme et 15 pour la femme) pour faiblesse d'esprit.

Tennessee. — Le divorce est prononcé pour culpabilité prouvée de félonie ou de crime infamant, ivresse habituelle contractée pendant le mariage, pour folie.

Le mariage peut être annulé pour défaut d'âge (14 ans pour l'homme et 12 pour la femme).

Texas. — Le divorce est prononcé pour culpabilité prouvée de félonie non graciée un an après le jugement.

Le mariage est nul si l'homme est en dessous de 16 ans et la femme en dessous de 14 ans.

Utah. — Le divorce est prononcé pour ivresse habituelle, pour culpabilité prouvée de félonie, folie permanente.

Le mariage est annulé pour idiotie, pour folie, pour défaut d'âge (16 ans pour l'homme et 14 ans pour la femme).

Vermont. — Le divorce est prononcé pour condamnation aux travaux forcés d'au moins trois ans avec détention actuelle.

Le mariage peut être annulé pour défaut d'âge (16 ans pour l'homme et 14 ans pour la femme) pour incapacité physique, pour idiotie, pour folie.

Virginia. — Le divorce est prononcé pour détention dans un pénitentier, pour culpabilité prouvée d'une offense infamante antérieure au mariage, inconnue du conjoint, pour condamnation par défaut pour une offense entraînant la mort ou la détention dans un pénitencier, avec absence du coupable pendant 2 ans.

Le mariage est annulé pour incapacité physique, pour folie.

Washington. — Le divorce est prononcé pour ivresse habituelle, pour emprisonnement dans un pénitencier si l'instance est introduite pendant l'emprisonnement, pour folie furieuse chronique ou démence existant depuis dix ans.

Le mariage peut être annulé pour défaut de connaissance et d'âge, culpabilité prouvée de félonie, pour folie, pour tuberculose pulmonaire, pour maladie vénérienne contagieuse.

West-Virginia. — Le divorce est prononcé pour condamnation à un pénitencier, pour culpabilité prouvée d'un crime infamant, antérieur au mariage et inconnu par le conjoint.

La séparation peut être prononcée pour ivresse habituelle contractée après le mariage.

Le mariage peut être annulé pour folie.

Wisconsin. — Le divorce est prononcé pour sentence d'emprisonnement d'au moins trois ans antérieure au mariage, pour toxicomanie, pour ivresse habituelle pendant un an précédant la demande en divorce.

Le mariage peut être annulé pour folie, pour défaut d'âge.

Wyoming. — Le divorce est prononcé pour culpabilité prouvée de félonie avec sentence d'emprisonnement, pour ivresse habituelle, pour culpabilité prouvée de félonie ou crime infamant antérieur au mariage inconnu du conjoint, pour folie incurable.

Le mariage peut être annulé pour défaut d'âge (18 ans pour l'homme et 16 ans pour la femme). Le mariage est nul pour folie, pour idiotie.

§ 9. — LES MESURES D'HYGIENE SOCIALE.

Nous redirons ici ce que nous avons exposé déjà au chapitre de l'Angleterre. Les mesures d'hygiène sociale ne constituent pas en elles-mêmes des mesures eugéniques, mais elles représentent toutefois des moyens indirects préconisés par les eugénistes eux-même en vue d'améliorer la race.

La protection de l'enfance et de la maternité, la lutte contre les maladies mentales, le péril vénérien, la tuberculose, l'alcoolisme, sont autant de moyens qui, tout en guérissant et perfectionnant l'individu, guérissent et perfectionnent la race toute entière.

Comme l'énumération de tous ces moyens aux Etats-Unis constituerait à elle seule un volume, nous nous bornerons pour ce pays, à exposer les principales mesures qui ont été prises en matière de protection de l'enfance et de lutte contre les maladies mentales.

A cet effet, notre paragraphe sera divisé en deux parties.
A. — Protection de l'enfance.
B. — Lutte contre les maladies mentales.

A. — Protection de l'enfance et de la maternité

Nous nous bornerons à énumérer ici les principales lois fédérales et de chaque Etat, ainsi que les institutions ayant pour but la protection de l'enfance et de la maternité.

I. — APERÇU AU POINT DE VUE FEDERAL.
Législation.

Act creating the Children's Bureau, 1912 — 37 Stat. 79 — 736.
Vocational Education Act, 1917 — 39 Stat. 929.
Maternity and Infancy Act, 1921 — 42 Stat. 135.

Institutions et Sociétés bénévoles.

American Child Health Association, New-York City.
Big Brother and Big Sister Federation, New-York City.
Boy Scouts of America, New-York City.
Camp Fire Girls, New-York City.
Child Welfare League of America, New-York City.
Commomwealth Fund, New-York City.
Girl Scouts, New-York City.

International Kindergarten Union, New-York City.
International Society for Crippled Children, Elyria, Ohio.
Junior Red Cross, Washington, D. C.
Laura Spelman Rockfeller Memorial (pre-schoolchild), New-York City.

National Association for Advancement of Coloured People, New-York City.
National Child Labour Committee, New-York City.
National Child Welfare Association, New-York City.
National Committee for Mental Hygiene, New-York City.
National Committee for Prevention of Blindness, New-York City.

National Conference of Social Work, Cincinnati, Ohio.
National Congress of Mothers and Parent, Teacher Association, Washington, D. C.

National Council of Primary Education, Columbia, Mo.
National Education Association, Washington, D. C.
National Federation of Day Nurseries, New-York City.
National Kindergarten Association, New-York City.
National Organisation for Public Health Nursing, New-York City.

National Probation Association, New-York City.
National Society for Vocational Association, New-York, City.

National Vocational Guidance Association, New-York City.
Playground and Recreation Association, New-York City.
Progressive Education Association, Washington, D. C.
Russell Sage Foundation, New-York City.

II. — APERÇU PAR ETAT

. ALABAMA

Législation.

Local Laws 1915. (Provide juvenile courts for Mobile and Jefferson Counties.)
Education Act, 1919.

Institutions et Sociétés bénévoles.

Alabama Children's Aid Society, Montgomery.
Alabama Methodist Orphanage, Selma.
Alabama Vocational School for Girls, Woodlawn, Birmingham.
Jefferson County Children's Aid Society, Birmingham.
North-side Community House and Day Nursery, Birmingham.
Our Orphans' Home. Talladega.
Protestant Orphan Asylum, Mabile.

ARIZONA

Législation.

Bastardy Act, 1913.
Bastardy Act Amendement Act, 1921.
Civil Code (Revised Statutes), 1913. (Gives the superior court special juridiction in juvenile cases.)
Education Act.
Legitimacy Act, 1921.
« Sheppard-Towner Work » Act, 1923.
Child Welfare Board Act, 1923.

Institutions et Sociétés bénévoles.

Arizona Children's Home Assosiation, Tucson.
Day Nursery, Phoenix.
St. Joseph's Orphan Home, Tucson.
St. Michael's Mission School, St. Michael's.

ARKANSAS

Législation. .

Education Act, 1909.
Mothers' Aid Act, 1917.

Institutions et Sociétés bénévoles.

Arkansas Baptist Orphan's Home, Monticello.
Arkansas Children's Home Society, Little Rock.
Inter-State Orphan's Home, Hot Springs.

CALIFORNIA

Législation.

Mental Defectives Act, 1915, and Amendement, 1917.
Detention and Non-Support of Children Act, 1917.
Penal Code (Juridiction of Offences) Amendement, 1919.
Civil Code (Succession by Illegitimate children) Amendement Act, 1921.
Penal Code (Neglect of Minor Children) Amendement Act, 1921.

Institutions et Sociétés bénévoles.

Berkeley Child Welfare Society, Berkeley.
Boys' Aid Society, San Francisco.
Boys' and Girls' Aid Society, Pasaden and San Diego.
California Children's Home Society, Los Angeles.
California Girls' Training Home, Alamada.
California Home for Crippled children, Los Angeles.
California Junior Republic, Chino.
Japanese children's Home, Los Angeles.
Los Angeles Orphan's Home Society, Los Angeles.
Northern Federation of Coloured Women's Clubs, Oakland.
Pasadena Children's Training Society, Pasadena.
Society of the Sisters of the Holy Family, Oakland.
Youths' Directory, San Francisco.

COLORADO

Législation.

Education Act, 1876, and Amendements.
Delinquency and Dependency Act, 1909.
Child Labour Act, 1911.
Probation Officers Act, 1911.
State Home Act, 1913
Workmen's Compensation Act, 1919.

Institutions et Sociétés bénévoles.

City Temple Institutional Society, Denver.
Colorado Child Welfare Bureau, Denver.
Colorado State Home for Children, Denver.
Denver Orphans' Home Association, Denver.
Mount St. Vincent Home, Denver.
Negro Women's Club Association, Denver.
Neighbourhood House Association, Denver.
Queen of Heaven Orphanage, Denver.
St. Clara's Orphanage, Denver.

CONNECTICUT

Législation.

Education Act, 1911.
County Homes Act, 1918.
Industrial Schools Act, 1918.
Juvenile Offenders Act, 1918.
Probation Officers Act, 1918.
State Board of Charities Act, 1918.

Institutions et Sociétés bénévoles.

Catholic Charitable Bureau, Bridgeport.
Children's Home Association, New-Britain.
Children's Home Commission, Waterbury.
Connecticut Children's Aid Society, Harford and New-Haven.

Connecticut Junior Republic Association, Letchfield.
Hartford Orphan's Asylum, Hartford.
Middlesex County Orphan's Home Corporation, Middletown.
New-Haven Orphan Asylum, New-Haven.
St. Francis Orphans Asylum, New-Haven.
Society of the Children of Mary of Immaculate Conception, New-Britain.

DELAWARE

Législation.

Industrial Schools Act, 1915.
Juvenile Delinquents Act, 1915.
Parents and Children Amendement Act, 1919.
School Code, 1919.
Illegitimate Children Amendement Act, 1921.

Institutions et Sociétés bénévoles.

Delaware Children's Home Society, Wilmington.
Home for Friendless and Destitute Children, Wilmington.
Roman Catholic Male Protectory, Delaware City.
St. Joseph's Home for Coloured Boys, Wilmington.

Institutions et Sociétés bénévoles.

Catholic Children's Bureau, Washington.
Friendship HouseAssociation, Washington.
German Orphan Asylum, Washington.
Holy Family Day Nursery, Washington.

FLORIDA

Institutions et Sociétés bénévoles.

Boys' Home Association, Jacksonville.
Children's Home Society, Jacksonville.
Florida Baptist Children's Home, Arcadia.
Florida Methodist Orphanage, Enterprise.
Orlando Day Nursery Association, Orlando.

Rosa Valdez Settlement, West-Tamps.
St. Mary's Home, Jacksonville.
Tamps Children's Home, Tamps.
Women's Relief Association, Miami.

GEORGIA

Législation.

Employment of Children Act, 1914.
Vital Statistics Act, 1914.
Juvenile Courts Act, 1915, and Amendement, 1916, 1917.
Education Act, 1916.
Vocational Education Act, 1917.

Institutions et Sociétés bénévoles.

Bethesda Home for Boys, Savannah.
Fulton Bag and Cotton Mills Day Nursery, Atlanta.
Georgia Baptist Orphan's Home, Atlanta.
Georgia Children's Home Society, Atlanta.
Georgia Industrial Home, Macon.
Hebrew Orphan's Home, Atlanta.
Home of the Friendless, Atlanta.
Masonic Home, Macon.
North Georgia Conference Home, Decatur.
North Highland Day Nursery, Columbus.
Sheltering Arms Association of Day Nurseries, Atlanta.
South Georgia Conference Home, Macon.
Tocoa Orphanage, Tocoa.
Washti Industrial School, Thomasville.

IDAHO

Institutions et Sociétés bénévoles.

Children's Home-finding and Aid Society, Boise.
St. Vincent's Home, Pocatello.

ILLINOIS

Législation.

Bastardy Act, 1872.
Dependent, Neglected, and Delinquent Children Act, 1899.
Bastard Act Amendement Act, 1919.

Institutions et Sociétés bénévoles.

Chicago Home for Jewish Orphans, Chicago.
Chicago Industrial School for Girls, Des Plaines.
Chicago Nursery and Half Orphan Asylum, Chicago.
Chicago Orphan Asylum, Chicago.
Evangelica Lutheran Orphan Home, Addison.
Glenwood Manual Training School, Glenwood.
Illinois Children's Home and Aid Society, Chicago.
Illinois Soldiers' Orphans' Home, Normal.
Juvenil Protective Association, Chicago.
Ketteler Manual Training School for Boys, Chicago.
Lawrence Hall, Chicago.
Lisle Manual Training School for Boys, Lisle.
Marks Nathan Jewish Orphan Home, Chicago.
Methodist Deaconess Orphanage, Lake Bluff.
Mooseheart Home, Mooseheart.
National Childen's Home and Aid Society, Chicago.
Polish Manual Training School for Boys, Norwood Park, Chicago.
St. Hedwig's Industrial School for Girls, Norwood Park. Chicago.
St. John's Catholic Orphanage, Belleville.
St. Mary's Training School, Des Plaines.
Society of St. Vincent de Paul, Chicago.
Springfield Home for the Friendless, Springfield.

INDIANA

Institutions et Sociétés bénévoles.

Anderson Orphan's Home, Anderson.
Family Welfare Society, Indianapolis.
Fort Wayne Orphan Home, Fort Wayne.

Indiana Children's Aid Society, Mishawaka.
Indianapolis Day Nursery Association, Indianapolis.
Indianapolis Orphan Home, Indianapolis.
Indiana Soldiers' and Sailors' Orphan Home, Knightstown.
Rose Orphan Home, Terre Haute.
St. Joseph's Orphan Asylum, La Fayette.
St. Vincent Orphan Home for Girls, Fort Wayne.
St. Vincent School for Boys, Vincennes.

IOWA

Institutions et Sociétés bénévoles.

American Home-Finding Association, Ottumwa.
Iowa Children's Home Society, Des Moines.
Iowa Soldiers' Orphans' Home, Davenport.
Ladies' Industrial Relief Society, Davenport.
Norwegian Lutheran Church Orphans' Home, Belvit.
Organised Welfare Bureau, Sioux City.
Roadside Settlement House Association, Des Moines.
St. Anthony's Home, Sioux City.
St. Mary's Orphans' Home, Dubuque.
Saints' Children's Home Association, Lamoni.

KANSAS

Législation.

Vital Statistics Law, 1911.
Industrial Schools Act, 1915.
School Attendance Act, 1915.
State Orphans' Home Act, 1915.
Maternity Hospitals, etc., Act, 1919.

Institutions et Sociétés bénévoles.

Children's House, Kansas City.
Christian Service League. Wichits.
Hutchinson Mothers' Club, Hutchinson.

Kansas Children's Home Society, Topeka.
Lutheran Children's Friend Society, Winfield.
Mennonite Children's Home, Argentine.
St. Vincent's Home, Leaverworth.
Security Benefit Association, Topeka.
Sunflower Day Nursery, Topeka.

KENTUCKY

Institutions et Sociétés bénévoles.

Campbeel County Protestant Orphans' Home, Newport.
Family Service Organisation, Louisville.
Jewish Welfare Federation, Louisville.
Kentucky Baptist Children's Home, Glendale.
Kentucky Child Welfare Commission, Louisville.
Kentucky Children's Home Society.
Louisville Baptist Orphan's Home, Louisville.
Louisville Community Chest, Louisville.
National Home-Finding Society, Louisville.
Neigbourhood House, 428, South First Street, Louisville.
Oldfellows' Orphan House, Lexington.
St. Joseph's German Roman Catholic Orphan Society,
Louisville.
St. Joseph's Orphan Asilum, Cold Spring.
St. Thomas's Orphans' Home, Louisville.

LOUISIANA

Institutions et Sociétés bénévoles.

Louisiana Baptist Orphanage, Lake Charles.
Louisiana Child-Finding and Home Society, New-Orleans.
Louisiana Children's Home Society, Jennings.
Louisiana Methodist Orphanage, Ruston.
Missionary Sisters of the Sacred Heart, New-Orleans.
New-Orleans Female Orphan Asylum, New-Orleans.
Protestant Orphan's Home, New-Orleans.
St. Alphonsus Orphan Asylum, New-Orleans.

St. Mary's Catholic Orphan Boys' Asylum, New-Orleans.
St. Vincent's Infant Asylum, New-Orleans.
Sisters of Notre-Dame, New-Orleans.

MAINE

Institutions et Sociétés bénévoles.

Children's Aid Society, Belfast.
Good-Will House Association, Fairfield.
Holy Innocents Home, Portland.
Lewiston Girls' Orphanage, Lewiston.
Maine Children's Home Society, Augusta.
Maine Public Health Association, Portland.
Maine Red Cross Society, Portland.
New England Home for Little Wanderers, Caribon.
Opportunity Farm Association, New Gloucester.
Portland Child Welfare Association, Portland.
St. Elizabeth's Roman Catholic Orphan Asylum, Portland.
York County Children's Aid Society, Saco.

MARYLAND

Institutions et Sociétés bénévoles.

Amith Mennonite Children's Home Association, Grantsville.
Day Nursery Association for Coloured Children, Baltimore.
General German Orphan Association, Catonsville.
Henry Watson Children's Aid Society, Baltimore.
Home of the Friendless, Baltimore.
Jewish Children's Society, Baltimore.
St. Elizabeth's Home, Baltimore.
St. Mary's Female Orphan Asylum, Baltimore.
St. Vincent's Male Orphan Asylum, Towson.
St. Vincent's Maternity Hospital and Infant Asylum, Baltimore.
Social Service League, Rockville.
Society of St. Vincent de Paul, Baltimore.

MASSACHUSETTS

Institutions et Sociétés bénévoles.

Bureau on Illegitimacy, Boston.
Children's Aid Society, Boston, New Bedford, Haverhill, Springfield, Northampton, and Fitchbury.
Children's Friend Society, Boston.
Children's Hospital, Boston.
House of the Angel Guardian, Boston.
Infants' Hospital, Boston.
Jewish Children's Bureau, Boston.
Massachusetts Society for the Prevention of Cruelty to Children, Boston.
New England Home for Little Wanderers, Pittsfield.
Orphelinat Franco-American, Lowell.
Pittsfield Day Nursery Associationn, Pittsfield.
St. Mary's Home, New Bedford.
St. Vincent's Home, Fall River.
St. Vincent's Orphan Asylum, Boston.
Working Boy's Home, Boston.

MICHIGAN

Institutions et Sociétés bénévoles.

Child Welfare Society, Flint.
Detroit Children's Aid Society, Detroit.
Evangelical Lutheran Children's Friend Society, Bay City.
Felician Sisters' Home for Orphans, Detroit.
Good Will Farm Association, Houghton.
Holy Family Orphan's Home, Marquette.
House of Providence, Detroit.
Methodist Children's Home, Farmington.
Michigan Children's Aid Society, Lansing.
St. Francis's Home for Orphans Boys, Detroit.
St. John's Orphan Asylum, Grand Rapids.
St. Vincent's Orphan Asylum, Detroit.
St. Vincent's Orphan Home, Saginaw.
Society of St. Vincent de Paul, Detroit.
Starr Commonwealth for Boys, Albion.

MINNESOTA

Législation.

State Bureau of Labour (Women and Children) Act, 1909.
Industrial Schools Act, 1913.
Mothers' Allowances Acts, 1913 and 1923.
State Board of Control Act, 1913.
Maximum Day's Work Amendement Act, 1913.
State Board of Health Act, 1917.
Juvenile Court Act, 1917.
Infant Homes Act, 1919.
Maternity Hospitals Act, 1919.
Child-Placing and Child-Helping Organisations, Act, 1919.
State Board of Education Act, 1919.
Street Trading Act, 1921.
Maternity and Infancy Act, 1921.
Births and Deaths Registration Amendement Act, 1921.
Administration of Poor Relief Act, 1923.
Compulsory School Attendance Act, 1923.

Institutions et Sociétés bénévoles.

Catholic Central Bureau, Minneapolis.
Catholic Orphan Asylum, Minneapolis.
Children's House Society, Duluth.
Children's House Society, St. Paul.
Community Fund, Minneapolis.
Community Fund, St. Paul.
County Public Health Nursery Services.
Infant Welfare Society, Minneapolis.
Minnesota Public Health Association, St. Paul.
Minnesota Red Cross, Minneapolis.
St. Jame's Orphans' Home, Duluth.
St. Joseph's German Catholic Orphan Society, St. Paul.
St. Otto's Orphanage, Little Falls.
Shriners's Hospital for Crippled Children, Minneapolis.
Visiting Nurse Association, Minneapolis.

MISSISSIPPI

Institutions et Sociétés bénévoles.

Masonic Home, Meridan.
Mississippi Baptist Orphanage, Jackson.
Mississippi Children's Home Society, Jackson.
Mississippi Orphans' Home, Jackson.

MISSOURI

Législation.

Abandonment of Children Act, 1909, and Amendement, 1919.
Children's Guardians Act, 1909.
Mothers' Pensions Act, 1909.
Mistreatment of Children Act, 1921.
Administration Act, 1921.

Institutions et Sociétés bénévoles.

Baptist Orphans' Home, Pattonville.
Boys' Hotel and Club, Kansas City.
Boys' Orphan House, Kansas City.
Central Welfare Board, St. Joseph.
Children's Aid Society, St. Louis.
Children's Home Society of Missouri, St. Louis.
German St. Vincent Orphan Association, Normandy.
Lutheran Orphan's Home, Des Peres.
Methodist Orphans' Home Association, St. Louis.
Presbyterian Orphanage, Farington.
St. Joseph's Orphan Girls' Home, Kansas City.
St. Anthony's Home for Infants, Kansas City.

MONTANA

Institutions et Sociétés bénévoles.

Children's Home Society, Helena.
St. Joseph's Orphan Home, Helena.
St. Thomas's Orphan Home, Great Falls.

NEBRASKA

Législation.

Juvenile Courts Act, 1905.
Departement of Public Welfare Act, 1919 (inter alia, establishes the State Child Welfare Bureau).
Mothers' Pensions Act, 1919.
State Industrial Home Act, 1921.
Labour Laws, 1922 (Sections 7669-7681).

Institutions et Sociétés bénévoles.

Child Saving Institute, Omaha.
Father Flanagan's Boys' Home, Omaha.
National Children's Farm Home Association, Lincoln.
St. James's Orphanage, Omaha.

NEVADA

Législation.

Adoption of Children Act, 1885, and Amendement, 1921.
State Orphans' Home Act, 1912.
State School of Industry, 1912.

NEW HAMPSHIRE

Institutions et Sociétés bénévoles.

L'Hôpital de Notre-Dame de Lourdes, Manchester.
New Hampshire Children's Aid and Protective Society, Manchester.
St. Charles's Orphanage, Roschester.
St. Peter's Orphanage, Manchester.

NEW JERSEY

Législation.

Bastard Children (Maintenance) Act, 1898.
Dependent and Delinquent Children Act, 1913.
Act to Promote Home Life for Dependent Children, 1913, and Amendement, 1919 (« Mothers' Pensions Act »).

Juvenile Courts Act, 1918, and Amendement, 1922.
School Attendance Act, 1919.

Institutions et Sociétés bénévoles.

Catholic Children's Aid Society, Newark.
Children's Aid Society, Vineland.   .
Children's Relief and General Welfare Society, Hackensack.
Immaculate Conception Orphanage, Lodi.
Paterson Orphan Asylum Association, Paterson.
St. Anthony's Orphanage, West Arlington.
St. Joseph's Home, Englewood.
St. Joseph's Home, Jersey City.
St. Mary's Orphan Asylum, Newark.
St. Peter's Orphan Asylum, Newark.

NEW-YORK

Législation.

Criminal Code, 1881 et Seq.
Domestic Relations Law, 1909.
Education Law, 1909 to 1923.
General Municipal Law, 1909, to 1923 (Deals, inter alia,
with boards of Child Welfare and Mothers' Allowances).
NewYork Inferior Criminal Courts Acts, 1910, and 1921
(Set up the New-York Family Court, and Children's Court, etc.)
Penal Law, 1909 to 1923.
Poor Law, 1909 to 1924.
Public Health Law, 1909 to 1923.
State Charities Law, 1909 to 1923.

Institutions et Sociétés bénévoles.

Asylum of the Sisters of St. Dominic, Blauvelt.
Brooklyn Hebrew Orphanage Asylum, 375-393 Ralph Avenue, Brooklyn.
Children's Aid and Society for the Prevention of Cruelty to
Children, of Erie County, 261, Delaware Avenue, Buffalo.
Children's Village, Chauncey.

German Roman Catholic Orphan Asylum, 564 Dodge St.,
Buffalo.

Hebrew Sheltering Guardian Society, Pleasantville.

Mohawk and Hudson River Humane Society, 80 Howard
Street, Albany.

NewYork Catholic Protectory, 415 Broom Street, New-York.

New-York Children's Aid Society, 105 East 22nd Street,
New-York.

New-York City Society for the Prevention of Cruelty to
Children, 2 East 105th Street, New-York.

New-York Foundling Hospital, 175 East 68th Street, New-
York.

New-York Institution for the Instruction of the Deaf and
Dumb, 99 Fort Washington Avenue, New-York.

St. Agnes Couvent, Sparkhill.

St. John's Catholic Protectory, Hickville, L. I.

St. Joseph's Female Orphan Asylum, 735 Willoughby Avenue, Brooklyn.

St. Joseph's Home for Destitute Children, Peckshill.

NORTH DAKOTA

Institutions et Sociétés bénévoles.

Children's Boarding Home, Fargo.
Lutheran Home-Finding Society, Fargo.
North Dakota Children's Home Society, Fargo.
St. John's Orphanage, Fargo.
Society of the Friendless, Bismark.

OHIO

Institutions et Sociétés bénévoles.

Allen County Child Welfare Association, Lima.
Bureau of Catholic Charities, Cincinnati.
Children's Home, Cincinnati.
Chlldren's Home Association, Hamilton.
Child Rescue Society, Louisville.

Cleveland Protestant Orphan Asylum, Cleveland.
Hardin County Child Welfare Association, Kenton.
Jewish Orphan Home, Cleveland.
Ohio Soldiers and Sailors' Orphans' Home, Xenia.
St. Aloysius Orphan Asylum, Cincinnati.
St. Ann's Infant Asylum and Maternity Hospital, Columbus.
St. Joseph's Orphan Asylum Association, Cincinnati.
St. Vincent's Orphanage, Cleveland.
Welfare Association for Jewish Children, Cleveland.

OKLAHOMA

Législation.

Mothers' Pensions Act, 1915.
State Home Acts, 1915 and 1917.

Institutions et Sociétés bénévoles.

Baptist Orphan's Home, Oklahoma City.
Children's Home Finding and Welfare League Bethany.
Children's Home Society, Oklahoma City.
Oklahoma Oldfellows' Home, Carmen.

OREGON

Institutions et Sociétés bénévoles.

Boys' and Girls' Aid Society, Portland.
Christie Home for Orphan Girls, Oswego.
Pacific Coast Rescue and Protective Society, Portland.
St. Agnes Foundling Hospital, Park Place.

PENNSYLVANIA

Législation.

Birth Registration Act.
Vaccination Laws, 1895, as amended 1919.
Juvenile Courts Act, 1903, etc.
Child Labour Act, 1915.

Institutions et Sociétés bénévoles.

Associated Aid Societies, Harrisburg.
Catholic Home for Destitute Children, Philadelphia.
Children's Aid Society, Philadelphia.
Children's Home Society, Pittsburgh.
Children's Service Bureau, Pittsburgh.
George Junior Republic Association, Grove City.
Girard College, Philadelphia.
Orphan Asylum of the Holy Family, Emsworth, Bellevue.
St. Joseph's Orphan Asylum, Frie.
St. Joseph's Orphan Home, Pittsburgh.
St. Paul's Roman Catholic Orphan Asylum, Ildewood, Pittsburgh.
Tressler Orphans' Home, Louisville.
United Charities and Luzerne County Humane Association, Wilkes-Barre.
Westmoreland Children's Aid Society, Greensburgh.

RHODE ISLAND

Institutions et Sociétés bénévoles.

Orphelinat St. François, Woonsocket.
Rhode Island Catholic Orphan Asylum, Providence.
St. Vincent de Paul Infant Asylum, Providence.
Woonsocket Children's Home Association, Woonsocket.

SOUTH CAROLINA

Législation.

Vol. I Code, 1922, Sections 201-212, 306, 358 and 359.
Vol. II Code, 1922 Sections 19-22, 239 and 240, 372 and 373, 382, 387, 410, 413-419, 433, 447, 451 and 452, 707-711.
Vol. III Code, 1922, Sections 5334-5337, 5563-5570, 5578.
Physical Examination of School Children (Amendement) Act, 1923.
Probate Court Act, 1923.
Destitute, etc., Children Act, 1924.
Bastardy Act (Amendement), 1924.

Institutions et Sociétés bénévoles.

Charleston Orphan House, Charleston.
Church Home Orphanage, York.
Connie Maxwell Orphanage, Greenwood.
Economy Home, Gaffrey.
Epworth Orphanage, Columbia.
Juvenile Welfare Commission, Charleston.
Rescue Orphanage, Colombia.
Thornwell Orphanage, Clinton.

SOUTH DAKOTA

Institutions et Sociétés bénévoles.

Immaculate Conception Mission School, Stephan.
Lutheran Children's Home-Finding Society, Sioux Falls.
South Dakota Children's Home Society, Sioux Falls.

TENNESSEE

Institutions et Sociétés bénévoles.

Porter Home and Leutz Orphan Asylum, Memphio.
St. Peter's Orphanage, Memphio.
Tennessee Baptist Orphan's Home, Franklin.
Tennessee Children's Home Society, Nashville.

TEXAS

Législation.

Dependent and Neglected Children Act, 1911.
Delinquent Children Act, 1913.
State Training School for Girls Act, 1913.

Institutions et Sociétés bénévoles.

Buckner Orphan's Homes, Dallas.
Dickson Coloured Orphanage, Gilmer.
Methodist Orphan Home, Waco.

Protestant Home for Destitute Children, San Antonio.
Texas Children's Home and Aid Society, Fort Worth.
Texas Orphans' Home, Corsicana.

UTAH

Législation.

Juvenile Courts Act, 1905, and Amendements, 1907 and 1909.
Child Labour, 1911.
Mothers' Pensions Act, 1913.

Institutions et Sociétés bénévoles.

Orphan's Home and Day Nursery Association, Salt Lake City.
St. Ann's Orphanage, Salt Lake City.
Salt Lake Free Kindergarten and Neighbourhood House, Salt Lake City.

VERMONT

Législation.

Board of Charities and Probation Acts, 1917.
Probation Acts, 1917.

Institutions et Sociétés bénévoles.

New England Kum Hattin Homes, Westminster.
Providenc Orphan Asylum and Hospital, Burlington.
Vermont Children's Aid Society, Burlington.

VIRGINIA

Législation.

Adoption Law Amendement Act, 1922.
Child Placing Act, 1922.
Children's Boarding-Houses and Nurseries Act, 1922.
Compulsory Education Amendement Act, 1922.

Employment of Children Amendement Act, 1922.

Juvenile and Domestic Relations Court Amendement Act, 1922.

Maternity and Infant Welfare Hygiene Act, 1922.

Mothers' Aid Act, 1922.

Mothers' Desertion and Non-Support Amendement Act, 1922

State Board of Public Welfare Act, 1922. (Inter alia, provides for the creation of a Children's Bureau.)

Institutions et Sociétés bénévoles.

American Red Cross, Chapters in Arlington County (Baliston), Bedford County (Bedford), Charles City County (Charles City), Clifton Forge Montgomery County (Christiansburg), and Warren County (Front Royal).

Baptist Orphanage, Salem.

Blue Ridge Industrial School, Dyke.

Community Welfare Association, Dauville.

Ferrum Training School, Ferrum.

Industrial School and Farm for Homeless Boys, Covington.

Ivakota Association Inc., Fairfax.

Lynchburg Association Charities, Lynchburg.

Newfort News Associated Charities, Newfort News.

Norfolk United Charities, Norfolk.

Old Fellow's Home, Lynchburg.

Petersburg Associated Charities, Petersburg.

Portsmouth Associated Charities, Richmond.

Presbyterian Orphan's Home, Lynchburg.

Richmond Associated Charities, Richmond.

Staunton Community Welfare League, Staunton.

Virginia Conference Orphanage, Richmond.

WASHINGTON

Législation.

State Training School Act, 1913.

Mothers' Pensions Act, 1915.

Illegitimate Children Act, 1919.

Institutions et Sociétés bénévoles.

Briscoe Orphan Boys' School, Kent.
Children's Orthopaedic Hospital, Seattle.
Missionary Sisters of the Sacred Heart Orphanage, Seattle.
St. Joseph's Orphanage, Spokane.
Washington Children's Home Society, Seattle.

WEST VIRGINIA

Institutions et Sociétés bénévoles.

Children's Home Society, Charleston.
Huntington Union Mission Settlement Huntington.
Wheeling Hospital and Orphan Asylum, Elm Grove.

WISCONSIN

Institutions et Sociétés bénévoles.

Children's Home Society, Milwaukee.
Juvenile Protective Society, Milwaukee.
Madison Public Welfare Association, Madison.
St. Æmilian's Orphan Asylum, St- Francis.
St. Joseph's Orphan Asylum, Green Bay.
St. Joseph's Orphan Asylum, Milwaukee.
St. Michael's Orphanage, La Crosse.

WYOMING

Institutions et Sociétés bénévoles.

Cathedral Home for Children, Laramie.
Wyoming Children's Home Society, Cheyenne.

TERRITORY OF THE VIRGIN ISLANDS OF THE UNITED STATES
(ATLANTIC OCEAN)

Institutions et Sociétés bénévoles.

American Red Cross, St. Thomas.
Christiansted Orphanage and Kindergarten, St. Croix.
Frederiksted Kindergarten, St. Croix.
Frederiksted Orphanage, St. Croix.

B. — Lutte contre les maladies mentales

Les Etats-Unis viennent en tête des pays dans l'organisation de la lutte contre les maladies mentales.

C'est en effet aux Etats-Unis qu'a pris naissance le mouvement actuel d'hygiène mentale existant dans le monde entier.

Nous donnerons ici un aperçu du mouvement (1) et des principales mesures qui ont été prises dans ce pays à ce sujet.

Vers 1912, Channing, Southard se préoccupaient d'améliorer le sort des aliénés et obtenaient que fut rendue légale la libération sur parole. Mais c'est dès 1908 qu'apparait l'œuvre américaine d'hygiène mentale, qui a pris depuis lors une envergure considérable et est devenue, comme le dit Legrain, « une œuvre gigantesque de défense sociale ». En partie constituée d'abord contre les buveurs, elle est née surtout grâce aux efforts d'un ancien malade, doublé d'un grand philantrope, Clifford W. Beers; interné de 1900 à 1903 pour des troubles mentaux postgrippaux, il s'est voué se souvenant de ses souffrances, à l'apostolat de provoquer la fermeture ou tout au moins la raréfaction et l'amélioration des asiles, ce qui lui a mérité le titre de « Pinel américain »; c'est dans un livre intitulé « A mind that found itself » (1908) qu'il a exposé ses idées. Appuyé par des psychiâtres tels que Duggan, James, Meyer, White, il obtint des dons généreux; grâce à Beers, aidé de Babker, Favill, Elliot, Welch, Blumm, Hoch, Russel, le comité « Comité d'hygiène mentale » est créé à New-York en 1908.

La clinique psychiatrique du John Hopkins Hospital est fondée à Baltimore en 1909; en 1911 et 1912, Salmon est le grand animateur de l'œuvre entreprise; en 1915, seize sociétés d'Etat, filiales du Comité central d'hygiène mentale, étaient déjà fondées; en 1920, Legrain, qui est allé étudier sur place ces sociétés, a déjà compté aux Etats-Unis plus de deux cents

____

(1) Dr Potet. L'hygiène mentale.

œuvres, groupements ou sociétés s'occupant des diverses parties du programme d'hygiène mentale.

De New-York, le mouvement d'hygiène mentale rayonna sur la plupart des Etats, en même temps que se perfectionnait, dans la capitale, l'action du Comité Central.

M. A. Bliss est le président de la Société d'hygiène mentale créée en 1921 à St-Louis (Missouri).

Cette même année, à Louisville (Kentucky) a été créée une société d'hygiène mentale, avec organisation de cliniques psychiques.

Dès 1921 également, les plans ont été établis en vue de construire un hôpital pour débiles mentaux, qui coûtera 3 millions de francs, à Tuscaloosa (Alabama).

La même année encore, W. Palmer Lucas, S. Langer, R. S. Wilbur ont parlé, à San Francisco (Californie), de l'hygiène mentale et du service social, de la prophylaxie, des psychopathies, des relations de la santé psychique avec l'éducation et les distractions.

Le Service de Santé des Etats-Unis a réuni, cette année-là, à Pittsburg, une commission pour créer, dans les hôpitaux dépendant du troisième district de la Marine des Etats de Pensylvanie et de Delaware, une commission destinée au diagnostic précoce des affections neuro-psychiatriques.

En 1922, sous les auspices du Comtié national d'hygiène mentale et de la Société locale de Massachussetts, une série de conférences ont eu lieu pour attirer l'attention du public sur l'importance des maladies mentales au point de vue national. Ces conférences ont été faites à Boston par Salmon, W. A. Wulte, Ch. Magfie Campbell, et Haven Emerson.

Le bureau d'hygiène mentale de Boston a été ouvert sous la direction de Douglas A. Thom, dont les collaborateurs sont Harry G. Salomon, Stanley Cobb, A. Warren Stearns. Abraham Myerson et Georges K. Pratt.

Dans une série de leçons sur l'éducation en matière d'hygiène mentale et physique et de prévention des maladies, à New-York, en coopération avec l'Académie de Médecine de cette ville, sont à noter celles de Frankwood E. Williams sur les problèmes de l'hygiène mentale de l'enfance et de l'adolescence, qui ont commencé le 22 novembre 1922.

La treizième réunion annuelle du Comité national d'hygiène mentale des Etats-Unis s'est tenue à New-York le 9 novembre 1922; ont été réélus: Président, W. B. James; vice-présidents, Charles W. Elliot, Bern Sachs, William H. Welch, et secrétaire, C.-W. Beers; en cours de cette réunion, Emmerson a souligné l'importance de l'éducation psychiatrique pour le praticien et demandé que ceux qui s'occupent d'hygiène publique en général ne négligent pas l'hygiène mentale dans leurs travaux; Mac Carly parla des espoirs permis à la psychiatrie, au point de vue de la recherche scientifique; Mago décrivit l'influence exercée par le mouvement américain, dans le domaine de l'hygiène mentale, sur les pays étrangers.

Depuis la fin de 1922, un Bureau d'hygiène mentale a été créé dans l'Etat de Maryland; cette institution se substitue un peu partout à l'antique « State Cunvey Commission ». Celle-ci est supprimée depuis le 1ᵉʳ janvier 1923 dans l'Etat de Maryland, de sorte que, dans un avenir prochain, les Etats-Unis seront dotés d'un système d'assistance vraiment en rapport avec l'évolution des idées médicales.

J. Mace Andress a commencé à Boston, le 26 septembre 1922, une série de leçons sur l'hygiène mentale et sa signification pour l'éducation. En 1923 a vu le jour un projet de clinique d'hygiène mentale à Cincinnati; cette clinique est sans doute aujourd'hui en fonctionnement. Cette même année, à Boston, Treadway, aidé par un nombreux personnel, a été chargé des recherches sur les milieux sociaux et sur les causes sociales des troubles mentaux. Une clinique municipale d'hygiène mentale a été investie également en 1923 à Pittsburg (Pensylvanie), sous les auspices du département de l'assistance. Cette clinique, qui admet les personnes atteintes de troubles mentaux et prête son assistance pour la lutte anti-alcoolique, la délinquence juvénile, etc., est sous la direction de E. E. Meyer; quatre médecins spécialisés et deux « attachés au service social » constituent son personnel.

La Société d'hygiène mentale du Massachusetts a organisé avec le concours de Pratt, Thom Myerson, Macpherson et

Warren, une série de conférences sur le but et le domaine de l'hygiène mentale. Un certificat spécial devait être délivré, à l'issue de ces conférences, aux étudiants en médecine et aux médecins qui les auront suivies avec assiduité. En 1923, a été faite la première leçon par Pratt sur le sujet: « Qu'est-ce que l'hygiène mentale et pourquoi elle concerne tout le monde ? » ; la seconde, par Thom, qui a parlé des « désordres des actes chez les enfants d'âge préscolaire ».

La même année, une série de huit conférences sur les aspects sociaux de l'hygiène mentale a été donnée par un groupe de spécialistes, sous les auspices du département des Sciences sociales et politiques de l'Université de Yale. Angell, président de l'Université, présida la première conférence, qui a été faite par Clifford W. Beers. Les sujets suivants ont été exposés: « Le mouvement de l'hygiène mentale », par C. W. Beers; « Le mécanisme du comportement humain », par Frankwood E. Williams; « L'hygiène mentale et la santé universelle », par Thomas W. Salmon; « L'hygiène mentale et l'éducation », par C. Campbell; « L'hygiène mentale et la vie familiale ». par Abraham Myerson; « L'hygiène mentale à l'usage des enfants », par Arnold Gesell; « Le débile mental dans la vie sociale », par Walter E. Fernald; « L'hygiène mentale dans le service social », par Jessies Taft.

Il a été décidé, en novembre 1923, à New-York, la construction d'un hôpital neuro-psychiatrique destiné à fonctionner comme préventorium pour maladies mentales; il reviendra à la somme de 5 millions de francs. Les ouvrages publiés aux Etats-Unis sur l'hygiène mentale sont devenus très nombreux, à tel point que le périodique Mental Hygiene a consacré le numéro entier de janvier 1924 à leur analyse.

Le Comité national d'Hygiène mentale a édité, en 1924, une série de brochures préparées par le Département des Maladies mentales de l'Etat de Massachusetts. La série connue sous le nom de série Thom (du nom de l'aliéniste) s'occupe en particulier des sujets suivants: 1. Votre enfant est-il jaloux ? 2. A-t-il mauvais caractère ? 3. Obéissance. 4. Miction au lit. 5. Convulsions, etc.

Il a été créé en juin 1924, à Chicago, une association ortho-psychiatrique; elle a pour but d'étudier la délinquence juvénile d'un point de vue psychologique; n'y sont admis comme membres actifs que les psychiatres directement engagés dans l'étude et le traitement des troubles du comportement; le président est William Healy. Récemment la fondation Rockefeller a créé une série de bourses pour l'étude de la prophylaxie psychiatrique et du service social. Ces bourses sont destinées à des médecins psychiatres qui désirent se spécialiser dans l'étude de l'enfance, de la criminologie, de l'éducation, des colonies, de l'industrie et dans celle de l'instruction à donner aux employés du service social.

A la fin de 1922, un groupe de médecins et de dames de New-York, appartenant à la société israélite, avaient créé un Comité d'Hygiène mentale particulier, sous la présidence de I. Strauss. Cette organisation publie depuis 1924 un bulletin mensuel qui traite des divers problèmes mentaux; elle a des services de consultation dans trois hôpitaux israélites de New-York, et un service social. Des projets sont établis pour lui donner encore une extension plus considérable; dès l'année dernière, elle a ouvert, à Philadelphie, une clinique pour les enfants d'âge préscolaire, sous la direction d'un médecin, assisté d'un psychiatre, d'un psychologue et d'un représentant du service social.

Une enquête d'hygiène mentale a été organisée au Texas, en 1924, par le Comité national américain pour l'hygiène mentale; cette enquête est conduite par trois commissions : Commission des Prisons (Ralph M. Chamberg), Commission des asiles d'aliénés et d'épileptiques (Georges M. Kline), Commission infantile, chargée des enfants de 3.000 écoles et des enfants anormaux ou criminels.

Vers la fin de l'année 1924, le « National Committee for Mental Hygiene » a son siège, 370, septième avenue, à New-York City. Son président est W. H. Welch; ses vices-présidents sont Ch. W. Elliot et B. Sachs. Il s'occupe de cinq grandes questions: la débileté mentale, le service hospitalier, la prévention de la délinquence, l'éducation, la statistique.

Les principaux périodiques américains d'hygiène mentale sont, outre le Mental Hygiene, le Mental Hygiene Bulletin (organe du Comité national) et le Mental Hygiene News (organe de la Société de Connecticut).

Enfin, à l'Académie de Médecine de New-York, des conférences ont été faites, en novembre 1925, par E. G. Conklin, T. W. Salmon, C. Macfic Campbell, A. Meyer, W. A. White, I. S. Wile, A. F. Bromer, P. Klapperer, A. Myerson, R. F. Kemedy et P. Holl, sur divers sujets d'hygiène mentale (Mourgue).

En résumé, la base de l'organisation actuelle de l'hygiène mentale aux Etats-Unis est ce que Legrain a baptisé le « service tentaculaire » des « travailleurs sociaux » (Social worker) ; des « nurses », hommes et femmes, font des enquêtes sur la situation des aliénés, dans les divers milieux, dépistent les arriérés, les faibles d'esprit, les inadaptés, les inadaptables, les anormaux, les futurs criminels probables, les épileptiques, les alcooliques ; des rapports sont établis sur la moyenne intellectuelle et morale d'une agglomération ; ces missionnaires, au rôle important et délicat, sont aidés par les maires, inspecteurs divers, instituteurs, magistrats, etc. A ce service s'ajoutent celui de la vulgarisation sociale, destiné à intéresser le grand public à la cause des aliénés et des faibles d'esprit, au moyen de tracts, conférences, affiches, brochures, expositions, édition du Mental Hygiene, et celui des conseils et avis donnés à tous les groupes et personnalités qui s'intéressent à la connaissance du cerveau anormal.

La cellule de l'œuvre est constituée par la clinique psychothérapique, résultat de l'accolement d'un service de policlinique et d'un service hospitalier.

Ces cliniques ont été organisées soit dans les asiles, soit surtout dans les hôpitaux ou dans les locaux spéciaux ; il en existe également dans les prisons. Grâce à elles les aliénés et les prédisposés aux psychopathies sont décelés de bonne heure et mieux traités ; la Société prend peu à peu conscience de sa responsabilité, dans l'éclosion des maladies mentales, et de ses devoirs.

Tels sont les renseignements que Legrain a donnés sur les organisations d'hygiène mentale aux Etats-Unis.

En 1922, Raeder a publié un article qui complète les renseignements de Legrain; il donne, sur la publicité, le service social (out-patient-service), les cliniques psychiatriques aux Etats-Unis, des détails que Legrain nous avait déjà fait connaître, mais il nous en apprend de nouveaux : « le psychopatic hospital » est généralement dirigé par un professeur de psychiâtrie; à cet hôpital est annexé un service de psychologie qui s'occupe surtout de l'arriération mentale, de la psychologie anormale et pathologique et est le plus souvent pourvu de laboratoires de psychologie expérimentale, de pédagogie et de pédologie. Il existait déjà en 1922 six « Psycholopathic hospitals » aux Etats-Unis: dans les Etats de l'Illinois, Iowa, Maryland, Massachusetts, Michigan et New-York. Dans beaucoup de villes où ne se trouve pas encore un hôpital psychiatrique, les malades mentaux sont traités dans les « psychopathic departments » ou « psychopathic pavillons » des hôpitaux généraux; par exemple à Washington, Los Angèles, San-Francisco, Newark, Pittsburg, etc., etc.; en dehors du « psychopathic hospital » et des « psychopathic departments » des hôpitaux généraux, il existe, dans les Etats d'Illinois et de New-York, des « Psychopathic Institutes », qui sont plus perfectionnés encore pour les recherches cliniques et expérimentales, et où sont étudiés les problèmes psychiques d'une manière encore plus scientifique. Raeder insiste sur l'organisation des écoles (en particulier dans le Massachusetts) pour les nurses du « Social Work », ainsi que des « habit clinics » (Boston surtout) ou « cliniques des habitudes », créées par Thom et destinées à corriger dès l'enfance les mauvaises habitudes et à en créer de bonnes; l'hygiène mentale s'est lancée récemment dans un nouveau champ d'activité, l'industrie; Southard a étudié la psychologie professionnelle et les questions d'orientation et d'adaptation professionnelles; enfin Carlton Parker s'est occupé de la psychologie anormale des foules, des vagabonds et du vagabondage.

Williams, Campbell, Myerson, Gesell, Fernald, Taft ont publié en 1925 une série de conférences sur les « aspects sociaux de l'hygiène mentale » (mécanisme du comportement humain, éducation, vie de famille, l'hygiène mentale des enfants, les arriérés dans la Société, le service social).

Actuellement, dit Legrain en 1925, l'œuvre commencée en 1908 est une entreprise énorme, ayant un centre principal à New-York, mais d'importants centres secondaires dans la plupart des capitales. De ces différents centres, l'œuvre, grâce à une armée de bénévoles et de salariées, plonge par des tantacules dans le sein de toute la population, intéresse à elle les personnes et les groupes les plus influents. C'est un édifice solide, riche, aux départements bien agencés, où s'accomplit un travail d'immense réforme humaine.

§ 10. — LA DIMINUTION DE L'IMPOT.

La diminution de l'impôt est considérée également par les eugénistes américains comme une mesure eugénique.

Popenoe voudrait, dans l'intérêt de la race, 1. que les familles utiles et productives ne soient atteintes que modérément par l'impôt. 2. que les célibataires soient taxés d'une manière indirecte en ce sens que, une fois mariés, la taxe qui leur incombait diminue du chef de leur femme et de chaque enfant. 3. que les impôts successoraux soient élevés considérablement pour les fortunes de plus de 50.000 $. Une taxe de 50 % devrait être payée sur les héritages de 250.000 $ et au-delà. (1)

Pratiquement, une loi fédérale de septembre 1916 taxe les successions de plus de 50.000 $. Les héritages excédant 250.000 $ mais inférieurs à 450.000 $ sont taxés de 4 % ; ceux de 5 millions $ et au-delà, 10 %. Ce taux est le plus élevé prévu par la loi.

Les états de Wisconsin et de Californie ont introduit une taxe qui varie d'après le degré de parenté existant entre le

---

(1) Popenoe. Aplied Eugenics. Page 353.

testateur et le bénéficiaire de Ja succession. Entre parents et enfants, cette taxe n'est que de 1 %. Elle va jusqu'à 15 % dans les cas de parenté éloignée. Cette loi a pour but d'avantager la famille.

§ 11. — LA REEDUCATION DES ANORMAUX.

Comme en Angleterre, on s'est attaché, aux Etats-Unis, avec un intérêt tout particulier, à la rééducation des anormaux.

En effet, les résultats qui ont été obtenus dans ce pays, prouvent que cette rééducation constitue un moyen eugénique remarquable que l'on aurait tort de négliger.

Maria Vinton et surtout Friedal ont étudié l'assistance scolaire et hospitalière donnée aux enfants arriérés d'Amérique: «En matière de pédagogie pour enfants anormaux, les Américains ont expérimenté beaucoup, dit Fraidel; deux courants se dessinent nettement parmi les éducateurs des Etats-Unis : l'un veut, d'après Séguin, donner la prédominance aux capacités physiques, et l'autre préconise le développement des facultés intellectuelles. »

On y rencontre aujourd'hui trois types d'écoles pour anormaux :

1er type: se rapproche le plus possible de l'école publique; comporte trois au quatre classes primaires et un jardin d'enfants ;

2e type: l'enseignement manuel prime tout, l'instruction reste élémentaire ;

3e type: l'instruction n'est développée que dans la mesure où les parents y tiennent. Le principe de ces établissements est qu'en élevant le niveau des connaissances des anormaux, sans pouvoir assurer leur contrôle moral, on leur rend un mauvais service; c'est leur faire courir le risque de comprendre seulement leur situation inférieure et d'en souffrir. Mieux vaut les garder indéfiniment dans des institutions où ils seront occupés à des besognes matérielles simples auxquelles ils peuvent s'adapter. C'est la solution la plus avantageuse, pour ceux qui n'ont pas à lutter pour la vie avec des individus anormaux, et pour la société, car c'est une façon de mettre obstacle à leur mariage et par suite à l'éventualité d'une descendance dégénérée. (1)

Les Américains ayant fait, comme on sait, un gros effort d'application de la méthode des tests aux militaires (Yerkes) ne voulurent pas perdre le fruit de leur expérience dans le domaine mental, faite en vue de la guerre; rentrés chez eux, ils transportèrent sur le terrain pédologique la vaste expérience qu'ils avaient acquise, et des milliers d'écoliers furent soumis aux tests collectifs avec des résultats qui furent jugés satisfaisants. (2) Il existe aux Etats-Unis non seulement des écoles pour enfants anormaux, mais encore pour enfants surnormaux.

Beaucoup d'institutions pour anormaux établissent des recherches et font des études approfondies sur leur pensionnaires. Ces travaux ne manqueront pas de faire progresser cette science si délicate de la rééducation des anormaux et des faibles d'esprit.

C'est ainsi que l'Ecole de rééducation de Vineland a établi un département de recherches des plus intéressants. Cette école a d'ailleurs fait un travail considérable dans l'éducation des enfants faibles d'esprit.

La Minnesota School for Feeble Minded et la Colonie pour épileptiques de Faribault ont poursuivi des études sur les conditions mentales de tous leurs pensionnaires. Les résultats de ces études, des plus intéressants, ont été publiés dans le rapport de juin 1922 de ces institutions. (3)

---

(1) V. Haller, *Du choix des tests dans la détermination pratique de l'âge mental*, Thèse Nancy 1924.

(2) D*r* Potet, L. *Hygiène mentale.*

(3) *Eugenical News*, déc. 1924.

§ 12. — L'AMELIORATION DE LA SELECTION SEXUELLE.

La sélection sexuelle est celle qui s'exerce principalement à l'occasion du mariage lorsqu'il s'agit pour les hommes ou pour les femmes de se choisir un conjoint.

Une plus grande liberté dans cette sélection est considérée par beaucoup d'eugénistes comme de la plus grande importance pour la race.

Popenoe voudrait que les personnes en âge de mariage puissent avoir un champ plus vaste où leur choix s'exerçât.

Les chances d'unions bien assorties seraient ainsi plus grandes. Il estime qu'une action devrait être organisée dans ce sens.

F. O. George de l'Université de Pittsburgh a établi des statistiques démontrant les heureux résultats qu'avait apportés la mise en présence de sujets de même capacité.

Au point de vue pratique il faut citer le Young People's Society of Christian Endeaver qui sert les fins eugéniques d'une façon très satisfaisante; le Camp d'Inkowa pour jeunes filles à Greenwood Lake, N. J., dirigé par un comité dont Miss Anne Morgan est présidente; près de ce camp, il y en a un autre similaire, celui de Kechuka pour jeunes hommes; durant l'été, ces deux camps se remplissent de jeunes gens et de jeunes filles venant de New-York City. On y rencontre des médecins, des avocats, des architectes, des banquiers, des hommes d'affaires, et des jeunes filles travaillant dans des situations similaires. Tous peuvent ainsi se rencontrer et se connaître.

La romancière Maria Thompson Davies de Sweetbriar Farm, Madison, Tenn, mène une campagne en faveur de l'émancipation des jeunes filles enfermées dans les collèges sans aucun contact avec le dehors. (1)

---

(1) Popenoe. *Applied Eugenics*, p. 235.

Le Professeur R. H. Johnson publie des travaux dans lesquels il préconise le libre jeu de la sélection sexuelle comme moyen d'amélioration de la race. Il déplore la séparation des sexes telle que la conçoivent les clubs sociaux; les organismes tels que les Y. M. C. A. et les Y. W. C. A. ainsi que la séparation dans le travail des hommes et des femmes.

The War Community Service a rendu de grands services à ce point de vue, afin de permettre aux personnes de sexe différent de se connaître. (1)

§ 13. — LA REGLEMENTATION DE L'IMMIGRATION.

Plus que dans tout autre pays, la réglementation de l'immigration constitue aux Etats-Unis un moyen eugénique de premier ordre. Le législateur s'est, en effet, attaché à établir des lois limitant l'entrée de certaines catégories d'individus afin de garder à la population ses qualités raciques.

Outre cela, les eugénistes américains se préoccupent de plus en plus d'étudier et de préparer différents types de législation les plus aptes à réaliser le but eugénique.

L'Eugenics Research Association comprend un comité chargé spécialement de l'étude de ces questions et les travaux de H. H. Laughlin y relatif sont remarquables.

Il existe aux Etats-Unis une commission officielle dont le but est d'examiner tout ce qui concerne l'immigration; c'est l' « Immigration Commission ».

Les travaux de cette commission aboutissent très souvent à l'élaboration de lois. C'est ainsi qu'en 1910, elle a présenté au Congrès un rapport très intéressant dans lequel elle préconisait les méthodes suivantes pour restreindre l'immigration: (2)

(1) *Eugenics Review*, 1922. Page 266.
(2) Popenoe : Applied Eugenics.

1. l'exclusion de ceux qui ne savent ni lire, ni écrire, dans aucune langue. (1)

2. La réduction du nombre des représentants de chaque race arrivant chaque année à un certain pourcentage, proportionnellement à la moyenne d'entrées pendant une certaine période d'années. (2)

3. L'exclusion des travailleurs non qualifiés, non accompagnés de leur femme et de leurs enfants.

4. L'augmentation de la somme requise de la part des immigrants lors de leur arrivée.

5. L'augmentation de la taxe imposée.

6. La limitation du nombre des immigrants arrivant annuellement dans tout port.

7. La suppression de la taxe imposée en faveur d'immigrants accompagnés de leur famille.

Les deux premiers points de ce programme ont été adoptés sous forme de loi, comme nous le verrons plus loin, en 1917 et en 1921.

Nous allons maintenant examiner la législation américaine de l'immigration, en tant qu'elle possède des dispositions de nature à garantir l'intégrité physique et morale de la race.

LISTE DES PRINCIPALES LOIS ET REGLEMENTS SUR L'IMMIGRATION AUX ETATS-UNIS.

Traité du 5 octobre 1881 entre les Etats-Unis et la Chine concernant l'immigration.

Loi du 6 mai 1882, modifiée le 5 juillet 1881, portant application du traité dit d'exclusion conclu entre les Etats-Unis et la Chine.

---

(1) Des expériences faites en 1914 montrent que la quantité d'illettrés parmi le nombre total d'arrivées de chaque race va de 64 % pour les Turcs, à 1 % pour les Anglais, les Ecossais, les Scandinaves et les Finlandais. Pour les Bohémiens, les Moraviens, les Allemands, il est de 5 %. Quant aux autres races, telles que les Dalmates, les Bosniens, les Russes, les Ruthènes, les Italiens, les Lithuaniens et les Roumains, elles comportent environ un tiers d'illetrés.

(2) Cette méthode a été originairement préconisée par Red. Sidn. Gulick pour lutter contre le péril jaune.

Loi du 26 février 1885 interdisant l'importation de main-d'œuvre embauchée par contrat.

Loi du 13 septembre 1888 autorisant le versement de sommes à toute personne dénonçant une violation de la loi sur la main-d'œuvre engagée par contrat.

Loi du 5 mai 1892 interdisant aux Chinois de se rendre aux Etats-Unis et prescrivant l'enregistrement des travailleurs qui résident dans ce pays.

Loi du 15 février 1893 autorisant le Président à suspendre l'immigration en provenance des pays où sévit le choléra ou toute autre maladie contagieuse ou infectieuse.

Loi du 3 novembre 1893 portant amendement de la loi interdisant aux Chinois de se rendre aux Etats- Unis et prescrivant l'enregistrement des travailleurs qui résident dans ce pays.

Résolution du 5 juillet 1898 adoptée par les deux Chambres interdisant aux étrangers d'immigrer à Hawaï ou de se rendre de Hawaï aux Etats-Unis.

Loi du 30 avril 1900 fixant le statut des travailleurs séjournant à Hawaï et instituant leur enregistrement.

Loi du 6 juin 1900 chargeant le Commissaire général de l'immigration d'administrer la loi sur l'exclusion des étrangers.

Loi du 29 avril 1902 modifiée le 27 avril 1904, réglementant le départ des Chinois des positions insulaires, etc.

Arrêté du 23 décembre 1904 du Gouvernement des Iles Philippines sur le départ des Chinois résidant aux îles Philippines qui se rendent à d'autres parties ou possessions des Etats-Unis.

Loi du 6 février 1905 chargeant les fonctionnaires du gouvernement général des Iles Philippines d'administrer dans ce pays la législation des Etats-Unis sur l'immigration.

Loi du 2 mars 1907 sur les passeports, l'expatriation, le rapatriement et la nationalité des femmes mariées et des enfants.

Loi du 25 juin 1910 sur la traite des blanches.

Loi du 23 juin 1913 réglementant le transport des étrangers déportés jusqu'à des bureaux désignés par le Ministre du Travail.

Loi du 5 février 1917 sur l'immigration.

Règlement du 1ᵉʳ mai 1917 régissant l'admission des Chinois.

Arrêté du 26 juillet 1917 sur les passeports.

Proclamation du 8 août 1918 sur les passeports et arrêtés du 8 août 1918 contenant des règlements au même sujet.

Loi du 16 octobre 1918 modifiée le 5 juin 1920 sur l'immigration des individus considérés comme anarchistes et des catégories analogues d'immigrants.

Résolution du 19 octobre 1918, adoptée par les deux Chambres sur la réadmission de certains étrangers.

Ordonnances du Ministère du Travail des 9 juillet 1919, 1ᵉʳ mars 1921 et 14 mars 1921 concernant l'admission de main-d'œuvre mexicaine.

Loi du 10 mai 1920 sur la déportation de certains étrangers indésirables.

Loi du 5 juin 1920 portant amendement de la loi du 5 février 1917.

Document intitulé « Lois et règlements de naturalisation, en date du 24 septembre 1920 ».

Loi du 19 mai 1921 tendant à limiter l'immigration des étrangers aux Etats-Unis.

Règlement du 1ᵉʳ juin 1921 pour l'application de la loi du 19 mai 1921.

Résolution prolongeant l'effet de la loi du 19 mai 1921, approuvée le 11 mai 1922.

Loi du 26 mai 1924 tendant à limiter l'immigration des étrangers aux Etats-Unis et à d'autres fins.

Règlement du 6 juin 1924, portant application de la loi de 1924 sur l'immigration.

****

Examen des lois au point de vue des conditions d'admission des immigrants aux Etats-Unis.

Conditions d'admission des immigrants aux Etats-Unis.

Les conditions d'admission imposées aux immigrants, dans l'ntérêt de la race, peuvent se grouper aux Etats-Unis sous les chefs suivants :

1. Conditions de police et de moralité.
2. Conditions de race, de religion ou de nationalité.

3. Conditions d'instruction.
4. Conditions de santé.
5. Conditions d'ordre économique et professionnel.
6. Limitation du nombre des admissibles.

Il n'est pas nécessaire de faire remarquer que les conditions énumérées ici intéressent toutes directement ou indirectement la race.

Les conditions de police et de moralité visent en effet son intégrité morale; les conditions de race, de religion ou de nationalité visent son intégrité ethnique. Les expériences faites sur les mélanges obtenus par les apports étrangers ont montré que toute fusion entre éléments trop extrêmes était néfaste à la race américaine.

Les conditions d'instruction tendent à assurer à la race un minimum d'aptitude intellectuelle. Il est évident que le fait de ne pas savoir lire dénote chez l'individu une infériorité mentale ou morale constituant presque une tare.

Nous n'insisterons pas sur les conditions de santé qui sont primordiales dans une législation sur l'immigration. Quant aux conditions d'ordre économique et professionnel, elles sont basées sur le principe que pour permettre à la population de vivre dans des conditions de bien-être normal, favorables à sa prospérité, il est indispensable qu'elle possède certaines ressources économiques.

Enfin, la limitation du nombre des admissibles a pour but de limiter expressément le nombre des immigrants admis aux Etats-Unis. Ceux-ci, en effet, ne veulent pas que les éléments indigènes soient submergés par les éléments étrangers au point même d'être menacés de disparaître complètement.

1. *Conditions de police et de moralité.* (1)

Aux termes de la loi de 1917, aucune personne n'est autorisée à entrer aux Etats-Unis si elle a été reconnue ou reconnaît être coupable d'un crime capital, ou de tous autres crimes ou délits impliquant dégradation morale, ou si elle entre dans

---

(1) Emigration et Immigration. Bureau International du Travail.

l'une ou l'autre des catégories suivantes : les polygames ou les personnes qui pratiquent la polygamie ou qui croient en la polygamie ou la préconisent, les prostituées ou les personnes entrant dans les Etats-Unis dans l'intention de se livrer à la prostitution, ou à toute autre fin immorale; les personnes qui d'une manière directe ou indirecte, font le métier d'entremetteur ou essayent de procurer ou d'introduire des prostituées ou d'autres personnes aux fins de prostitution ou à toute autre fin immorale; les personnes qui vivent des bénéfices de la prostitution ou qui en touchent tout ou partie; les personnes qui ont été déportées aux termes d'une disposition quelconque de la loi, et qui chercheraient à entrer aux Etats-Unis dans l'année qui suit la date de la dite déportation, les passagers clandestins (« Stowarways ») sous réserve que tout passager de cet ordre, s'il remplit d'ailleurs les conditions d'admission, peut être autorisé à entrer aux Etats-Unis si le Ministre du Travail le juge bon.

Les étrangers qui n'ont pas été admis ou qui ont été arrêtés et déportés, et qui cherchent à entrer aux Etats-Unis moins d'un an après, sont refoulés d'office, à moins qu'avant de commencer leur voyage ils n'aient obtenu du Ministre du Travail l'autorisation de faire une nouvelle demande d'admission. Si les étrangers auxquels il est interdit de s'établir aux Etats-Unis pour l'une ou l'autre des raisons précitées désiraient faire un séjour temporaire dans ce pays, ils devraient d'abord prouver que leur entrée temporaire est une nécessité urgente, et que si l'on ne faisait pas droit à leur demande ils seraient lésés d'une manière grave et extraordinaire. Une caution, un dépôt en espèces, ou une garantie suffisante établissant que ledit étranger quittera les Etats-Unis en temps voulu, sont exigés par le Département dans chaque cas.

2. *Conditions de race, de religion ou de nationalité.* (1)

Conformément à la loi de 1917, et si des traités spéciaux n'ont pas été conclus à cet égard, les personnes venant de ce que l'on appelle la « zone asiatique interdite » (Asiatic barred

(1) Bureau Internat. du Travail. Op. cit.

zone ») ne sont pas admises aux Etats-Unis, à moins qu'elles ne soient des fonctionnaires publics, des ecclésiastiques ou des professeurs religieux, des missionnaires, avocats, médecins, pharmaciens, ingénieurs civils, professeurs, étudiants, auteurs, artistes, négociants, des personnes voyageant par curiosité ou plaisir, ou encore des épouses ou enfants mineurs dès précités. Toutefois, si les dites personnes abandonnent aux Etats-Unis la position sociale ou la profession qui les fait bénéficier d'une clause d'exception, elles sont passibles de déportation.

En ce qui concerne les émigrants du Japon, il y a lieu de remarquer que le gouvernement japonais a de tout temps appliqué une politique opposée à l'émigration de ses ouvriers vers la partie continentale des Etats-Unis, mais, en 1906, on fit la remarque aux Etats-Unis que des passeports, délivrés à des ouvriers japonais pour se rendre à Hawaï, au Canada ou au Mexique, avaient été utilisés dans le but de déjouer cette politique et permettaient à leurs possesseurs de pénétrer aux Etats-Unis. En conséquence, le 14 mars 1907, le Président des Etats-Unis lança une proclamation excluant du territoire continental des Etats-Unis, les travailleurs japonais coréens, qualifiés ou non, qui avaient reçu des passeports pour le Mexique, le Canada ou Hawaï et arrivaient de ce pays.

Pour assurer la mise à exécution de cette disposition, de longues correspondances furent échangées entre l'ambassade des Etats-Unis à Tokio et le Ministère des Affaires Etrangères du Japon, et un accord, qui n'a d'ailleurs été incorporé dans aucun traité ni rédigé en aucun instrument formel, est intervenu avec le Japon. C'est le « Gentlemen's Agreement », en vertu duquel le gouvernement japonais apporte spontanément certaines restrictions à l'émigration de ses nationaux.

D'après cet accord, il est convenu que « la politique actuelle du Japon consistant à décourager l'émigration aux Etats-Unis proprement dits, y compris l'Alaska (« Continental U.-S. ») des sujets japonais appartenant aux classes laborieuses, devra être continuée et rendue aussi effective que possible par la collaboration des deux gouvernements. Par suite de cet accord, le gouvernement japonais ne délivrera de passeports à destination des Etats-Unis proprement dits qu'à ceux de ses sujets qui n'appartiennent pas aux classes laborieuses, exception faite de ceux dont la venue au continent a pour but de chercher à se fixer à nouveau dans un domicile précédemment occupé, de rejoindre un père, une mère, une femme ou des enfants résidant aux Etats-Unis, ou d'y reprendre la direction effective d'une exploitation agricole possédée antérieurement. C'est ainsi qu'on en est venu à désigner les trois catégories de travailleurs japonais admis à recevoir des passeports pour les Etats-Unis, sous les titres suivants : « former residents », « parents, wives or children, of residents » et « settled agriculturalist » (« sujets japonais ayant antérieurement eu un domicile dans le pays », « pères, mères, femmes ou enfants de sujet japonais ayant un domicile dans le pays » et « sujets japonais établis comme agriculteurs »).

« Pour ce qui est de Hawaï, le Gouvernement japonais a déclaré de sa propre initiative, qu'au moins à titre d'essai, il limiterait les catégories de sujets japonais des classes laborieuses auxquelles il accorderait des passeports aux catégories 1 et 2 (sujets japonais ayant antérieurement résidé dans le pays, et pères, mères, femmes et enfants de sujets japonais résidant dans le pays).

« Ce même gouvernement a aussi surveillé de façon attentive l'émigration de ses nationaux des classes laborieuses à destination des pays étrangers limitrophes. »

L'accord au sujet de Hawaï spécifiait en outre que le gouvernement japonais ne s'écarterait pas de la politique définie plus haut sans s'être enquis, auprès des autorités américaines, des conditions de main-d'œuvre dans cet archipel.

Depuis lors, le gouvernement japonais limite spontanément l'émigration de ses nationaux aux Etats-Unis. Ceux-ci ont, d'ailleurs, pris dans leurs lois certaines dispositions pour empêcher que cette restriction volontaire ne soit modifiée par suite de l'adoption par le Japon d'une nouvelle politique. C'est ainsi que la loi de 1917 porte une réserve interdisant « l'émigration aux Etats-Unis des habitants de la zone asiatique barrée, ainsi que de tout étranger qui est actuellement, soit exclu par des traités, soit empêché autrement d'entrer ».

Dans la loi de 1921 au sujet du pourcentage des immigrants admis, il est également dit que cette disposition ne s'applique ni aux étrangers dont l'immigration est réglée d'après des traités ou des accords s'appliquant exclusivement à l'immigration, ni aux étrangers de ce qu'on appelle la zone barrée asiatique.

Le traité de commerce conclu entre les Etats-Unis et le Japon contient, en outre, la déclaration finale suivante :

« Au moment où le soussigné va apposer sa signature au bas du traité de commerce et de navigation, il a l'honneur de déclarer que le Gouvernement impérial du Japon est disposé, sans aucune réserve, à maintenir avec la même efficacité la limitation et le contrôle qu'il a exercés pendant les trois années précédentes pour réglementer l'immigration des travailleurs aux Etats-Unis. »

(signé) : Uchida. »

Du mécontentement s'étant manifesté aux Etats-Unis, au sujet du nombre considérable de mariées dites « picture brides » et d'enfants adoptés à distance, des négociations furent entamées au sujet de cette double question en 1920, et l'ambassadeur japonais à Washington promit également qu'à l'avenir l'entrée de ces mariées et des enfants adoptés serait interdite.

Cette interdiction est rigoureusemnt appliquée en ce qui concerne les Etats-Unis, mais elle ne s'applique pas aux Iles Hawaï, auxquelles le « Gentlemen's Agreement » s'applique pour le surplus.

Le traité d'immigration conclu en 1881 avec la Chine, et qui est encore en vigueur, prévoit que, toutes les fois que de l'avis du Gouvernement des Etats-Unis, l'arrivée de travailleurs chinois ou leur résidence dans ce pays nuit aux intérêts de l'Union, ou porte atteinte au bon ordre, le Gouvernement chinois ne s'opposera pas à ce que le Gouvernement des Etats-Unis réglemente, limite ou suspende l'entrée ou la résidence des intéressés, mais il est entendu que le Gouvernement des Etats-Unis ne pourra interdire absolument cette immigration.

Une autre disposition contenue dans ce traité porte que les immigrants de toutes autres catégories (immigrants des classes moyennes ou fortunées) peuvent entrer ou sortir librement des Etats-Unis.

12*

La législation nationale mettant en application les clauses de ce traité avec la Chine est constituée par les lois suivantes : la loi du 6 mars 1882, complétée et amendée par celles du 5 juillet 1884, du 13 septembre 1888 et du 5 mai 1892.

La première loi a suspendu pour une durée de 10 ans l'entrée des ouvriers chinois dans les Etats-Unis. Les propriétaires de navires qui importaient consciemment des ouvriers chinois étaient tenu de payer une amende allant jusqu'à 500 dollars par ouvrier chinois importé et pouvaient être emprisonnés pendant une durée d'un an au plus.

La loi du 13 septembre 1888 a interdit l'entrée aux Etats-Unis des ouvriers chinois, même de ceux qui y avaient habité et en étaient partis, sauf les exceptions indiquées dans cette loi.

La loi du 15 mai 1892 enfin, a prorogé la durée des lois susdites pour une période de 10 ans.

La résolution conjointe du 7 juillet 1898 déclare que l'immigration des ouvriers chinois est sujette aux îles Hawaï aux mêmes conditions qu'aux Etats-Unis.

Les catégories d'immigrants chinois admises aux Etats-Unis sont : les professeurs, les étudiants, les personnes voyageant par curiosité ou par plaisir, les commerçants, leurs femmes et leurs enfants mineurs légitimes, les fonctionnaires du Gouvernement chinois et les serviteurs attachés à leur personne et à leur maison, les travailleurs chinois détenteurs du certificat de retour prescrit par les règlements, ceux qui cherchent, de bonne foi, à traverser le pays pour se rendre en territoire étranger, les personnes dont l'état physique nécessite l'hospitalisation immédiate, les Chinois qui sont nés aux Etats-Unis et les femmes et les enfants de ces citoyens américains, d'origine chinoise, ainsi que les marins. Il en est de même des Chinois employés dans les expositions approuvées par le Congrès. Il incombe au postulant de faire la preuve qu'il remplit les conditions d'admissibilité.

Rappelons également que lors de l'annexion de Hawaï par les Etats-Unis, le 7 juillet 1898, la Chambre des Représentants et le Sénat américains adoptèrent la résolution suivante : « L'immigration chinoise aux îles Hawaï sera désormais interdite, sauf dans la mesure où les lois des Etats-Unis, actuellement en vigueur ou promulguées dans l'avenir le permettraient et aucun Chinois ne pourra, en vertu d'une clause quelconque de ces lois, être admis à passer de Hawaï aux Etats-Unis.

En ce qui concerne les races et les pays, il y a encore lieu de signaler que la loi du pourcentage du 19 mai 1921 ne s'applique pas aux étrangers qui ont résidé d'une manière continue pendant une année au moins avant leur admission aux Etats-Unis dans le Dominion du Canada, à Terre-Neuve, à Cuba, au Mexique, dans les pays de l'Amérique centrale ou les îles adjacentes.

3. *Conditions d'instruction.* (1)

Aux termes de la loi 1917, tous les étrangers âgés de plus de 16 ans, physiquement capables de lire, qui ne savent pas lire l'anglais ou une autre langue ou dialecte, y compris l'hébreu ou le yiddish, ne peuvent entrer aux Etats-Unis.

Afin de se rendre compte si les étrangers savent lire, les inspecteurs des immigrants sont munis de formulaires uniformes, préparés d'après les instructions du Ministre du Travail, contenant chacun un minimum de 30 et un maximum de 40 mots d'usage courant, imprimés en caractères très lisibles, dans chacune des langues ou dialectes des immigrants.

Chaque immigrant peut indiquer la langue ou le dialecte spécial sur lequel il désire subir l'examen, et est invité à lire les mots imprimés sur la formule.

4. *Conditions de santé.* (2)

Ne peuvent débarquer aux Etats-Unis : les personnes atteintes de tuberculose, sous quelque forme que ce soit, ou de maladie répugnante, grave ou contagieuse; idiotes, imbéciles, faibles d'esprit ; les épileptiques, les déments, les personnes qui ont déjà eu un ou plusieurs accès de démence à une date quelconque ; celles atteintes d'infériorité névropathique organique ou d'alcoolisme invétéré; les personnes que le médecin-conseil a déclaré souffrir d'infirmité mentale ou physique, lorsque, dans

---

(1) Bureau International du Travail. Op. cit.
(2) Bureau International du Travail. Op. cit.

ce dernier cas, l'infirmité physique est de nature à réduire la capacité de la personne à gagner sa vie.

Une loi de 1893 autorise le président des Etats-Unis à suspendre toute immigration du pays où il existe une épidémie de choléra ou de toute autre maladie contagieuse ou infectieuse.

Les personnes immigrant aux Etats-Unis sont, en outre, soumises à des visites médicales, dont il sera question à propos de la procédure d'admission.

5. *Conditions d'ordre économique et professionnel.* (1)

Parmi les catégories de personnes dont l'entrée aux Etats-Unis est interdite, les suivantes sont rejetées pour des raisons d'ordre économique ou professionnel :

1. Conditions générales. — Les pauvres, les mendiants et les vagabonds professionnels, et les personnes susceptibles de tomber à la charge de la bienfaisance publique ne sont pas admis.

Il est stipulé que, lorsqu'il sera fait usage d'un passeport pour porter préjudice, par l'entrée du détenteur de ce passeport dans le territoire continental des Etats-Unis, à la condition des travailleurs du pays, le Président refusera à ces personnes l'autorisation d'entrer. Pour permettre le contrôle à cet égard, tous les passagers doivent déclarer sur le formulaire présenté par le commandant du navire qu'ils possèdent au moins 50 dollars. S'ils ne disposent que d'une somme inférieure, ils doivent en déclarer le montant et indiquer s'ils sont munis de billets de chemin de fer pour se rendre à leur lieu de destination finale ou de l'argent nécessaire pour se les procurer.

Le visa des passeports par les consuls des Etats-Unis, permettant l'entrée dans le pays, est dans de nombreux cas subordonné à cet effet à la présentation d'un « affidavit ou support ». Cet affidavit est une déclaration affirmée sous serment, faite devant un notaire public des Etats-Unis, indiquant que celui qui l'a fait établir connait celui qui veut se rendre aux Etats-Unis, se porte fort pour lui, est disposé à le recevoir sous son toit et, éventuellement, à l'entretenir de telle manière qu'il

---

(1) Bureau International du Travail. Op. cit.

ne puisse jamais constituer une charge publique pour le Gouvernement des Etats-Unis.

2. Enfants. — Tous les enfants âgés de moins de 16 ans et qui ne sont pas accompagnés de leurs parents, sont retenus pour subir un interrogatoire spécial, à moins que leur père ou leur mère, résidant déjà aux Etats-Unis, ne vienne en personne les réclamer. La Commission d'examen peut admettre ces enfants lorsqu'elle constate :

a. qu'ils sont vigoureux et en bonne sante:

b. que lorsqu'ils résidaient à l'étranger, ils n'ont pas reçu l'assistance des autorités;

c. qu'ils se rendent chez de proches parents qui sont capables de les entretenir, de prendre soin d'eux comme il convient et sont disposés à le faire;

d. que lesdits parents ont l'intention de les envoyer à l'école suivre les cours ayant lieu le jour jusqu'à l'âge de 16 ans;

e. qu'on ne leur confiera pas un travail au-dessus de leur force ou de leur âge.

La Commission est obligée de laisser entrer un enfant, remplissant d'autre part les conditions d'admissibilité, lorsqu'il est prouvé de façon suffisante que celui-ci se rend chez son père ou sa mère ou chez les deux. Lorsque la Commission estime que les cinq conditions précitées ne sont pas remplies mais que, d'autre part, le cas mérite considération, elle signale ce fait au fonctionnaire compétent et attend, pour prendre une décision, que celui-ci ait interrogé personnellement l'enfant. Lorsque, de l'avis du fonctionnaire, l'enfant ne satisfait pas aux conditions d'admission, la Commission doit l'exclure et l'avertir qu'il a le droit d'en appeler de cette décision. Si, par la suite, l'intéressé fait appel, le cas est signalé avec une recommandation tendant soit à admettre l'enfant purement et simplement, soit à l'admettre contre garantie ou dépôt d'espèces, soit à l'exclure.

3. Passagers assistés. — Les personnes dont la traversée ou le billet est payé avec l'argent d'autrui ou que des tiers aident à venir — à moins que l'on ne puisse prouver d'une manière péremptoire et satisfaisante que les dites personnes n'appartiennent pas à l'une des catégories — ne sont pas autorisées à

pénétrer aux Etats-Unis. Sont comprises dans cette interdiction les personnes dont le billet ou la traversée est payé par une firme, association, société, municipalité ou par un gouvernement étranger, soit directement soit indirectement.

4. Travailleurs embauchés. — L'accès des Etats-Unis est également interdit aux personnes appelées « travailleurs embauchés par contrat » (« contract laborers ») qui ont été engagées, aidées, encouragées ou sollicitées à immigrer aux Etats-Unis par des offres ou des promesses d'emplois, que ces offres ou promesses soient vraies ou fausses, — où qu'elles entrent par suite d'accords oraux, écrits ou imprimés, explicites ou implicites, pour se livrer à un travail quelconque dans ce pays, que ce travail soit celui d'un manœuvre ou d'un travailleur spécialisé.

Par la loi du 26 février 1885 interdisant l'introduction des travailleurs embauchés par contrat, sont déclarés en outre nuls, non avenus et sans effet tous les contrats ou accords explicites ou implicites, oraux ou autres qui pourraient à l'avenir être conclus entre une personne, compagnie, société ou firme d'une part, et un étranger d'autre part, tendant à faire exécuter par ce dernier un travail ou rendre un service, pour peu que ces contrats ou accords aient été conclus avant le départ de l'intéressé ou son entrée aux Etats-Unis.

6. Limitation du nombre des admissibles.

La nouvelle loi du 19 mai 1921 est peut-être le premier exemple dans l'histoire de la législation sur l'immigration d'une loi générale, visant expressément à limiter le nombre des immigrants admis dans un pays. Cette loi est fondée sur le principe que « le nombre des étrangers, d'une nationalité quelconque, satisfait aux conditions d'entrée édictées par les lois des Etats-Unis sur l'immigration, qui pourront être admis sera, pour la durée d'un exercice financier déterminé, limité à 3 % du nombe de personnes nées de parents étrangers appartenant à ladite nationalité et résidant aux Etats-Unis, ainsi qu'il ressort du recensement des Etats-Unis de 1910 ».

Cette disposition ne s'applique pas aux personnes suivantes, qui ne sont pas comprises dans le calcul des nombres totaux suivant les pourcentages maxima prévus par la loi, c'est-à-dire :

1. Les fonctionnaires des Gouvernements, leur famille, leurs serviteurs, leurs domestiques et leurs subalternes;

2. Les étrangers qui traversent les Etats-Unis en transit et sans s'y arrêter;

3. Les étangers qui, ayant été admis légalement aux Etats-Unis, rentrent dans ce pays après avoir effectué en pays étranger limitrophe un voyage de transit;

4 Les étrangers visitant les Etats-Unis en qualité de touristes ou temporairement pour affaires ou plaisir;

5. Les étrangers appartenant à des pays avec lesquels des traités ou des accords d'immigration sont actuellement en vigueur;

6. Les étrangers venant de la zône asiatique barrée ainsi qu'il est prévu dans l'article 3 de la loi de 1917;

7. Les étrangers qui ont habité sans interruption au moins un an dans le Dominion du Canada, à Terre-Neuve, dans la République de Cuba, dans la République du Mexique, dans les pays de l'Amérique centrale ou de l'Amérique du Sud ou dans les îles adjacentes.

La nationalité est déterminée selon le pays d'origine mais le terme « pays » ne comprend pas les colonies ou dépendances qui sont considérées comme des pays séparés.

Le Secrétaire d'Etat, le Ministre du Commerce, et le Ministre du Travail ont préparé de concert un relevé établissant le nombre des personnes des diverses nationalités résidant aux Etats-Unis, ainsi qu'il ressort du recensement effectué en 1910 aux Etats-Unis. Ce relevé indique pour chaque nationalité le chiffre de population qui sert de base pour le calcul des pourcentages édictés par la loi. Lorsque ce chiffre de population n'est pas applicable par suite de changements dans les frontières politiques des pays étrangers qui se sont produits après 1910, et ont amené soit la création de nouveaux pays, dont les gouvernements sont reconnus par les Etats-Unis, soit le transfert de régions d'un pays à l'autre, ledit transfert étant officiellement reconnu par les Etats-Unis, les fonctionnaires auront à évaluer le nombre de personnes résidant aux Etats-Unis en 1910, qui sont nées dans le territoire actuellement compris dans les nouveaux pays. Pour le calcul du pourcentage d'admission d'immigrants de ces pays, cette évaluation a été adoptée comme chiffre de base.

Lorsque le nombre maximum des étrangers d'une nationalité quelconque, qui peuvent, aux termes de la loi, être admis pendant la durée d'une année fiscale, est entré aux Etats-Unis, tous les autres étrangers appartenant à la même nationalité, qui pourraient par la suite demander leur admission pendant la même année fiscale seront rejetés. Le nombre des étrangers d'une nationalité quelconque qui peuvent être admis dans un mois déterminé ne doit pas dépasser 20 % du nombre total des étrangers de ladite nationalité qui sont admissibles pendant l'ensemble de l'année fiscale. En outre, les étrangers retournant aux Etats-Unis après un voyage de courte durée en dehors de ce pays, ceux qui exercent la profession d'acteur, d'artiste, de conférencier, de chanteur ou d'infirmier, les ecclésiastiques de toute religion ou secte religieuse, les professeurs de collèges ou de séminaires, les étrangers appartenant à une profession libérale reconnue, quelle qu'elle soit, ou ceux employés en qualité de domestiques, peuvent être admis, même si le nombre d'étrangers de la nationalité à laquelle ils appartiennent, autorisés par la loi à entrer aux Etats-Unis pendant le mois où l'exercice financier considéré, est déjà atteint. Toutefois, les étrangers rentrant dans les catégories privilégiées cidessus, qui pénètrent aux Etats-Unis avant que ledit nombre maximum y soit entré, sont compris dans le total général de chaque pourcentage établi par la loi. Dans l'application de celle-ci, un traitement préférenciel doit être accordé autant que cela est possible, aux femmes et aux enfants mineurs des étrangers qui résident actuellement aux Etats-Unis, et ont demandé le droit de cité dans les conditions prévues par la loi.

Le tableau suivant a été publié par le Commissaire général de l'Immigration et indique, pour chaque nationalité, le nombre maximum d'étrangers pouvant entrer aux Etats-Unis pendant l'exercice financier 1921-1922.

Royaume-Uni	77.206	Espagne	663
Allemagne	68.039	Bulgarie	301
Italie	42.021	Albanie	237
Russie (y compris Sibérie)	34.247	Dantzig	285
Pologne	20.019	Luxembourg	92
Suède	19.956	Fiume	71
Tchécoslovaquie	14.269	Autres pays d'Europe	86
Norvège	12.116	Arménie	1.588
Autriche	7.444	Syrie	905
Roumanie	7.414	District de Smyrne	438
Yougoslavie	6.405	Autres pays appartenant à	
Galicie orientale	5.781	la Turquie (Europe et	
France	5.692	Asie)	215
Danemark	5.644	Palestine	56
Hongrie	5.635	Autres pays d'Asie	78
Finlande	3.890	Iles de l'Atlantique	
Suisse	3.745	(diverses)	60
Pays-Bas	3.602	Afrique	120
Grèce	3.286	Australie	271
Portugal (y compris les îles		Nouvelle Zélande	50
Açores et Madère	2.269	Autres îles du Pacifique ...	22
Belgique	1.557		

On voit que cette loi limite le nombre des immigrants aux
Etats-Unis à 355.825 par an. Sur ce nombre total, 71.163, au
maximum, peuvent être admis en un mois.

Diverses décisions, apportant certains tempéraments à la rigueur de la loi, ont été prises au début de l'application de la
loi.

Enfin la loi du 26 mai 1924 est venue compléter celle de
1921.

Par cette loi, le coefficient annuel d'une nationalité sera de
deux pour cent du nombre d'individus de cette nationalité nés
à l'étranger et domiciliés aux Etats-Unis continentaux, tel qu'il
est déterminé par le recensement des Etats-Unis de 1890; toutefois, le coefficient minimum d'une nationalité sera de cent. (1)

Dans la pratique, toutes les dispositions que nous avons énumérées ne sont pas toujours appliquées d'une manière très

---

(1) Emigration et Immigration. Bureau International du Travail.

rigide et il existe certaines clauses ayant pour effet d'en atténuer la portée.

Parmi les clauses, on doit signaler les suivantes:

1. Certaines catégories de professions sont exemptées de
l'application des lois d'immigration: nous citerons à cet égard,
d'une manière générale, les membres du corps diplomatique,
très fréquemment les touristes et parfois aussi les personnes
exerçant certains métiers pour lesquels la demande d'emplois
est considérable, comme les instituteurs, les servantes, les agriculteurs, etc.

2. Beaucoup de clauses d'exemption facilitent la reconstitution des familles: les épouses, les enfants mineurs, parfois les
vieux parents ou d'autres membres ou amis, désignés par des
émigrants, sont reçus soit en dérogation des lois ordinaires,
soit dans des conditions exceptionnelles.

3. Les effets de la guerre se font encore sentir, et les anciens
soldats, les mutilés de la guerre ou les infirmières, reçoivent
souvent un traitement préférentiel, tandis que les anciens enne-
mis sont encore proscrits dans plusieurs pays.

4. Une latitude considérable d'interprétation est fréquemment laissée aux représentants des pays d'immigration à l'étranger, Hauts Commissaires, consuls ou agents d'émigration,
ainsi qu'à diverses autorités dans le pays d'immigration lui-
même. Diverses lois, et des règlements plus nombreux encore,
autorisant certains de ces fonctionnaires, plus ou moins élevés
dans la hiérarchie, à accorder des autorisations, parfois valables
pendant un temps indéterminé, plus souvent d'une durée res-
treinte, ne dispensant, généralement, que d'une partie des
conditions d'admission. Certaines sont concédées à titre définitif, d'autres accordent simplement un délai que l'intéressé
pourra utiliser pour faire la preuve qu'il satisfait à telle ou
telle condition, d'autres enfin permettent l'entrée sous caution ou moyennant d'autres garanties. En effet, s'il est facile
d'édicter des dispositions rigoureuses, il n'est pas toujours
possible de faire abstraction pure et simple des considérations
d'humanité dans l'application des lois d'immigration, car l'in-

terprétation littérale de celle-ci entraînerait, dans bien des cas, des cruautés manifestes.

5. Les voyageurs en transit, ou ceux venant de certains pays ou régions, jouissent souvent de régimes exceptionnels, de nature trop spéciale pour être analysés ici.

§ 14. — LES EXAMENS MEDICAUX PREVENTIFS.

Les examens médicaux préventifs permettent de se rendre compte de l'état sanitaire d'une population et d'intervenir avant que la maladie se soit propagée. En effet, le plus souvent, la simple négligence conduit à un gaspillage formidable de santé et de capacité de travail. C'est pour éviter cette perte dont les effets retentissent sur la race que les eugénistes préconisent ces examens

L'origine des examens médicaux préventifs date des enquêtes qui ont été faites, il y a une quinzaine d'années, aux Etats-Unis, sur les possibilités de conservation des richesses nationales. Dans la liste de ces richesses, on fit intervenir le capital humain lui-même. M. Irving Fisher, secrétaire général de la commission, spécialement chargé de cette mission « Le Comité des Cents pour la Santé Nationale », arriva à la conclusion qu'il fallait employer tous les moyens pour prévenir la détérioration de cette catégorie de biens que représente l'élément humain.

La pratique des examens médicaux préventifs se répand de plus en plus aux Etats-Unis. Plus d'un million de ces examens ont eu lieu au cours de l'année 1924, et l'on estime que, parmi les médecins, les infirmières et les social workers, la moitié s'y soumettent.

La première institution qui pratiqua les examens médicaux préventifs aux Etats-Unis fut le « Life Extension Institute ».

Life Extension Institute.

Le Life Extension Institute (Institut pour la prolongation de la vie) remplit aux Etats-Unis des fonctions eugéniques. Fondé à New-York en 1913, il est un organisme d'hygiène industrielle et sociale et les bienfaits qu'il rend au point de vue de l'amélioration de la race sont considérables. Il fut créé par Harold A Ley et Irving Fisher.

Les buts poursuivis par le Life Extension Institute sont les suivants:

1. Préserver les individus contre les maladies et, en outre, dépister les lésions latentes ou frustres. en procédant à des examens sanitaires périodiques aussi complets que possible. Obtenir que les sujets bien portants ou apparemment tels se fassent examiner au moins une fois par an.

2. Assurer dans un but rationel le fonctionnement d'un institut central, bien outillé, sous le contrôle de techniciens et de personnalités autorisées et compétentes dans les différentes branches ayant trait à l'hygiène.

3. Créer sur toute l'étendue du territoire des postes sanitaires préventifs, confiés à la direction de médecins locaux chargés de pratiquer les examens sanitaires périodiques et de contribuer aux recherches intéressantes par le comité de direction.

4. Editer un bulletin périodique et une série de tracts de propagande pous instituer un enseignement très large de l'hygiène individuelle, et attirer l'attention sur les fautes commises d'une façon coutumière par des sujets insuffisamment avertis.

5. Apporter aux pouvoirs publics une collaboration efficace dans toutes les circonstances où l'hygiène sociale est en jeu ou lorsque des mesures d'intérêt général du ressort de l'Institut sont à envisager.

Le Life Extension Institute a son siège social à New-York 25, West Forty-Fifth Street. Elle emploie une trentaine de médecins répartis dans différents services, et secondés par un personnel de 120 techniciens et employés. Il a comme collaborateurs plus de 7000 médecins établis aux Etats-Unis, au Canada et dans d'autres pays étrangers.

Le Life Extension Institute, constitué en société par actions. consacre les deux tiers de ses bénéfices à des œuvres d'assistance et d'hygiène sociale.

En !924 le Life Extension Institute de New-York a organisé un service eugénique dont la direction a été confiée au Dr R. G.

Harris. Ce service est institué pour répondre à toutes les questions relatives à l'hérédité relativement au mariage; il offre
également un service anthropométrique.

Résultats: Le Life Extension Institute a pu examiner complètement depuis sa fondation plus de 200.000 personnes: abon-
nés particuliers versant 20 dollars par an; employés assurés
sur la vie, souscripteurs à une Compagnie ayant signé un contrat avec l'Institut pour lui confier la surveillance médicale
régulière de ses clients

A l'heure actuelle, huit compagnies d'assurances importantes américaines utilisent les services du Life Extension Institute, et d'autres sont prêtes à suivre leur exemple, car les résultats obtenus sont très satisfaisants. (1)

Le bienfait de ces examens minutieux et fréquents est tel,
écrit Monsieur Lucien March, que les compagnies d'assurances sur la vie n'hésitent pas à en supporter les frais quand leurs
assurés le demandent. Elles estiment que cette dépense est plus
que compensée par l'avantage que leur assure la prolongation
de la vie des assurés.

Aussi l'Association médicale américaine, qui groupe plus
de 80.00 praticiens des Etats-Unis, décida-t-elle, après une longue étude, d'encourager ses membres à pratiquer eux-mêmes
ces examens dans leur clientèle privée. Un comité fut nommé
pour préciser la technique la plus recommandable et rédiger
une formule permettant de systématiser ces examens.

Le rapport de ce Comité a été publié par son Président, le
Professeur Haven Emerson, dans le numéro du 12 mai 1923 du
« Journal de l'Association Médicale Américaine » et un manuel
relatif à ces examens vient d'être lancé par cette Association.
[(A Manual of Suggestions for the Conduct of Periodical
Examination of apparently Healthy persons). American Medi-
cal Association, Chicago 1927.]

---

(1) Le Life Extension Institute de New-York, par le Dr Schreiber, *Eugénique* 1923. Tome III. n° 4.

§ 15. — LA SELECTION NATURELLE.

Certains eugénistes américains estiment que le libre jeu des lois naturelles constituerait à lui seul un moyen eugénique suffisant.

Popenoe voudrait laisser jouer les lois de la sélection naturelle. Il considère que les méthodes actuelles de justice et de charité, si elles ne sont pas soigneusement étudiées risquent d'être néfastes à la race. Il estime que l'intérêt de la majorité l'emporte sur celui du petit nombre.

Les pratiques de la puériculture, en apportant des obstacles au libre jeu des lois de la sélection naturelle, constituent d'après lui un danger pour la race. (1)

§ 16. — LE RETOUR A LA TERRE

Il est très important, au point de vue eugénique, dit Popenoe de prendre des mesures qui favorisent un retour vers la terre.

Selon lui l'Etat devrait intervenir en:

1°) encourageant un mouvement des cités vers les campagnes;

2°) prenant des dispositions qui rendront plus attractives et plus rénumératrices la vie à la campagne;

3°) remédiant au mal que constitue l'exode vers les villes en tâchant, par le moyen de la propagande eugénique, d'élever le taux de la natalité dans les classes les meilleures. (2)

Galton a noté que la taille des enfants de la campagne dépasse de 3 centimètres celle de ceux des villes, et leur poids de 3 kgs.

---

(1) Popenoe, *Applied Eugenics*, p. 415.

(2) Popenoe, *Applied Eugenics*, p. 359.

CHAPITRE V.

Le Contrôle des Naissances

Il est généralement peu connu que les Etats-Unis ont joué un rôle important au début du mouvement du birth-control. Mais c'est depuis le XXe siècle surtout que, comme en Angleterre, l'idée de la contraception a trouvé aux Etats-Unis sa plus grande réalisation.

Nous nous proposons d'examiner dans ce chapitre les divers aspects du mouvement du birth-control aux Etats-Unis, et nous répartirons dans ce but notre étude en 6 paragraphes :

§ 1. — Institutions ayant pour but l'étude et la propagation du birth-control.

§ 2. — Aperçu du mouvement du birth-control aux Etats-Unis.

§ 3. — Cliniques du birth-control.

§ 4. — Les publications sur le birth-control.

§ 5. — Le birth-control et la loi.

§ 1. — INSTITUTIONS AYANT POUR BUT L'ETUDE ET LA PROPAGATION DU BIRTH CONTROL.

Les principaux organismes ayant pour but l'étude et la défense des principes du Birth-Control sont :

A. — L'American Birth Control League.

B. — La Volontary Parenthood League.

C. — Le Committee on Maternal Health.

D. — L'Illinois Birth Control League.

E. — Les Birth Control Leagues de Boston, de Cleveland et de Minneapolis.

F. — L'Alameda County Birth Control League.

G. — Les Birth Control Leagues de l'Ohio et l'Indiana.

H. — L'American Society of Medical Sociology.

I. — Le Birth Control National League de New-Jersey.

J. — La South Eastern Pennsylvania Birth Control League.
K. — La Pennsylvania Birth Control Federation.
L. — La Los Angeles Branch de l'American Birth Control League.
M. — Le San Francisco Birth Control Committee.
N. — La Connecticut Branch de l'American Birth Control League.
O. — Le Birth Control Committee de Schenectady (N.-Y.).
P. — Le Birth Control Committee de Syracuse.
Q. — Le Salt Lake Branch de l'American Birth Control League.

Cette énumération n'a aucun caractère limitatif. Il se crée aux Etats-Unis tous les jours de nouvelles institutions travaillant en vue de faire triompher le Birth Control.

A. — L'American Birth-Control League.

L'American Birth-Control League a été fondée en 1914 par Mrs Marg. Sanger.

Elle a son siège à New-York City. Elle a pour présidente Mrs Sanger et pour vice-présidentes: Mrs Lewis L. Delafield et Mrs Juliet Barrett Rublee.

L'American Birth-Control League possède un organe officiel : la « Birth Control Review » dont l'origine remonte à 1917.

Nous allons examiner maintenant:

I. — L'objet de la Ligue.
II. — Les moyens employés par la Ligue.
III. — Les principes directeurs de la Ligue.
IV. — L'activité de la Ligue.

I. — OBJET DE LA LIGUE.

1) L'American Birth-Control League se propose d'éclairer et d'éduquer toutes les classes de la poulation américaine sur les nombreux aspects et sur les dangers d'une procréation non contrôlée, ainsi que sur la nécessité d'établir un programme mondial de Birth-Control.

2) Elle travaille à rendre légal l'enseignement par les médecins, des méthodes du Birth-Control aux personnes mariées.

3) Elle ouvre des cliniques où les meilleures méthodes d'informations sont données à tous ceux qui le désirent.

II — MOYENS EMPLOYES PAR LA LIGUE

La Ligue coordonne les travaux des savants, des statisticiens, des chercheurs, des sociologues, sur toutes les phases du problème de la population.

Afin de rendre cette chose possible, elle a six différents départements :

Département des Recherches : Il recueille les découvertes des savants, concernant les rapports existant entre la parenté défectueuse et la délinquance, les anormalités et autres tares, etc...

Ce département est présidé par Marg. Sanger et comprend parmi ses membres James F. Cooper, M. O. Hannah M. Stone. Raymond Pearl, Ph. D., le statisticien bien connu en fait également partie.

Département des Réalisations pratiques : D'après les données scientifiques fournies, des conclusions sont établies qui peuvent aider les institutions sociales dans l'étude des problèmes de la mortalité maternelle et infantile, le travail des enfants, les insuffisances mentales et physiques et la délinquance dans leurs rapports avec l'hérédité défectueuse.

Département d'Hygiène : Des instructions hygiéniques et physiologiques par des médecins sont données aux mères et aux futures mères sur les méthodes saines du Birth-Control en réponse aux demandes qu'elles font.

Département de l'Education : Le programme d'éducation implique d'éclairer le grand public, par les leaders de la pensée et de l'opinion — les professeurs, les ministres et les écrivains — sur les aspects moraux et scientifiques des principes du Birth-Control et sur l'impérative nécessité qu'il y a à l'adopter dans l'intérêt de la nation et de la race.

Département politique et législatif : Il tend à rallier les efforts des hommes d'Etat, des législateurs afin d'obtenir l'abolition des lois qui encouragent l'éducation dysgénique, augmentent la somme des maladies, la misère et la pauvreté et empêchent l'établissement d'une police saine.

Département de Propagande : Pour cela, on envoie dans les différents Etats de l'Union des travailleurs sociaux qui éveillent l'intérêt des masses sur l'importance du Birth-Control afin que les lois existantes puissent être changées et l'établissement des cliniques rendues possible.

Déportement international : Il a pour but de coopérer avec des organisations similaires d'autres pays afin d'étudier le Birth-Control dans ses rapports avec le problème de la population mondiale, des subsistances, des conflits nationaux et raciaux, et d'agir sur tous les corps internationaux organisés en vue de la paix mondiale, afin de les intéresser à la question.

III. — PRINCIPES DIRECTEURS DE LA LIGUE :

Ces principes sont ceux qui sont revendiqués par la Ligue comme devant servir de point de départ à son action. Ils se résument de la façon suivante : (1)

« L'Amérique se trouve être l'objet de nombreux problèmes par suite de l'accroissement inconsidéré de la population. Les familles qui ne devraient pas se reproduire se multiplient à l'excès ; il en résulte une surpopulation d'indésirables laquelle doit être supportée par les éléments sains de la population. Les fonds qui devraient être employés à élever le niveau de la civilisation sont consacrés à maintenir ceux qui la font régresser. La santé des femmes devient de plus en plus précaire et il y a un grand gaspillage de vie par suite des trop fréquentes grossesses. Ces grossesses non désirées provoquent l'avortement ou multiplient le nombre des enfants malheureux.

Afin de créer une race saine, il est essentiel que la procréation ne reste plus une question de chance. Il faut que les enfants soient 1° conçus dans l'amour, 2° nés d'une mère qui les désirent, 3° et engendrés dans des conditions qui rendent possible une bonne santé. Ainsi, il faut que chaque femme possède la

____

(1) Marg. Sanger. « Principles and Aims of the American Birth Control League ».

liberté de restreindre le nombre des naissances sauf lorsque ces conditions sont satisfaites. Chaque femme doit être consciente de sa responsabilité vis-à-vis de la race en mettant des enfants au monde.

Ces buts, qui sont d'une importance fondamentale pour le bien de la nation et de l'humanité, ne peuvent être réalisés que si toutes les femmes reçoivent une éducation scientifiquement pratique sur le birth-control. C'est vers cette réalisation que tendent tous les efforts de la Ligue. »

IV. — ACTIVITE DE LA LIGUE

On peut dire que le mouvement du birth-control aux Etats-Unis est dirigé par l'American Birth-Control League.

Elle a établi de nombreux centres de propagande dans les différentes villes, et y a installé des cliniques de birth-control.

Depuis sa fondation, la Ligue a été consultée par 11,525 personnes. 191,000 lettres personnelles, écrites par des mères, ont été reçues par Mrs Sanger.

Des meetings ont été organisés auxquels assistèrent des centaines de milliers de personnes. 600.000 exemplaires du Birth-Control Review et 200.000 du « Woman and the New Race » ont été publiés. 427.000 brochures et circulaires ont été distribuées gratuitement. La Ligue a encore entrepris la mise sur pied de cinq conférences d'Etat, elle a fondée 28 comités et ligues adjacentes, elle a fait donner sous ses auspices 245 conférences. Mrs Sanger, la présidente de la Ligue, va parler dans les différentes universités américaines telle que celles de Yale, de Harvard, de Columbia, etc.

Elle s'est encore préoccupée de développer le mouvement du birth-control à l'étranger et y a établi sept ligues ainsi que cinq cliniques. Elle a à la V° Conférence Internationale du Birth-Control à Londres, en 1922, envoyé 23 délégués. (1)

Les résultats obtenus à l'étranger, et spécialement en Orient, sont dûs surtout à la tournée de propagande que fit Marg. Sanger dans ces contrées en 1922.

---

(1) The New Generation, Janv. 1924, p. 11.

A l'heure actuelle, l'American Birth Control League comprend plus de 40.000 membres.

En 1926, la Ligue a organisé trois grandes tournées à travers les Etats-Unis. Ces tournées ont été entreprises, la première par le Dr Cooper lequel a parcouru trente-et-un Etats et a donné au cours de son voyage 109 conférences. Elles ont eu pour résultat de faire connaitre la Ligue, et le nombre des médecins qui visitent le Clinical Research Department s'est beaucoup accru. La seconde, par le Dr Percy Clark en Californie. Il parla devant 50 clubs d'hommes et dans 3 églises. La troisième, par Mrs Kennedy, dans le Middle West.

Le Clinical Research Department, qui est celui où sont donnés les avis anticonceptionnels à ceux qui le demandent, a compté, d'après le rapport de Dr Hannah M. Stone, pour l'année 1926, 2966 patients, parmi lesquels 1463 venaient pour la première fois. Beaucoup de femmes qui vinrent étaient des femmes malades qui n'avaient pas d'enfants du fait de leur état de santé. D'autres étaient épuisées par une ou deux naissances anormales. On peut compter qu'il y eût parmi les visiteuses 5065 grossesses pour 1463 mères. Le nombre d'enfants qui virent le jour était d'environ 2,5 par mère. La cause de mort la plus importante avant la naissance est due à l'avortement. Sur les 1463 mères, il n'y avait pas moins de 1065 avortements.

Les patients viennent surtout des classes très pauvres de la population. Ils sont envoyés par les organisations de service social lesquels utilisent de plus en plus le birth-control comme méthode de traitement pour les mères pauvres et fatiguées.

Un second centre de recherches cliniques a été créé en 1926 à Brooklyn, sous la direction de Mrs J. Rhees Kappeyne.

Mais la plus grande activité de la Ligue s'est signalée dans les campagnes législatives qu'elle a menées en vue de faire abolir les lois interdisant toute propagande anticonceptionnelle. Nous envisagerons plus longuement les principaux points de cette activité au paragraphe consacré au « birth-control et la loi ».

B. — La Voluntary Parenthood League.

La Voluntary Parenthood League a été fondée en 1919. Elle a pour directrice Mrs. Mary Ware Dennett et pour secrétaire

Mrs. Sonya Bronson. Le siège de la Ligue se trouve à New-York. Un grand nombre d'hommes et de femmes influents font partie de son Comité ; des médecins renommés la soutiennent. La Ligue possède un organe : le *Birth-Control Herald*.

OBJET DE LA LIGUE.

La Ligue a pour objet :

1. De répandre l'idée que la paternité et la maternité doivent être volontaire et que seulement les gens aptes seront autorisés à avoir des enfants.

2. De travailler au renversement de la Comstock Law qui considère toute littérature ou tout enseignement anticonceptionnel comme obscène et illégal.

MOYENS EMPLOYES PAR LA LIGUE.

1. Organisation de conférences.
2. Propagande intense.
3. Fondation d'un organe : le Birth-Control Herald.

ACTIVITE DE LA LIGUE.

La Ligue vise surtout et travaille de toutes ses forces à abolir les lois défendant aux Etats-Unis toute propagande anticonceptionnelle.

Il est à remarquer que la Ligue tend à obtenir une réglementation fédérale sur le Birth-Control, contrairement au but que poursuit l'American Birth-Control League. Cette dernière, et Mrs. Sanger en particulier, voudraient réformer les législations des différents Etats sur la question.

Le mouvement est dirigé par Mrs. Mary Ware Dennett. C'est elle qui a contribué à l'introduction du projet de loi tendant à modifier le Comstock Law et sur lequel nous reviendrons au paragraphe consacré au « Birth-Control et la Loi ».

D'autre part, la Ligue a ouvert à Chicago en 1923, une clinique, The Parent's Clinic, où l'on donne verbalement les informations sur le Birth-Control.

C. — *Le Committee on Maternal Health.*

Le Committee on Maternal Health est une institution qui s'occupe spécialement de l'étude et de l'examen des questions du Birth-Control.

Ce Comité est dirigé par le Dr Robert L. Dickinson, le savant très connu. Il comprend dans son conseil de direction les noms de Samuel W. Lambert M. D., Bailey B. Burritt, Haven Emerson, M. D., Robert T. Franck, M. D., Frederick C. Holden, M. D., George W. Kosmak M. D. La secrétaire en est la doctoresse Gertrude Sturges.

Le Comité a son siège à New-York.

Le Comité a ouvert un office où l'on ne fait ni examen ni traitement, mais dont le but est de donner des renseignements sur des institutions où les personnes préalablement examinées pourraient s'adresser afin d'y recevoir des avis.

Le Comité travaille avec une nurse, un sténographe, un médecin, lesquels visitent les installations et les institutions et y prennent toute la documentation voulue.

D. E. — *L'Illinois Birth-Control League, les Birth-Control Leagues de Boston, de Cleveland et de Minneapolis.*

Ces ligues travaillent dans le même sens que l'American Birth-Control League. Elles ont été instituées en 1916 par Marg. Sanger.

L'Illinois Birth-Control League a pour président le Prof. James A. Field. Ses buts ont été définis comme suit :

1. Développer une conception honnête et intelligente du Birth-Control.

2. Coopérer à modifier le Code Penal Federal dans la mesure où il interdit le transport de toute littérature anticonceptionnelle.

3. Permettre l'enseignement scientifique des méthodes contraceptives.

La ligue a fondé une clinique de Birth-Control « The Parents Clinic » en 1924.

Depuis l'ouverture de la clinique, 460 personnes sont venues se faire instruire. Quelque temps après un autre centre fut installé sous le nom de Medical Center N° 2.

F. — *L'Alameda County Birth Control League.*

Cette Ligue a été fondée en 1924 et a pour présidente Mrs. H. G. Hill. Elle organise régulièrement des séries de conférences sur le Birth-Control, lesquelles sont données par des professeurs d'Université.

La Ligue a son siège à Oakland.

G. — *Les Birth-Control Leagues de l'Ohio et d'Indiana.*

Elles furent créées en 1922.

H. — *L'American Society of Medical Sociology.*

Cet organisme qui a pour président le Dr W. J. Robinson est un des plus ardents protagonistes du mouvement du Birth-Control aux Etats-Unis.

Il publie une revue « The Critic and Guide ».

I. — *La Birth-Control National League de New-Jersey.*

Elle a été créée ensuite de la Ire State Birth-Control Conference de New-Jersey .

Sa présidente est Mrs. John Dey.

J. *La South-Eastern Pennsylvania Birth-Control League.*

Cette ligue a été fondée par l'American Birth-Control League en mai 1926. Le président est le Dr Stuart Mudd de Villa Nova. Le conseil de la ligue comprend plus de quarante personnalités éminentes de Pennsylvanie.

La ligue est en pleine activité. Elle a engagé une vaste campagne ayant pour but de faire abolir les lois défendant la propagande anticonceptionnelle établies au XIXme siècle.

L'influence de la ligue s'exerce dans les comtés de Chester, Delaware, Montgomery et Philadelphie.

K. — *La Pennsylvania Birth-Control Federation.*

En janvier 1927, la South-Eastern Pennsylvania Birth-Control League, l'Allegheny County Birth-Control League et le Berks County League se réunirent pour former la Pennsylvania Birth-Control Federation. Le président de la Fédération est Dr Stuart Mudd, le vice-président, Roswell Johnson, Ph. D. la secrétaire, Mrs George A. Dunning.

L. — *La Los Angeles Branch de l'American Birth-Control League.*

De formation récente, cette ligue est cependant en pleine activité. Dans toutes les localités de Californie, des conférences ont été organisées. Des cliniques ont été créées à Los Angeles et dans d'autres cités. Grâce à ces initiatives, l'intérêt pour la question du Birth-Control est très grand dans cette contrée.

Les State Conference of Charities inscrivent le Birth-Control à leur programme. Des autorités médicales comme le Dr Henry G. Brainerd de Los Angeles, des chefs d'Eglise comme Rabbi Coffee, des social workers comme Miriam Van Waters ne manquent jamais une occasion de démontrer la nécessité du Birth-Control. (1)

M. — *Le San Francisco Birth-Control Committee.*

Le San Francisco Birth-Control Committee a été organisé en août 1924, par Anne Kennedy, de l'American Birth-Control League.

Dès sa fondation ce comité s'est mis en rapport avec les institutions locales les plus importantes, telles que le San Francisco Center of the California League of Women Voters, le Commonwealth Club de San Francisco, le Social Service Worker's Alliance, le California Conference of Social Work.

N. — *La Connecticut Branch de l'American Birth-Control League.*

La Connecticut Branch de l'American Birth-Control League a été fondée en 1923.

____

(1) *Birth-Control-Review*, mars 1927, p. 70.

O. — Le Birth-Control Committee de Schenectady N.-Y.

Ce comité a été formé en juin 1923 après une conférence faite par Mrs. Sanger.

P. — Le Birth-Control Committee de Syracuse.

Fondé en 1923.

Q. — Le Salt Lake Branch de l'American Birth-Control League

§ 2. — APERÇU DU MOUVEMENT DU BIRTH CONTROL AUX ETATS-UNIS.

L'histoire du birth-control ayant été exposée dans l'*Historique* de notre travail, nous nous bornerons, dans cet aperçu, à examiner les principaux faits qui ont illustré et qui illustrent le mouvement du birth-control aux Etats-Unis.

Il est généralement ignoré que déjà en 1751, et 50 ans avant Malthus, alors que la population des Etats-Unis ne s'élevait qu'à un million d'habitants, Benjamin Franklin dénonçait les dangers d'une trop rapide reproduction.

Deux des premiers présidents des Etats-Unis, Thomas Jefferson et James Madison, étaient d'ardents défenseurs de Malthus. Robert Dale Owen, sénateur des Etats-Unis et aussi, ambassadeur en France, prêchait la limitation des familles. Son livre, publié en 1830, « Moral Physiology », eût une grande influence à son époque. Un peu plus tard le Dr Knowlton publiait les « Fruits of Philosophy » (1833), traité qui détermine en Angleterre le grand procès Bradlaugh-Besant.

En 1841, fut inaugurée à Putney (Vermont) l'Oneida Communauty, fondée par John Humphreys Noyes. En 1873, le mouvement reçut un coup très rude grâce aux efforts de Anthony Comstock qui fit voter par le Congrès une loi interdisant aux Etats-Unis toute propagande anticonceptionnelle.

A la suite de cette loi, des condamnations retentissantes eurent lieu, dont les plus célèbres furent celles de D. M. Bennett, fondateur et éditeur du : « Truthseeker » (New-York), emprisonné pour avoir envoyé par la poste une brochure sur le problème de la population et celle de Moses Harman, éditeur de Lucifer, condamné aur travaux forcés pour avoir publié des discussions sur la question des relations matrimoniales.

Mais, avec le XXe siècle, le mouvement reprit une nouvelle vitalité.

Nous voyons en 1912, le Dr A. Jacobi, doyen du corps médical américain, et président de l'American Medical Association, défendre le birth-control, malgré la défense de la loi, et déclarer : « Il devient indispensable que seulement un certain nombre d'enfants soient mis au monde. En effet, beaucoup de familles américaines ont possédé 10 enfants, mais il n'y en a que trois ou quatre qui survivent. Avant que ceux qui sont morts ne succombent, ils ont été une source de dépense, de pauvreté, de morbidité pour les quelques survivants. Dans l'intérêt de ces derniers, et pour la santé de la communauté, il eût mieux valu que les autres ne fussent pas nés. » (A. Jacobi, M. D.: President's Address before the American Medical Association, at the 63rd session, Atlantic City.)

En 1912, commencent les premières initiatives de Margaret Sanger le fameux pionnier américain du birth-control. Marg. Sanger débuta comme nurse américaine et son intérêt pour le birth-control fut éveillé en voyant la misère des pauvres de East Side. Elle s'occupa alors de donner des conférences aux mères pauvres de New-York et se mit à étudier les aspects scientifiques des meilleures méthodes de contrôle. En 1914, elle annonçait son intention d'entreprendre une campagne publique en faveur du birth-control, basée sur des raisons économiques et féministes. C'est alors qu'elle publia « The Woman Rebel » et fonda la première ligue américaine du Birth-Control. A la suite de ces agissements, elle fut arrêtée pour avoir contrevenu à l'art. 211 du statut fédéral sur la propagande anticonceptionnelle.

L'année suivante, lors d'un meeting tenu à l'Académie de médecine sous la présidence des Drs Jacobi et William J. Robinson, le corps médical tout entier fut intéressé au mouvement du birth-control. Les poursuites qui se continuaient contre

Marg. Sanger donnèrent lieu à une lettre de protestation adressée au Président Wilson et signée par des personnalités éminentes anglaises telles que H. G. Wells, Arnold Bennett, William Archer, Lena Ashwell, Dr Percy Ames, Edward Carpenter, Aylmer Mande, Marie C. Stopes. Cette lettre aboutit, en 1916, à une cessation des poursuites.

C'est dans cette même année que fut ouverte la première birth-control clinic américaine.

Mais grâce à l'intervention de la police elle ne fonctionna que quelques jours. Marg. Sanger fut à nouveau arrêtée, ainsi que Ethel Byrne et Fania Mindell.

Van Kluk Allison, Emma Goldman, Dr Ben Reitman, Jessie Ashley et d'autres furent également condamnés pour avoir propagé une littérature anticonceptionnelle.

En 1917, Marg. Sanger fût emprisonnée pour 30 jours, du fait d'avoir ouvert la Birth-Control Clinic. Son film « Birth-Control » fut interdit à New-York par Justice Greenbaum.

L'année 1919 fit faire une sérieuse avance au mouvement grâce à la création de la Voluntary Parenthood League.

En 1921, fut organisée la première American Birth-Control Conference, tenue à l'Hotel Plaza et au Tower Hall de New-York City. A cette occasion, un meeting public qui devait avoir lieu au Tower Hall fut empêché par la police, Mrs Sanger et Miss Mary Winsor furent à nouveau arrêtées, mais relâchées bientôt. Le doyen Juge envoyait à ce même congrès un message qui attira l'attention et dans lequel il disait que le seul moyen de remédier aux maux actuels était de « légaliser et de populariser les méthodes de contrôle qui sont irréfutables au point de vue médical, et qui n'impliquent pas une destruction de vie ». (1)

La première Pennsylvania State Birth-Control Conference a eu lieu à Philadelphie en 1922. C'est également en novembre de la même année que s'est tenue l'Ohio Birth-Control Conference, à Cincinnati. A cette occasion furent organisées les ligues de Birth-Control de l'Ohio et d'Indiana.

---

(1) *Birth-Control Review*. Déc. 1921.

Les eugénistes américains sont pour la plupart favorables au mouvement. Popenoe estime que l'enseignement du birth-control devrait être donné dans les couches inférieures de la population. D'après lui, il devrait se faire sous la direction d'un médecin, d'une nurse ou de tout auxiliaire social. (1)

L'Eugenics Committee des Etats-Unis dans le programme qu'il a établi pour l'amélioration de la race insiste pour que toutes les prohibitions apportées au birth-control soient abolies.

En octobre 1923, lors d'une conférence sur la question tenue à Chicago, à laquelle assistèrent de nombreux médecins et professeurs, le birth-control fut envisagé très favorablement.

C'est aussi en 1923 qu'a été organisé le Congrès du Birth-Control de Baltimore. Celui-ci a donné lieu à des travaux importants lesquels ont été réunis en volume. (2)

Une vaste campagne en faveur du birth-control est menée par la General Federation of Woman's Clubs laquelle groupe plus de 2 millions de femmes. Mrs Elma Blair, du Welfare Department de New-York a été spécialement désignée pour propager cette doctrine. La Fédération travaille surtout à obtenir la suppression des lois antimalthusiennes. (3)

Le Bureau of Social Hygiene, fondé par John Rockfeller, a établi une vaste enquête auprès des femmes mariées graduées des principaux collèges américains afin de connaître l'état d'esprit de ces milieux sur la question. Cette enquête a été faite au moyen d'un questionnaire lequel permettait de s'informer dans quelle mesure le contrôle des naissances était pratiqué chez ces femmes. 74 % d'entre elles qui répondirent au questionnaire, avouèrent faire usage des méthodes anticonceptionnelles, la plupart pour des raisons de santé, d'autres pour des raisons économiques. Vingt-cinq seulement déclarèrent ne pas vouloir d'enfants. (4)

Les Universités américaines se préoccupent également du mouvement au point de vue scientifique. Nous nous bornerons

---

(1) Popenoe, *Applied Eugenics*, p.. 272.
(2) *Eugenical News*, octobre 1925.
(3) *The New Generation*, sept. 1922, p. 6.
(4) *Ibid.*, may 1923, p. 60.

seulement à citer les noms des professeurs Scott Nearing, J. A. Field, E. A. Ross et Warren Thompson ainsi que les autorités médicales Drs Jacobi et W. J. Robinson, les travaux du Prof. E. M. East de Harvard : « Man kind at the Cross Roads », ceux de S. J. Holmes, de l'Université de Californie, qui dans son livre « Studies in Evolution and Eugenics » consacre un chapitre aux rapports du birth-control et de l'eugénique.

En 1926, le Northeastern Indiana Academy of Medecine et la Licking County Medical Association (Ohio) votèrent la résolution suivante : « Nous demandons qu'une modification soit apportée aux lois existantes, de telle sorte que les médecins puissent, dans l'exercice de leurs fonctions, légalement donner des avis contraceptifs aux malades. (1)

Au Congrès des Interdenominational Students de la même année, le point de vue du birth-control a été reconnu.

C'est également en 1926 au mois de mai que fut créée la nouvelle branche de Philadelphie de l'American Birth-Control League.

Enfin il faut mentionner encore le développement que commencent à prendre les cliniques du birth-control aux Etats-Unis. Malgré les entraves apportées par la loi, ces cliniques se propagent dans beaucoup de grandes villes américaines.

Six grands hôpitaux publics de New-York possèdent maintenant une section anticonceptionnelle. (2)

C'est à New-York qu'a eu lieu en 1925 le sixième « International néo-Malthusian and Birth-Control Conference ». Ce congrès, un des plus importants du mouvement qui se soit réuni a assemblé les plus hautes personnalités du monde entier s'intéressant au problème de la population.

§ 3. — LES CLINIQUES DU BIRTH CONTROL.

Les principales cliniques du birth-control aux Etats-Unis sont :

A. — La clinique de l'American Birth-Control League, de New-York, fondée par Mrs. Marg. Sanger en 1916. Elle fut

---

(1) *Birth-Control Review*, fév. 1926, p. 42.

(2) Dr W. Haire, *Liverpool Daily Courier*.

interdite par la police et fermée quelques jours après son ouverture.

B. — La clinique dirigée par Dr Dorothy Bocker. Elle a été ouverte en janvier 1923, dans une chambre située près des bureaux de l'American Birth-Control League, à la Fifth Avenue. Seules sont admises à la cliniques les personnes mariées qui désirent se renseigner sur la contraception pour les seuls motifs médicaux. Dr Bocker est très documentée sur tout ce qui concerne le birth-control, et sa brochure est l'exposé le plus avancé fait à ce jour, sur la question. (1)

C. — La clinique de Denver dont Dr Mary L. Morgan est directrice.

D. — Les cliniques de Los Angeles, de Berkeley, d'Oakland.

E. — Les cliniques de l'Illinois, au nombre de six. La dernière a été établie dans le district nègre de Chicago.

Depuis leur fondation le nombre des personnes qui ont eu recours aux centres de l'Illinois s'élevait en octobre 1926 à 1835. 1800 d'entre elles sont venues demander des conseils pour des raisons d'ordre économique.

Il existe aux Eats-Unis beaucoup d'autres cliniques, mais il serait difficile de les mentionner ici, leur nombre s'accroissant tous les jours.

Dans les endroits où il n'y a pas de cliniques, l'American Birth-Control League donne aux intéressés l'adresse de médecins où ils peuvent recevoir des avis sur le birth-control. Plus de sept-mille médecins se sont inscrits en vue d'apporter leur aide à la Ligue.

§ 4. — LES PUBLICATIONS SUR LE BIRTH CONTROL.

Les principales publications sur le Birth-Control aux Etats-Unis sont :

A. — *The Birth-Control Review*, organe de l'American Birth-Control League.

B. — *The Birth-Control Herald*, organe de la Voluntary Parenthood League.

----

(1) Rt Dickinson, *Contraception*, p. 18.

C. — *The Critic and Guide*, journal édité par le Dr W. J. Robinson.

D. — *Journal of Psyche-Analysis and Sexology*, publié également par le Dr Robinson.

§ 5. — LE BIRTH CONTROL ET LA LOI.

Il existe aux Etats-Unis une loi fédérale interdisant la propagande des pratiques anticonceptionnelles. Cette loi qui a été votée en 1873 et qui s'appelle la Comstock Law modifie la section 211 du Code Penal et le rédige comme suit :

« Tout livre, brochure, image, journal, lettre, écrit, imprimé obscène, dissolu ou débauché et toute autre publication de caractère indécent et tout article ayant pour but d'*empêcher la conception*, ou de provoquer l'avortement, ou toute autre fin immorale; et toute chose, instrument, substance, drogue, médecine ou autre objet qui est annoncé et décrit de manière à permettre à ceux qui en ont connaissance d'*empêcher la conception* de provoquer l'avortement ou de l'utiliser à toute autre fin immorale; et tout écrit, carte imprimée, lettre, circulaire, livre, brochure, annonce, ou note de toute espèce, permettant de connaître directement ou indirectement, où, comment, de qui, et par quels moyens on peut obtenir les choses ou articles ci-dessus désignées, ou par qui toute action ou opération, ayant pour but de provoquer l'avortement ou d'empêcher la conception, peut être accomplie, qu'ils soient cachetés ou décachetés; toute lettre, paquet, colis ou autre envoi postal contenant toute chose ou substance, indécente ou malsaine, et tout journal, écrit, annonce ou démonstration et représentation d'un article, instrument, drogue, médecine ou autre chose pouvant être utilisée pour *empêcher la conception* ou pour provoquer l'avortement, ou pour toute autre fin immorale; et toute explication ayant pour but de déterminer une personne à faire usage de ces articles, instruments, substances, drogues ou médecines, est déclarée ne pouvoir faire l'objet d'une expédition postale, elle ne sera ni transportée ni distribuée dans aucun bureau de poste, ni par aucun fonctionnaire postal.

» Quiconque aura sciemment déposé ou fait déposer en vue de le faire expédier et délivrer, toute chose déclarée par cette Section comme ne pouvant faire l'objet d'une expédition postale, ou recevra sciemment, ou fera recevoir par la poste dans le but de la faire circuler, ou d'aider à sa circulation quelqu'une des choses mentionnées, sera puni d'une amende ne dépassant pas cinq mille dollars ou d'un emprisonnement ne dépassant pas cinq ans, ou des deux à la fois. »

En 1909, le Congrès passa une nouvelle loi interdisant le transport par express ou par tout porteur officiel de toute chose prévue par la Section 211.

Cette loi devint la section 245 du Code Pénal et fut rédigée comme suit :

« Quiconque apportera ou fera apporter, aux Etats-Unis, ou à tout autre endroit relevant de sa juridiction, ou y déposera sciemment ou fera déposer. »

Il y a actuellement un grand mouvement qui travaille en vue de réformer cette législation. Ce mouvement est dirigée par les deux plus importantes ligues américaines de Birth-Control : l'American Birth-Control League et la Voluntary Parenthood League.

Sur l'initiative de ces ligues, des projets de loi ont été déposés au Congrès et dans certains Etats.

Le programme de Réforme législative de la Voluntary Parenthood League consiste à faire accepter un simple projet de loi rayant des Federal Obscenity Statutes, Section 211, les seuls mots « d'empêcher la conception ».

En 1924, ce projet a été introduit au Sénat par le Sénateur Albert B. Cummins de Iowa, et à la Chambre, par le représentant William N. Vaile, de Denver, Colorado. Ce qui ressortait principalement de ce projet c'est que tout produit ainsi que toute information anticonceptionnelle, approuvés par cinq médecins qualifiés pourraient être acceptés et être envoyés librement par la poste. Le projet a été repoussé.

Mais ce programme est désavoué par l'American Birth-Control League.

Cette dernière, à son tour, a préparé un projet de loi lequel présenté au Sénat américain en 1926 a été également repoussé. Il était ainsi libellé :

Section 211. — Cette section n'est pas applicable, à l'envoi, au transport, à la réception de tout écrit, ou chose imprimée ayant pour but d'empêcher la conception, ni à tout remède, drogue ou autre chose poursuivant la même fin, faite à, ou par des médecins légalement reconnus s'adressant à leurs patients, des pharmaciens patentés, des importateurs ou des exportateurs de remèdes ou de drogues, des fabricants de ces choses, grossistes, des libraires médicaux, pourvu que de tels envois, transports ou réceptions soient occasionnés par l'exercice de leur fonction.

Des dispositions similaires sont proposées pour l'amendement des actions 245 relatives aux « express companies » et aux « common carriers » et 305 a du Tariff Act.

Telle est l'état des choses en ce qui concerne la législation fédérale.

Comme on le voit, les lois fédérales ne légifèrent le Birth-Control que dans la mesure où le gouvernement des Etats-Unis a le pouvoir de réglementer les envois par la poste, par les « common carriers », ainsi que ce qui est relatif à l'exportation et à l'importation.

A côté de cette loi fédérale, il existe, dans beaucoup d'Etats, des législations prohibitives.

Nous allons envisager brièvement la législation de chacun d'eux, afin de nous rendre compte dans quelle mesure les pratiques anticonceptionnelles sont défendues ou autorisées.

Alabama. — Il n'y a aucune défense pour les médecins d'enseigner le Birth-Control. Il n'est pas mentionné dans les lois réprimant les pratiques obscènes.

Arkansas, Delaware, Florida, Illinois, Kentucky, Louisiana, Maryland, Michigan, Nebraska, Nevada, North Dakota, Oklahoma, Oregon, Pennsylvania, Rhode Island, South Carolina, South Dakota, Tennessee, Texas, Utah, Vermont, Virginia, West Virginia, Wisconsin. Hawaï se trouvent dans le même cas que l'Etat d'Alabama.

Alaska. — Le Birth-Control est classé pami les pratiques obscènes et expressément défendu.

Arizona. — Défend d'écrire ou de publier aucune notice ou annonce relative à tout produit, médecine ou autre moyen d'empêcher la conception, ou d'offrir ses services dans ce but.

Californie, Idaho, Mississippi, Montana, Washington, District of Columbia and all Federed Territories, Porto-Rico possèdent des dispositions semblables à celle d'Arizona.

Colorado. — Les praticiens de la médecine ne tombent pas sous le coup des lois prohibant la propagande anticonceptionnelle. Des informations peuvent être données dans les collèges de médecine et dans des ouvrages médicaux. Les pharmaciens dans l'exercice de leurs fonctions sont également exemptés. La loi est stricte pour les profanes.

Indiana, Iowa, Ohio et Wyoming sont soumis aux mêmes principes que le Colorado.

Connecticut. — L'usage de toute drogue, médecine ou moyen ayant pour but la prévention des naissances est interdit. N'est pas mentionné dans les lois contre l'immoralité. Il n'y a aucune interdiction concernant l'enseignement des méthodes anticonceptionnelles.

Georgia. — Les médecins dans l'exercice régulier de leurs fonctions sont autorisés à enseigner le Birth-Control. Il n'est pas mentionné dans les lois contre l'immoralité

Kansas. — Les pratiques anticonceptionnelles sont strictement prohibées. Les ouvrages de médecine ne tombent pas sous le coup de la loi.

Maine. — Défend d'écrire ou de publier aucune notice ou annonce, relative à toute médecine ou moyens d'empêcher la conception. Il n'est pas fait mention des informations orales, ou de celles provenant des médecins.

Massachusetts. — Défend la vente ou la distribution de toute médecine, drogue ou instrument empêchant la conception, défend de donner toute information orale sur le sujet et d'envoyer ou de recevoir par la poste les choses prémentionnées. Il n'y a aucune exception pour les médecins.

Minnesota. — Les médecins sont autorisés à donner des informations anticonceptionnelles pour guérir ou prévenir les maladies. Prohibition stricte pour les profanes.

Missouri. — La loi est la même que dans le Massachusetts, mais exception est faite pour les collèges de médecine et les ouvrages médicaux. Les médecins ne sont pas mentionnés.

New-Hampshire. — Les praticiens de la médecine sont exemptés des lois prohibitives.

New-Jersey. — Défend à toute personne d'exposer, de vendre ou de posséder avec l'intention de le vendre, sans un juste motif, tout instrument, drogue ou médecine anticonceptionnels, ou renseignant oralement ou par écrit où et comment de tels objets peuvent être obtenus. En défend aussi la fabrication ou l'acquisition.

New Mexico. — Des informations sur le Birth-Control peuvent être données par des médecins pratiquant régulièrement. Il n'y a aucune loi contre l'immoralité.

New-York. — Possède les mêmes dispositions que le Minnesota.

North-Carolina. — Possède les mêmes dispositions que le Georgia.

L'action de l'American Birth-Control s'est exercée également dans les différents Etats. Un projet de loi élaboré par la Ligue a été déposé en 1924 à l'Assemblée de New-York. Ce projet était ainsi libellé :

Section 1145. — « Tout objet ou instrument, utilisé par un médecin légalement autorisé, ou sous sa direction et sa prescription, *pour le traitement anticonceptionnel des personnes mariées* ou pour la guérison ou la prévention de maladies, n'est pas considéré comme un article indécent ou dont l'usage est immoral. La fourniture de ces objets aux médecins ou suivant leur prescription n'est pas considérée comme une infraction ».

L'amendement proposé par la Ligue consiste dans l'addition des mots en italiques.

En février 1927, ce projet fut à nouveau introduit à l'Assemblée par le Representative Walter Gedney de Rockland County.

Dans l'Etat de Connecticut des projets de loi ont été introduits, grâce aux efforts de Mr. Henry S. Fletcher de Hazardville, en 1923 et en 1925. Ces projets tendent à abroger les lois existantes prohibant le Birth-Control et à rendre légal l'enseignement des pratiques anticonceptionnelles.

En 1926, un nouveau projet plus simple cette fois tend à placer le Connecticut dans la catégorie des Etats n'ayant aucune loi restrictive sur le Birth-Control.

En Californie, un projet a été introduit en 1917 visant à légaliser l'enseignement du Birth-Control. La même année, dans le Massachusetts, une proposition demandait à autoriser cet enseignement aux étudiants dans les écoles de médecine.

En Pennsylvanie, on vota en 1918, avec une forte majorité, une loi, le Stern Bill, laquelle défendait toute discussion sur le Birth-Control ou sur la nécessité de restreindre les naissances.

Mais le gouverneur Brumbaugh s'y opposa et caractérisa cette mesure comme réactionnaire et contraire aux fins eugéniques et à l'esprit de liberté. La loi de ce fait ne passa pas.

Mais il faut signaler le tout récent projet de 1927 qui autoriserait l'enseignement des pratiques anticonceptionnelles d'une manière privée et publique. Ce projet a été présenté par Mr. Stevens Heckscher et Mr. Allen S. Olmsted et approuvé par les diverses organisations locales. (1)

Des projets similaires au Stern Bill furent introduits dans l'Etat de New-York en 1923 et en 1924 par Cuvilier. Ils échouèrent l'un et l'autre.

L'Etat de Virginie a eu également à lutter contre un projet de législation adverse.

---

(1) Au moment de mettre sous presse nous apprenons que les projets de Pensylvania et de Connecticut ont été rejetés. Il en est de même d'une proposition semblable qui avait été émise dans l'Etat de New-York.

FRANCE

Le mouvement de l'eugénique ne s'est fait sentir en France
que fort tard. Toutefois, on a remarqué, au cours des siècles
derniers, et bien avant que cette science ne fût née en Angleterre, différentes opinions émises sur la question de la limitation des naissances, considérée par certains eugénistes comme
un remède aux maux de la surpopulation.

C'est ainsi qu'au 17ᵉ et au 18ᵉ siècle, la limitation des
naissances était déjà regardée comme un acte de sagesse dans
certains classes de la société.

Montaigne expliquait en quelques mots, pourquoi, dans des
familles déterminées, il est bon de se marier tard, et d'avoir
peu d'enfants, dans d'autres de se marier tôt et d'en avoir
beaucoup : « Il ne nous faudrait marier si jeunes... je dis cela,
ajoute-t-il, spécialement à la noblesse qui est d'une condition
oysive et qui ne vit, comme on dit, que de ses rentes ; car
ailleurs, où la vie est questuaire, la pluralité et compagnie des
enfants, c'est un adjencement de ménage, ce sont autant de
nouveaux outils et instruments à l'enrichir ». (Essais, livre II,
chap. VIII.)

A côté de la noblesse, la bourgeoisie privilégiée a, de même,
pratiqué, d'assez bonne heure, la restriction. On a signalé qu'à
la suite d'édits de François Iᵉʳ qui instituaient la vénalité de
certaines charges, les titulaires ont diminué le nombre de leurs
fils, ceux-ci étant devenus plus difficiles à établir.

Au 18ᵉ siècle, divers auteurs, Moheau par exemple, ainsi que de nombreux abbés et curés de province, nous apprennent que l'habitude des restrictions était singulièrement répandue.

Après la Révolution, la contagion s'étend à la petite bourgeoisie, car à mesure que celle-ci s'élève, les mêmes préoccupations l'assaillent : l'enfant n'est plus pour elle un « outil », c'est une charge, et une charge particulièrement lourde dans les villes. Il en est de même dans les campagnes, du moins chez les propriétaires et chefs d'exploitations d'une certaine importance, parce que chez eux aussi, des fils trop nombreux ne trouveraient pas, dans la profession de leur père, une place équivalente à la sienne. On a pu constater à Paris, malgré l'afflux croissant de la population adulte, une certaine décroissance de la natalité, dès le 18ᵉ siècle. (1)

Enfin, au 19ᵉ siècle, lorsque les idées de Malthus pénétrèrent en France, cette décroissance ne fît que s'accentuer. Cette influence eut son maximum d'intensité lors du grand mouvement anglais néo-malthusien Bradlaugh-Besant de 1875.

Il se créa peu après une Ligue pour la Régénération Humaine, sous la présidence de Paul Robin. C'est elle qui organisa à Paris, en 1900, la première conférence internationale pour la limitation des naissances, sous la présidence de Paul Robin. La ligue néo-malthusienne française fut supprimée en 1920, par suite de la loi interdisant la propagande anticonceptionnelle. Le professeur Hardy, un des vétérans du mouvement, fut placé sous la survellance de la police et son travail arrêté.

Mais à côté de ce mouvement en faveur de la limitation des naissances, il s'est formé, en France, depuis 1910 tout un courant eugénique qui a abouti à la création, en 1913, de la *Société française d'Eugénique.*

Déjà, à cette époque, dans un congrès tenu à Paris par le

____

(1) L. March. *Eugénique*, 1913, p. 15.

« Royal Institute of public health de Londres », une section était consacrée à l'eugénique, et le Dr Apert y faisait ressortir les liens qui unissent l'eugénique et la puériculture antenatale.

A la même date, E. Maurel, faisait paraître une contribution à l'étude de l'eugénisme (Province Médicale, 15 mars 1913) et F. Houssay écrivait son : « Eugénique, sélection et déterminisme des tares ». (Problems in Eugenics, 1912, vol. I.)

En 1914, se fondait en France, un périodique « Croissance » dans lequel les questions d'eugénique occupaient une grande place. Il portait comme sous-titre : « Auxanologie-eugénique, puéri- et adolesciculture ».

La France a pris une part active aux deux congrès internationaux d'eugénique de 1912 et de 1921. A ce dernier, M. Molliard, doyen de la Faculté des Sciences de Paris, avait été délégué par le gouvernement français.

Enfin, c'est à Paris que s'est tenue en 1926 la réunion de la Fédération des organisations eugéniques. Comme on le sait, la Fédération a son siège à Paris, à la Ligue des Sociétés de la Croix-Rouge. Il fut décidé alors qu'une coopération étroite serait établie entre la Ligue et la Fédération.

La contribution apportée par les eugénistes français à cette réunion mérite d'être signalée. Des rapports remarquables furent déposés par le Dr Schreiber, le Prof. Letulle, membre de l'Académie de Médecine, le Dr Heuyer, médecin des hôpitaux de Paris, le Prof. L. Bernard, directeur de l'Institut d'Hygiène de l'Université de Paris, le Dr Gauthier, de la Ligue des Sociétés de la Croix-Rouge, G. Risler, président du Musée Social de Paris, le Dr Apert, médecin des hôpitaux de Paris, vice-président de la Société Française d'Eugénique, Lucien March, vice-président de la Société Française d'Eugénique.

Toutefois, malgré les efforts qui ont été faits dans ce pays, il faut reconnaître que l'application des pratiques eugéniques

en France se heurte à de grandes difficultés dont les principales
sont :

1° la menace de dépopulation qui a pour conséquence :

a. D'empêcher toute mesure de nature à limiter officiellement
le nombre des naissances.

b. De conserver tout ce qu'on peut sauver d'existences.

c. De favoriser les mariages quel qu'ils soient.

d. De recevoir et de nationaliser, sous prétexte de main-
d'œuvre, des étrangers dont l'immigration menace de com-
promettre l'unité de la nation.

(Guinon.)

2° L'état de l'opinion publique qui répugne à ce que soient
préconisées et appliquées des mesures trop radicales et pouvant constituer des atteintes à la liberté individuelle. (1)

Nous diviserons cette partie consacrée à l'Eugénique en
France en trois chapitres.

Chapitre I. — Institutions eugéniques en France.

Chapitre II. — Raisons nécessitant l'application de l'eugénique en France.

Chapitre III. — Différents moyens eugéniques préconisés en
France.

---

(1) Dr Potet. *L'Hygiène mentale.*

CHAPITRE I.

Institutions Eugéniques

Les principales institutions eugéniques en France sont :

1. La Société française d'eugénique.

2. La section française d'eugénique de l'Institut International d'anthropologie.

A côté de ces deux organismes, il faut encore signaler le cours qui se donne à la Sorbonne, depuis 1922, par le Dr Sicard de Plauzolles, sous les auspices du Comité National de propagande d'hygiène sociale et d'éducation prophylactique, et qui a pour objet la lutte contre les maladies sociales et la préservation de la race. Ce cours, qui est patronné également par la société française d'Eugénique, est très suivi.

Nous consacrons un paragraphe spécial à l'étude de la société française d'Eugénique.

LA SOCIETE FRANÇAISE D'EUGENIQUE.

La Société Française d'Eugénique s'est fondée à Paris en 1913.

L'assemblée générale constitutive s'est tenue à la Faculté de médecine, le 29 janvier 1913.

Son comité de fondation était formé des membres suivants :

Présidents : Ed. Perrier.

Vice-présidents : Dr Landouzy, Dr Pinard, Fred. Houssay.

Secrétaire-général : Dr Apert.

Trésorier-archiviste : Lucien March.

La société a son siège à Paris, 3, avenue de Malackoff. Elle comprend dans son comité de direction les personnalités suivantes :

Président : A. Pinard, professeur honoraire à la Faculté de medecine de Paris, membre de l'Académie de médecine.

Vice-présidents : Ch. Richet, professeur à la Faculté de médecine de Paris, membre de l'Institut et de l'Académie de médecine.

E. Apert, médecin de l'Hôpital des Enfants malades.

Lucien March, Directeur-honoraire de la statistique générale de la France, correspondant de l'Institut.

Secrétaire général : G. Schreiber, ancien interne des hôpitaux de Paris.

Trésorier archiviste : Lucien March.

Buts de la Société:

La Société Française d'Eugénique a pour but :

1. La recherche et l'application des connaissances utiles à la reproduction, à la conservation et à l'amélioration de l'espèce ; elle étudie en particulier les questions d'hérédité et de sélection, dans leur application à l'espèce humaine, les questions relatives à l'influence des milieux, de l'état économique, de la législation des mœurs, sur la valeur des générations successives et sur leurs aptitudes physiques, intellectuelles et morales ;

2. De concourir au développement des sciences dans leurs parties susceptibles d'application aux études de la Société ;

3. De favoriser éventuellement la formation de sociétés locales ayant le même objet ;

4. De répandre dans le public les notions favorables au perfectionnement des générations successives.

Ressources de la Société:

Les ressources de la Société Française d'Eugénique se composent :

1. Des cotisations et souscriptions de ses membres.

2. Des subventions qui pourraient lui être accordées.

3. Du produit des libéralités dont l'emploi immédiat a été autorisé.

4. Du revenu des biens.

Activité de la Société:

La Société publie un bulletin trimestriel « Eugénique ».

La Société organise des conférences, en vue de propager les idées eugéniques parmi le public.

Après la guerre, elle a fait donner une série de conférences sur les conséquences de la guerre au point de vue eugénique. Les plus remarquées d'entre elles ont été celles de Ed. Perrier sur « Eugénique et Biologie », du Dr Apert, sur « Eugénique et santé nationale », de L. March, sur « Natalité et Eugénique », du Dr Papillault, sur « les Conséquences psycho-sociales de la dernière guerre ».

Depuis, ces conférences ont été renouvellées chaque année, et le cycle organisé en 1926, par le Dr Pinard a été du plus haut intérêt. Signalons les noms: MM. Forest, Schreiber, Letulle, Queyrat, Heuyer, Apert, Risler, Papillault, Sand, March, qui ont été les principaux orateurs appelés à éclairer l'opinion.

Les 7 et 14 mai de la même année, au Musée Social, des membres de la Société Française d'Eugénique ont examiné avec une compétence remarquable différents problèmes eugéniques et particulièrement celui du certificat prénuptial.

Outre son but de propagande, la Société s'est encore assignée pour tâche l'avancement de la science de l'eugénique. Depuis sa fondation elle s'est consacrée à l'élaboration d'une série d'études scientifiques sur l'eugénique.

Travaux de la Société:

Période 1914-1921.

Saluby. Les progrès de l'eugénique.

Laumonier. Le retour au type dans les métissages humains.

L. March. Les infirmités mentales en Angleterre et l'Act de 1913.

Siffre. L'évolution de la denture à l'état normal et à l'état pathologique.

Apert. Les lois de Naudin-Mendel dans l'espèce humaine, en particulier dans l'albinisme humain.

Roussy. Sur l'hérédité des caractères psychologiques.

Papillault. Les caractères moraux sont-ils héréditaires ?

Laumonier. A propos des enfants indésirables.

P. Godin. Eugénique et Puberté.

Période 1922-1926.

Georges Schreiber. L'institution d'un examen médical antématrimonial obligatoire.

Georges Schreiber. Le certificat d'aptitude au mariage.

Apert. L'hérédité morbide.

Georges Schreiber. Le problème de l'immigration en France.

Apert. Le problème des races et de l'immigration en France.

Paul Boncour. La situation des anormaux dans la Société.

Lucien March. L'examen médical prénuptial.

Dr Queyrat. Conditions de santé à envisager au point de vue du mariage. Maladies vénériennes. (1)

La Société Française d'Eugénique a constitué parmi ses membres un *Comité d'Union contre le Péril Vénérien*. Celui-ci est patronné par MM. Apert, Appel, Calmette, Honorat, Jeanselme, March, Pinard, Richet et Schreiber.

Enfin, dans une de ses derniers séances, il a été décidé que la Société Française d'Eugénique se fusionnerait avec la section d'eugénique de l'office français de l'Institut International d'Anthropologie. La nouvelle institution ainsi créée prendra le nom de Société Française d'Eugénique, section d'Eugénique de l'office français de l'Institut International d'Anthropologie.

---

(1) Outre ces travaux, il faut encore citer comme études eugéniques qui ont été faites en France : « Les maladies familiales », du Dr Apert ; « Hérédité et sélection », du D^r Ch. Richet ; «Les rapports de la génétique et de l'adaptation », du Dr Lucien Cuénot ; « Les rapports de la guerre et de l'eugénique », « L'éducation eugénique », du Dr Lucien March.

CHAPITRE II.

Raisons nécessitant l'application de l'eugénique de France

Le problème eugénique n'étant pas encore très développé en France, peu des motifs nécessitant l'application de l'eugénique ont été envisagés par les spécialistes de cette science.

Cependant, comme dans les autres pays, le nombre de déficients apportés par la guerre et par l'immigration toujours croissante n'a pas été sans inquiéter les eugénistes. Il en est de même de la diminution de la natalité des classes supérieures, et de l'augmentation relative de la reproduction des tarés, lesquels constituent pour la France une raison rendant indispensable l'application de l'eugénique.

Nous diviserons notre chapitre en quatre paragraphes correspondant à l'examen de chacun de ces principaux motifs.

§ 1. — Les ravages causés par la guerre.

§ 2. — Les déchets apportés par l'immigration.

§ 3. — Le grand nombre de tarés.

§ 4. — La diminution de la natalité dans les classes supérieures.

§ 1. — LES RAVAGES CAUSES PAR LA GUERRE.

Plus que tous les autres pays, la France a été éprouvée par la guerre, d'une façon particulièrement désastreuse pour sa population toute entière.

En effet, elle a subi une perte de un million cinq cent mille jeunes gens pris parmi les meilleurs de la nation. Elle a été privée ainsi d'autant d'éléments généralement aptes à la doter de nouveaux enfants. D'autre part, il faut ajouter à ce nombre, celui des 800.000 invalides définitifs, survivants des combattants, dont une grande partie ne sera plus capable de donner naissance à des enfants bien constitués, atteints qu'ils sont de tuberculose ou d'autres maladies constitutionnelles.

De plus, par suite des privations, les décès parmi la population civile ont été plus nombreux qu'auparavant. Quatre cent milles morts supplémentaires ont été enregistrées. La santé de beaucoup d'enfants, nés pendant la guerre et après celle-ci, a été altérée du fait des conditions de vie désastreuses que ce fléau a engendrées.

On a constaté également une recrudescence générale de la tuberculose, de l'alcoolisme, et de diverses maladies nerveuses qui influencent défavorablement la vitalité de la nation. Les maladies vénériennes surtout, ont fait l'objet d'un accroissement considérable aussi bien dans l'armée que dans la population civile et particulièrement dans les centres industriels. L'absence des chefs de famille, le travail de nuit, la présence des coloniaux et des ouvriers étrangers ont agi défavorablement sur la moralité générale du pays.

Les unions mixtes involontaires contractées pendant cette époque ont donné naissance à des enfants déshérités, dénommés indésirables et recueillis pour la plupart, par l'Assistance publique.

Enfin, il faut encore signaler une augmentation de la délinquance infantile (1)

Mais il serait trop long d'énumérer ici les maux de toute espèce que la guerre a laissés au peuple français. Qu'il nous suffise de dire qu'ils pourraient à eux seuls nécessiter l'application de l'eugénique.

§ 2. — LES DECHETS APPORTES PAR L'IMMIGRATION.

Par suite du grand nombre d'hommes qu'elle a perdu pendant la guerre, la France se trouve dans la nécessité de faire appel à la main-d'œuvre étrangère.

Les éléments nouveaux introduits ainsi dans le pays ne sont malheureusement pas ceux de nature à influencer favorablement les qualités de la race.

Au cours de l'année 1922, 180.000 ouvriers étrangers sont arrivés en France et 50.000 en sont partis, soit une diffé-

---

(1) L. March. *Eugénique et Sélection*, p. 77, 78.

rence de 130.000 en faveur des entrées. En 1921, par suite de la crise de chômage, 24.500 étrangers seulement étaient entrés en France et 62.500 en étaient sortis.

L'Office de la main d'œuvre nous apprend que sur les 180.000 ouvriers étrangers venus en France en 1923, 73.000 ont été utilisés pour l'agriculture et 107.000 dans l'industrie. Sur ce nombre, 58.000 ont séjourné dans les régions dévastées et 49.000 dans le reste du territoire. Au point de vue de la nationalité, les immigrants les plus nombreux étaient italiens (57.000), puis espagnols (46.000), Polonais (37.000), Belges (24.000), etc.

En 1924, il y avait dans la seule ville de Paris plus de 400.000 étrangers ayant fait leur déclaration de résidence (1).

D'une manière générale, le nombre proportionnel des étrangers, dans la population de la France, a passé en 10 ans de 1911 à 1921 de 296 à 396 par 10.000 habitants, soit un accroissement d'environ 40 % qui s'est manifesté dans presque tous les départements.

M. Chauveau, sénateur, dans l'exposé des motifs d'une proposition de loi relative au contrôle sanitaire des immigrants, déclare qu'il y avait en 1851, 375.000 étrangers en France, en 1913, 1.132.693 et en 1921, 1.550.449. (2)

On a estimé qu'au cours des dernières années, le rythme d'accroissement de cette population n'était pas inférieur à 200.000 unités par an. Il est vraisemblable, ajoute l'honorable sénateur que le chiffre de 3 millions d'étrangers, mentionné par M. Nogaro, dans son dernier rapport sur le budget du ministère du travail ne sera bientôt pas éloigné de la vérité.

Parallèlement à ce mouvement, les naturalisations deviennent aussi plus nombreuses. En dehors de la naturalisation d'office des fils d'étrangers qui sont nés en France, le nombre

---

(1) *Eugénique*, 1924, Tome III, N° 5.

(2) En 1923, la population étrangère en France atteignait le chiffre de 2.800.000, parmi lesquels on comptait 700.000 Italiens, 550.000 Espagnols, 500.000 Belges, 400.000 Russes et 200.000 Polonais. (*Le mois scientifique*. Décembre, 1925).

annuel des naturalisations accordées a augmenté de 50 %
depuis la période d'avant-guerre. (1)

Il est malheureux de constater que beaucoup des étrangers
de qualité inférieure qui immigrent en France constituent pour
l'Etat une charge très lourde. Par suite de leur état déficientaire, ils viennent le plus souvent encombrer les hôpitaux
français au préjudice des nationaux.

D'après des rapports récents, il a été constaté qu'à Marseille, par exemple, en 1922, 24 % des malades dans les
hôpitaux de la ville étaient des étrangers; en 1923, ce nombre
était de 27 %; en 1924 de 30 %; en 1925, de 28 %. Marseille
est particulièrement affectée par ce qu'elle est la porte d'entrée
des immigrants arrivant par la Méditerranée. De larges contingents débarquent d'Algérie, d'Orient et surtout d'Italie.

Monsieur Imbert a suggéré de demander au gouvernement
italien de contribuer aux frais généraux des hôpitaux de
Marseille, ou mieux encore, de demander à l'Italie de fonder
à Marseille un hôpital italien.

Le professeur Léon Bernard déclare également que,
demeurés étrangers ou naturalisés français, un nombre considérable de malades sont introduits en France du fait de
l'immigration; à l'heure actuelle dit-il 20 % d'étrangers
peuplent les salles des hôpitaux de Paris. Ce sont des agents
de transmission de maladies infectieuses, des sources de dépenses improductives et illégitimes encore qu'inéluctables, et
des facteurs de détérioration de la race.

La proportion des malades étrangers en traitement dans les
hôpitaux de Paris est, d'après M. Mourier, directeur général
de l'Assistance publique, de 7,7 % de l'effectif hospitalier
(Matin du 8 janvier 1926).

Une statistique précise de M. P. Emile Weill, rapportée à
l'Académie de médecine en novembre 1925, au sujet des
étrangers soignés à l'hôpital Tenon pendant six mois (fin
1924 et commencement 1925) relève la présence, dans l'ensemble des services de médecine et de chirurgie, de 527

---

(1) Rapport présenté au Ministère du Travail, le 26 juin 1925.

étrangers contre 8.321 Français, soit une proportion de 6,4 %. Dans son propre service, M. Weill note que 6,6 % de ces étrangers présentaient des lésions persistantes susceptibles de diminuer leur valeur sociale ou même de les laisser à la charge de l'assistance publique.

Il s'agit, pour la plupart, de malades récemment admis en France et, parmi eux, de nombreux tuberculeux.

La situation est la même à Lyon. Une statistique des malades d'un service de tuberculeux montre la présence de 48 étrangers sur un effectif de 306 malades, soit une proportion de 15,70 %.

La syphilis manifeste, sur de nombreux points en France, une recrudescence étroitement liée à l'immigration étrangère. Parmi les 250 syphilitiques hospitalisés à St-Louis du 1er janvier au 31 mars 1925, d'après une communication de MM. Jeanselme et Burnier, à l'Académie de médecine, on comptait 204 Français et 50 étrangers ou indigènes de l'Afrique du Nord, soit une proportion de 20 %. Cette proportion, si l'on considère que tous ces immigrants sont du sexe masculin, atteint jusqu'à 34,4 %, par rapport à la population des salles d'hommes. De même, parmi les 451 cas de syphilis récente traités en 1925 au dispensaire de la clinique de St-Louis, on relève 260 Français, 140 étrangers et 51 indigènes, soit une proportion vraiment extraordinaire de 42 % de malades nés en dehors des frontières de la métropole.

L'effectif des asiles d'aliénés révèle également la présence de très nombreux étrangers. Le docteur Marie, médecin en chef de l'Asile Sainte-Anne, faisait connaître récemment, à la Société de médecine de Paris, que, sur 4.000 malades mentaux, il y a environ 600 étrangers et que près de 1000 aliénés étrangers sont à la charge du département de la Seine. On relève des constations analogues à l'Asile de Bron, dans le Rhône. (1)

Pour se rendre exactement compte du nombre considérable de déchets qu'amène en France l'immigration ouvrière, con-

---

(1) Rapport du Sénateur Chauveau sur le contrôle sanitaire des immigrants. Doc. Parl. Sénat, 1926, p. 928.

sidérons les données que nous fournit cette fois encore le professeur Léon Bernard : Les candidats à l'immigration, polonais et tchécoslovaques, soumis avant le départ, à un contrôle médical sévère, sont refusés dans la proportion de 34 %, et l'efficacité de ce contrôle est attestée par le fait que la contre-visite, effectuée à l'arrivée en France des immigrants admis, ne dépiste que 0,8 pour 1.000 de malades. Donc, pour les immigrants venus d'autres nations, et qui ne sont pas visités au départ, c'est un lot d'environ 34 pour 100 d'indésirables qui se glissent parmi eux ; or, en 1924, 61.000 seulement ont subi la sélection, et l'écluse s'est largement ouverte pour plus de 204.000. (1)

L'immigration des étrangers noirs et jaunes est encore plus nuisible pour la race. Elle y apporte, comme l'a si bien démontré le Dr Apert, des éléments hétérogènes des plus néfastes.

§ 3. — LE GRAND NOMBRE DE TARES.

Si généralement, le nombre des déficients en France est proportionnellement inférieur à celui des autres pays, comme l'Angleterre et les Etats-Unis, il n'en est pas moins vrai que le chiffre qu'il représente est encore important.

Plus de 700 millions de francs, en effet, sont consacrés par le budget de l'Etat, aux déchets humains.

Les dégâts causés par la tuberculose, les maladies mentales, bien qu'ils soient inférieurs à ceux des autres contrées, sont encore considérables. En ce qui concerne le péril vénérien, Leredde estime, que les pertes sociales causées par la syphilis se chiffrent à 500.000.000 fr. par an (perte de capital humain, incapacité de travail, frais de traitement, d'hospitalisation, d'internement, soutiens aux familles, etc.).

D'après lui, il existe en France, 27.000 aveugles dont la cause principale est d'origine vénérienne ; 30.000 sourds-muets dont on peut dire que les trois-quarts sont des hérédo-syphili-

---

(1) Rapport présenté au Ministère du Travail, le 26 juin 1925.

tiques; 40.000 idiots, imbéciles ou arriérés dont presque tous sont hérédo-syphilitiques. (1)

Le Docteur Queyrat estime, lui aussi, que 140.000 décès sont attribuables en France chaque année à la syphilis dont 60.000 atteignent les enfants en bas-âge.

Le Professeur Couvelaire a déterminé que, en France, sur 38.000 enfants mort-nés annuellement, à partir du 6e mois de la gestation, 19.000 au moins, c'est-à-dire la moitié, sont syphilitiques. Avant les six mois de la gestation, le Professeur Pinard estime que le nombre des morts s'élève à 40.000 par an. Leredde donne les mêmes chiffres pour les périodes s'étendant de la naissance à l'âge de 5 ans.

Au total, près de 100.000 victimes de l'hérédo-syphilis périssent donc avant l'âge de 5 ans.

Pour ce qui est de l'alcoolisme, M. Roussy faisait déjà remarquer en 1913 les effets de ce fléau en France.

La toxicomanie, elle aussi, va croissant depuis la guerre: les affaires de cocaïne qui étaient de 53 en 1916 sont passées à 212 en 1922 pour la seule ville de Paris. (2)

Cette statistique, comme celle des maladies vénériennes, montre les effets néfastes que la guerre a causés à la France.

§ 4. — LA DIMINUTION DE LA NATALITE DANS LES CLASSES SUPERIEURES.

La diminution de la natalité parmi les classes supérieures de la population constitue en France un péril pour la race, les meilleurs éléments étant menacés de disparaître.

Lucien March, Chef de la Statistique en France, dans un rapport présenté au Congrès d'Eugénique de Londres en 1913, constate que ce sont les classes de la société les plus fortunées et celles à l'éducation la plus affinée où le nombre des enfants est le plus restreint; au contraire, la fertilité est assez élevée dans les milieux les plus pauvres et les plus grossiers.

---

(1) Dr Leredde: Rapport présenté au 1er congrès de la Ligue nationale Belge contre le péril vénérien. Bruxelles, 1922.

(2) Docteur Potet. *L'Hygiène Mentale,* page 501.

Les statistiques françaises nous fournissent quelques chiffres à cet égard. Par le tableau ci-dessous, nous verrons, en effet, le nombre d'enfants existant par 100 ménages dans les différentes classes de la population (mariages ayant duré de 35 à 40 ans):

Pêcheurs et marins	486
Ouvriers	404
Patrons	360
Hospitalisés, détenus nomades	353
Rentiers, personnes sans profession	332
Employés	310

Si on différencie les ouvriers d'après les métiers, on obtient:

Ouvriers, mineurs et ouvriers en filature	500
Tisserands	489
Ouvriers agricoles	429
Domestiques de fermes (logés à la ferme)	335
Sabotiers, selliers, tailleurs, imprimeurs, ouvriers de métaux, électriciens, bijoutiers et orfèvres	464
Ouvriers de l'Etat	350

Les employés qui reçoivent des émoluments généralement supérieurs à ceux des ouvriers, ont moins d'enfants que ces derniers.

Après 25 ans de mariage, 100 employés ont à Paris 265 enfants, tandis que 100 ouvriers en ont 385.

Le Docteur Doléris note, de son côté, que les ouvriers à salaire élevé ont une natalité moindre que ceux à bas salaire.

Une autre statistique qui a été dressée en France, à l'aide de bulletins de familles remplis en 1907, par un grand nombre d'employés et d'ouvriers rétribués sur les budgets de l'Etat, des départements et des communes, démontre que le nombre d'enfants est en raison inverse du taux des salaires. (Conseil Supérieur de Statistique, bulletins 10 et 11. Statistique générale de la France. Statistique des familles en 1906). Voici les chiffres qui ont été obtenus:

Salaire annuel en francs	500 ou Plus	501 à 1000	1001 à 1500	1501 à 2500	2501 à 4000	4001 à 6000	6001 à 10.000	plus de 10.000	Ensemble
Durée de mariage : 15 à 25 ans.									
Employés	277	241	259	245	223	231	229	238	237
Ouvriers	329	321	293	280	254	234	—	—	307
Durée de mariage : 25 ans et plus.									
Employés	330	301	305	280	264	264	261	286	285
Ouvriers	348	363	346	329	305	240	—	—	385

Si maintenant, on classe les patrons comptant plus de 25 ans de mariage, et âgés de 60 à 70 ans, par catégories, on constate que le nombre moyen des enfants qui sont nés dans 100 familles, n'est que de 305 dans les professions libérales, qu'il s'élève à 347 dans le commerce à 370 dans l'agriculture, à 385 dans l'ensemble des industries proprement dites.

Paul Bureau a fait remarquer également quel danger constituerait pour la France le pullulement des classes ouvrières en face de la demi-stérilité des classes intellectuelles et des classes riches. (1)

D'autre part, un phénomène non moins alarmant a été constaté, et c'est la décroissance de la natalité dans les campagnes, contrairement à celle des villes qui a tendance à augmenter. En 1856, la population rurale comptait 26 millions d'habitants sur 36 dans la France entière; en 1911, le chiffre était descendu à 22 millions, bien que la population totale se fût accrue jusqu'à près de 40. Aussi la population urbaine a-t-elle augmenté considérablement, passant de 9.800.000 habitants en 1856 à 17.500.000 en 1911 : elle a presque doublé. (2)

En dehors de toute préoccupation de classes, certains eugénistes ont démontré encore les effets néfastes des familles restreintes sur la race: le Docteur Belbèze (la Neurasthénie Ru-

(1) L. Lemercier. « Le Recrutement de la Race».

(2) Lucien March. Eugénique et Sélection, pages 120 et suivantes.

rale) a noté les progrès inquiétants de la neurasthénie dans les campagnes du bassin de la Garonne où la limitation des naissances est générale depuis longtemps; le Docteur Labarte (« En Gascogne ») a publié des observations du même ordre. On constate donc une faiblesse relative chez les enfants de familles restreintes. (1)

Partant de ces données, ils se sont alarmés, au seul point de vue de l'intérêt de la race, de la décroissance de la natalité, et le grand problème de la dépopulation qui occupe à si juste titre les sociologues français a été inscrit, de ce chef, dans le programme eugénique de la France.

Il serait trop long d'énumérer ici les innombrables chiffres alignés par les statisticiens français dans ce domaine.

Disons seulement qu'il manque à la France 500.000 naissances annuellement, et qu'on en est arrivé à un accroissement à peu près nul de la population. En 1800, il naissait 33 enfants par 1000 habitants; en 1910, il n'en vint au monde que 21 pour le même nombre de vivants et en 1925, ce chiffre s'est trouvé descendu à 19.

La Société Française d'Eugénique a étudié à son tour les différents aspects de la question de la dépopulation et le Professeur Pinard, (2) dans une allocution à la Chambre des Députés, faisait remarquer le fléau qu'était pour le pays, la morti-natalité.

Celle-ci constitue, en effet, pour la France un danger très grand.

Le Bulletin Officiel de la Ville de Paris donne les chiffres suivants:

Du 1er au 10 mai 1924, il y a eu 1339 naissances; sur ce total, 106 enfants mort-nés, soit plus de 8 %. Quant à la mortalité infantile elle a été, si l'on examine seulement les chiffres relatifs à Paris, pour l'une des dernières décades, de 584 sur 3848. Sur ces 584 cas on compte: de 0 jours à 2 mois, 221 morts; de 2 mois à 11 mois, 141.

---

(1) Lucien March. *Eugénique 1913,* page 29.

(2) Allocution du Professeur Pinard à la Chambre des Députés, *Eugénique* 1924, pages 202 et suivantes.

En ce qui concerne la mortalité adulte, voici maintenant les chiffres officiels extraits d'un rapport annuel fait par M. Roger, Inspecteur Général de l'Instruction Publique, et publié au Journal Officiel :

Garçons nés en 1894	436.000
Bons pour le service militaire	222.000
Morts	118.000
Inaptes	96.000

dont 77.000 ajournés
et 19.000 réformés définitivement.

Au total, on peut dire que la France, malgré sa nuptialité élevée, possède une très faible natalité et une mortalité relativement grande.

CHAPITRE III

Différents Moyens eugéniques préconisés en France

Peu de réalisations directes ont été obtenues jusqu'à ce jour en France au point de vue eugénique, bien que beaucoup de vœux et de propositions aient été émis.

Il est une mesure cependant assez en faveur auprès du public français, c'est celle qui consiste à établir le certificat prématrimonial. Mais, ici encore, rien de positif n'a été réalisé.

Nous envisagerons dans ce chapitre toutes les mesures qui, bien que n'ayant qu'une portée eugénique indirecte, ont été mises en pratique en France. Nous examinerons également les vœux plus directs qui ont été proposés.

A cet effet, nous diviserons notre chapitre de la façon suivante:

§ 1. — L'éducation morale.
§ 2. — L'étude de l'hérédité.
§ 3. — Le développement des familles nombreuses.
§ 4. — La stérilisation.
§ 5. — L'éducation eugénique et l'éducation sexuelle.
§ 6. — La réglementation du mariage.
§ 7. — Les mesures d'hygiène sociale.
§ 8. — La rééducation des anormaux.
§ 9. — La sélection naturelle.
§ 10. — La réglementation de l'immigration et l'assimilation des étrangers.
§ 11. — La lutte contre le métissage.
§ 12. — La limitation des naissances.

§ 1. — L'ÉDUCATION MORALE.

Comme dans tous les pays à tendance modérée, les moyens d'ordre moral sont considérés en France comme ceux qui, dans l'état actuel des mœurs, sont de nature à apporter les résultats les plus efficaces.

Le Docteur Apert préconise en effet de s'adresser surtout à la conscience publique. Et M. E. Jordan, ajoute à juste titre, qu'avant toute autre chose, il faut donner aux hommes le secours moral qui leur permettra d'accomplir ce que l'intérêt de la race exige d'eux. (1)

La Société Française d'Eugénique fait valoir également ces moyens.

Le Docteur Richet, dans un rapport à la dite société, estime qu'on a les enfants qu'on mérite. Il faut, dit-il, être des reproducteurs irréprochables, impeccables, aussi bien au point de vue du corps qu'au point de vue de l'esprit. (2)

Le Docteur Roussy, dans son « Education domestique de la Femme et Rénovation sociale », insiste sur la nécessité d'enseigner sans cesse, partout et à tous, un puissant idéal moral et social qui, basé sur la science la plus positive et la plus sûre, s'imposerait à tous les humains par sa force de conviction, idéal où l'intérêt particulier et l'intérêt général, viendraient se confondre dans la Res publica. Il est convaincu que la plupart des remèdes proposés par l'eugénique appliqués seuls, resteront insuffisants, tant que nos mœurs n'auront pas subi de profonds perfectionnements. Leur efficacité et même leur simple application, sont subordonnés à la solution du problème moral qui domine tous les aspects de la question de l'eugénique. (3)

Le Docteur Potet (4) propose l'instruction et la propagande comme les remèdes les plus indiqués à l'heure actuelle. Relativement au péril des psycopathies, cette éducation devra être poussée par tous les moyens: avis, conseils, conférences, tracts, affiches.

Guinon considère également que c'est dans l'amélioration de l'éducation physique, hygiénique et morale que doivent résider les mesures eugéniques les plus efficaces.

---

(1) Le Certificat de Mariage. « *Pour la Vie* », juillet, 1926.
(2) *Eugénique* 1921, page 248.
(3) *Eugénique* 1924, page 169.
(4) Docteur Potet. « *L'Hygiène Mentale* ».

Lucien March (1) voudrait instituer une éducation eugénique en vue du mariage. Dans cette éducation, la première place devrait être accordée à la morale ; on donnera ensuite, avec l'enseignement de l'hygiène et de la puériculture, des notions sur l'hérédité, afin que toute personne en âge de se marier sache qu'elle doit s'assurer de la santé physique et mentale de son futur conjoint, qu'elle ne doit procréer qu'en état de santé parfaite, à l'abri de toute intoxication, et que si elle est affligée d'une tare personnelle ou familiale, elle doit éviter de s'unir avec quelque porteur de la même tare.

Cette éducation concernera non seulement les notions se rapportant à la qualité de la descendance, mais encore celles qui ont trait plus directement à la quantité. D'après celles-ci, le nombre d'enfants que l'on se propose d'avoir doit être subordonné aux moyens dont on dispose pour les élever sans déchéance. (2) A signaler aussi les travaux très importants sur les questions de morale sexuelle de Paul Bureau, et spécialement son livre « L'Indiscipline des mœurs ».

Comme on le voit, tous les théoriciens de l'eugénique sont d'accord en France pour établir, dans toutes les classes de la société, une éducation morale de nature à leur faire prendre conscience de leur responsabilité vis-à-vis de la race.

§ 2. — L'ETUDE DE L'HEREDITE.

Comme partout ailleurs, l'étude de l'hérédité est considérée en France comme le moyen eugénique devant être à la base de tous les autres.

Depuis ces dernières années, l'école française s'est fait remarquer par ses travaux sur la question.

---

(1) *L'Education eugénique en vue du Mariage* « Eugénique » 1923, Tome III, N° 4.

(2) D'arpès Lucien March, le principe « Croissez et multipliez » de la Genèse, ne peut être suivi à la lettre, mais demande une interprétation. Les conditions d'application de cette loi seraient fonction des circonstances, de temps et de lieu.

Les docteurs Toulouse et Potet ont envisagé pariculière-
ment les rapports de l'hérédité et de l'aliénation mentale.

Le docteur Apert s'est attaché avec un soin tout spécial à
l'étude de l'hérédité morbide.

Il faut citer surtout son livre: « L'Hérédité Morbide »
(1919), ses études sur « Les Lois de Naudin-Mendel dans
l'espèce humaine, en particulier dans l'albinisme humain »,
sur : « Quelques remarques sur les stigmates de dégénérescence » (1913), ainsi que son ouvrage sur « Les Maladies
Familiales » (1914).

Le docteur Orion a étudié la « Transmission héréditaire
d'attributs psychologiques dans deux familles galloceltes de
même souche observées pendant 4 siècles » ; Lucien March :
« La Réceptivité Héréditaire relative des aînés et des cadets »
(1914).

Le Dantec a publié un livre en 1913 sur « L'évolution individuelle et l'Hérédité : Théorie de la variation quantitative ».
(1913).

Il faut encore mentionner les travaux de P. Raymond sur
l'hérédité morbide, ceux de : R. Mercier sur l'hérédo-tuber-
culose (1913).

G. Durante: « Sur l'hérédité du Cancer », 1913,

Ch. Leroux a fait une « Enquête sur la descendance de 442
familles ouvrières tuberculeuses ». 1913,

M. Prévot. Les lois de l'hérédité en pathologie oculaire.
1922,

Henri Lagrange. De l'atrophie optique héréditaire. 1922,

A. Guerrero. L'ichtyose par hérédité matriarcale. 1921,

M. Hugel. La keratodermie palmaire et plantaire héréditaire
et familiale ichtyosiforme. 1921,

F. de Hello. Une famille atteinte d'érythrodermie congénitale ichtyosiforme hyper-épidermotrophique de Brocq. 1921,

L'héridité du cancer a été étudiée par le Dr G. Rossy,

P. Lereboullet. Tuberculose infantile et hérédité. 1923,

J. Amar. Hérédité et Transformisme. 1923,

Chartier. Chorée héréditaire et troubles mentaux. 1923.

Dr Apert. Les maladies familiales et les affections congénitales,

A. Philibert. L'hérédité de prédispostion dans la tuberculose. 1924,

H. Vignes. L'hérédité du cancer. 1924,

A. Weiss. Rachitisme tardif et hérédité,

P. Noel. Polydactylie et hérédité,

Dr C. Poyer. Les problèmes généraux de l'hérédité psychologique.

En 1923, il s'est fondé à Paris (77, rue du Château des Rentiers, 13a) une « Société d'étude des formes humaines », sous la direction du Dr Léon Mac-Auliffe. Elle publie un périodique le «Bulletin de la Société d'étude des formes humaines». Cette société est basée sur les travaux et les idées du Dr Claude Sigaud, qui distinguait quatre types humains :

le type respiratoire;	le type musculaire;
le type gastro-intestinal;	le type cérébro-spinal.

§ 3. — LE DEVELOPPEMENT DES FAMILLES NOMBREUSES.

En France, beaucoup d'eugénistes préconisent comme moyen d'amélioration de la race, le développement des familles nombreuses et de la population en général. Il a été démontré plus haut, les conséquences désastreuses qu'entraînait au point de vue eugénique, la dénatalité en France. C'est pourquoi ce moyen a été inscrit avec d'autres dans le programme eugénique de ce pays.

Le problème de la repopulation occupait déjà Colbert. Il s'est ingénié en effet à lui trouver mille solutions, et tous les moyens que l'on propose aujourd'hui ont été entrevus, étudiés et appliqués par lui, tant en France que dans les Colonies françaises, et surtout au Canada. (1)

La Société Française d'Eugénique estime qu'un de ses premiers devoirs, avant tous les autres, est de relever la natalité en France. La France est menacée de disparaître si sa natalité

____

(1) A. Fribourg. « Colbert et la Repopulation d'après les lettres de Colbert et les documents officiels » (*La Grande Revue*, 10 mars 1913).

ne se relève pas. Avant d'améliorer, il s'agit d'être. Ce relèvement de la population par le développement des familles nombreuses renferme déjà d'ailleurs en soi un caractère eugénique comme le démontrent les travaux de la société.

Celle-ci, en 1913, préconisait déjà que l'Etat attribuât ses places de fonctionnaires aux pères et mères de familles nombreuses, et cela non en vertu de règlements administratifs mais en vertu d'une loi. Elle demandait de même pour ces familles des exonérations d'impôts des attributions de bourses dans des établissements d'instruction secondaire et supérieure.

Lucien March estime que :

1. la qualité de la race est intéressée à une certaine abondance de population, sans laquelle celle-ci vieillirait, faute de renouvellement;

2. l'éducation des enfants de familles nombreuses est supérieure à celle des fils uniques. (1)

En 1913, dans une étude « Dépopulation et Eugénique », il faisait ressortir les propriétés de conservation et de progrès qui sont le propre des familles nombreuses. Elles possèdent un pouvoir de sélection et permettent ainsi le renouvellement continuel des souches.

Dans un travail subséquent sur « La Réceptivité Héréditaire relative des Aînés et des Cadets » il démontre encore la réceptivité particulière des aînés aux tares paternelles. L'importance de ce fait est à noter alors que la restriction des naissances fait croître le nombre proportionnel des aînés. (2)

D'autres, comme Arsène Dumont, Wilbois, Paul Bureau, prouvent tous les avantages d'une haute natalité pour la valeur des individus, la valeur des familles, la valeur de la race.

Dans l'intérêt de la race, il faudrait donc lutter contre la dépopulation. M. B. Roussy voudrait dans ce but instaurer:

1. un service de la maternité obligatoire qui ferait pendant au service militaire obligatoire;

---

(1) Lucien March. « L'Education eugénique en vue du Mariage », *Eugénique* 1923, Tome III, N° 4.

(2) *Eugénique* 1914, page 83.

2. un corps de reproductrices volontaires qui serait honoré et largement récompensé officiellement;

3. l'admission légale de la polygamie;

4. l'obligation pour les célibataires de remplir leurs devoirs sociaux. (1)

Le docteur Doizy émet la même opinion et voudrait qu'une loi proclamât fonction sociale la maternité, qui devrait être honorée et rétribuée par la nation.

Le docteur Doléris de l'Académie de Médecine de France, dans son ouvrage sur le Néo-Malthusianisme prétend que l'augmentation progressive du poids des enfants avec le nombre de gestations est une vérité indéniable. Il estime avec Metchnikoff que les cadets sont en général mieux doués que les aînés. (2)

Mais c'est surtout la population des campagnes que l'on s'occupe en France d'accroître, celle des villes constituant un véritable encombrement. Il importe en effet d'augmenter la natalité dans les campagnes pour des raison d'hygiène, de stabilité sociale. C'est là que les mariages peuvent se faire en pleine connaissance des antécédents des parents, et où l'on peut le mieux éviter la multiplication des tares.

Il a été créé en France en 1920 une institution officielle ayant pour but de rechercher toutes les mesures susceptibles de combattre la dépopulation, d'accroître la natalité, de protéger et honorer les familles nombreuses : *Le Conseil supérieur de la Natalité.*

Cet organisme a été constitué par le décret du 27 janvier 1920 et réorganisé par les décrets des 21 mai 1921 et 16 mai 1922.

Enfin, le Ministère de l'Instruction Publique vient de décider d'encourager, dans les écoles, ce qu'il appelle, l'enseignement « nataliste ». Il s'agit d'orienter l'enseignement général dans les écoles primaires de telle sorte que les élèves soient pénétrés d'un sentiment d'admiration respectueuse pour les familles nombreuses.

---

(1) *Eugénique* 1924, Tome III, N° 5.

(2) L. Lemercier. « *Le Recrutement de la Race* », page 14.

Nous allons maintenant jeter un coup d'œil rapide sur les avantages qui sont accordés en France aux familles nombreuses, du fait de la loi et du fait des initiatives privées.

I. — AVANTAGES LEGAUX.

A. — LOÌ DU 14 JUILLET 1913 RELATIVE A L'ASSISTANCE AUX FAMILLES NOMBREUSES.

Cette loi accorde des allocations aux chefs de famille nombreuse ayant des ressources insuffisantes.

Art. 2. — Tout chef de famille, de nationalité française ayant à sa charge plus de trois enfants légitimes ou reconnus, et dont les ressources sont insuffisantes pour les élever, reçoit une allocation annuelle par enfant de moins de treize ans, au delà du troisième enfant de moins de treize ans.

Si les enfants restent à la charge de la mère par suite de la mort du père, de sa disparition, d'abandon par lui de sa famille ou de toute autre cause, l'assistance est donnée pour chaque enfant de moins de treize ans au delà du premier enfant de moins de treize ans.

Si les enfants restent à la charge du père par suite de la mort de la mère, de sa disparition, de l'abandon par elle de sa famille ou de toute autre cause, l'assistance est donnée pour chaque enfant de moins de treize ans au-delà du deuxième enfant de moins de treize ans.

Seront assimilés aux enfants de moins de treize ans, pour l'application des dispositions de la présente loi, les enfants âgés de treize à seize ans pour lesquels le chef de famille ou la mère aura passé un contrat écrit d'apprentissage dans les conditions déterminées par le règlement d'administration public prévu à l'art. 15 de la présente loi.

Seront considérés comme chefs de famille les parents qui, en cas d'abandon des enfants ou de la disparition du père et mère, auront pris la charge des enfants.

Art. 3. — Le taux de l'allocation est arrêté, pour chaque commune, par le Conseil Municipal, sous réserve de l'approbation du Conseil général et du Ministre de l'Intérieur.

Il ne peut être inférieur à soixante francs (60 fr.) par an et par enfant, ni supérieur à quatre-vingt-dix francs (90 fr.) ; si l'allocation est supérieure à quatre-vingt-dix francs (90 fr.), l'exédent est à la charge exclusive de la commune.

B. — LOI DU 22 JUILLET 1923 SUR L'ENCOURAGEMENT NATIONAL AUX FAMILLES NOMBREUSES.

Cette loi a été rendue applicable dans les départements du Bas-Rhin, du Haut-Rhin et de la Moselle par le D. 27 août 1924.

Article premier. — Toute famille de nationalité française et résidant en France, qui compte plus de trois enfants vivants, légitimes ou légitimés, de moins de treize ans, reçoit de l'Etat une allocation annuelle pour chaque enfant de moins de treize ans au delà du troisième.

Les enfants vivants légitimes ou légitimés, qui ont moins de treize ans et qui ne sont pas personnellement inscrits au rôle de l'impôt général sur le revenu, entrent seuls en ligne de compte pour déterminer le nombre des enfants dont la famille est composée.

Sont assimilés aux enfants de moins de treize ans, ceux de treize ans pour lesquels il sera justifié, dans les conditions fixées par le règlement d'administration public prévu par l'art. 8, qu'il a été passé un contrat d'apprentissage ou qu'ils poursuivent des études dans des établissements d'enseignement publics ou privés, ou qu'ils sont infirmes ou atteints d'une maladie incurable, sauf le cas où ils seraient hospitalisés aux frais de l'Etat, du département ou de la commune.

L'allocation est remise au père; si le père est décédé, disparu, ou a abandonné sa famille, l'allocation est remise à la mère; si le père et la mère sont tous deux décédés, disparus ou ont abandonné leur famille, l'allocation est remise au tuteur; à défaut du tuteur, le titulaire de l'allocation est désigné par le Juge de paix, conformément aux règles indiquées à l'art. 4.

En cas de divorce ou de séparation de corps, l'allocation est de plein droit attribuée à celui des parents qui a obtenu la garde de l'enfant.

Art. 11. — Temporairement, le montant de l'allocation nationale prévu à l'art. 1ᵉʳ est fixé à 90 francs par an et par enfant bénéficiaire de ladite allocation.

N.-B. — Depuis, cette allocation a été portée à 120 francs, et l'on se propose de l'élever jusqu'à 360 francs.

C. — AVANTAGES DIVERS ACCORDES A TOUTES LES FAMILLES NOMBREUSES.

1. *Primes de natalité.*

Pour honorer les familles nombreuses, l'art. 48 de la Loi fin. 29 juin 1918, voté sur la proposition de M. Bonnevay, député du Rhône, dispose que l'Etat participera aux mesures financières prises par les départements et les communes, en faveur du relèvement de la natalité. Le D.. 30 avril 1920, qui a déterminé les conditions de répartition des subventions, envisage deux sortes principales d'initiatives :

1. Une prime à la naissance de chaque enfant de nationalité française, au delà du second. On peut, si l'on veut, ne créer de prime que pour la naissance du quatrième ou celle du cinquième enfant, ou même des enfants suivants. Cette prime doit être de 100 francs au moins et de 1.000 francs au plus pour que l'Etat y participe;

. Une prime dite « de prévoyance » dont la moitié doit servir à constituer une rente viagère à capital aliéné au profit des parents ou de l'un d'eux, et l'autre moitié à constituer soit une assurance en cas de décès sur la tête des parents, soit une assurance de capital différé sur la tête des parents, soit une assurance de capital différé sur la tête de l'enfant pour l'âge de 25 ans. Elle doit être de 500 francs au moins et de 1.000 francs au plus.

Ces primes peuvent être attribuées quelle que soit la situation de fortune des parents: elles ne sont pas des allocations d'assistance.

Tous les enfants, sans distinction de filiation, légitimes ou reconnus, peuvent être admis au bénéfice de la prime: le département du Rhône a seulement formulé une réserve pour les enfants abandonnés.

2. *Réductions d'impôts.*

Des réductions d'impôts sont accordées aux familles nombreuses. Elles concernent:

a. *la contribution mobilière*

> (loi du 8 août 1890
> loi du 20 juillet 1904
> loi du 1 juillet 1912)

b. *l'impôt général sur le revenu*

> (loi du 15 juillet 1914
> loi du 28 juin 1918
> loi du 25 juin 1920
> loi du 22 mars 1924)

c. *les impôts cédulaires, c.-à-d.:*

1. la contribution foncière

> (loi du 31 juillet 1917
> loi du 25 juin 1920)

2. les bénéfices commerciaux

3. les bénéfices agricoles

4. les bénéfices des professions non commerciales et des
   charges et offices

5. les traitements, salaires, pensions et rentes viagères

> (loi du 31 juillet 1917
> loi du 25 juin 1920
> loi du 30 mars 1923
> loi du 22 mars 1924)

d. *les taxes municipales:*

e. *les taxes sur les successions et les donations*

> (loi du 15 février 1901
> loi du 31 décembre 1917
> loi du 25 juin 1920)

3. *Retraites ouvrières et paysannes.*

Des avantages sont prévus pour les familles nombreuses par les lois du

(5 avril 1910
27 février 1912
17 août 1915)

4. *Caisse Nationale de retraites pour la vieillesse.*

Des avantages sont prévus par la loi du 30 décembre 1885 et par l'arr. du 12 juin 1917.

5. *Accidentés du travail.*

Les lois du 9 avril 1898, du 30 juin 1890, du 13 avril 1906, du 15 juin 1914 visent les pères de familles nombreuses.

6. *Tarifs réduits sur les chemins de fer.*   ·
(Loi du 29 octobre 1921)

7. *Réduction dans les établissements thermaux.*
(Décret du 4 mai 1920 et arrêté du 28 mai 1920.)

8. *Réduction sur les taxes de séjour.*
(Loi du 24 septembre 1919 et décret du 4 mai 1920.)

9. *Entrée dans les musées.*

10. *Logement des familles nombreuses.*

(loi du 5 décembre 1922
loi du 31 mars 1922
loi du 14 avril 1917
loi du 31 octobre 1919
loi du 5 août 1920
loi du 8 décembre 1922
décret du 8 janvier 1923)

11. *Bourses nationales d'enseignement.*

1. Enseignement primaire supérieur.

Des avantages sont prévus par la loi du 17 août 1922.

2. Enseignement secondaire.

Des avantages sont prévus par les lois du

. 18 mars 1896
20 juin 1905

3. Enseignement supérieur.

Des avantages sont prévus par le décret du 9 mars 1921.

12. *Service militaire.*

La loi du 1ᵉʳ avril 1923 accorde certaines concessions aux membres de familles nombreuses.

13. *Médaille de la Famille Française.*

Est une décoration instituée par le décret du 26 mai 1920 et accordée aux mères de familles françaises.

D. — AVANTAGES ACCORDES AUX FONCTIONNAIRES PERES DE FAMILLE NOMBREUSE.

a. Des indemnités spéciales sont accordées pour charges de famille par les lois du 18 octobre 1919 et du 28 octobre 1923.

b. Des indemnités de vie chère sont prévues.

c. L'instruction des enfants comporte certains avantages grâce à la loi du 31 décembre 1921.

d. Pensions, retraites. De nombreux avantages sont prévus de ce chef.

II. — INITIATIVES PRIVEES.

Les familles nombreuses sont encore favorisées par les initiatives privées.

a. Allocations familiales.

Elles sont accordées par les patrons dans les entreprises industrielles et dans les entreprises agricoles.

b. Compagnies de navigation.

Certaines compagnies de transports maritimes ont accordé quelques faveurs aux familles nombreuses.

c. Théâtres.

d. Fondations.

III. — LIGUES ET PUBLICATIONS.

De nombreuses ligues se sont constituées pour protéger les familles nombreuses:

Ce sont:

1. L'Alliance nationale pour l'accroissement de la population française.

Fondée le 22 août 1896 par M. le Dr Jacques Bertillon, qui en est resté le président d'honneur. Président actuel: M. Lefebvre-Dibon. Siège: 10, rue Vivienne, Paris. Reconnue d'utilité publique par D. du 3 août 1913. Bulletin mensuel. Patronne la revue familiale « La Femme et l'Enfant », 29, rue de Tournon, Paris.

2. Ligue des Familles nombreuses de France.

Président d'honneur: Général de Castelnau. Président fondateur: Capitaine Maire. Siège social: 88, rue de Richelieu, Paris. Fondée le 3 décembre 1908. Nombreuses filiales en province. Principe: les F. N. sont les créanciers de la nation. La ligue réclame les prérogatives, les libertés et les droits qui leur sont dus. Organe (journal périodique): « Les Familles nombreuses de France ».

3. Ligue des Fonctionnaires pères de familles nombreuses.

(Au moins trois enfants.) Fondée le 17 août 1911. Président: M. Glorieux, professeur agrégé au Lycée Condorcet. Siège social: 17, avenue de l'Opéra, à Paris. Bulletin périodique.

4. Pour la Vie.

Fondée en janvier 1914, par le regretté M. Paul Bureau, professeur à la Faculté libre de droit de Paris et à l'Ecole des Hautes Etudes sociales. Siège : 32, rue Madame, à Paris. Organe (journal mensuel): « Pour la Vie ».

Président: M. J.-L. Breton, sénateur, ancien Ministre de l'Hygiène.

5. La Plus Grande Famille.

Association des pères et mères de famille de cinq enfants au moins. Fondée le 21 mars 1916. Présidée par M. Isaac, ancien Ministre, président du Comité permanent de la natalité. Siège: 24, rue du Mont-Thabor, Paris. Bulletin périodique « La plus grande Famille ».

6. Ligue des droits de la Famille.

Fondée le 10 juin 1918. Siège: 14, boulevard de Courcelles, Paris. Bulletin périodique des droits sociaux et politiques de la famille: « La Famille Française ». Rédacteur en chef: M. Massabuan, avocat, ancien député.

7. L'Association du Mariage chrétien.

Fondée en 1913. Président: Mgr Chaptal, évêque auxiliaire de Paris. Secrétaire: M. l'abbé Viollet. Siège social: 36, rue Gergovie, Paris.

8. La Confédération générale des Familles.

Fondée en 1920. Siège social: 9, rue du Moulin-Vert. Président: M. Albert Dupont. Secrétaire général: Mlle Bricou. A un bulletin mensuel.

La création d'une Fédération nationale des ligues de familles nombreuses a été décidée au Congrès de la Natalité de Bordeaux en 1921.

Siège social: 24, rue du Mont-Thabor, Paris. Président: M. Auguste Isaac, ancien ministre.

Son but est d'unir les associations existantes, de coördonner leur action, de provoquer la formation d'autres associations de chefs de famille et le groupement de ces associations en fédérations régionales, de susciter la collaboration des groupements familiaux avec d'autres œuvres d'intérêt national, d'agir sur les pouvoirs publics et l'opinion pour promouvoir les réformes législatives et sociales propres à favoriser l'accroissement de la population et assurer à la famille l'aide et l'appui qui lui sont dus (Art. 3 des statuts).

La Fédération a décidé de n'admettre dans son sein que les groupements uniquement composés de familles nombreuses.

Associations diverses. — En plus des sections des grandes ligues parisiennes, il existe dans de nombreux départements d'autres associations locales ayant pour but d'améliorer le sort des familles nombreuses.

Fédération des Groupements de familles nombreuses du Sud-Est. — Le 1er août 1920, les représentants des groupements de familles nombreuses du Rhône, de la Loire, de l'Ardèche, de l'Isère, de la Savoie, de la Haute-Savoie et de la Haute-Loire ont créé une Fédération régionale.

Cette Association a un organe officiel: Nos Enfants, qui paraît tous les deux mois et dont l'administration et la rédaction siègent 5, rue de Jussieu, à Lyon.

La Fédération des sections de Familles nombreuses de l'Isère vient de fonder un journal sous la rubrique: La Famille française.

Dans les trois départements désannexés du Haut-Rhin, du Bas-Rhin et de la Moselle, « La Plus Grande Famille » et « Pour la Vie » ont fusionné pour constituer un groupement d'Alsace et Lorraine appelé « Pro Familia ».

A noter également la formation de groupes de défense des familles nombreuses:

Au Conseil municipal de Paris; M. Ambroise Rendu, président.

A la Chambre des députés; M. Landry, ancien ministre, président.

Au Sénat; M. François Marsal, président. Ce groupe est fort peu actif, bien que le plus ancien. (1)

§ 4. — LA STERILISATION.

La question de la stérilisation des anormaux qui préoccupe si fort les eugénistes anglais et américains n'a encore provoqué en France qu'un très faible intérêt.

Seuls quelques eugénistes se sont hasardés jusqu'ici à emettre une opinion sur cette question très délicate encore pour nos pays.

En 1896, Vacher de Lapouge écrivait :

« Il serait indispensable de frapper d'une incapacité radicale de contracter mariage tous les individus incapables de donner des produits utiles à la société. (Les sélections sociales, p. 485.)

En 1905, Paul Robin souhaitait qu'on « stérilisât d'office ceux qui ne pourraient s'empêcher d'encombrer l'humanité de dégénérés sans espoir de bonheur pour eux-mêmes et même dangereux pour les autres ».

---

(1) Citons ici l'ouvrage remarquable de Paul Haury : *« Pour que la France vive »*, honoré d'une souscription du Ministère de l'Instruction Publique. Il renferme un vaste programme d'enseignement nataliste et familial.

Le Dr Binet-Sanglé préconise à son tour la castration, mais seulement avec l'assentiment des intéressés, dûment avertis des complications possibles.

Le Docteur Potet (1) considère que la pratique de la castration et la stérilisation avec le consentement des intéressés, ou imposés à eux par la loi ou par des autorités compétentes, rendrait dans de certains cas les plus grands services.

Le Professeur Charles Richet préconise la stérilisation comme seul moyen d'empêcher les criminels nés et les tarés de se reproduire.

De plus, le Dr Apert déclare que les individus dont la vie en société n'est pas un danger public, mais qui ne peuvent engendrer que des descendants indésirables, doivent être enfermés, à la fois pour des raisons d'équité, des raisons de charité, et des raisons économiques. Mais ils doivent être stérilisés par vasectomie ou salpingectomie. Il ajoute que, dans l'application, la stérilisation doit être employée avec la plus grande prudence et réservée au cas où il est certain que la descendance serait évidemment détestable. (2)

De son côté, la Société Française d'Eugénique estime que s'il était démontré que la descendance des anormaux constitue une charge accablante pour la famille et pour la société, il conviendrait d'envisager la possibilité de stériliser les procréateurs indésirables, après étude minutieuse de chaque cas particulier. Elle pourrait dès à présent étudier et mettre en discussion les conditions dans lesquelles se ferait cette stérilisation. (3)

§ 5. — L'EDUCATION EUGENIQUE ET L'EDUCATION SEXUELLE.

L'éducation eugénique, c'est-à-dire l'enseignement à la population de ses devoirs et de sa responsabilité vis-à-vis de 'a race, de même que l'enseignement des notions de l'hygiène sexuelle, constituent un des moyens dont l'application est à la portée des institutions les plus modestes.

---

(1) Docteur Potet. « *L'Hygiène Mentale* ».
(2) Dr Apert. *Comment. to the Norvegian Program f. Race Hygiene*, p. 29.
(3) *Eugénique* 1925, page 248.

Il est mis en valeur par les eugénistes français qui travaillent en vue d'établir l'éducation eugénique dans les écoles.

Lucien March ' propose qu'un enseignement de caractère scientifique des faits essentiels de la reproduction soit donné.

Il nous expose les particularités que devra comporter cet enseignement :

1. Il faut qu'il s'élève progressivement des plantes aux animaux inférieurs, puis aux animaux supérieurs, et enfin à l'homme.

2. Montrer à l'adolescent que la fonction de reproduction chez l'homme n'est pas inférieure aux autres fonctions.

3. Adjoindre à ces notions d'histoire naturelle, des notions d'hygiène générale qui porteraient l'individu à se prémunir contre les contagions, à régler sainement sa vie, à bien élever ses enfants.

4. Accompagner cet enseignement de solides notions morales.

5. Inculquer à la jeunesse que la préoccupation de mettre au monde des enfants sains et vigoureux doit être au premier plan de ses pensées.

6. Persuader la jeunesse qu'elle doit en se mariant, se proposer d'avoir le nombre d'enfants qu'elle a conscience de pouvoir élever sans déchéance.

N.B. — Cette instruction sera complétée par l'éducation dans la famille laquelle comportera plus de vérité qu'auparavent. (1)

Déjà en 1901, sur la proposition du Professeur Fournier, la Société Française de Prophylaxie Sanitaire et Morale mit à l'étude la question suivante : Doit-on éclairer les élèves des classes supérieures sur les dangers des maladies vénériennes et comment ?

A la presque unanimité des voix, la société émit un vœu favorable et vota le principe de cet enseignement pour les élèves âgés de 16 ans. Mais cette initiative ne reçut aucune sanction pratique.

---

(1) Lucien March. « *Eugénique 1923* » Tome III. N° 4.

Le 25 mars 1905, le Professeur Augagneur, rapporteur à la Commission extra-parlementaire, présenta un vœu analogue, qui fut adopté à l'unanimité des membres présents.

En 1917, à la Société de Médecine Publique, le Docteur Faivre, Inspecteur Général des Services Administratifs au Ministère de l'Intérieur, parla de la nécessité de cette éducation spéciale.

En mars 1919, il faisait voter par la Société de Prophylaxie, un vœu en faveur de la réalisation de l'enseignement prophylactique. Mais le Ministre de l'Instruction Publique, auquel ce vœu fût transmis, n'y a pas donné suite. En avril de la même année, au Congrès Interallié d'Hygiène Sociale, le Docteur Faivre est revenu sur la question et il fût appuyé par G. Lyon, le Professeur Calmette et le Docteur Galtier-Boissière.

En 1922, un congrès a eu lieu à Paris sous la présidence de Paul Appel, Recteur de l'Université de Paris, et du Docteur Roux, Directeur de l'Institut Pasteur, où a été étudiée la question de l'éducation sexuelle dans tous les milieux. (1)

Il faut signaler encore les travaux du Docteur R. E. Chable sur « L'Education Sexuelle »; ceux de Madame Montreuil-Straus « Devons-nous donner un enseignement sexuel à nos filles ? »; « Le Manuel d'Education prophylactique » du Docteur J. Héricourt ; les études de Jullien (1921) sur « La Vie sexuelle et ses dangers ».

Enfin, une enquête a été menée en France auprès des Associations de parents des élèves de lycées, afin d'avoir leur opinion sur la question de la nécessité d'introduire, dans les cours de sciences naturelles, l'étude des phénomènes de la reproduction humaine. Cinq associations (celles d'Angoulème, Calais, Cherbourg, Lyon et celle du lycée Janson-de Sailly à Paris) ont pris parti contre cet enseignement. Quatre associations (Bordeaux, Grenoble, Marseille et Philippeville) se sont prononcées pour cet enseignement. Les autres régions n'étant pas catégoriques ne sauraient être classées de façon nette.

---

(1) Docteur Leclerc-Dandoy. « Rapport présenté au 1er Congrès de la Ligue Nationale Belge contre le Péril Vénérien », Bruxelles, 1922.

Presque toutes les associations sont d'accord pour reconnaître que l'enseignement des problèmes sexuels incombe à la famille; mais comme, pour des raisons très diverses, celle-ci se dérobe à sa tâche, quelques associations pensent que l'école peut se substituer à elle. (1)

Signalons en terminant l'opinion du Docteur Apert qui estime que l'éducation eugénique est le moyen le plus efficace pour obtenir d'heureux résultats. La propagande eugénique doit se faire par le médecin qui est l'homme qui pénètre le plus dans les familles et y est le plus écouté. C'est, dit-il, à l'occasion des incidents de santé des membres de la famille que les enseignements eugéniques peuvent être le plus facilement acceptés et compris. Mais l'instruction du médecin sur ces matière est encore imparfaite. L'étudiant en médecine doit recevoir les notions d'hygiène de la race les mieux établies; l'enseignement clinique. ajoute-t-il ne doit pas se limiter à la thérapeutique des maladies déclarées mais, de plus en plus, tendre à leur prévention par la diffusion des connaissances scientifiques acquises par les recherches récentes sur l'hérédité et l'hygiène de la race. (2)

§ 6. — LA REGLEMENTATION DU MARIAGE.

Les restrictions apportées en France au mariage, dans l'intérêt de la race, ne sont pas très nombreuses. Il existe toutefois une certaine réglementation consacrée par le code, et qui ne diffère pas des dispositions générales établies dans tous les pays.

Les eugénistes français voudraient, en vue de protéger les générations futures, arriver à une surveillance beaucoup plus sévère du mariage, consistant particulièrement dans l'établissement d'un examen médical prématrimonial.

Nous allons examiner séparément chacune des différentes conditions imposées par la loi aux candidats au mariage. Nous envisagerons également la question du certificat préma-

---

(1) Dr Potet. *L'Hygiène Mentale* », p. 312.
(2) Dr Apert. *Commentaries to the Norvegian program for Race hygiene.*

trimonial bien que celui-ci ne fasse encore l'objet d'aucune règle de droit.

A. — AGE DU MARIAGE.

La loi fixe l'âge du mariage à dix-huit ans pour les hommes et à quinze ans pour les femmes. (1)

B. — LE DEGRE DE CONSANGUINITE.

D'après le code Napoléon, le mariage est défendu entre parents en ligne directe à quelque degré que ce soit, légitimes ou illégitimes, comme entre parents en ligne directe par alliance. (Art. 161.)

En ligne collatérale le mariage est défendu entre frères et sœurs, légitimes ou illégitimes, comme aussi entre frères et sœurs par alliance (art. 162) ; la prohibition établie par cet article subsiste même lorsque le mariage produisant la parenté est dissout par la mort ou le divorce de l'un des époux.

Le mariage est défendu entre l'oncle et la nièce, la tante et le neveu. (Art. 163.)

Des dispenses toutefois concernant cette dernière prohibition ainsi que celles relatives aux beaux-frères et aux belles-sœurs peuvent être obtenues. (Art. 164.)

C. — L'EXAMEN MEDICAL PREMATRIMONIAL.

Le certificat médical obligatoire d'aptitude au mariage a été réclamé depuis longtemps par Henry Cazalis. Il a encore des partisans. Un auteur dramatique, M. Maurice Boniface a proposé l'adoption d'une loi ainsi rédigée :

Article premier. — Avant qu'un mariage soit célebré un médecin désigné par l'officier de l'état civil, ayant examiné chacun des futurs conjoints, devra certifier qu'aucun d'eux n'offre ou ne semble avoir offert dans sa vie présente, les symptômes caractérisés de tuberculose, de syphilis ou de démence.

---

(1) Dr Pierre Nisot. Etude de Droit Comparé sur l'âge en matière de capacité nuptiale.

Art. 2. — La décision du susdit médecin est toujours susceptible d'appel devant un jury composé de trois professeurs de Faculté, dont la décision aurait ensuite, le cas échéant, force de prohibition définitive.

La question de l'examen médical prénuptial a été mise à l'ordre du jour de la Société Française de Prophylaxie Sanitaire et Morale une première fois en 1903. Sur la proposition du Docteur Jullien, cette Société émit le vœu que les bureaux d'état civil remettent aux parents et éventuellement directement aux futurs conjoints des avis indiquant les dangers de certaines maladies et notamment des maladies vénériennes pour le mariage. Un vœu analogue a été formulé en 1923 par le Congrès de propagande d'Hygiène Sociale, à la suite d'un rapport du Docteur Gougerot, et en 1925 par la Conférence de la syphilis hériditaire, réunie à Paris sous la présidence du Professeur Jeanselme.

Les partisans du certificat d'aptitude au mariage ont trouvé des adeptes dans les assemblées départementales. Au Conseil général du Doubs, le Docteur Colard a défendu il y a quelques années le vœu suivant :

« Dans un but patriotique et pour conserver la vigueur et la solidité de notre race, pour combattre le trio effroyable de l'avarie, de la tuberculose, de l'alcoolisme, le Conseil général émet le vœu que le Parlement élabore une loi exigeant, au moment du mariage légal, la production d'un certificat de santé de la part des deux futurs époux, les mariages ne pouvant être célébrés que si les certificats sont formels au point de vue de la santé des deux fiancés. »

Un vœu analogue a été adopté l'an dernier, en 1925, par le Conseil général de Seine-et-Oise, sur la proposition de MM. Louis Forest, Vian, Delétré et Leduc, qui réclamèrent une révision de notre législation matrimoniale dans le but d'éviter les méfaits « de la syphilis à la période contagieuse, de la tuberculose, de l'alcoolisme invétéré et des maladies mentales ». (1)

(1) Tout ce qui précède a été extrait de l'article du Dr G. Schreiber. L'examen médical prénuptial. (L'examen médical en vue du mariage. Flammarion, 1927).

Le Conseil général de la Côte d'Or a également examiné une proposition semblable en 1925. (1)

L'opinion publique s'intéresse de plus en plus en France aux mesures susceptibles d'enrayer le développement des maladies contagieuses familiales ou héréditaires, et les partisans de l'examen médical antématrimonial deviennent chaque jour plus nombreux. (2)

A la demande de *Radiola,* le Docteur G. Schreiber a donné des conférences par T. S. F. sur l'examen médical avant le mariage.

Un des principaux défenseurs du certificat prématrimonial en France est sans contredit le Docteur Schreiber. Il voudrait instituer cet examen sans qu'une sanction légale en soit le corrolaire. Tout jeune homme, toute jeune fille serait simplement examiné par un médecin de son choix, lequel indiquerait à chacun par écrit s'il le croit apte à se marier ou non. La famille dans laquelle le candidat serait appelé à entrer, pourrait manifester le désir d'être tenue au courant des résultats de cet examen par le candidat lui-même, de sorte que le médecin n'aurait point à violer le secret professionnel. Si le candidat se refuse à montrer le certificat à lui délivré, la famille resterait libre d'apprécier ce refus comme elle l'entendrait. (3)

Lors de la réunion annuelle de la Fédération Internationale des organisations eugéniques tenue à Paris en 1926, la principale question discutée a été celle de l'examen médical prématrimonial; la tendance générale était en faveur de l'examen bénévole.

---

(1) *Eúgénique* 1925, p. 249.

(2) Si le certificat médical n'est mentionné en France dans aucune loi, il est des occasions où néanmoins on l'a exigé. Il y a quelques années, le fait s'est passé au Hâvre. Un jeune homme ayant exprimé l'intention, dans cette ville, d'épouser une jeune fille élevée par l'Assistance publique, celle-ci a exigé que le prétendant se présentât devant le bureau d'hygiène de cette ville et en revint avec un papier déclarant qu'il était en assez bonne santé pour se marier. L'épreuve fut d'ailleurs subie avec le plus grand succès par le candidat. La chose était d'autant plus louable que nous voyons là une administration faire acte d'initiative. (Annales d'Hygiène publique, 1922, p. 57.)

(3) Croix-Rouge de Belgique 1925, p. 376.

Une nouvelle société l'*Avenir Français* qui étudie les problèmes relatifs à la natalité s'occupe également de la question du certificat prématrimonial.

Le Docteur Toulouse estime qu'il serait juste qu'une disposition légale admit l'obligation, pour les fiancés, de se déclarer mutuellement — quand ils la connaissent — l'existence de tares personnelles ou familiales, et cela sous peine de divorce et de dommages-intérêts, que l'époux trompé pourrait demander.

Le Docteur Potet souhaite également la création de lois strictes instituant la surveillance médicale des unions légitimes. (1)

D'autres eugénistes préconisent même que les alcooliques, les ivrognes endurcis ou qui auraient été condamnés pour ivresse ou enfermés un certain nombre de fois dans un asile d'aliénés soient déchus de leur droit d'époux et puissent être abandonnés par leur conjoint. Ils voudraient en tous cas que l'aliénation mentale puisse être invoquée comme une cause de divorce. (Docteur Toulouse.) (2)

Charles Richet voudrait éloigner du mariage légal les syphilitiques, les épileptiques, les tuberculeux, de même qu'il voudrait exiger des fiancés un extrait du casier judiciaire afin d'interdire aux criminels et aux récidivistes de se marier. (3)

Guinon estime que la meilleure réalisation que puisse obtenir l'eugénique dans l'état actuel des mœurs est l'exigence du certificat prématrimonial basé sur les tests sérologiques, radiologiques, psychologiques.

E. Jordan, le sociologue français, directeur de « Pour la Vie » propose de lutter contre les préjugés existant à l'heure actuelle à cet égard et conseille de propager dans les cercles d'études, les groupements de jeunes gens, le principe du certificat prématrimonial. Il insiste aussi pour que chacun, pour

---

(1) Dr Potet. *L'Hygiène Mentale.*

(2) Sous la Révolution, la loi de 1792 admettait le divorce pour cause de « démence, folie, fureur » d'un des époux. Le Code. Napoléon supprima le divorce. Il ne fut rétabli qu'en 1884.

(3) Ch. Richet. *La sélection humaine.*

son compte et dans son intérêt personnel, se fasse un devoir de se soumettre à cet examen. (1)

Le Dr Apert estime que si l'habitude des consultations médicales avant le mariage entrait de plus en plus dans les mœurs, les interdictions législatives d'accès au mariage pourraient se limiter aux quelques cas indiscutables tels que la syphilis à la période contagieuse, la tuberculose au stade de ramollissement, l'aliénation incurable confirmée, la criminalité, etc. (2)

Le Dr Pinard émet le vœu que le syphilitique ne reçoive l'autorisation médicale de se marier que quand il ne présentera plus aucun signe de l'affection, tous les moyens d'investigation les plus sensibles actuellement connus ayant été mis en œuvre. (3) Il voudrait voir s'établir la coutume de l'examen médical prématrimonial.

Le Dr Tixier, au Congrès des Pédiâtres de langue française, tenu à Paris en 1924, déclarait qu'on ne peut autoriser le mariage des syphilitiques que lorsque les conditions suivantes sont remplies :

1. *Conditions cliniques :* traitement moderne suivi très régulièrement ; absence d'accidents contagieux pendant une année, tout traitement étant supprimé ; absence de toute lésion organique ; absence de lésion du système nerveux ou de localisations viscérales.

2. *Conditions biologiques :* négativité de la réaction de Wasserman dans le sang et dans les urines pendant une année depuis la suppression du traitement et examen complet du liquide céphalo-rachidien, qui doit être normal. (4)

---

(1) E. Jordan. Le certificat médical prénuptial. « *Pour la Vie* », juin 1926.

(2) *Eugénique et Sélection*, p. 52.

(3) Dr Pinard. *Syphilis et mariage.*

(4) Un procédé qui est assez employé en France est celui qui consiste à exiger de tout candidat au mariage qu'il contracte, auprès d'une compagnie sévère dans ses choix, une assurance sur la vie. Les sociétés de ce genre ont trop d'intérêt à refuser des clients susceptibles d'une mort prématurée pour ne pas donner à leur examen médical toute la rigueur qui devra leur garantir la sécurité à elles-mêmes. Cet examen est, en effet, devenu, depuis quelques années, beaucoup plus serré et beaucoup plus minutieux qu'il ne l'était

Enfin, la Société Française d'Eugénique s'est particulièrement préoccupée de la question.

Elle a consacré durant l'année 1926 trois séances présidées par les professeurs Pinard et Charles Richet à la discussion de ce problème.

Etant donné le retentissement que ces séances ont eu sur le corps médical et dans le grand public, nous croyons utile de résumer ici les opinions émises par les autorités médicales et autres et de faire connaître les vœux qui furent adoptés. (1)

Le Professeur Letulle développa toutes les raisons qui militent en faveur de l'examen médical prénuptial au point de vue de la tuberculose. Il montra que le mariage et la grossesse peuvent déchaîner des poussées aiguës et mortelles chez les jeunes femmes bacillaires et il souligna les dangers de contaminations auxquelles sont presque fatalement exposés les enfants qui naissent et vivent dans un milieu familiale tuberculeux.

Le Docteur Queyrat, président de la Ligue contre le péril vénérien, après avoir rappelé que 140.000 décès peuvent chaque année en France être attribués à la syphilis, déclara qu'il est indispensable de soumettre les jeunes gens à un examen prénuptial également très utile pour éviter les méfaits désastreux de la blennorragie, cause fréquente de stérilité.

Le Docteur Heuyer exposa à son tour les conditions à envisager au point de vue du mariage dans les maladies nerveuses et mentales. Tout en reconnaissant que ces conditions ne sont pas toujours précises, il aboutit aux conclusions suivantes :

1. Beaucoup de maladies nerveuses et mentales (paralysie générale, tabes, épilepsie, etc.) ont une origine infectieuse ou

---

jadis, et tous les jours on le complique ou, pour mieux dire, on le complète. H. Carrion estime que lorsqu'on a obtenu l'assurance en question, il y a de grosses chances pour que l'on soit également bon pour le mariage. Jusqu'à ce que l'on ait trouvé mieux, ajoute-t-il, c'est peut-être encore ce moyen qui constitue la solution du problème. (Annales d'Hygiène publique, 1922, page 60).

(1) Le Compte-rendu de ces séances est extrait du rapport du Dr Schreiber, paru dans «Eugénique» 1926. Tome III. N° 8.

toxique. C'est celle-ci qu'il faut rechercher ; c'est la nature de la syphilis, de la tuberculose, de l'alcoolisme dans les antécédents familiaux qui permettra le plus souvent de fixer les conditions réclamées.

2. La plupart des maladies nerveuses à hérédité similaire sont des maladies familiales qui ne permettent pas le mariage.

3. Certaines maladies mentales à hérédité similaire (psychose maniaque dépressive, état schizoïdes, dispositions paranoïaques) ne permettent pas de prendre des décisions s'appliquant à tous les cas. Il faut étudier chacun d'eux en particulier et prévenir les intéressés des risques qu'ils courent pour eux et les enfants. Mais dans les perversions instinctives, origine de la délinquance et de la criminalité, il ne peut y avoir aucun doute sur la nécessité d'interdire le mariage.

4. Dans l'intoxication alcoolique et les états toxicomaniques il ne faudra autoriser le mariage que si le sujet a fait pendant un temps suffisant la preuve de la guérison de ses habitudes d'intoxication.

Le Docteur Apert montra ensuite que l'hérédité dans les maladies familiales permet de poser un certain nombre de règles servant à indiquer les risques encourus dans tel ou tel mode d'union. Elle permet de lever l'interdiction formelle et totale de se reproduire, réclamée par les auteurs qui n'ont étudié que superficiellement la question. Elle conduit à substituer à cette interdiction des conseils qui auront plus de chances d'être écoutés, puisqu'ils laissent aux malheureux membres des familles atteintes la possibilité de se créer une vie normale et restreignent seulement les choix à leur conseiller. Ces conseils peuvent être résumés ainsi :

Maladies à hérédité parentale (chorée de Huntington, Kératodermie des extrémités, malformation des extrémités en pince de homard, etc.) ; la descendance des sujets restés sains ne doit être l'objet d'aucune mesure restrictive ; les mariages consanguins ne sont pas spécialement à craindre.

Maladies à hérédité matriarcale (hémophilie, atrophie papillaire familiale, daltonisme, névrite optique héréditaire, paralysie périodique familiale, etc.) : la descendance des sujets mâles ne doit être l'objet d'aucune mesure restrictive ; les sujets descendant de la souche commune exclusivement par les femmes peuvent être atteints, soit eux-mêmes en ce qui concerne les mâles, soit dans leur postérité mâle, en ce qui concerne les filles. Les mariages consanguins ne sont pas spécialement à craindre.

Maladies à hérédité fraternelle (albinisme, surdimutité familiale, rétinite pigmentaire, etc.) : la maladie peut être véhiculée à l'état latent par tous les descendants des sujets atteints ou par leurs collatéraux, mais ses chances de réapparaître sont beaucoup moindres que dans les deux catégories précédentes, ces deux premiers étant à type dominant. En revanche, les mariages consanguins, à un degré si éloigné soit-il, peuvent être très dangereux dans cette dernière catégorie.

A la suite de ces rapports médicaux, M. Georges Risler, président du Musée social exposa les considérations sociales ayant trait au mariage. Il déclara qu'il est difficile de mettre au monde et d'élever de beaux enfants dans les taudis où sont entassés de nombreuses familles. Améliorer le logement, multiplier les jardins et les terrains de plein air, lutter contre l'alcoolisme, tel doit être le souci permanent des pouvoirs publics qui malheureusement se désintéressent trop de ces questions primordiales pour la santé et pour l'avenir du pays. La lutte contre la tuberculose menée avec méthode a cependant permis de réduire à Paris la mortalité de 25 pour 100.

M. Risler estime que le suffrage féminin fera réaliser un progrès à l'hygiène sociale et à l'eugénique. Celle-ci doit d'ailleurs n'être pas seulement physique et mentale, mais également morale, si elle veut réellement améliorer l'espèce humaine.

Le Docteur Papillault, professeur de sociologie à l'Ecole d'anthropologie, avait à envisager le problème du point de vue biologique. Après avoir rappelé les travaux de Galton, il indiqua que pour les espèces végétales, des améliorations ne peuvent être maintenues que si on agit non sur de simples couples, mais sur les lignées. Pour l'homme, il paraît impossible de procéder de même. La famille constitue d'ailleurs elle-même une race et tout sujet qui désire en fonder une est influencé par des phénomènes subconscients.

Après l'exposé de ces divers rapports, M. Lucien March, vice-président de la Société d'Eugénique, avait pour mission d'en dégager des conclusions positives, des conclusions moyennes en quelque sorte. Il fît observer très judicieusement que les communications parfaitement claires et d'esprit modéré, présentées par les divers orateurs, avaient laissé aux auditeurs très nombreux qui avaient suivi les trois séances, une même impression, une même conviction : à savoir qu'il faut faire pénétrer dans les mœurs, dans les habitudes sociales, d'une façon plus complète et plus précise qu'autrefois le souci très fondé de la santé, de l'état physique et mental de ceux qui veulent fonder une famille. « Quel que soit le point de vue, biologique ou social, déclara-t-il, nous sentons qu'en cette matière, l'indifférence est coupable et que comme on l'a dit, lors du mariage, le médecin devrait précéder le notaire ». Pour atteindre ce résultat, nous avons proposé avec M .Lucien March les vœux suivants :

1. Avant tout mariage, chacun des futurs époux devrait solliciter une consultation médicale sur l'opportunité de célébrer ou de différer le mariage et communiquer à l'autre l'avis médical obtenu.

2. Les bureaux d'état civil devraient distribuer aux personnes qui viennent s'inscrire en vue d'un mariage des avis relatifs à la nécessité de la consultation médicale matrimoniale.

3. Les pouvoirs publics et les œuvres privées devraient organiser des consultations matrimoniales ouvertes au public.

Le premier vœu concordait exactement avec celui présenté par le Docteur Queyrat et ainsi formulé :

« La Société française d'Eugénique signale aux parents des futurs époux l'intérêt capital qu'il y a à faire examiner ces derniers par un médecin de façon à s'assurer qu'il n'existe pas chez eux d'infection virulente susceptible de transmettre à leur descendance des germes de mort ou de graves maladies. »

Ce vœu fut adopté.

Pour concilier les différentes opinions émises, le Dr Sicard de Plauzoles proposa d'ailleurs à son tour le vœu suivant qui fut adopté à l'unanimité.

« L'Assemblée émet le vœu que le certificat prénuptial soit rendu obligatoire par une loi et, qu'en attendant, les bureaux d'état civil distribuent aux personnes qui viennent s'inscrire en vue d'un mariage des avis relatifs à la nécessité d'un examen médical prénuptial ».

Ce vœu résume très exactement les débats qui viennent d'avoir lieu au Musée Social sous les auspices de la Société française d'Eugénique. (1)

Pour finir signalons la très intéressante proposition de loi qui a été déposée à la Chambre des Députés à la séance du 24 novembre 1926, par MM. Pinard, Dubreuil, Gardiol, Sully-Eldin, G. Legros, P. Nicolet, Lamé, Dezarnaulds.

Voici le texte officiel de la proposition tel qu'il a été publié :

Chambre des Députés. — 13me législature. — Session extraordinaire de 1926.

Annexe au procès-verbal de la 2me séance du 24 novembre 1926.

Proposition de Loi ayant pour objet de rendre obligatoire le certificat médical prénuptial.

(Renvoyée à la Commission de l'Hygiène.)

Exposé des motifs.

MM.

Garantir, sauvegarder, même avant leur naissance les générations futures, est le fait essentiel, et le seul, qui puisse assurer la pleine évolution de l'espèce humaine.

Aussi avons-nous l'honneur de vous soumettre le texte suivant :

Proposition de Loi.

Article unique :

Tout citoyen français voulant contracter mariage ne pourra être inscrit sur les régistres de l'état civil, que s'il est muni d'un certificat médical, daté de la veille, attestant qu'il ne présente aucun symptôme appréciable de maladie contagieuse.

____

(1) Une grande partie de l'exposé que nous venons de faire a été extrait de l'article du Dr Schreiber : L'examen médical prénuptial devant la Société française d'Eugénique. «Eugénique» 1926, T. III, N° 8.

§ 7. — LES MESURES D'HYGIENE SOCIALE.

Si d'autres moyens eugéniques plus directs n'ont pas encore été appliqués en France, il en est un, toutefois, dont la portée ne peut être contestée, et qui a été mis en pratique de longue date, c'est la diffusion des mesures d'hygiène.

Celles-ci, en effet, constituent non seulement un agent de préservation, mais encore une mesure d'amélioration directe de la race qu'elle vise à débarrasser de ses tares.

Le Docteur Carré préconise la diffusion de l'hygiène à tous les degrés de l'échelle sociale pour diminuer la mortalité et surtout comme moyen d'amélioration de la race.

En 1922, déjà, M. Bellan, Conseiller municipal de Paris, émettait une proposition de loi tendant à obtenir que l'hygiène soit enseignée tout particulièrement dans les écoles.

Il existe, dans cet ordre d'idées, une société dont le président était M. Léon Bourgeois, et le vice-président, le Docteur Roux : « L'Hygiène par l'Exemple » ; et qui s'est donnée pour but d'inculquer aux écoliers de France des habitudes d'ordre, de propreté et d'hygiène.

En 1923, a eu lieu à Paris un congrès international d'hygiène sociale et d'éducation prophylactique, sanitaire et morale où des rapports relatifs à l'Eugénique ont été déposés.

Une association s'est formée en 1920 à Paris, sous le nom de Comité de Propagande d'Hygiène Sociale et d'Education Prophylactique. Cette association a pour but de :

1. créer un mouvement permanent de propagande pour l'hygiène.

2. lutter contre les maladies sociales par l'éducation populaire.

3. créer un office de documentation et d'information pour toutes les questions d'hygiène sociale.

L'action de ce comité s'étend à Paris, aux départements et aux colonies. Ce comité est subventionné par le gouvernement.

Il existe encore de nombreuses associations dont le but est de propager les notions d'hygiène sociale telle : la Société de prophylaxie sanitaire et morale, etc.

Les organisations officielles qui en France s'occupent des questions relatives à l'assistance et à l'hygiène publiques sont :

1. Le Conseil supérieur de l'Assistance publique.
2. La Commission Départementale de l'Assistance publique et de la Bienfaisance privée.
3. Le Conseil supérieur de la Natalité.
4. La Commission Départementale de la Natalité.
5. L'Office national d'Hygiène sociale.
6. La Commission centrale d'Assistance.
7. La Commission permanente de préservation contre la tuberculose.
8. La Commission de prophylaxie des maladies vénériennes.
9. La Commission des sérums.
10. La Commission du Cancer.
11. Le Comité technique des sanatoriums.
12. La Commission chargée d'examiner les demandes de subventions aux dispensaires antituberculeux et de formuler un avis sur ces demandes.
13. La Commission des déclarations des causes de décès.
14. La Commission d'expérimentation, chargée de l'examen des procédés ou appareils de désinfection.
15. La Commission des laboratoires.
16. Le Conseil de perfectionnement des écoles d'infirmières.
17. La Commission de préparation des traités internationaux d'assistance.
18. Le Conseil supérieur des Sociétés de Secours mutuels.
19. Le Conseil supérieur des habitations à bon marché.
20. La Commission d'attribution des prêts aux sociétés de crédit immobilier.
21. La Commission Supérieure des caisses nationales d'assurances en cas de décès et en cas d'accidents.
22. La Commission Supérieure des caisses d'épargne.

Nous envisagerons maintenant, dans ses grandes lignes, ce qui a été réalisé en France en matière de protection de l'enfance et de la maternité, de lutte contre les maladies mentales, contre la tuberculose, contre le péril vénérien et contre l'alcoolisme.

A cet effet, nous diviserons notre paragraphe de la manière suivante :

A. — Protection de l'enfance et de la maternité.

B. — Lutte contre les maladies mentales.

C. — Lutte contre la tuberculose.

D. — Lutte contre le péril vénérien.

E. — Lutte contre l'alcoolisme.

A. — PROTECTION DE L'ENFANCE ET DE LA MATERNITE.

Le professeur Pinard et la Société française d'Eugénique préconisent comme moyen eugénique des plus efficaces, le développement de la puériculture. D'une part, celle-ci réduit au minimum le nombre des produits mal constitués en enseignant les conditions que doivent remplir les procréateurs au moment de la procréation; d'autre part, elle porte toujours au maximum le nombre des produits vigoureux et sains. Elle protège la femme enceinte et travaille à la conservation et au développement du nouveau-né. Le prof. Pinard insiste donc sur le rôle considérable joué par la santé de la mère pendant la gestation, dans l'état physique et psychique de son enfant. (1)

Les principales lois ayant pour but la protection de l'enfance et de la maternité, en France, sont :

Loi du 23 décembre 1874, relative à la protection des enfants du premier âge.

Loi du 16 juin 1881, relative aux titres de capacité pour l'enseignement primaire.

Loi du 28 mars 1882, rendant obligatoire l'instruction primaire pour les enfants des deux sexes de 6 à 13 ans.

Loi du 30 octobre 1886, loi fondamentale de l'organisation de l'enseignement primaire.

Lois des 24 juillet 1889, 19 avril 1898, et du 5 août 1916, relatives à la protection des enfants maltraités, délaissés ou moralement abandonnés.

---

(1) *Eugénique* 1924, p. 200.

Loi du 15 juillet 1893, instituant l'assistance médicale gratuite.

Loi du 15 février 1902 (art. 6), instituant la vaccination obligatoire au cours de la première année de la vie.

Loi du 27 juin 1904, organise le service des enfants assistés.

Loi du 15 avril 1909, relative aux conditions d'admission des enfants anormaux dans les classes de perfectionnement.

Loi des 27 novembre 1909, 17 juin et 30 juillet 1913, 2 décembre 1917, instituant le repos et l'allocation pour les femmes en couches.

Loi du 15 mars1910, accordant un congé payé aux institutrices en couches.

Lois du 6 avril 1910 et du 26 février 1917, interdisant la vente des biberons à tube et réglementant la fabrication des tétines et des sucettes.

Lois du 22 juillet 1912 et du 22 février 1921, relative aux enfants délinquants et aux tribunaux pour enfants. (1)

Loi du 26 novembre 1912, modifiée en 1912, 1913, 1917, 1919 et 1925, contient les dispositions relatives à la réglementation du travail des enfants.

Loi du 14 juillet 1913, institue l'assistance aux familles nombreuses et aux veuves privées de ressources.

Loi du 22 juillet 1917, relative à l'allaitement maternel dans les établissements industriels et commerciaux.

Loi du 2 août 1918 et du 25 juin 1919, organisant l'enseignement technique.

Loi du 2 4octobre 1919, instituant l'indemnité d'allaitement aux mères qui ont sollicité l'indemnité de repos des femmes en couches.

Loi du 23 juillet 1920, réprime la provocation à l'avortement et à la propagande anticonceptionnelle.

Loi du 15 novembre 1921, modifie et complète la loi du 24 juillet 1889.

Loi du 11 juillet 1923, relative à l'encouragement national à donner aux familles nombreuses.

---

(1) Cf. D' Pierre Nisot. L'enfance délinquante.

Loi du 7 février 1924, réprimant le délit d'abandon de famille.

A côté des lois, de nombreux projets ont été déposés dans cet ordre d'idées. Il nous semble intéressant de les signaler ici. Ce sont :

Le projet de loi sur l'assistance maternelle déposé le 31 décembre 1924, qui tend notamment à obliger les départements à désigner un établissement susceptible de recevoir les femmes enceintes désireuses d'accoucher secrètement.

Le projet de loi repris le 13 juillet 1924, ayant pour objet de donner la reconnaissance légale aux « préventoriums » ou établissements affectés au traitement de certaines formes curables de la tuberculose infantile.

Une proposition de loi déposée sous l'ancienne législature et tendant à enlever au père et mère déchus de la puissance paternelle le droit de consentement à l'adoption de leurs enfants.

Une proposition de loi reprise le 5 février 1925, et ayant pour objet d'interdire la vente des objets dits « sucettes ».

Une proposition de loi déjà adoptée par le Sénat à la date du 25 novembre 1924, dont l'objet est d'élever de 13 à 15 ans l'âge de protection de l'enfance contre les attentats à la pudeur commis sans violence. (1)

Une proposition de loi également adoptée par le Sénat, ayant pour objet d'étendre la portée de la loi Roussel (loi du 23 décembre 1874) relative à la protection des enfants du premier âge.

Proposition de loi déposée sur le bureau du Sénat tendant à la création d'un office national de la famille et de la maternité.

Les principales associations et institutions s'occupant entièrement ou subsidiairement de la protection de l'enfance et de la maternité en France sont :

Alliance Nationale pour l'accroissement de la Population Française, 26, rue du 4 Septembre, Paris, II.

Association Internationale de Protection Maternelle et Infantile, rue Clocheville, Tours, Indre-et-Loire.

---

(1) Dr Pierre Nisot. L'âge et le consentement de la victime en matière d'infractions contre les mœurs sur les mineurs.

Comité Central de la Croix-Rouge Française, 21, rue François I^r, Paris, VII.

Centres d'Elevage de Mainville, Draveil, Milly, Seine-et-Oise.

Comité Français de Secours aux Enfants, 10, rue de l'Elysée, Paris, VIII.

Comité National de l'Enfance, 37, avenue Victor-Emmanuel III, Paris, VIII.

Comité National de Défense contre la tuberculose, 66bis, rue Notre-Dame des Champs, Paris, VI.

Ecole de Surintendantes de France, 43, rue Pernety, Paris.

Fédération des Colonies de Vacances et Œuvres de Plein Air, 65, avenue de la Grande Armée, Paris, XVI.

Fédération des Eclaireurs de France, 6, rue Saulnier, Paris, IX.

Ligue des Sociétés de la Croix-Rouge, 2, avenue Velasquez, Paris, VIII.

Ligue Fraternelle des Enfants de France, 30, rue Saint-André des Arts, Paris, VI.

Ligue contre la Mortalité Infantile, 49, rue Miromesnil, Paris, VIII.

Œuvre Grancher, 4, rue de Lille, Paris, VII.

Œuvre Générale de l'Enfance, 37, rue Boissy d'Anglas, Paris. VIII.

Patronage de l'Enfance et de l'Adolescence, 379, rue de Vaugirard, Paris.

Placement Familial des Tout-Petits, 104bis, rue de l'Université, Paris.

Service Social à l'Hôpital, 44, rue de Lisbonne, Paris, VIII.

Société de Charité Maternelle de Paris, 56, avenue de la Motte-Picquet, Paris.

B. — LUTTE CONTRE LES MALADIES MENTALES. (1)

L'organisation de l'hygiène mentale est très développée en

____

(1) Tout ce qui concerne la lutte contre les maladies a été extrait du livre « L'Hygiène mentale » du Dr Potet.

France grâce aux efforts du Dr Toulouse, qui est, sans contredit, le promoteur du mouvement dans ce pays.

Les principaux organismes d'hygiène mentale ont été créés par lui. Ce sont :

L'Office d'Hygiène mentale fondé en 1918.

La Ligue d'hygiène et de prophylaxie mentale, fondée en 1920.

Le Comité d'Hygiène mentale, fondé en 1920.

Il faut citer en outre : La Société de patronage pour aliénés convalescents, qui est la plus ancienne et qui a été instituée par Fabret.

Le plus important de tous ces organismes est la Ligue d'hygiène et de prophylaxie mentale qui comprend actuellement onze commissions, dont les noms des présidents : Klippel, Legrain, Roubinovitch, Lahy, H. Colin, Toulouse, Briand, Claude, Antheaume, Rabaud, Harocourt, constituent tout un programme.

Ces commissions sont en effet les suivantes :

Commission des maladies générales et troubles mentaux.
Commission de l'alcoolisme.
Commission de l'enfance anormale.
Commission du travail professionnel.
Commission des antisociaux.
Commission des dispensaires et services ouverts.
Commission de l'assistance et de la législation.
Commission de l'enseignement psychiatrique.
Commission de l'organisation et de la propagande.
Commission des recherches scientifiques.
Commission de la production littéraire et artistique.

Outre les présidents des Commissions de la Ligue, Vurpas, Dupré, Marchand, Mignard, H. Piéron, furent parmi les fondateurs.

L'année de sa fondation, la Ligue est reconnue d'utilité publique, son rattachement à la Société des Nations est proposé, une grande réunion de propagande a lieu dans l'Amphithéâtre de la Sorbonne, le Bulletin de la Ligue d'hygiène mentale est créé.

Les préoccupations d'hygiène mentale en France sont assez anciennes. (1) Déjà, un article de Dubois, paru dans la « Gazette des Hôpitaux » le 10 mai 1834, rendait compte de la création, à Vanves, par Fabret et Voisin, d'un « établissement orthophrénique », destiné à redresser et à améliorer le psychisme des enfants arriérés et anormaux.

Magnan et Bouchereau ont déjà organisé depuis longtemps à Sainte-Anne une consultation de maladies mentales.

Ballet, Claude, Le Gendre, Antheaume, dès l'aurore du XXme siècle, ont pratiqué ou préconisé le traitement des névropathes et des psychopathes aigus dans les hôpitaux.

Déjà en 1899, Toulouse avait demandé la création de services libres pour psychopathes ; — et, en 1900, sur sa demande, un vœu dans ce sens avait été émis par le Congrès international de Psychiatrie.

Les consultations de la Salpêtrière, déjà anciennes (Chaslin), sont à rapprocher des policliniques psychiques contemporaines. De semblables consultations existent d'ailleurs depuis quelques années dans plusieurs hôpitaux parisiens. A Lyon, Lannois, dès 1900, donnait des consultations aux malades nerveux de toutes catégories, psychiques ou organiques.

En 1909, Rayneau a obtenu de faire appeler l'Asile du Loiret, alors en création, « Etablissement psychothérapique » et un service libre y a fonctionné dès cette époque.

Pendant la guerre, les nombreux centres neuro-psychiatriques des armées, ou même de l'intérieur, fonctionnaient exactement comme les services ouverts actuels.

Dès 1920, Breton et J. Godart apportent à l'effort de Toulouse l'appui de leur autorité. Depuis lors Toulouse n'a pas cessé de continuer son apostolat, et aidé par Genil-Perrin, Lahy, Targowla, a créé en 1922, à Sainte-Anne, un service de prophylaxie mentale.

En 1923, a lieu le Congrès de prophylaxie sociale, où il a été question des aliénés et des anormaux psychiques ; mais le Con-

---

(1) Cet exposé a été extrait en grande partie du livre « *L''Hygiène mentale* », du Dr Potet.

grès d'hygiène mentale, tenu à Paris en 1922, et auquel prenaient part 22 nations, nous intéresse particulièrement. Après le discours où Toulouse précise l'objet de l'hygiène mentale, trois importants rapports sont présentés :

1. La réorganisation de l'assistance psychiatrique, dépistage et traitement précoce des petits psychopathes et des prédisposés, soit par le dispensaire, soit par l'hospitalisation libre (Antheaume) ;

2. L'orientation professionnelle et la sélection psychophysiologique des travailleurs (Lahy) ;

3. La réforme de l'enseignement scolaire, conformément aux règles nouvelles de la pédagogie tirée de l'observation psychologique de l'enfance (Claparède).

Depuis plusieurs années est constitué, à Paris, l'Institut de psychologie, avec sept sections:

Psychologie générale,

Psychologie pathologique,

Psychologie expérimentale et comparée,

Psychologie physiologique,

Psychologie zoologique,

Pédagogie,

Psychologie applicable.

Janet, Delacroix, Dumas, Lahy, Piéron, Fauconnet, Wallon, Simon, etc., y sont chargés de conférences et de travaux pratiques.

A l'Ecole de psychologie, Bérillon fait des leçons sur l' « euphronie », fonction du contrôle mental, et sur la psychothérapie des « aphronies », Artand de Vevey étudie l'influence des milieux cosmiques sur la psychologie et sur la mentalité; des consultations psychologiques et médico-pédagogiques sont données, au dispensaire neurologique, pédagogique et antialcoolique de l'Ecole, par Bérillon, P. Farez, Brion, R. Courrois, Dange, Gosset.

Les cours de A. Marie, Bérillon, Sicard de Plauzoles, Ch. E. Lévy, Legrain, au Collège libre des Sciences sociales, se rapportent à de nombreuses questions d'hygiène mentale. Dans le cours d'hygiène sociale professé à la Sorbonne par Sicard de Plauzoles, plusieurs séances sont réservées à des sujets d'hygiène mentale. L'organisation de la colonisation méthodique a été étudiée par A. Marie.

Au Conservatoire national des Arts et Métiers, Faillie et François font, depuis 1924, plusieurs conférences annuelles, en particulier sur l'orientation professionnelle, l'étude de la fiche psychologique et de l'activité intellectuelle par les tests.

A Sainte Anne fonctionnent les consultations de Roubinovitch pour les enfants arriérés et anormaux; de Toulouse et Depouy pour les psychopathes, celle-ci étant dispensaire fondé en 1922. Dans un cours de Faculté de Médecine, Armand-Delille parle de la manière de procéder aux enquêtes médicosociales, de l'assistance aux enfants arriérés, anormaux, délinquants, de l'orientation professionnelle, de la formation de l'éducation, de la conscience collective, des assistances sociales, etc.

En 1924, est instituée, sur les indications de Genil-Perrin, au ministère des Colonies, une « Commission d'hygiène mentale coloniale »; elle est présidée par Gouzien; Gazanove en est le secrétaire; Lasnet, Emily, G. Martin, Fournial en sont les membres principaux.

En 1925 à Heuyer est confiée, une clinique annexe de neuropsychiatrie des enfants. Le service de clinique des maladies mentales de Paris est partiellement transformé, par Claude, en service ouvert. Le service de prophylaxie mentale de Toulouse à Sainte Anne s'agrandit de tout de pavillon de l'admission.

Les périodiques français relatifs à l'hygiène mentale sont actuellement: La Prophylaxie mentale, ancien Bulletin de la Ligue d'hygiène mentale, et l'Hygiène mentale, ancien Informateur des Aliénistes et des Neurologistes.

En province, outre les consultations ou services, de Lannoy, de Rayneau, dès 1921, le préfet de l'Aisne demande au Conseil général la création d'un service ouvert pour psychopathes lucides à l'asile de Prémontré; l'Aveyron, le Finistère, le Haut-Rhin, l'Isère, le Lot-et-Garonne, la Manche, le Maine-et-Loire, le Vaucluse, Alger, sont les premiers départements où on s'occupe d'hygiène mentale; sous l'impulsion de médecins aliénistes, tels que Mlle Pascal, Fenayrou, Lagriffe, Brenot, Mire, Rougeau, Porot, Dumolard, les Conseils généraux votent des crédits, des services pour psychopathes sont ouverts, et des consultations organisées. A Nancy une consultation psychiatrique est établie en 1924 à l'Asile de Maréville. A Lille, depuis plusieurs années, Raviart dirige un véritable hôpital psychiatrique.

Sans parler ici de toutes les publications sur les services ouverts, l'éducation psychique, les enfants anormaux, l'eugénique, l'hygiène mentale des collectivités, les toxicomanies, la criminalité, citons quelques travaux récent relatifs à ces questions: Les effets nocifs du croisement des races sur la formation du caractère, par Pauline Sériot (1918) ; L'Asthénie des aviateurs, par Ferry (1919) ; La Dynamique des psychismes selon la psychanalyse, de Lévi-Bianchini; La Capacité de fixation chez les normaux et chez les aliénés, d'Eposel; Le Cerveau et la Pensée, de H. Piéron; Les Types psychologiques, de Yung; L'Esprit et la Médecine, de Palmon (1922-1923) ; en 1924: L'Alcoolisme cérébral, de Benon; La Débilité mentale, par Simon et Vermeylen; La Psychologie des névroses, de Forel; Les Enfants nerveux, par A. Collin; Conseils aux nerveux et à leur entourage, par Feuillade; les ouvrages de Toulemonde: Les Nerveux et Comment soulager les nerveux (1924-1925), le livre de Charon et L'Hygiène de Dascotte renferment des pages intéressantes sur l'hygiène psychique (Forel et Dascotte sont des auteurs de langue française mais respectivement de nationalité suisse et belge).

Grâce à tout ce qui a été fait dans ce pays, la France est, en hygiène mentale, à la tête des nations européennes.

Nour allons maintenant examiner comment sont organisés en France les dispensaires psychiatriques et les services ouverts pour psychopathes.

A. au service de prophylaxie de Toulouse à Sainte Anne.

B. dans les autres services civils de prophylaxie mentale.

C. dans les services de neuro-psychiatrie de l'armée.

A. Bien que d'autres services analogues aient été organisés en France, le service de Sainte Anne est resté le service modèle. C'est donc sur l'examen de celui-là que nous nous étendrons particulièrement.

On sait que le premier service de prophylaxie mentale (dispensaire de service ouvert) a été fondé par Toulouse, Genil-Perrin, Dupouy, etc., à l'Asile Sainte Anne.

Le service s'adresse aux malades atteints des maladies suivantes:

Etats de fatigue intellectuelle, d'asthénie et de dépression mentale, mélancolie, hypocondrie;

Déséquilibre constitutionnel ou acquis de l'intelligence, anomalies de l'humeur et du caractère, obsessions, phobies, tics, impulsions diverses, toxicomanies, perversions sexuelles;

Névroses et psychonévroses; troubles post-commotionnels de guerre;

Etats délirants ne nécessitant pas l'internement;

Confusion mentale, psychoses toxiques ou post-infectieuses;

Psychopathies organiques, de cause cérébrale ou périphérique ou par insuffisance endocrinienne, épilepsie;

Arriérations intellectuelles;

Et en général toute affection mentale ou nerveuse ne donnant lieu, de la part du sujet, à aucune réaction dangereuse, soit pour lui-même, soit pour autrui; ou encore toute affection mentale ou nerveuse demandant, avant la décision d'ordre thérapeutique ou administrative, une observation médicale suffisamment prolongée et spécialisée.

Les buts de cet organisme sont, outre l'hospitalisation, les suivants:

Dépister la prédisposition aux maladies mentales,

Les prévenir,

Les traiter, quand elles se déclarent, autant que possible dans un service libre, pour éviter l'internement,

Faciliter l'utilisation des psychopathes,

Contribuer à la sélection et à l'orientation professionnelles,

Reconnaître et faire interner les aliénés à réactions antisociales,

Tout cela par les moyens suivants:

1. Le dispensaire,
2. Le service d'hospitalisation,
3. Le service social,
4. Les laboratoires.

1. *Au dispensaire*, ont lieu l'examen complet et le traitement des malades susceptibles de recevoir un traitement externe, avec distribution gratuite de médicaments aux nécessiteux. L'admission dans le service libre se fait sans formalités administratives.

2. *Le service d'hospitalisation libre.* — Il comprend, pour l'observation et le traitement, 110 lits répartis dans des salles de nerveux, de mentaux de femmes et d'hommes.

3. *Le service social.* — Organe de liaison entre le médecin et les malades, son personnel est constitué par un médecin chef de service et par les « assistantes sociales ».

Les rôles de celles-ci sont les suivants:

1. Visiter les psychopathes et leur famille, se rendre compte du milieu social et moral où ils vivent et de leur activité professionnelle;

2. Amener les psychopathes ou leur famille au dispensaire;

3. Enquêter sur le milieu où un malade hospitalisé va rentrer;

4. S'assurer que les traitements à domicile sont appliqués;

5. Obtenir des familles qu'elles s'intéressent à leurs malades (préséniles, adolescents arriérés ou anormaux);

6. Trouver un travail adéquat aux capacités des convalescents;

7. Placement éventuel des convalescents dans une œuvre;

8. Enquête sur les maladies susceptibles d'internement;

9. Surveillance des suspects, les signaler au besoin. Dépistage.

4. *Les laboratoires.* — Les laboratoires, au nombre de huit, agencés le mieux possible, sont les suivants: chimie, chimie physique, physiologie, sérologie, hématologie, radiologie, anatomie pathologique, psychologie.

Ils sont communs au dispensaire et au service ouvert; toutes les recherches de médecine générale, de neurologie, de psychiatrie, de psychologie peuvent y être faites.

B. *Autres services de prophylaxie mentale.* — D'autres services ouverts ont été créés à Paris ou en province, sur le modèle de celui de Sainte Anne.

Claude a mis sur pied, à Sainte Anne, un second service ouvert pour psychopathes dans la clinique des maladies mentales de la Faculté dont il est professeur.

Crouzon a examiné 161 psychopathes très variés en six mois dans son service de triage neuro-psychiatrique de la Salpétrière.

Lévi-Valensi, Triboulet et Stieffel ont apporté une statistique, pour 1924, concernant le service des psychopathes du professeur Roger à l'Hôtel-Dieu. Elle porte sur 320 cas.

Des cliniques pour psychopathes aigus, ou des consultations psychiatriques ont été organisées également à Lille (hôpital d'Esquermes) par Raviart, à Bordeaux, à Toulouse, à Grenoble, à Agen, à Saint-Lô, à Quimper; Wahl a demandé, dès le début de 1922, la création à Marseille de services ouverts pour les individus atteints de troubles mentaux curables. En 1924, une consultation pour psychopathes a été créée à Nancy.

C. *Les services de neuro-psychiatrie de l'armée.* — Les « Centres de Neuro-psychiatrie militaires », qui existent actuellement, sont nés de ceux qui furent organisés durant la guerre à l'intérieur et aux armées. Le mouvement qui a fait instaurer ceux-ci avait débuté dans l'armée quelques années avant les hostilités (Simonin, Chavigny).

Tels qu'ils sont aujourd'hui à Paris, Lyon, Mayence, Metz, Nancy, Strasbourg, Marseille, Bordeaux, etc., ces centres de neuro-psychiatrie constituent de véritables « services ouverts pour psychopathes ».

Disons en terminant que l'assistance aux aliénés est réglementée en France par la loi du 30 juin 1838, toujours en vigueur, par celle du 15 juillet 1893 sur l'Assistance médicale gratuite, et celle du 14 juillet 1905 sur l'assistance obligatoire aux infirmes et incurables.

Enfin, de nombreuses réformes, dont la plus importante, le projet Strauss, de 1924, ont été mises à l'étude depuis ces dernières années .

C. — LUTTE CONTRE LA TUBERCULOSE. (1)

La législation relative à la lutte contre la tuberculose remonte, en France, à la loi du 15 juillet 1893 sur l'Assistance médicale gratuite. Celle-ci vise le tuberculeux dénué de ressources, réputé curable, c'est-à-dire se trouvant au début de l'évolution. Si le tuberculeux est avancé à un degré qu'on peut qualifier incurable, c'est la loi du 14 juillet 1905 sur l'Assistance aux vieillards, infirmes et incurables qui doit jouer.

De plus, une circulaire ministérielle du 15 janvier 1904 prescrit l'isolement des tuberculeux dans des salles spéciales, dans des quartiers distincts, ou mieux dans des hôpitaux spéciaux; cette circulaire spécifie que les tuberculeux ne doivent pas être soignés dans la même salle que les non-tuberculeux.

Mais c'est surtout depuis la guerre que la lutte anti-tuberculeuse a pris en France un essor particulièrement remarquable:

La Chambre des députés, le 10 octobre 1915, vote l'organisation de l'assistance aux militaires tuberculeux, par des stations sanitaires répandues sur l'ensemble du territoire français.

La loi du 18 octobre 1915 ouvre un crédit de 2.000.000 de francs pour assister, pendant la durée de la guerre, les militaires en instance de réforme, ou réformés pour tuberculose. Le crédit est porté à 3.750.000 francs en 1916, puis à 5.500.000 francs les années suivantes.

Des hôpitaux et stations sanitaires sont créés, des comités d'assistance aux militaires réformés pour tuberculose sont transformés ensuite en comités départementaux de lutte contre la tuberculose.

A côté de ces lois qui visent essentiellement les besoins militaires, toute une législation de préservation anti-tuberculeuse est née en France depuis cette époque.

---

(1) Gouachon et Mouret. *Manuel d'Assistance.*

Création de dispensaires d'hygiène sociale
et de préservation antituberculeuse.

Une loi du 15 avril 1916, dite loi Léon Bourgeois, institue des dispensaires publics d'hygiène sociale et de préservation anti-tuberculeuse, spécialement chargés de faire l'éducation anti-tuberculeuse, de donner aux malades et à leurs familles des conseils de prophylaxie et d'hygiène, d'assurer et de faciliter aux malades atteints d'affection tuberculose, l'admission dans les hospices, sanatoriums, maisons de cure ou de convalescence, etc., et le cas échéant, de mettre à la portée du public, des services de désinfection du linge, du matériel, des locaux et des habitations, rendus insalubres par des malades.

L'objet de cette loi de 1916, la multiplication des dispensaires, a été atteint, et on peut dire qu'aujourd'hui peu d'arrondissements n'ont pu organiser l'hygiène sociale et la préservation anti-tuberculeuse.

La loi du 15 avril 1916 a produit des résultats tangibles, puisque, à l'heure actuelle, plus de 500 dispensaires ont été créés, la plupart dotés d'un personnel d'infirmière visiteuses professionnelles.

Mais la composition du conseil d'administration imposée ne varietur a été souvent une gêne pour la création de dispensaires publics, et la pratique a démontré la nécessité d'organismes de direction et de contrôle.

Un projet de loi déposé par le Gouvernement, propose de modifier la loi de 1916 et de créer dans chaque département des offices publics d'hygiène sociale, ou, à défaut, des comités départementaux; il étend d'autre part l'action des dispensaires aux autres branches de l'hygiène sociale et notamment à la protection maternelle et infantile, à la prophylaxie antivénérienne et à la lutte contre le cancer.

Création de Sanatoriums spécialement destinés au traitement
de la Tuberculose.

La question des soins à donner dans des établissements spéciaux n'était pas solutionnée par la loi de 1916 sur les dispensaires. Sans doute, il y avait la loi du 15 juillet 1893 sur l'A. M. G., mais elle était incomplète. Si, en effet, cette loi prévoyait l'obligation de soigner des malades, elle ne créait pas pour les collectivités l'obligation d'assumer certaines dépenses particulières ; les conseils généraux ne pouvaient être contraints d'inscrire dans leur budget de l'assistance médicale des dépenses telles que celles résultant de la suralimentation, de la cure d'air, de la création de sanatoria.

Aussi une nouvelle loi est intervenue, la loi du 7 septembre 1919, dite « loi Honnorat » ; cette loi institue des sanatoriums spécialement destinés au traitement de la tuberculose et fixe les conditions d'entretien des malades dans les établissements.

Le principe adopté par cette loi est que l'Etat, les départements et les communes participent aux dépenses d'hospitalisation dans les sanatoriums des malades bénéficiaires de la loi du 15 juillet 1893 dans des proportions fixées par cette loi.

Œuvre Grancher.

L'œuvre de préservation de l'enfance contre la tuberculose qui porte le nom d'œuvre Grancher (de son fondateur) a pour but de préserver les enfants sains, de les éloigner du foyer familial et de les envoyer à la campagne, chez des paysans, lorsque leurs parents tuberculeux sont contagieux.

Elle a en France de nombreuses filiales, celle de Lyon qui date de 1906, a pour président M. le professeur Mouriquand, disciple et successeur du regretté maître Edmond Weill, dont il continue la doctrine. Au début elle ne s'occupait que des enfants âgés de plus de 3 ans, aujourd'hui, tout au moins à Paris et à Lyon, elle sépare l'enfant de la mère dès la naissance et le dirige, après vaccination, sur le centre d'élevage.

Préventoriums.

Dans le même but, certaines œuvres ont rattaché aux dispensaires des préventoriums qui recueillent en collectivité les enfants sains de parents tuberculeux, âgés de 5 à 13 ans. Ces préventoriums complètent le placement familial et il ne saurait être question de les y substituer.

Un projet de loi tendant à étendre les dispositions de la loi du 7 septembre 1919 aux préventoriums est actuellement soumis au Parlement.

En terminant nous donnerons quelques statistiques relatives au nombre d'institutions existant en France pour tuberculeux :

Il existe actuellement en France :

508 dispensaires,

55 sanatoriums agréés par le Comité technique du Ministre, savoir :

Sanatoriums publics ou assimilés	27 avec 4.027 lits
Sanatoriums privés	28 avec 1.995 lits
Total	55 avec 6.022 lits

Il faut y ajouter 17 sanatoriums privés non encore agréés, avec 909 lits.

Enfin on compte :

Sanatoriums marins	10.798 lits
Préventoriums	5.000 lits
Hôpitaux-sanatoriums	2.800 lits
Service hospitaliers spécialisés	4.160 lits

D. — LUTTE CONTRE LE PERIL VENERIEN.

Les vénériens relèvent en France de la loi du 15 juillet 1893 sur l'assistance médicale gratuite. Mais cette loi ne peut pas grand'chose pour enrayer l'action désastreuse de la maladie vénérienne qui cause les plus inquiétants ravages, la syphilis.

Il fallait donc l'intervention de l'Etat lui-même, l'aide des collectivités locales et une réglementation nouvelle.

C'est la guerre surtout qui a donné l'impulsion nécessaire; l'extension des maladies vénériennes, et parmi les troupes et dans la population civile attira, dès 1916, l'attention de l'autorité militaire et du pouvoir civil. Le 6 mars 1916, le Sous-Secrétaire d'Etat au Service de Santé prescrivait aux directeurs d'organiser des consultations, et une circulaire Ministérielle d'Intérieur, 31 mai 1916, demandait le concours des commissions hospitalières.

Le 18 novembre 1916, était créée la Commission de prophylaxie des maladies vénériennes, dont les directives se sont traduites dans les deux circulaires 5 juin 1917 et 10 mai 1919, concernant le traitement des vénériens, et dans la circulaire 1^{or} juin 1919, relative à la prophylaxie des maladies vénériennes chez les prostituées.

L'administration supérieure s'est attachée à provoquer et à faciliter l'organisation de services de consultations où est largement appliqué le traitement ambulatoire.

Il a été créé des consultations « gratuites, spécialisées, aisément accessibles, assurées par des médecins compétents et disposant des moyens d'action voulus ».

Le traitement est appliqué sur place autant que possible.

Le plus grand nombre des consultations ont lieu dans les hôpitaux où ont été créés ce qu'on appelle des « services hospitaliers annexes », et dans les dispensaires d'hygiène sociale ; la dénomination de « dispensaires » est aujourd'hui plus fréquemment donnée aux services antivénériens de consultation.

Les médecins consultants reçoivent une modique indemnité de l'Etat.

Une Circ. Min. Hyg. 12 mars 1923 a signalé les conséquences funeste de la syphilis au point de vue de l'hérédité : l'avortement, la mortinalité, la mortalité infantile, les atteintes graves apportées à la santé des enfants, et de ceux d'entre eux qui atteignent l'âge adulte, sont trop souvent les suites déplorables d'une maladie contre laquelle nous sommes bien armés à l'heure actuelle.

Une Circ. Min. Hyg. 15 juin 1923 est venue prescrire une série de mesures à prendre pour prévenir la syphilis héréditaire ou en combattre les effets. (1)

Textes nouveaux. — Un projet de loi sur la prostitution et sur les mesures permettant de combattre le développement par les prostituées de maladies vénériennes, enlevant totalement le contrôle sanitaire des prostituées à la police, a été préparé

---

(1) Gouachon et Mouret. *Manuel d'Assistance*.

en accord avec la Commission de prophylaxie des maladies vénériennes au Ministère.

L'arrangement international concernant les marins du commerce a commencé à être appliqué dans les ports français, sans attendre la ratification officielle par la France.

Le budget relatif aux vénériens a été de 3.000.000 de francs pour l'année 1923 et 1924. Il a été demandé 4.000.000 de francs pour l'année 1925 et le Sénat a voté 3.700.000 francs.

En août 1924, l'armement antivénérien comprenait:

239 services de traitement de la syphilis;

14 services de traitement de la blennorhagie;

45 services de traitement de l'hérédosyphilis chez la femme enceinte et le nourrisson;

78 services de traitement des maladies vénériennes dans les prisons.

Il existait de plus, dans le département de l'Aisne, un service rural, en collaboration avec les médecins.

Depuis cette date, les services antivénériens ont continué à se développer; l'effort entrepris aboutit actuellement à la création de nombreux services nouveaux, au nombre de 62, soit:

30 services de traitement de la syphilis répartis dans 15 départements;

9 services de traitement de la blennorhagie, répartis dans 7 départements;

23 services de traitement de l'hérédosyphilis répartis dans 11 départements.

Il a été créé de plus quatre services ruraux, en collaboration avec les médecins praticiens, dans le Loiret, la Nièvre, la Seine-Inférieure et Haute-Marne.

Des services analogues fonctionneront dans le Finistère, le Nord, le Lot, les Basses-Pyrénées, l'Ille-et-Vilaine, le Lot-et-Garonne, le Tarn-et-Garonne, le Cantal, l'Aude, les Bouches-du-Rhône, l'Oise, dès que les négociations en cours seront terminées.

Enfin, conformément au désir exprimé par les médecins des principaux services antivénériens et par la Section d'hygiène de la Société des Nations, vont être incessamment mis en service 15 laboratoires centraux de sérologie dans lesquels les examens seront faits avec toute la compétence nécessaire. Suivant le cas, ces laboratoires ont été créés de toutes pièces ou, au contraire, il a été simplement fait appel, après amélioration en personnel et en matériel, à des laboratoires déjà existants. Il en sera établi partout où la présence d'un sérologiste rendra leur action efficace et, pour commencer, dans toutes les villes dotées d'une Faculté ou Ecole de médecine.

La liaison nécessaire a été établie avec le Comité national de défense contre la tuberculose en vue de rendre possible aux Comités départementaux leur participation à la lutte antivénérienne. Dans la Meurthe-et-Moselle et l'Hérault, en particulier, la liaison établie a déjà rendu les plus grands services.

Le Ministère a, de plus, pour la première fois, subventionné (au titre antivénérien) des organisations telles que la Ligue nationale française contre le péril vénérien, le Comité national de propagande d'hygiène sociale et d'éducation propfhylactique, le Comité d'éducation féminine de la Socité de prophylaxie sanitaire et morale, le Comité pour l'abolition de la syphilis, l'Ecole de puériculture de la Faculté de médecine de Paris, l'Office national d'hygiène sociale.

Il espère ainsi faciliter le développement d'œuvres du plus haut intérêt et améliorer la propagande menée jusqu'ici de façon encore insuffisante contre le péril vénérien.

Il faut remarquer que la plupart des nouveaux services ont eu leur création décidée dans le dernier trimestre de 1924, pour être réalisés au début de 1925. (1)

Enfin, des initiatives privées, et tous les congrès d'hygiène sociale s'intéressent à la lutte contre le péril vénérien. Beaucoup l'envisagent dans ses rapports avec le mariage.

---

(1) Annuaire Sanitaire International 1924.

C'est ainsi qu'en 1920, la Société Française de Dermatologie et de Syphiligraphie, avec le docteur Clément Simon, estimait que le syphilitique ne devrait recevoir l'autorisation médicale de se marier que lorsqu'il ne présenterait plus aucun signe de la maladie.

Cette société a nommé en 1921 une commission chargée de reviser les règles de Fournier sur le mariage des syphilitiques et d'établir de nouvelles normes sur la base desquelles on permettra ou défendra ces mariages. (1)

Des travaux intéressant spécialement les eugénistes ont été déposés sur la question au Congrès International de Propagande d'Hygiène Sociale et d'Education Prophylactique Sanitaire et Morale, de Paris 1923, par les docteurs Leredde (Bilan de la Syphilis) ; Carle (Bilan de la Blennorragie et ses Conséquences Sociales) ; Nobécourt et Nadal (La Syphilis de l'Enfant) ; Guy-Laroche (Prophylaxie des Maladies Vénériennes dans le mariage et la famille) ; Louis Bory (Déclaration obligatoire des maladies vénériennes).

Lors du Congrès de la Syphilis Héréditaire de Paris, 5-7 octobre 1925, le docteur Milian (médecin à l'hôpital St-Louis) insiste pour que, dans l'intérêt de la race, la prophylaxie de l'hérédo-syphilis soit faite :

Avant le mariage.

1. traiter le futur conjoint ;

2. faire l'éducation du malade relativement au danger que fait courir sa maladie à sa descendance.

3. ne permettre le mariage au sujet syphilitique qu'à l'époque où il sera jugé inoffensif.

Pendant le mariage.

1. S'il s'agit d'un syphilitique qui s'est mal soigné, il faudra lui recommander la plus grande sobriété en matière de rapprochements sexuels.

2. S'il s'agit d'un syphilitique qui a été bien soigné, il faudra le surveiller ainsi que sa femme et ses enfants.

---

(1) R. Lakaye et A. Lamalle. « La prophylaxie de l'hérédo-syphilis ; les règles nouvelles du mariage des syphilitiques.

Pendant la grossesse.

1. Soigner énergiquement la femme pour sauver l'enfant.
2. Dans certains cas, pratiquer l'avortement médical.

Après la grossesse.

1. Si l'accouchement se produit avant terme, il faut traiter énergiquement la mère et lui interdire toute grossesse avant sa guérison.

2. Si l'accouchement se produit à terme, la mère devra être soignée encore et l'enfant doit être traité de toute façon.

En terminant, le congrès établissait dans ses conclusions les vœux suivants : le mariage doit être formellement interdit aux syphilitiques pendant les phases actives de l'infection.

Le congrès souhaitait encore :

1. que l'éducation prophylactique du public en matière de syphilis soit poursuivie énergiquement dans tous les milieux sociaux ;

2. que l'éducaton sexuelle et antivénérienne soit réalisée dans les établissements d'instruction secondaire et supérieure, dans des formes susceptibles de ne pas porter ombrage aux familles et aux jeunes auditeurs:

3. que les familles soient prévenues au moment du mariage de leurs enfants, de l'intérêt qu'il y a à faire examiner les futurs époux par un médecin de façon à s'assurer qu'il n'existe pas d'infection virulente susceptible de réagir sur la descendance.

Le Docteur Leredde de Paris a préconisé un nouveau moyen pour dépister la syphilis héréditaire: l'enquête familiale.

Pour faire cette enquête, on relève tous les signes morbides quels qu'ils soient, que l'on rencontre dans la famille. On les classe, puis on examine si parmi eux, il en est qui se retrouvent dans d'autres familles de syphilitiques. Si l'on remarque qu'une maladie banale se rencontre avec une fréquence inusitée parmi les enfants de plusieurs familles syphilitiques, on est justifié à supposer qu'il existe, entre la syphilis et cette maladie d'apparence banale, une relation de causes à effets. L'en-

quête familiale est un des moyens les plus puissants de déceler
la syphilis là ou les autres moyens échouent. (1)

Paris traite les femmes enceintes tombées et les enfants hérédo-syphilitiques au point de vue social et médical dans un asile
municipal. (2)

La lutte contre la syphilis se fait également au moyen du
cinéma. Des films de propagande, établis sous la direction d'un
médecin, sont répandus dans le but de rendre compréhensible
pour le grand public les dangers de la contamination et la nécessité du traitement. (3)

Disons en terminant l'importance qu'a pris dans le monde
l'école française de syphiligraphie. En effet, les idées de Fournier, Parrot, Marfan, Hutinel, Pinard sur la transmission de
la syphilis ainsi que sur les stigmates de l'hérédo-syphilis et
l'atteinte des glandes endocrines dans la syphilis héréditaire
sont universellement connues.

E. — LUTTE CONTRE L'ALCOOLISME.

De nombreux médecins philanthropes, législateurs, se sont
occupés en France de la lutte contre l'alcoolisme.

Sur la demande de Henri Sellier, le conseil général de la
Seine s'est montré favorable en 1921 à une proposition tendant
à l'affectation de la propriété départementale de Lurcy-Lévy à
la création d'un centre de désintoxication des alcooliques.

Les principales organisations ayant pour but la lutte contre
l'alcoolisme en France sont:

---

(1) Professeur Brachet. « *La Lutte contre l'Hérédo-Syphilis* ». Rapport présenté à la séance de la Ligue National Belge contre le Péril Vénérien (Février
1925).

(2) La France a créé des œuvres libératrices, notamment l'Œuvre des
libérés de St-Lazare, dirigée par Mme Carol-André et des œuvres de relèvement dans lesquelles on agit surtout par la persuasion.

(3) A signaler: « Une maladie sociale, la Syphilis. Comment elle peut
disparaître », réalisés par les Etablissements Gaumont, sous la direction du
Docteur Leredde; «Misère Humaine» sous la direction du Docteur Levaditi,
de l'Institut Pasteur de Paris.

A. — Ligue nationale contre l'alcoolisme et les sociétés affiliées.

1. Ligue nationale contre l'alcoolisme, reconnue d'utilité publique.
2. La Croix-Bleue, reconnue d'utilité publique.
3. L'Espoir.
4. Société antialcoolique des agents de Chemins de fer.
5. Union Française contre l'alcool.
6. La Croix-Blanche.
7. La jeunesse française tempérante.
8. Ligue populaire antialcoolique.

B. — Sociétés d'abstinence totale non affiliées à la
Ligue nationale.

1. Fédération des abstinents français.
2. La Croix d'Or.
3. Le Ruban Blanc.
4. Ordre international des Bons-Templiers.

Dans la lutte contre l'alcoolisme en France il faut citer les efforts réalisés par les travaux du Docteur Toulouse, qui préconisent de restreindre et de rendre moins dangereuse la consommation de l'alcool en n'autorisant que la vente des meilleurs produits; ainsi que la relégation hors de France des alcooliques incorrigibles; ils encouragent aussi le développement des sociétés de tempérance.

Herbland-Moris parle du rôle des visiteurs à domicile. Duclaus propose comme mesure contre l'alcoolisme:

1. Amendes, prison, largement distribuées aux alcooliques et aux ivrognes.

2. L'extension des sociétés de tempérance et des ligues contre l'alcoolisme, l'enseignement anti-alcoolique dans les écoles.

3. L'appel à la discipline intérieure, à la contrainte morale.

Remy préconise:
1. Quadrupler les droits sur l'alcool.
2. Supprimer les bouilleurs de crus.
3. Faire l'éducation des individus.
4. Interner les buveurs d'habitude.

Legrain estime que tous nos efforts doivent être mis dans l'action sociale et individuelle qui convaincra et triomphera des préjugés, des intérêts particuliers, et réformera les mœurs, ainsi que dans les moyens économiques favorisant l'écoulement commercial des fruits, l'utilisation industrielle des produits fermentés. (1)

Signalons encore le rapport qui a été déposé au Congrès International de Propagande d'Hygiène Sociale et d'Education Prophylactique Sanitaire et Morale par le Docteur Aubert sur l'Education anti-alcoolique en France.

La Ligue Nationale contre l'Alcoolisme a créé une maison de désintoxications pour buveurs. (2)

Depuis la guerre, la lutte contre l'alcoolisme a pris un nouvel essor grâce aux sociétés de tempérance qui se sont fondées dans ce but; des pétitions ont été faites, une propagande organisée.

Mais les mesures les plus efficaces sont celles qui ont été prises pendant la guerre par les autorités militaires. La vente des liqueurs a été réglementée, la fréquentation de certaines maisons publiques a été interdite. Le Ministère de la Guerre en 1911 et en 1916 a établi des règlements similaires pour les hommes engagés dans les travaux de la guerre et pour les soldats en congé. Une loi de février 1917 a ratifié ces règlements.

Il faut aussi mentionner les mesures disciplinaires édictées par le Ministre des Munitions afin d'arrêter la consommation d'alcool dans les arsenaux.

Depuis la guerre, l'augmentation des droits sur l'alcool, qui en 1919 était de 400 francs par hectolitre, a enrayé également sa consommation.

---

(1) Docteur Potet. «*L'Hygiène Mentale* », page 491.
(2) *Eugénique 1924*. Page 212.

Une circulaire du Ministère de l'Instruction Publique faisant appel aux instituteurs pour lutter contre l'alcoolisme et demandant aux préfets d'interdire la vente de l'alcool à certaines heures du jour à toute personne, et en tout temps aux femmes et aux enfants a été lancée vers la même époque.

Une loi d'octobre 1917 défend l'emploi de femmes au-dessous de 18 ans pour la vente des boissons.

Une autre loi du 6 août 1917 défend l'entrée de boissons alcooliques autres que le vin et la bière dans les établissements commerciaux.

Un décret d'octobre 1917 complète ces mesures.

Pour ce qui est de la production et de la vente de l'alcool, deux lois sont à mentionner: celle du 9 novembre 1915 qui établit de nombreuses restrictions à l'ouverture de nouveaux débits de boissons. Celle du 30 juin 1916 qui vise la distillation clandestine.

Au point de vue de la doctrine, il faut signaler les travaux remarquables de toute l'école française: d'Esquirol, Seguin, Morel, Lucas, Démaux ainsi que ceux de Bourneville, Cazin, Féré, Triboulet, Magnan, Legrain, etc., sur la détérioration des cellules reproductrices par l'alcool. (1)

Dans le même sens, citons également la thèse du Docteur Al. Kostich.

§ 8. — LA REEDUCATION DES ANORMAUX.

Depuis très longtemps, on s'est attaché en France à appliquer, dans la plus large mesure possible, ce moyen eugénique considéré par beaucoup comme devant apporter de sérieux résultats dans la santé générale de la race: la rééducation des anormaux. Non seulement cette question a fait l'objet de nombreux travaux, mais elle a surtout intéressé le législateur et les sociologues.

En effet, tandis que la grande loi organique de l'enseignement primaire date du 30 octobre 1886, celle qui prévoit l'établissement de classes pour anormaux est du 15 avril 1909. Le

---

(1) Docteur Boulanger, « Revue d'Eugénique 1921 ». Page 69.

principe en était excellent; malheureusement, la réalisation en
a été lente; cinq ans après, la guerre survenait, interrompant
une organisation à peine ébauchée : Paris avait, en 1914, cinq
classes de garçons et de filles et un internat (Institution Durot) ;
en province, Levallois-Perret, Bordeaux, Grugny (Seine-Inférieure , Montpellier, Lyon, Poitiers, Tours, Marseille ont édifié
des écoles ou des consultations pour arriérés.

Pour Paris et le département de la Seine les établissements
pour enfants anormaux sont actuellement:

a. Les classes de perfectionnement annexées à des écoles
publiques, qui dépendent de la direction de l'enseignement
primaire de la Seine;

b. Les écoles de perfectionnement-internats, qui dépendent
de la préfecture de la Seine;

c. Les asiles d'aliénés, qui dépendent du Ministère de l'Intérieur.

d. Les œuvres et les patronnages reconnus et agréés par le
tribunal des mineurs (Ministère de la Justice).

Parmi les œuvres d'assistance, il faut noter les suivantes (R.
Dupouy) :

a. Fondation Vallée (Seine), Bicêtre, Colonie de Perray-
Vaucluse;

b. Monastère de St-Michel, à Chevilly, par L'Haye-les-Roses
(Seine) ;

c. L'Œuvre du Bon Pasteur, 77, rue Denfert-Rochereau
(Paris) ;

d) Le Monastère de Notre-Dame de la Charité, à Besançon;

e) Le Château Saint-Ange, à Montfavet (Vaucluse) ;

f) Le Patronnage de jeune garçons, 36, rue Fessart, à Paris.

L'institution d'Eaubonne (Seine) pour enfants arriérés, dirigé
par de Chabert, et organisée sur des bases scientifiques, est l'un
des plus remarquables parmi les établissements payants.

Le service Bourneville, à Bicêtre, qui rend de grands services,
est surtout un asile pour enfants inaméliorables (Nathan,
Heüyer). (1)

---

(1) Dr Potet. *L'Hygiène mentale*, p. 461.

Il a été fondé à Paris une clinique neuropsychiatrique infantile confiée à Heuyer; y sont traités, hospitalisés ou assistés les enfants ou adolescents psychopathes ou ceux chez qui pourraient être soupçonnées des tares mentales. (1)

Un congrès pour l'éducation des arriérés s'est tenu à Paris en 1924; il a travaillé spécialement la question de l'utilisation des débiles de l'intelligence.

La Société de Pédiatrie au cours d'une réunion en 1925, a

---

(1) Outre les institutions citées il faut encore mentionner les établissements suivants qui s'occupent de la rééducation des anormaux :

a. Consultations médico-pédagogiques :

Bordeaux : Hôpital du Bouscat.

Lyon : Dispensaire médico-pédagogique municipal.

Paris :Dispensaires Philippe et Georges Paul-Boncourt, Théophile Roussel, Bérillon.

b. Etablissements appliquant le traitement médico-pédagogique.

1. Publics :

Aude : Asile de Limoux.

Haute-Vienne : Asile de Limoges.

Ille-et-Vilaine : Asile de Rennes.

Loiret : Asile de Fleury-les-Aubrais.

Maine-et-Loire : Asile Sainte Gemmes.

Manche : Hospices de Pontorson.

Orne : Asile d'Alençon.

Rhône : Hospice du Perron. Asile de Bron (pavillon des Hospices civils). Villeurbanne, 77, rue Jean-Jaurès.

Seine : Bicêtre, section pour garçons; la Salpêtrière, section pour filles; la Fondation Vallée, section pour filles.

Seine-Inférieure : Asile Saint-Yon et Quatre-Mares; Ecole départementale autonome de Crugny.

Var : Asile de Pierrefeu.

Vendée : Asile de la Roche-sur-Yon.

Yonne : Institut de Quané-les-Tombes et Avallon.

2. Privés :

Côte-d'Or : Dijon, 37-39, rue de l'Ile.

Doubs : Institut de Fuans.

Gironde : Hôpital du Bouscat.

Seine : Créteil; Vitry-sur-Seine, 22, rue Saint-Aubin.

Seine-et-Oise : Eaubonne, près Paris.

Vaucluse : Montfavet, près Avignon (Château Saint-Ange).

(Voir suite de la note à la page suivante)

émis des vœux en faveur de la création d'établissements de perfectionnement en nombre suffisant pour assurer l'instruction et l'éducation de tous les anormaux du territoire. (1)

Enfin, il faut citer les travaux très importants de Toulouse, Génil-Perrin, Targowla, Mairet, Gaujoux, Heuyer, Jacoby, Ley, Ferrais, Sellier; ceux de Henri Lemoine sur l'éducation des sourds-muets et aveugles (1913) ; ceux du Dr R. Dupuy sur les enfants arriérés et leur traitement médico-pédagogique (1913) et surtout ceux du Docteur Paul-Boncour sur:

1. « La Situation des anormaux dans la Société » 1925.

2. « La Sélection psychomorale des anormaux en vue de leur adaptation sociale » 1923.

3. « L'Adaptation sociale des anormaux psychiques et leur orientation professionnelle » 1923.

4. « Les Anomalies Mentales des Ecoliers » 1923.

5. L'éducation des anormaux.

Le Docteur Paul-Boncour préconise surtout pour les anormaux l'*assistance post-scolaire* prolongée et la considère comme indispensable.

Cette assistance sociale scolaire et post-scolaire se résume d'après lui dans ce seul mot: Patronage. (2)

(Suite de la note (1) de la page précédente)

c. Etablissements spéciaux pour enfants idiots, crétins, gâteux, dégénérés non aliénés.

Calvados: Bon-Sauveur (garçons et filles), à Caen.

Cantal: Ladevèze (filles).

Cher: Bourges (garçons).

Doubs: Bellevaux (garçons et filles).

Gironde: Tondu (filles).

Isère: Le Fontanil (garçons et filles); Saint-Martin-le-Vinoux (filles).

Indre-et-Loire: Tours (garçons et filles).

Jura: Marsonnas (filles); Salins (filles).

Nord: Merris (filles); Lille, boulevard Victor Hugo, 101 (garçons et filles).

Rhône: Lyon, rue Jarente, 6; rue de Claire, 9; Œuvre de la Croix, 82, rue du Juge de Paix.

Yonne: La Pierre qui Vire (garçons et filles).

(1) *Eugénique* 1925. Page 247.

(2) *Eugénique* 1925. Page 237.

En terminant, nous signalerons les très intéressantes suggestions émises par le Dr Potet, sur les améliorations à réaliser en France en faveur de la rééducation des anormaux.

Ces améliorations doivent, d'après lui, se proposer un double but:

a. Un but thérapeutique: tenter de redresser les caractères anormaux, cultiver l'intelligence et l'éthique le plus possible;

b. Un but prophylactique: éviter crimes, déséquilibration ou débilité complète, obtenir au moins l'adaptation sociale.

Ces deux buts se confondent si l'on considère la conduite à tenir vis-à-vis des enfants anormaux.

Comme le disent Toulouse, Genil-Perrin et Targowla, cette conduite se résume dans les propositions suivantes:

a) Tout au long de la vie scolaire, mais, autant que possible, dès l'école maternelle, dépister les anormaux par les efforts convergents des maîtres, des assistantes sociales, et des médecins-inspecteurs spécialisés en psychiatrie enfantile;

b) Aiguiller les anormaux ainsi adaptés vers les classes de perfectionnement ou les établissements d'assistance et intervenir auprès de leur famille pour conseiller celle-ci en vue de l'éducation familiale de l'enfant, et aussi de son orientation professionnelle s'il est faiblement atteint, de son traitement s'il relève de soins médicaux précis.

La simple application de ces principes conduira petit à petit à un classement logique et scientifique des enfants, même de ceux voisins de la normale.

Mais il ne suffit pas d'énoncer ces directives générales, d'insister sur leur mise en œuvre. Il est nécessaire, de plus:

a. D'éduquer l'opinion publique;

b. D'avoir des médecins et des maîtres pénétrés de l'importance qu'a l'application de l'hygiène mentale chez les enfants anormaux, et capables de réaliser cette application;

c. D'avoir enfin, en nombre suffisant, des établissements spéciaux où pourra être faite cette application dans les conditions de succès les meilleures possibles.

De plus, le Dr Potet préconise l'Assistance Sociale qui sera d'un grand secours dans les cas d'arriération ou de perversité morale chez les enfants. Elle devra, dans chaque cas de mauvaise conduite, chercher et colliger les éléments qui constituent chacun d'eux; on ne pourra que sur cette base de connaissance essayer de reconstruire l' « environnement » de l'enfant (Kenworthy), indispensable au diagnostic clinique et étiologique. (1)

Telle est, largement tracée, l'organisation de la rééducation des anormaux en France, et l'ensemble des études et des vœux dont elle a été l'objet depuis ces dernières années.

§ 9. — LA SELECTION NATURELLE.

Il est évident qu'il ne peut être question en France de laisser jouer les lois de la sélection naturelle. Aucun eugéniste, même avancé, n'a proposé un tel moyen si contraire à l'ordre social établi dans ce pays. Cependant, on a pu constater quelques timides opinions tendant à démontrer les effets néfastes de l'intervention en matière de puériculture et d'autres institutions sociales.

C'est ainsi que M. Victor Giraud (2) déclare que la race n'a peut-être pas grand intérêt à ce que l'on sauve trop d'enfants chétifs. Socialement parlant, dit-il, il importe beaucoup plus de développer la natalité que de réduire la mortalité infantile.

Paul Bureau (3) reconnaît « le Dommage causé à la Santé publique et à la Race par les soins empressés que l'on prodigue à tant de rejetons rachitiques, scrofuleux, syphilitiques, atteints de tares variées qui leur interdisent à jamais l'espoir d'une existence normale. Il se peut que les soins empressés de leurs parents ou des institutions charitables réussissent à les arracher à une mort précoce; mais ce succès n'est avantageux pour personne. La santé de la race trouve son profit au fonctionnement normal de la loi de sélection et de survivance des plus aptes qui effraie à l'excès notre sensiblerie morbide ».

---

(1) Dr Potet. *L'Hygiène mentale.*
(2) Victor Giraud. « *Le Suicide d'une race* ».
(3) Paul Bureau. « *La Discipline des mœurs* », *page 419.*

M. Landry estime également que les tendances humanitaires de notre temps, notre législation sociale et toutes les mesures qui procèdent du même principe, ont cet effet dont on ne s'est pas suffisamment avisé, de contrarier le jeu de la sélection naturelle. (1)

Le Docteur Apert dénonce le mal dont nous sommes menacés, la dégénérescence de la race, conséquence de l'hérédité morbide, favorisée par cette suppression artificiele de la sélection naturelle. (2)

§ 10. — LA REGLEMENTATION DE L'IMMIGRATION
ET L'ASSIMILATION DES ETRANGERS. (3)

Comme nous l'avons vu plus haut, la France se trouve envahie d'étrangers de toute nationalité par suite de l'insuffissance de sa main-d'œuvre.

D'autre part, la chute de la natalité qui constitue un danger primordial pour sa race exige qu'elle laisse entrer les éléments du dehors et même qu'elle y fasse appel en vue de suppléer à la déficience de sa population. Quoiqu'il lui en coûte de recourir à ce moyen, il y a là pour elle une question de vie ou de mort. Cependant, afin de former avec les éléments nouveaux une race homogène, et pour ne pas porter atteinte aux qualités du peuple français, il est de toute nécessité qu'elle sélectionne sévèrement les apports étrangers ainsi importés.

Mais il ne suffit pas seulement de sélectionner, il faut encore assimiler les nouveaux venus à la population autochtone.

Afin de réaliser ces buts, il s'est créé en France un mouvement en faveur de la réglementation de l'immigration et de l'assimilation des étrangers. Les autorités législatives elles-mê-

---

(1) *Revue Bleue.*

(2) Apert. « *L'Hérédité morbide* », page 3.

(3) Les renseignements que nous donnons ici ont été recueillis dans les très intéressants travaux de M. P. Raphael, secrétaire général du «Foyer Français, du Dr G. Forestier, et Léon Bernard, membre de l'Académie de Médecine.

mes s'y sont intéressées et ont établi certaines mesures de protection.

.*.

Nous énumérerons tout d'abord les différentes institutions qui s'occupent en France de ce double problème de la réglementation de l'immigration et de l'assimilation des étrangers. Nous envisagerons ensuite les mesures qui ont été prises, en fait, en vue de le résoudre.

A. — LES INSTITUTIONS.

De nombreuses institutions s'occupent en France d'étudier le problème de l'immigration et de l'assimilation des étrangers :

1. *La Commission interministérielle permanente de l'immigration*, constituée en 1920 est chargée : 1. de préparer l'élaboration et de contrôler l'application des traités relatifs à la main-d'œuvre; 2. de coordonner l'action des services des divers ministères qui s'occupent des travailleurs étrangers.

2. *La Société générale d'Immigration.*

3. En 1920, M. Bonnevay proposa la fondation d'un « *Office de l'Immigration* ». La question fut reprise par la proposition de loi de M. de Varrey, déposée à la Chambre le 17 mars 1921. Cette proposition ne fut pas discutée, mais des préoccupations de même ordre furent exposées dans les rapports des deux Chambres sur le budget du Ministère du Travail pour l'exercice 1921.

Le 12 octobre 1922, le gouvernement déposa sur le bureau de la Chambre le projet de création d'un « *Office National de l'Immigration* » doué de l'autonomie financière et rattaché au Ministère des Affaires Etrangères. Le texte ne fut pas discuté par les Chambres.

L'Alliance nationale pour l'Accroissement de la population française mène une campagne active en faveur de la création d'un *Office d'immigration* destiné à centraliser les services dispersés actuellement entre plusieurs ministères.

4. *Un Comité de protection des enfants immigrés* s'est créé en 1923 à Paris en vue de faciliter le placement dans les familles rurales d'enfants étrangers, d'origines diverses, et privés de tout soutien. Le comité a fait appel au concours du *Comité national de l'Enfance*, pour soumettre ces petits étrangers à un triage, de manière à n'admettre que des éléments offrant des garanties suffisantes au point de vue moral et physique.

Il a été décidé que des médecins français ou diplômés de facultés françaises seraient chargés d'éliminer, avant l'embarquement pour la France, les enfants mal conditionnés.

La Société Française d'Eugénique est représentée indirectement dans le Comité de Protection des Enfants Immigrés.

5. La Société Française d'Eugénique s'occupe encore activement de la question d'immigration dés adultes en France. Elle estime avec les Docteurs Schreiber et le Professeur Pinard, que le problème est très important à l'heure actuelle, et qu'il s'agit d'opérer dans ce domaine une sélection qui n'admettrait l'introduction que de sujets moralement et physiquement sains. (1) Elle voudrait instaurer une politique d'immigration et exercer une surveillance médicale sur les immigrés. Elle préconise l'incorporation de jeunes garçons étrangers sains et robustes bien sélectionnés.

Elle travaille également à ce que soit institué l'office d'immigration prémentionné. Le Dr Apert de la dite société a élaboré un travail sur le « Problème des races et de l'immigration en France ».

André Siegfried, professeur à l'Ecole des Sciences politiques, fit lors de la réunion de la Fédération internationale des Organisations eugéniques tenue à Paris en 1926, une communication très intéressante sur la question. Il montra les modifications apportées en ces dernières années par les Etats-Unis aux règles fixant l'admission des étrangers et favorisant notam-

____

(1) Lucien March estime également que toutes les populations inassimilables auxquelles la France a recours pour suppléer à sa main d'œuvre déficitaire ne pourront apporter que des éléments indésirables. (Eugénique et Sélection, page 102).

ment l'entrée des éléments anglo-saxons, scandinaves et germaniques au détriment des méditerranéens, latins, grecs, turcs, slaves, juifs, etc. (1)

L'immigration fit encore l'objet de rapports très importants de la part du Dr Mjoen (d'Oslo), de Sir Bernard Mallet (de Londres), du Dr Soren Hansen (de Copenhague), de Mrs. Hodson (de Londres), et du Dr Gauthier (de Paris).

6. Le *Comité National d'Etudes sociales et politiques* s'est attaché également à résoudre le problème des étrangers en France.

Dans sa séance du 7 décembre 1925 où prirent la parole M. M. Lefas, député, secrétaire général du Conseil supérieur de la Natalité et Olchanski, vice président du « Foyer Français », les questions du « repeuplement de la France » ; et des « étrangers installés en France », furent mises à l'ordre du jour. Dans celle, du 11 janvier 1926, MM. Caziot, Michelin et Thomsen parlèrent de « la reconstitution de la population française et l'appoint étranger ». Enfin, dans celle du 16 mai 1927, Mgr Chaptal, montre la nécessité de l'immigration familiale.

7. L'*Académie de Médecine* s'est aussi émue de la question : en janvier 1926, M. le prof. Léon Bernard a présenté à ses collègues, au nom de la Commission sur les malades étrangers dans les hôpitaux, un très remarquable rapport.

Après une longue et intéressante discussion, le vœu suivant fut adopté à l'unanimité :

« L'Académie de Médecine, sans vouloir se préoccuper, pour le moment, de l'ensemble du problème de l'immigration dans ses répercussions ethniques, morales et économiques, tout en demeurant fidèle aux traditions d'hospitalité de la France, mais informée du nombre considérable d'étrangers soignés dans nos hôpitaux alors qu'ils étaient plus ou moins récemment entrés dans notre pays, sans avoir été préalablement soumis à un examen médical suffisant ; émue des conséquences fâcheuses de cet état de choses, tant au point de vue des dangers pour

---

(1) Cette communication incita M. Henri Berr, directeur du Centre International de Synthèse, à demander si l'Eugénique poursuit comme but l'amélioration d'un peuple déterminé ou de l'espèce humaine en général.

la santé publique que des charges d'assistance qu'il entraîne, demande aux Pouvoirs publics d'organiser, sans retard, le contrôle sanitaire de l'immigration. »

8. De toutes ces institutions, celle qui s'occupe avec le plus d'activité du problème est sans contredit le « *Foyer Français* ».

Cette association, fondée en 1924, a pour but de pourvoir à l'établissement et à l'instruction des étrangers résidant en France ; de leur permettre d'apprendre le français ou de se perfectionner dans cette langue, de rechercher parmi leurs enfants ceux ayant des dispositions paticulières et de faciliter leurs études, de les aider enfin dans les démarches qu'ils pourraient avoir à faire auprès des pouvoirs publics et de servir d'intermédiaire entre eux et les divers services administratifs.

Le président du Foyer Français est M. Painlevé, de l'Institut, Ministre de la Guerre.

Les vice-présidents : MM. A. Honnorat, Daniel-Vincent, Fleurat, Silvain Lévi, Léon Bernard et Olchanski. Le secrétaire général, P. Raphael.

L'association est reconnue d'utilité publique. Elle reçoit des subventions du Ministère des Affaires Etrangères, du Conseil Municipal de Paris, du Conseil général de la Seine, d'un certain nombre de Chambres de Commerce, de la Banque Rothschild, etc.

B. — LES MESURES REALISEES OU PROJETEES.

La plus grande partie des immigrants est introduite aux prix d'accords internationaux qui reconnaissent aux étrangers un certain nombre de garanties et d'avantages : l'égalité de traitement, tant au point de vue du salaire que de la législation du travail, le bénéfice de certaines lois d'assistance (médicale gratuite), et, pour les inividus isolés, la liberté entière d'immigration, sous les réserves justifiées par les lois sanitaires et la situation du marché du travail.

Ces accords internationaux sont au nombre de trois :
La Convention franco-polonaise du 7 septembre 1919.
Le Traité franco-italien du 30 septembre 1919.

La Convention tchéco-slovaque du 20 mars 1920.

La question de l'immigration n'a été abordée encore par l'Administration qu'en fonction du point de vue de la main-d'œuvre.

A cet égard, on distingue entre les recrutements collectifs effectués dans les pays avec lesquels des accords ont été conclus, d'une part, et d'autre part l'immigration individuelle en provenance des autres pays.

a. Recrutement collectif organisé. — Les ouvriers qui sont recrutés collectivement en Pologne et en Tchéco-Slovaquie ne sont embauchés par les employeurs ou leurs représentants qu'après une visite médicale complète; elle est assurée en Pologne par un médecin militaire français, auquel sont adjoints des collaborateurs polonais, choisis par ses soins. En Tchéco-Slovaquie, elle est confiée à des médecins tchèques, agréés par le représentant à Prague de l'Administration française.

Les causes sanitaires d'exclusion, stipulées par la Société générale d'immigration, en accord avec le Ministère du Travail, répondent cependant davantage aux préoccupations visant la capacité de travail qu'elles ne s'inspirent du souci de la valeur de la population; l'alcoolisme et l'aliénation n'y sont pas mentionnées. Dans l'ensemble, toutefois, ces prescriptions sont assez satisfaisantes. Lorsque les convois arrivent en France, un contrôle sanitaire est effectué : il porte principalement sur la vaccination antivariolique, qui est pratiquée au cas où elle n'a pas été faite avec succès en Pologne.

Pour les ouvriers faisant l'objet de ces recrutements collectifs, le contrôle sanitaire paraît donc offrir des garanties que l'expérience a confirmées suffisantes, d'après les observations du Ministère du Travail.

Le recrutement collectif, effectué en Italie, ne donne lieu avant l'entrée en France à aucun visa médical, car les Autorités italiennes s'opposent absolument à tout contrôle des autorités étrangères sur leur territoire. Les ouvriers italiens se présentant aux bureaux d'immigration de Modane ou de Menton, sont l'objet d'une visite médicale superficielle comportant surtout une vaccination.

b. Immigration individuelle. — Le contrôle est différent suivant les conditions dans lesquelles sont organisés les bureaux frontières par lesquelles passent les immigrants.

Les travailleurs, originaires de l'Europe centrale, qui se présentent au dépôt des travailleurs étrangers de Toul, sont soumis au même contrôle superficiel à l'arrivée, que celui portant sur les contingents provenant des recrutements collectifs de Pologne ou de Tchéco-Slovaquie. De même, les ouvriers italiens, porteurs de contrats individuels et se présentant à Menton ou Modane font l'objet du même examen que ceux provenant d'un recrutement collectif. A la frontière espagnole les ouvriers se présentant à Cerbère sont invités à se diriger sur le dépôt des travailleurs étrangers de Perpignan, où ils sont soumis à la visite médicale, mais il n'existe aucun procédé pour les contraindre à passer par ce centre. Les ouvriers espagnols ou portugais se présentant à Hendaye sont également dirigés sur le dépôt des travailleurs étrangers de cette ville en vue d'être soumis à une visite médicale.

D'autre part, les immigrants débarquant à Marseille sont soumis non seulement au contrôle sanitaire du bureau d'immigration mais aussi à celui de la police sanitaire des ports, visitant le navire avant le débarquement.

Les principaux dépôts frontières sont : Feignies, Toul, Modane, Menton, Perpignan, Meignac, Hendaye. On y héberge gratuitement les immigrants. On y vérifie leur identité, leur contrat de travail et on procède à leur placement après vaccination.

Le Ministère de l'Hygiène a demandé au Parlement aux fins de la réorganisation sanitaire des postes frontières, un crédit de 500.000 francs, dont la moitié lui a été accordée au budget de 1925 pour la demie-année qui restait à courir.

Enfin, tout dernièrement, de nouvelles mesures restrictives viennent d'être prises par le gouvernement français.

Comme on le sait, le gouvernement avait, en raison du chômage qui commençait à se faire sentir, décidé d'introduire à nouveau le visa pour tous les étrangers, quel que fut le but de leur voyage. Il est cependant revenu sur cette décision, avant qu'une suite lui eût été donnée; mais il a, par contre, mis en vigueur des prescriptions de caratère général sur l'entrée en France des ouvriers en vue d'y prendre un emploi.

Ces prescriptions ont été stipulées aux différents gouvernements de la manière suivante :

Conformément à l'accord international sur la suppression partielle du visa, entré en vigueur le 15 février 1922, le visa du consulat dans l'arrondissement duquel le requérant est domicilié, est nécessaire pour l'entrée en vue de prendre un emploi; il est délivré gratuitement.

Tout requérant doit, avant de présenter sa demande de visa, remplir les formalités suivantes :

1. Tout étranger venant en France pour y occuper un emploi salarié doit être porteur d'un contrat de travail revêtu, s'il s'agit de travailleurs destinés à l'industrie ou au commerce, d'un visa du Service central de la main-d'œuvre étrangère du Ministère du Travail ou, s'il s'agit de travailleurs destinés à l'agriculture, d'un visa du Service de la main-d'œuvre agricole du Ministère de l'agriculture.

2. En ce qui concerne les travailleurs, qui déjà occupés en France et étant retournés temporairement dans leurs pays, reviendront en France pour y occuper le même emploi, ils n'auront pas à justifier d'un nouveau contrat de travail; il leur suffira de présenter la feuille de congé et la lettre de rappel de leur employeur, cette dernière devant être visée par l'un des deux ministères compétents, comme il est dit ci-dessus. (Ils sont dispensés de l'obligation de se procurer un visa consulaire et de produire un certificat médical).

3. Tout titre d'embauchage ou contrat de travail sera dorénavant (exception faite pour les cas prévus sous chiffre 2) être accompagné obligatoirement d'un certificat médical revêtu du visa consulaire français. Ce certificat devra émaner d'un médecin accrédité par le Consul de France et choisi par celui-ci. Le visa consulaire sera apposé gratuitement. Les honoraires du médecin seront à la charge de l'intéressé.

Pour le moment, il suffira que le certificat médical établisse que le titulaire a été vacciné, n'est atteint d'aucune affection contagieuse ni d'aucune maladie mentale, qu'il a enfin l'aptitude physique nécessaire pour le travail qui lui sera demandé.

Telles sont les mesures prises en vue de sélectionner les immigrés à leur entrée en France.

A côté de ces mesures, il en est d'autres qui tendent à la répartition, à la fixation, à l'assimilation de ces éléments nouveaux qui vont se mêler à la population et qui ne devraient servir qu'à l'enrichir.

La répartition des immigrants en France, s'opère grâce aux *Offices publics de placement* (départementaux et municipaux) dont l'action est coordonnée par les *Offices régionaux* qui assurent les déplacements de la main-d'œuvre à l'intérieur du pays.

Mais l'action la plus importante accomplie en vue de l'assimilation des étrangers est celle menée par le «*Foyer Français*».

Elle vise, comme nous l'avons vu, à assimiler ceux des éléments sains qui existent parmi les immigrants.

Dans ce but elle possède trois champs d'activité.

1. Intervention auprès des Pouvoirs Publics.

L'association signale aux Pouvoirs Publics celles des difficultés d'ordre légal ou administratif qui entravent la francisation des étrangers. L'accueil fait aux requêtes a toujours été jusqu'ici très satisfaisant.

2. Naturalisation

L'association épargne les formalités à remplir pour la naturalisation. Elle fait connaître les réductions qui peuvent être obtenues et s'occupe des démarches à faire dans ce but. Enfin lorsqu'il s'agit d'une famille nombreuse ou d'un jeune homme pauvre susceptible de faire son service militaire en France, l'association se substitue à eux, au point de vue pécuniaire, partiellement ou totalement.

3 Enseignement.

Pour amener les immigrants à se mêler aux Français, la connaissance de la langue est indispensable; aussi l'association a-t-elle, dans les locaux des écoles publiques, institué des cours gratuits de français pour étrangers pendant lesquels les professeurs inspirent discrètement à leurs élèves l'amour de la France.

Voyons maintenant ce qui a été réalisé dans ces trois ordres de chose.

Pendant la seule année 1925, l'Association a instruit 1542 dossiers; le nombre des individus ainsi proposés au choix de la chancellerie par le Foyer Français dépasse 6.000; l'Association s'efforce de bien connaître ceux qui s'adressent à elle avant de passer les dossiers à l'enquête des Préfectures, et dans ce but, réclame des intéressés le patronage de deux Français honorablement connus, aussi le nombre des ajournements est-il tout à fait minime.

Du 1ᵉʳ janvier au 15 mai 1926, 1307 dossiers ont été instruits, représentant 5.712 personnes. Les protégés de l'Association appartiennent à plus de 24 nationalités différentes; mais les Italiens, les Russes, les Polonais, les Roumains, les Luxembourgeois, les Espagnols, les Turcs et les Grecs sont de beaucoup les plus nombreux.

En février 1926, le Garde des Sceaux, désireux, comme il l'écrivait lui-même, « d'atténuer la lenteur décourageante pour les candidats à la nationalité française », a estimé qu'il convenait que dans l'avenir les requérants s'adressent directement à leur préfecture respective où les services compétents instruisent d'office chaque affaire, le dossier n'étant plus transmis au Ministre qu'une fois régulièrement constitué. La circulaire indiquait que les préfectures devaient recourir à tous moyens dont elles pouvaient user pour faire connaître ce mode de procéder aux étrangers résidant dans leur département.

L'association a immédiatement écrit à tous les préfets pour leur demander d'accueillir avec bienveillance les dossiers quelle leur transmettrait; de presque tous elle a reçu des réponses, et de beaucoup des encouragements. Il faut signaler en passant que de nombreuses demandes de naturalisations parviennent à l'association émanant de soldats de la Légion étrangère, lesquels le plus souvent s'adressent au vice-président M. Honnorat.

Le chiffre total des naturalisations qui s'élevait en France en 1924 à 18.000 a dépassé 28.000 en 1925. Le Ministère de la Justice reconnait lui-même que la préparation des dossiers par

les soins du « Foyer Français » lui est d'un précieux concours
En effet, la Direction des Affaires civiles et du Sceau lui a demandé d'adresser à ses bureaux tout candidat à la naturalisation qui se rendrait Place Vendôme, afin d'y obtenir des renseignements.

Grâce à la propagande qu'il fait, le Foyer Français reçoit
environ quarante demandes de naturalisation hebdomadaires;
ces demandes concernent pour la plupart des familles entières,
et le nombre des candidats à la naturalisation s'élève chaque
semaine à 160 pour le moins. L'association propose donc quo-
tidiennement au Ministère de la Justice près de trente naturalisations.

En avril 1925 le Foyer Français a fondé un *Comité d'Assistance*. Il est, par l'intermédiaire de ce comité, représenté dans
toutes les maternités de l'assistance publique comme aussi dans
les maternités privées. Il peut ainsi enregistrer chaque année
de nombreuses déclarations d'enfants devant le Juge de Paix
qui assure définitivement aux nouveaux-nés la qualité de Français.

Nous allons maintenant examiner ce qui a été fait par le
Foyer Français en ce qui concerne l'enseignement des étrangers.

Grâce à l'activité de M. Raphael, des cours gratuits ont été
organisés dans six écoles de Paris, chacune comptant au moins
deux classes dirigées par des professeurs compétents, l'une
pour ceux ignorant absolument le français, l'autre pour ceux
ayant déjà quelque connaissance de la langue. Il existe même
parfois trois divisions.

Ces cours, organisés d'une façon régulière et suivie, ont lieu
dans chaque école, deux ou trois soirs par semaine, de 8 heures
et demie à 10 heures. Ils sont établis dans les IIIe, IVe, Ve,
XVIIe, XVIIIe et XXe arrondissements et sont fréquentés surtout par des Russes, des Polonais, des Roumains, des Hongrois,
des Grecs, des Arméniens et des Italiens.

Des cours existent encore à Boulogne, Billancourt (Seine),
fréquentés surtout par des Hongrois, des Russes et des Tchéco-
Slovaques; à Bezons (Seine et Oise), par des Italiens, des
Tchécoslovaques, des Polonais et des Espagnols.

Enfin, récemment, à Lyon, deux cours ont été fondés avec la collaboration de la Société pour l'enseignement professionnel du Rhône, ils sont fréquentés par des Arméniens et des Tchécoslovaques. A Villeurbanne, un cours fondé dans les mêmes conditions, est suivi par des Espagnols. Un cours à Reims est fréquenté par des Italiens; un autre à Lille par des Polonais.

Enfin, dans le Pas-de-Calais, des cours ont été créés à l'usage des mineurs polonais, avec la collaboration du syndicat ouvrier et du *Comité des Houillères*, dans les localités de Lens, Dourges, Nœux-les-Mines, Leforest, Wingles, Ostricourt, Hénin-Liétard, Vendin-le-Vieil, Liévin et Marles.

Voici les chiffres des élèves inscrits en 1926 :

Pour Paris, les départements de la Seine et de Seine et Oise : 801 élèves. Pour le Pas-de-Calais, 767 élèves. A Reims, 14 élèves. A Lille, 50 élèves. Dans le département du Rhône, 100 élèves environ. Au total, le Foyer Français compte plus de seize cents élèves adultes.

Les cours du Foyer Français ne se bornent pas seulement à l'enseignement de la langue française. Ils ont aussi pour but de faire connaître l'histoire et la littérature de la France, ainsi que les droits et les devoirs que possèdent les étrangers dans ce pays. Des visites de musées sont également organisées. (1)

Si ces institutions scolaires s'étendaient à l'ensemble du territoire, l'assimilation intellectuelle des immigrants, préface nécessaire de leur assimilation légale serait vite un fait accompli.

Le Foyer Français travaille à fonder dans les départements des sous-comités régionaux. Il est même entré en relations avec les dirigeants des associations agricoles.

Le Foyer Français n'est pas la seule association à s'occuper du problème de l'assimilation des étrangers.

---

(1) Pour atteindre même ceux des étrangers complètement ignorants du français, le Foyer Français a instauré de nouvelles méthodes de propagande. Au lieu de ne faire imprimer, pour annoncer l'ouverture des cours, que des affiches en français, elle a rédigé des tracts dans l'idiome maternel de ses futurs élèves; elle les a répandus dans les quartiers qu'ils habitent et dans les établissements qu'ils fréquentent.

L'Association philotechnique avait, dès avant la guerre, créé à Paris deux classes pour l'étranger (Section Charlemagne et Condorcet).

Mgr Chaptal, qui est le chef spirituel de tous les catholiques étrangers résidant sur notre territoire, a mis sur pied un système ingénieux qui ne portera d'ailleurs ses fruits que dans quelques années. Un certain nombre de jeunes prêtres et séminaristes français ont été envoyés en Pologne pour y apprendre la langue de ce pays. A leur retour, ils seront placés dans les localités où les ressortissants du gouvernement de Varsovie sont en grand nombre, ce qui permettrait d'éliminer progressivement les ecclésiastiques étrangers. D'autre part, un mot d'ordre a été donné aux « jeunesses » et aux boy-scouts catholiques d'accueillir les immigrants, de façon à les mêler autant que possible à nos compatriotes, ce qui hâtera leur assimilation. De plus, Mgr Chaptal tente de faire tourner au profit de notre patrie l'usage existant dans les familles polonaises — même fixées sur notre territoire — de donner l'un de leurs enfants à l'Eglise. Il a décidé que les novices ainsi recrutés chez nous recevraient la même éducation que nos concitoyens, mais qu'en outre ils continueraient à apprendre l'idiome de leurs parents; pénétrés d'affection pour notre pays, ces ecclésiastiques deviendraient, parmi leurs anciens compatriotes fixés sur notre sol, des agents d'assimilation.

Enfin, Mgr Chaptal dirige une petite revue, « L'Etranger Catholique en France », qui constitue un centre d'informations et un agent de liaison pour les directeurs d'œuvres ainsi que pour tous les fidèles de l'Eglise romaine qui s'intéressent au problème de l'immigration.

Si nous passons aux autres cultes, nous voyons que depuis plus de vingt ans dans le IV⁰ arrondissement de Paris, l'Alliance israélite universelle enseigne notre langue à ses protégés qui ont trouvé chez nous un abri contre les persécutions russes et roumaines. En ce qui concerne les sociétés d'éducation physique formées exclusivement de jeunes juifs, elles contiennent déjà un grand nombre d'immigrants, mais les dirigeants sont des Français qui s'appliquent avec tact et persévérance à inspirer ou à développer chez les membres l'amour de la France qui a fait d'eux des hommes libres.

D'autre part, les rabbins font un sérieux effort pour faire entrer dans le cadre des communautés françaises les Israélites étrangers fixés parmi nous.

Enfin, il vient de se fonder à Paris, avec la volonté de l'étendre aux départements, sous le nom de l'Accueil fraternel, un groupement (présidé par M. Sylvain Lévi, professeur au Collège de France), qui, au moyen de conférences, bibliothèques, foyers, fera connaître notre civilisation aux immigrants juifs.

Les pouvoirs publics comprennent eux aussi l'intérêt qu'il y a pour la France à s'occuper de l'assimilation des étrangers.

C'est ainsi qu'en 1926, M. Daladier, tout en continuant à tolérer les moniteurs étrangers (1) dans les écoles publiques et libres, a prescrit à ses subordonnés, en ce qui concerne les premières, de ne permettre l'enseignement de la langue natale qu'en dehors des heures de classe, et, en ce qui concerne les secondes, de ne pas permettre que celui-ci dépasse le maximum de trois heures par jour.

Au cours de l'année 1926 le Conseil général de la Seine, sur la demande de M. Raoul Brandon, a prononcé le renvoi à sa 3me Commission de la proposition suivante :

« Le Conseil général, sur la proposition de M. Raoul Brandon, délibère :

---

(1) Les gouvernements qui se sont succédé de la fin de 1918 au milieu de 1924, avaient en effet consenti, sur la demande du cabinet de Varsovie, à introduire dans les écoles publiques où les immigrants étaient en majorité, sous le nom de Moniteurs et de Monitrices polonais, payés par les concessionnaires de mines, et enseignant, tantôt une heure, tantôt deux heures par jour, l'histoire, la littérature et l'idiome de leur pays. Il avait tout d'abord été convenu que les leçons seraient données en dehors des heures de classe ; mais, en pratique, cet enseignement parasitaire a empiété sur celles-ci.

D'autre part, s'établissaient des écoles libres, soutenues par les Compagnies, où les enfants étrangers étudiaient leur langue d'une façon approfondie. On voit même, ce qui est absolument illégal, des instituteurs polonais chargés d'une classe, abus que les inspecteurs primaires, dès qu'ils en sont informés, arrivent à faire cesser.

» M. le Préfet de police et M. le Préfet de la Seine sont invités à prendre toutes mesures utiles à l'égard des émigrants étrangers arrivant à Paris, en vue d'éliminer les malades chroniques ou contagieux, tant physiques que neuro-psychiques, qui tendent à encombrer nos hôpitaux et asiles.

» Emet le vœu : Que les demandes de naturalisation comportent désormais un examen sanitaire.

» Que soit publié un état des naturalisations demandées depuis 1919, établi par ordre d'inscription et par ordre d'attribution de la nationalité. »

Le 31 août de la même année la proposition ci-dessous a été présentée au Sénat par le sénateur Chauveau.

Art. 1er. — Les étrangers astreints à l'obligation de la carte d'identité, prévue par le décret du 9 septembre 1925, ne pourront, sous réserve des exceptions prévues à l'article 2 de la présente loi, obtenir délivrance de cette carte qu'autant qu'ils se seront munis, pour eux et leurs enfants, d'un certificat médical délivré, dans les conditions de cet article et établissant qu'ils ne sont atteints d'aucune maladie contagieuse, d'aucune infirmité, tare physique ou mentale susceptibles de constituer un danger ou une charge pour nos nationaux.

Art. 2. — Un décret pris en conseil d'Etat, après avis du conseil supérieur d'hygiène et de la Commission interministérielle de l'immigration :

1. Désignera l'autorité sanitaire compétente pour délivrer le certificat ou le passeport sanitaire prévus respectivement aux articles 1er et 4, soit à l'étranger, soit en Algérie ou dans les colonies ou pays de protectorat français, soit à la frontière, soit à l'intérieur ;

2. Fixera le montant des frais du certificat et du passeport sanitaire qui seront à la charge des intéressés ;

3. Déterminera les conditions dans lesquelles le certificat médical pourra être remplacé par une déclaration établissant que toutes dispositions seront prises pour que les étrangers dont il s'agit ne constituent pas un danger autour d'eux et pour garantir les frais éventuels de leur séjour ;

4. Etablira la liste des maladies, infirmités et tares incompatibles avec le séjour en France.

Art. 3. — Les travailleurs étrangers qui se présentent à l'un des bureaux d'immigration ou postes-frontière, munis d'un titre d'embauchage reconnu valable dans les conditions prévues par les instructions des ministres du travail et de l'agriculture, avant d'être pourvus du sauf-conduit qui doit leur servir pour se rendre à la localité où ils ont un emploi, seront examinés par le service médical annexé au bureau d'immigration et, s'il y a lieu, recevront gratuitement le certificat médical prévu à l'article 1er.

Art. 4. — Tout voyageur en provenance d'un pays ou, soit en permanence, soit transitoirement, sévissent d'une façon épidémique des maladies contagieuses, devra présenter, à son arrivée au port de débarquement où à la gare frontière, un passeport sanitaire.

En ce qui concerne les voyageurs arrivant par mer, les compagnies de navigations seront responsables et devront, avant l'embarquement, exiger la production du passeport sanitaire.

Faute de s'être soumises à cette prescription, le rapatriement des personnes insolvables et jugées indésirables sera mis à leur charge.

Le ministère du travail, de l'hygiène et de la prévoyance sociale déterminera les pays auxquels seront applicables ces dispositions spéciales, ainsi que les périodes durant lesquelles elles seront rendues obligatoires.

Art. 5. — Un article de la loi de finances déterminera les conditions d'application de la présente loi.

Art. 6. — Les infractions à la présente loi seront punies d'une amende de 5 à 50 francs et d'un emprisonnement de trois à quinze jours ou de l'une de ces deux peines seulement, sans préjudice du droit d'expulsion qui appartient au ministre de l'intérieur, en vertu de la loi du 3 décembre 1919 (art. 7). En cas de récidive, la peine d'emprisonnement sera toujours appliquée.

Les employeurs qui auront em'»auché des travailleurs étrangers ayant contrevenu aux dispos.tions de la présente loi pourront être déclarés responsables des frais nécessaires à leur rapatriement. (1)

Afin de simplifier les formalités de la naturalisation, le Sénat a voté un projet de loi sur le rapport de M. Lisbonne. Les dispositions essentielles de ce texte, soumis actuellement aux délibérations de la Chambre, consistent dans la suppression de l'admission à domicile et la réduction à 3 ans de la durée de séjour exigée du candidat à la naturalisation. Ce délai serait réduit à un an, lorsque l'intéressé aurait épousé une Française, ou qu'il serait titulaire, parmi les diplômes que délivrent soit nos universités, soit nos écoles spéciales, d'un de ceux dont la liste serait déterminée par décret.

D'autre part, les enfants nés sur le sol français du mariage d'un étranger et d'une Française, ne pourront plus, à 21 ans, répudier la nationalité française. Même régime pour les enfants nés à l'étranger, antérieurement à la naturalisation de leurs parents.

Enfin, des lois tendent à déclarer Français les enfants nés en France des étrangers établis dans le pays, ainsi qu'à déclarer que les Françaises qui épouseront des étrangers pourront rester Françaises ainsi que leurs enfants.

Nous ne pouvons manquer de signaler en terminant le programme d'une réglementation de l'immigration proposé par M. Léon Bernard, membre de l'Académie de médecine, dans une communication faite au Ministère du Travail.

D'après lui, l'admission de l'immigration doit être subordonnée aux conditions sanitaires suivantes:

1. Absence de maladies mentales et d'épilepsie, de cécité et de surdi-mutité. Sur ce point l'examen clinique peut être suffisant, notamment en ce qui concerne certaines psychoses ou l'épilepsie; cet examen peut, en période de trêve, n'être nullement révélateur. Il sera donc indispensable, à l'égard de cette catégorie de maladies, de procéder dans la mesure du possible à une enquête (celle-ci est aisée dans le cas du contrôle sanitaire au départ), et en second lieu d'exiger une déclaration signée de l'impétrant attestant qu'il est indemne de ce

---

(1) *Journal officiel* du 31 août 1926, page 928.

genre de tares; une déclaration mensongère donnerait droit à une expulsion ultérieure.

2. Absence de toxicomanie, notamment alcoolisme; ici un examen averti est suffisant.

3. Absence de maladies infectieuses en activité.

Ici, un commentaire s'impose et quelques exemples doivent être expliqués. Les tuberculeux ne doivent être exclus que s'ils sont porteurs de lésions nettement contagieuses; on n'arrêtera pas au passage des sujets suspects ou guéris, en particulier d'anciens malades guéris de lésions osseuses, articulaires, ganglionnaires, ou même pulmonaires.

De même il ne s'agit pas de refuser le passage à tout sujet convaincu d'avoir eu la syphilis; mais il y a toutes raisons d'interdire l'entrée à tout individu présentant soit des accidents contagieux, soit des déterminations graves (syphilis cérébrale, tabès).

Même raisonnement pour la blennorhagie et la chancrelle, pour l'amibiase, et les autres maladies parasitaires ou microbiennes en puissance d'accidents contagieux. La lèpre, le trachôme doivent également être exclus.

4. Bien entendu, la vaccination anti-variolique, et la désinsectisation doivent être pratiquées, lorsqu'il y a lieu.

Telles sont les principales conditions médicales qui nous paraissent devoir être remplies; leur accomplissement implique les formalités suivantes:

Un examen par un médecin compétent, pourvu des ressources techniques nécessaires, étant notamment en mesure d'avoir recours à un laboratoire; une déclaration du malade; et dans les postes frontières, une installation d'épouillage et quelques chambres de lazaret pour observation.

Nous ne croyons pas avoir ici à entrer dans de plus amples détails; mais ces suggestions nous paraissent pouvoir servir de base à un programme de réalisations immédiates, qui comprendrait deux modes d'applications: 1. des instructions aux Consuls pour les pays où le contrôle sanitaire se ferait au départ; 2. pour les étrangers ne pouvant être contrôlés qu'à la frontière, l'organisation d'un certain nombre de postes conçus suivant ces directives le long de nos frontières avec obligation, au moins théorique, pour les travailleurs d'y passer.

§ 11. — LA LUTTE CONTRE LE METISSAGE.

Par suite de l'augmentation croissante de la main-d'œuvre étrangère en France, le problème si obscur encore du métissage préoccupe de plus en plus les eugénistes de ce pays.

La plupart estiment en effet qu'il est de toute nécessité, pour conserver l'intégrité de la race, d'empêcher le croisement d'entités trop opposées.

Le Docteur Bérillon de Paris a étudié les effets du métissage sur la dégénérescence mentale, et conclut qu'il en constitue un des facteurs primordiaux. (1)

Il a constaté, en effet, que les croisements de races antagonistes, bien qu'elles aient la même coloration de peau, donnent des produits d'une infériorité certaine. De plus, si les inconvénients du métissage biologique, résultant du croisement d'individus de races différentes aboutissent à des résultats néfastes, il en est de même en ce qui concerne la forme de métissage que l'on peut désigner sous le nom de métissage psychologique. Chez les enfants issus de parents de même race, mais de caractères très opposés, de tendances, de mœurs, d'habitudes antagonistes ou hostiles, il arrive que l'on observe les manifestations de ce désordre intérieur qui caractérise l'absence de personnalité ou, tout au moins, constitue la personnalité pathologique.

Pauline Sériot, dans un travail sur les « Effets nocifs du croisement des races sur le caractère », montre dans la descendance de couples mixtes « français-russes, allemands-françaises, anglais-grecques » une proportion considérable de tares morales, mentales et pathologiques.

____

(1) Communication faite au Congrès des Aliénistes et des Neurologistes (Strasbourg).

La Société Française d'Eugénique a introduit l'étude de cette question dans son programme. (1)

Le Docteur Apert, dans son travail sur « Le Problème des races et de l'Immigration en France », démontre du point de vue de l'Eugénique les effets néfastes que peut apporter à ce pays l'intrusion d'une population étrangère.

Il propose que dans l'introduction en France, en proportion notable, de sujets d'autres nationalités, on tienne compte des considérations suivantes:

1. L'introduction de sujets de races éloignées de la race française: race noire ou race jaune, doit être limitée au strict nécessaire des besoins de la défense nationale et de la main d'œuvre.

2. L'introduction de sujets étrangers de race blanche adultère la race beaucoup moins. S'il s'agit de nationalités parentes comme les Belges dans le Nord, les Italiens et les Espagnols

---

(1) Déjà en 1914, le Docteur Laumonier présentait à la Société Française d'Eugénique un rapport sur « Le retour au type dans les métissages humains ». Il montre par les expériences qu'il a faites l'influence à la fois bonne et mauvaise du croisement des races.

Il démontre qu'en vertu d'un phénomène de réversion, les croisements entre les différentes races aboutissent presque toujours au retour du type primitif.

Se basant sur ces principes et considérant que la natalité de la France va toujours se comprimant, il estime que ce pays a intérêt à favoriser les immigrations étrangères, quand les immigrants sont sains, contractent mariage dans le pays et y demeurent, puisque ces pénétrations, même relativement nombreuses, ne sont pas, par suite de la réversion, capables d'exercer une action réellement dénationalisante, et apportent cependant un surcroît de population. Mais pour obtenir ce résultat, certaines précautions sont nécessaires, mesures administratives et dispositions légales.

D'ailleurs, la nature se charge elle-même de débarrasser la race de ses envahisseurs indésirables, en exerçant, à l'égard des métis qui ne font pas retour au type autochtone, une sélection sévère, de telle sorte que tout métis se trouve finalement soumis à cette alternative, ou s'assimiler à la race du parent dans le milieu duquel il vit, ou disparaître. (Le retour au type dans les métissages humains.) Eugénique 1914. Pages 33 et suivantes.

Il faut encore mentionner les autres travaux du Dr Laumonier, spécialement: Les défenses physiologiques contre la dénationalisation (Gazette des hôpitaux, 3 avril 1913).

De son côté, le Dr Morel préconisait comme un des éléments les plus actifs de la régénération de l'espèce humaine, le croisement des races.

dans le Midi, les inconvénients sont réduits au minimum, et
pratiquement nuls. Quand il s'agit de nationalités plus éloignées, il faut procéder avec beaucoup de prudence ; dans la mesure du possible, il conviendrait de se limiter à l'adjonction des
sujets reconnus sains, exempts de tares, et sélectionnés. (1)

Le Docteur Schreiber estime que la question de la sélection
des races doit trouver son application pratique dans la réglementation de l'immigration, car, comme le dit Harold G.
Villard, la France a plus à craindre la dénationalisation que
la dépopulation.

Il faut encore mentionner le livre très documenté de Charles
Richet sur « La Sélection Humaine » qui étudie le problème
au point de vue général et au point de vue français.

§. 12. — LA LIMITATION DES NAISSANCES.

La prédication malthusienne a commencé en France vers
1850. A cette époque, il y eut en France un véritable eugoue-
ment pour la théorie de Malthus. Celle-ci y arriva extrêmement
déformée, ou du moins ne tarda pas à l'être. Cette théorie fit
de tels progrès qu'en quelques années tout ce qui était de bon
ton crut devoir donner en France l'exemple du malthusianisme. On vit la propagande poussée à tel point que le préfet de
l'Eure, par exemple, enjoignit par circulaire, à ses maires, de
refuser tout secours et assistance aux ouvriers indigents qui auraient des familles nombreuses, « car, déclarait-il, c'étaient de
mauvais citoyens, de mauvais pères, des hommes impies ». On
les chargeait de tous les défauts.

Jusqu'en 1880, la baisse de la natalité ne fut que progressive.
Mais, à partir de 1890, elle devint extrêmement rapide, car il
s'y joignit alors une action persévérente dans certains milieux
syndicaux. (2)

En 1896, Paul Robin fondait une ligue ayant pour but de
propager les idées néo-malthusiennes : la « Ligue française pour

---

(1) Docteur Apert. «Le Problème des races et l'immigration en France »,
Eugénique 1924, tome III, N° 5.

(2) M. Lefas, secrétaire général du Conseil supérieur de la Natalité. Rapport fait au Comité National d'Etudes le 7 décembre 1925.

la Régénération humaine ». G. Hardy, Mme Nelly Roussel ont été les principaux promoteurs du mouvement en France.

En 1900, le Premier Congrès International pour la Limitation des Naissances, organisé par Paul Robin, se tenait à Paris.

Jusqu'à ces dernières années, il n'existait en France aucune loi contre la propagande anti-conceptionnelle.

C'est en 1920 que le mouvement mondial du Birth-Control fut atteint considérablement par la mise en vigueur de la loi française du 31 juillet de la même année. Cette loi démolit la Ligue française néo-malthusienne, et le professeur Hardy fut placé sous la surveillance de la police et son travail arrêté.

Par cette loi, des peines sévères sont édictées contre l'avortement et contre la propagande anti-conceptionnelle.

Voici le texte de la loi de 1920:

Article 1er. — Sera puni d'un emprisonnement de six mois à trois ans et d'une amende de cent francs (100 fr.) à trois mille francs (3000 fr.) quiconque : soit par des discours proférés dans les lieux ou réunions publics; soit par la vente, la mise en vente ou l'offre même non publique ou par l'exposition, l'affichage ou la distribution sur la voie publique ou dans les lieux publics, ou par la distribution à domicile, la remise sous bande ou sous enveloppe fermée ou non fermée, à la poste ou à tout agent de distribution ou de transport, de livres, d'écrits, d'imprimés, d'annonces, d'affiches, dessins, images ou emblèmes;

Soit par la publicité des cabinets médicaux ou soi-disant médicaux, aura provoqué un crime d'avortement, alors même que la provocation n'aura pas été suivie d'effet

Art. 2. — Sera puni des mêmes peines quiconque aura vendu, mis en vente, ou fait vendre, distribué ou fait distribuer, de quelque manière que ce soit, des remèdes, substances, instruments ou objets quelconques, sachant qu'ils étaient destinés à commettre le crime d'avortement lors même que cet avortement n'aurait été ni consommé, ni tenté, et alors même que ces remèdes, substances, instruments ou objets quelconques proposés comme moyens d'avortement efficaces seraient, en réalité, inaptes à les réaliser.

Art. 3. — Sera puni d'un mois à six mois de prison et d'une amende de cent francs (100 fr.) à cinq mille francs (5000 fr.)

quiconque dans un but de propagande anti-conceptionnelle, aura par l'un des moyens spécifiés aux art. 1 et 2 décrit ou divulgué ou offert de révéler des procédés propres à prévenir la grossesse ou encore facilité l'usage de ces procédés.

Les mêmes peines seront applicables à quiconque, par l'un des moyens énoncés, à l'article 23 de la loi du 29 juillet 1881, se sera livré à une propagande anticonceptionnelle ou contre la natalité.

Art. 4. — Seront punies des mêmes peines les infractions aux art. 8, 32 et 36 de la loi du 21 germinal an XI, lorsque les remèdes secrets sont désignés par les étiquettes, les annonces ou tout autre moyen comme jouissant des vertus spécifiques préventives de la grossesse alors même que l'indication de ces vertus ne serait pas mensongère.

Art. 5. — Lorsque l'avortement aura été consommé à la suite des manœuvres ou des pratiques prévues par l'art. 2, les dispositions de l'art. 317 du code pénal seront appliquées aux auteurs des dites manœuvres ou pratiques.

Art. 6. — L'art. 463 du code pénal est applicable aux délits ci-dessus spécifiés.

Art. 7. — La présente loi est applicable à l'Algérie et aux Colonies dans les conditions déterminées par des règlements d'administration publique.

Depuis, toute tentative de propagande des idées malthusiennes est sévèrement surveillée.

Un travail intéressant a été fait par André Siegfried, de l'Ecole des Sciences politiques de Paris, sur la situation de la France au point de vue de la limitation des naissances. Il a été présenté au meeting annuel de l'American Birth-Control League de New-York en 1925. (1)

Lucien March estime que la prévention des naissances, regardée comme nécessaire dans une certaine mesure, ne peut être recommandée que suivant le moyen suivant: le retard du mariage. (2)

---

(1) *Birth-Control Review*, janvier 1926.
(2) L. March. *Eugénique et Sélection*, page 100.

En mai 1926, à la Conférence du Parti socialiste français, M. Léon Marimont, un des plus anciens défenseurs du contrôle des naissances en France, présent une motion demandant l'abrogation de la loi de 1920 sur l'enseignement des pratiques anticonceptionnelles. La motion a été votée à l'unanimité. (1)

Lors de la Sixième Conférence Internationale neo-malthusienne et du Birth-Control tenue à New-York en 1925, M. G. Hardy a présenté un rapport sur « la situation du Birth-Control en France ».

Certaines autorités appartenant au monde médical semblent dans leurs écrits vouloir s'élever contre les mesures instituées en France. Les Dr Beltrani, professeur de l'Ecole de Médecine de Marseille, le Dr Lascaux et le Dr Gottschalk démontrent ou suggèrent l'inutilité des lois prohibant la propagande anticonceptionnelle. (2)

Enfin, en 1927, un groupe de personnes ont entrepris la publication d'un bulletin de libre parole: « Pour la Liberté d'Opinion ». Cet organe trimestriel a pour but d'obtenir l'abrogation des lois contre la liberté de langage. Il vise spécialement la loi de 1920 prohibant toute propagande anticonceptionnelle. Le directeur de ce bulletin est Léon Marimont. (3)

---

(1) *Birth-Control*, octobre 1926, page 320.

(2) G. Hardy. Rapport de la 6e International Neo-Malthusian and Birth Control Conference. Vol. I, page 40.

(3) *Birth-Control Review*, mars 1927, page 91.

TABLE DES MATIÈRES